| 개정판 |

재료결정학

The Crystal Structure of Materials

이정용 지음

청문각

머리말

재료의 여러 성질, 즉 물리적 성질, 기계적 성질, 화학적 성질, 전기적 성질, 자기적 성질, 광학적 성질 등은 재료를 구성하는 원자의 종류와 이 원자의 배열인 결정구조에 의해 정해진다. 따라서 신소재의 개발이나 이들 재료의 성질을 규명하는 데 있어서 결정구조에 대한 지식과 이해가 선행되어야 한다.

여러 대학의 재료공학과, 금속공학과, 세라믹공학과 등의 학사 과정에서 결정구조에 대한 과목을 개설하고 있으나, 이 과목에 적당한 교과서를 찾기는 매우 힘든 실정이다. 이 책은 한국과학기술원 학사 과정의 재료결정구조 교과목을 지난 20년간 강의하면서 만든 강의록을 바탕으로 하여 외국 유명 대학의 재료결정구조 교과목의 강의록을 참고하여 만들었다.

결정학에 대해서는 버거(Buerger)의 기본 결정학, x-선 회절 실험에 대해서는 컬리티(Cullity)의 기본 x-선 회절, x-선 회절 원리에 대해서는 워렌(Warren)의 x-선 회절책 등 훌륭한 교과서가 많이 나와 있으나, 재료공학 전공의 학사 과정 학생들이 이러한 책의 내용을 완전히 이해하기가 쉽지는 않다. 이 책은 재료공학을 전공하는 학사 과정 학생들이 원자의 결합과 결정학을 기존의 책보다 쉽게 이해하도록 만들었고, 여기에 결정의 회절 분석에 대한 내용도 추가하였다. 회절 분석은 회절의 기본 원리에서 시작하여 x-선과 고체와의 상호작용을 서술하고, 마지막으로 x-선 회절 분석 방법에 대하여 설명하였다.

이 책의 내용은 크게 원자의 결합, 결정학, 결정분석의 세 부분으로 나눌 수 있다. 원자의 결합에서는 원자의 전자 배치와 분포 및 원자 사이의 결합인 이온, 공유, 금속 결합 등과 결정을 형성하기 위해 방향성 결합 원자나 비방향성 결합 원자들의 충전으로 어떻게 결정구조가 만들어지는지에 대해 기술하였다. 충전으로 만들어진 결정에서의 격자, 단위포, 정대, 대칭요소, 대칭요소의 결합, 결정계, 역격자 등에 대해 다룬 후, 평사 투영, 점군, 공간군 등에 대해 설명하였다. 그리고 여러 원소와 화합물의 결정구조와 결정 내의 점, 선, 면 결함에 대해서 간단히 기술하였다. 결정의 분석 부분에서는 파와 푸리에 변환, 회절, 구조 인자, 형상 인자 및 x-선의 발생과 고체와의 상호작용, x-선을 이용한 라우에법, 분말법, x-선 회절 기법 등의 결정분석 방법을 다루었다.

위의 내용을 모두 한 학기 내에 강의하기는 힘들므로 결정 결함이나 x-선 회절 과목이 추가로 개설되어 있는 경우에는 해당 부분을 생략하고 강의하여도 좋을 것이라고 생각된다.

개정판에서는 이해가 쉽도록 가능하면 많은 그림을 수록하려고 하였고, 특히 원자의 충전으로 다양한 결정구조가 만들어지는데 이를 체계적으로 설명하고자 노력하였다.

2017년 1월
대전에서 이정용

차 례

CHAPTER 09 회절 분석

CHAPTER 01

원자 결합

1 원자의 전자

1) 전자의 특성

고체의 성질은 그 구성 원자의 종류와 원자 배치에 따라 결정되고, 원자의 배열 상태는 결정 구조에 의해 결정된다. 결정 구조는 원자들의 충전(packing)에 의해 정해지며, 원자의 충전은 원자와 원자 사이의 결합에 의해 정해진다.

결정은 원자들로 구성되어 있고 원자는 원자핵과 전자로 이루어져 있다. 원자핵과 전자 중에서 원자와 원자를 서로 결합시키는 역할은 원자핵 주위에 있는 전자가 하며, 원자간 결합의 성질도 원자핵 주위의 전자 분포에 의해 정해진다. 따라서 고체의 구조, 원자 충전과 원자간 결합을 이해함에 있어 전자의 특성에 대해 먼저 아는 것이 필수적이다.

전자를 공부하기에 앞서 우선 원자의 크기에 대해서 알아보자. 그림 1.1은 알루미늄 결정 속에 있는 원자를 [110] 방향으로 내려다 보았을 때 보이는 고분해능 전자현미경 사진으로 결정 속에 있는 원자들의 배열을 잘 볼 수 있다. 사진에서 직사각형의 윗변에 있는 3 원자는 단위포인 정육면체의 위쪽 꼭지점에 있는 원자를, 중간 높이에 있는 2 원자는 정육면체의 면심에 있는 원자를, 아랫변에 있는 3 원자는 정육면체의 아래 꼭지점에 있는 원자들을 각각 나타낸다. 사진에서 알루미늄 결정 원자층간 거리는 (002) 면간거리로 0.2 nm이다.

이 거리가 어느 정도 작은지를 알아보자. 가로 세로가 각각 1 cm인 정사각형 알루미늄 포일을 가로 세로의 길이가 500 km가 되도록 늘렸을 경우를 상상해 보자. 500 km라는 거리는 서울에서 제주도까지의 거리 정도 되는 거리이다. 이렇게 늘렸을 때 원자 층간의 거리 0.2 nm는 얼마나 늘어날까? 이 거리를 x라고 하면 1 cm : 500 km = 0.2 nm : x이므로 1 cm : 500×1000×100 cm = $2×10^{-8}$ cm : x에서 $x = 1$ cm가 된다. 즉, 가로 세로 1 cm인 알루미늄 포일을 가로 세로 500 km로 늘려도 원자 층간의 거리는 1 cm밖에 되지 않을 정도로 원자간의 거리는 작다. 우리가 재료공학에서 다루는 원자의 거리는 이 정도로 작으므로 주위의 실생활에서 아주 작은 부피의 재료 내에서조차도 수많은 원자들이 있다는 사실을 늘 염두에 두어야 한다.

야구공과 같이 우리 주위에서 맨눈으로 볼 수 있는 물체에 대해서는 대개 고전역학, 즉 뉴턴(Newton)역학을 적용한다. 우리가 장치나 기구를 사용하지 않고 맨눈으로 구분해 볼 수 있는 거리는 0.1 mm 정도이고, 앞에서 알아본 바와 같이 결정에서 원자와 원자 사이의 거리는 대략 0.1 nm 정도이다. 맨눈으로 구분해 볼 수 있는 거리보다 10^6배 정도로 작은 원자간의 거리보다 훨씬 더 작은 크기를 지닌 전자에 대해서는 고전역학을 그대로 적용할 수가 없다. 따라서 이와 같이 매우 작은 크기를 지닌 전자에 대해서는 1920년대와 1930년대에 주로 만들어진 원자에 관한 역학인 양자역학을 적용해야 한다. 양자역학의 자세한 공부는 적어도 한 학기 이상이 걸리므로 여기서는 전자의 특성을 알기 위해서 우선 다음에 열거된 바와 같이 간단한 전자의 양자역학적인 주요 특성에 대하여 먼저 알아보자.

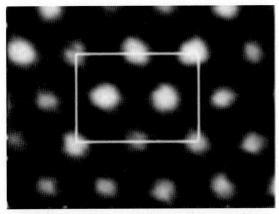

그림 1.1　알루미늄 결정의 원자를 [110] 방향에서 내려다 본 고분해능 전자현미경 사진으로 원자의 배열을 직접 육안으로 볼 수 있다.

(1) 전자의 에너지는 양자화(quantization)되어 있다. 이것은 전자의 에너지는 어떤 가능한 값들만을 지닐 수 있고, 이들 가능한 값 사이의 아무 에너지나 임의로 지닐 수 없다는 것이다. 반면에 고전역학에서는 에너지가 연속적인 값을 가져 고전역학을 따르는 입자는 모든 값의 에너지를 지닐 수 있다.

이를 이해하기 위해 1913년에 보어(N. Bohr)가 제안한 그림 1.2에 나와 있는 원자의 모형에 대해 알아보자. 보어는 수소 원자는 양전하를 지닌 원자핵과 이 주위에서 일련의 원형 궤도로 돌고 있는 전자 한 개로 이루어져 있다고 생각하였다. 이들 원형 궤도 중의 하나에 속해져 있는 전자는 안정하기 때문에 고전 전기역학(electrodynamics)에서 예측하는 바와 같이 나선형을 그리면서 $1\,\mu s$ 내에 원자핵으로 접근하지 않는다.

여기에서 양성자의 수를 늘여 양성자수가 Z이고, 원자핵의 전하가 $+Ze$인 원자핵을 생각해 보자. 여기서 e는 전자의 전하 1.6×10^{-19} C이다. 보어의 원자 모형에서 하나의 전자가 반경 r의 원형 궤도에서 쿨롱 힘에 의해 전자가 속해 있는 원자의 핵에 속박되어 있다고 하면, 쿨롱 인력은

$$F_{\text{Coul}} = \frac{(+Ze)(-e)}{4\pi\varepsilon_o r^2} \tag{1-1}$$

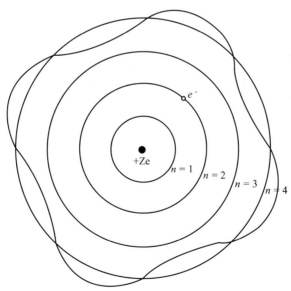

그림 1.2   보어의 원자 모형.
전자는 원형 궤도를 지니고 있고 원주의 길이가 파장의 정수배일 때 안정한 궤도가 된다.

이고 여기서 ε_o는 자유 공간의 유전율(8.85×10^{-12} F/m)이다. 안정된 원형 궤도를 유지하기 위해서 이 쿨롱 인력은 구심력

$$F_{\text{centr}} = \frac{m_e v^2}{r} \qquad (1\text{-}2)$$

와 균형이 맞아야 한다. 위 식에서 v는 전자의 궤도 속도이고, m_e는 전자 질량(9.11×10^{-31} kg)이다. 위의 두 식에서

$$-\frac{Ze^2}{4\pi\varepsilon_o r^2} = \frac{m_e v^2}{r}, \quad r = \frac{Ze^2}{4\pi\varepsilon_o m_e v^2} \qquad (1\text{-}3)$$

이다.

전자는 입자성뿐만 아니라 파동성도 갖는다. 전자를 파동으로 생각할 때 파장은

$$\lambda = \frac{h}{p} \qquad (1\text{-}4)$$

이고, 여기서 h는 플랑크 상수($h=6.63\times10^{-34}$ J·s)이고, p는 운동량이다. 이 식은 1924년 드브로이(de Broglie)가 제안하였다. 이러한 전자의 파동성은 1927년 데이비슨(C. Davisson)과 저머(L. Germer)가 전자빔을 얇은 니켈 결정 시편에 투과시켜 회절상을 만들고, 이 회절상은 전자가 파동이기 때문에 결정 격자(lattice)에 의한 회절과 간섭에서 만들어진다는 사실을 밝힘으로써 확인되었다.

원자핵 주위를 운동하는 전자는 파동으로 생각하여 원 궤도를 파동 무늬로 바꾸어 생각해 보자. 그림 1.2에서와 같이 파동이 원주 상의 한 점에서 출발하고 진동하면서 한 바퀴를 돌아 출발점에서 다시 같은 파가 되기 위해서는 파장을 잘 정해야 한다. 출발점에서 다시 같은 파가 되기 위해서는 원주의 길이가 파장의 정수(n)배가 되어야 한다. 이와 같이 생각하여 안정한 궤도는 궤도의 원주 길이가 파장의 정수배에 해당할 경우라고 하는 드브로이의 관계

$$2\pi r = n\lambda \qquad (1\text{-}5)$$

$$\lambda = \frac{2\pi r}{n}$$

에서 파장을 구할 수 있다. 드브로이의 식 (1-4)에서 운동량 p와 파장의 관계에서

$$p = m_e v = \frac{h}{\lambda} \qquad (1\text{-}6)$$

이므로 식 (1-5)에서 구한 파장을 위 식에 대입하여 v를 구하면

$$v = \left(\frac{h}{m_e} \right) \left(\frac{n}{2\pi r} \right) \qquad (1\text{-}7)$$

이다.

이를 식 (1-3)에 대입하면 궤도 반경

$$r = r_n = \frac{h^2 \varepsilon_o}{\pi e^2 m_e} \frac{n^2}{Z} \qquad (1\text{-}8)$$

을 구할 수 있는데, 이 궤도 반경은 $n = 1, 2, 3, \cdots$에 따라서 값을 가지는 양자화된 궤도 원자 반경이다. 수소의 경우 양성자수는 1이고, 나머지 상수들을 대입하여 궤도 반경을 구하면

$$r_1 = 0.0529 \text{ nm}$$
$$r_2 = 0.2116 \text{ nm}$$
$$r_3 = 0.4761 \text{ nm}$$
$$r_4 = 0.8464 \text{ nm}$$

등이 된다.

한편 위와 같은 궤도에서 운동하고 있는 전자의 운동 에너지는

$$E_k = \frac{1}{2} m_e v^2 \qquad (1\text{-}9)$$

이고, 이런 쿨롱 퍼텐셜(Coulomb potential) 속에 있는 한 전자의 퍼텐셜 에너지(potential energy)는

$$E_p = - \frac{Ze^2}{4\pi\varepsilon_o r} \qquad (1\text{-}10)$$

이다. 이 계에서 운동 에너지와 퍼텐셜 에너지를 합한 전체 에너지는

$$E = E_k + E_p \tag{1-11}$$
$$= \frac{1}{2} m_e v^2 + \left(- \frac{Ze^2}{4\pi\varepsilon_o r} \right)$$

이고 식 (1-3)의 위 식에서 양변에 $-r/2$을 곱하여 운동 에너지 $m_e v^2/2$의 값을 구한 후 위 식에 대입하면

$$E = \frac{Ze^2}{8\pi\varepsilon_o r} + \left(- \frac{Ze^2}{4\pi\varepsilon_o r} \right) \tag{1-12}$$
$$= - \frac{Ze^2}{8\pi\varepsilon_o r}$$

이다.

위 식에 위에서 구한 식 (1-8)의 궤도 반경을 대입하면 양자화된 에너지를 얻는다. 원자 번호 Z인 원자에 수소와 같이 한 개의 전자가 있을 경우, 각 양자화된 궤도에 대해 양자화된 에너지는

$$E = E_n = - \frac{e^4 m_e}{8 h^2 \varepsilon_o^2} \frac{Z^2}{n^2} \tag{1-13}$$
$$= - 13.6 \frac{Z^2}{n^2} \, \text{eV}$$

이다. 여기서 음의 부호는 전자가 핵에 속박되어 있다는 것을 뜻하고, n은 주양자수 (principal quantum number)로 1, 2, 3, ⋯이다.

수소의 경우 원자 번호가 1이므로 그 에너지는

$$E_n = - \frac{13.6}{n^2} \, \text{eV} \tag{1-14}$$

로 n이 1, 2, 3, ⋯일 때만 값

$$E_1 = - 13.6 \, \text{eV}$$
$$E_2 = - 3.40 \, \text{eV}$$
$$E_3 = - 1.50 \, \text{eV}$$
$$E_4 = - 0.80 \, \text{eV}$$

을 가지고 그 사이의 값은 가질 수 없다. 이와 같이 고전 개념과 양자 개념을 사용한

보어의 원자 모형에서도 현대 양자역학 계산으로 나오는 결과와 같은 결과를 얻지만, 전자에 대해 더 정확히 알기 위해서는 현대 양자역학을 이용하여야 한다.

그리고 식 (1-13)에서 n은 전자 껍질을 나타내는 것으로, $n=1$인 경우의 전자 껍질을 K 껍질, $n=2$를 L 껍질, $n=3$을 M 껍질, $n=4$를 N 껍질, $n=5$를 O 껍질, $n=6$을 P 껍질, …이라 한다.

전자는 한 전자 껍질에서 다른 전자 껍질로 에너지 준위(energy level)를 바꾸기 위해서는 에너지를 방출하거나 흡수하여야 한다. 이때 방사 또는 흡수 에너지의 주파수를 ν라 하면 아인슈타인(Einstein) 방정식에 의해 그 에너지 차는

$$\Delta E = h\nu \qquad (1\text{-}15)$$

로 플랑크 상수의 배수로 양자화되어 있다. 한 에너지 준위에서 다른 어떤 가능한 에너지 준위로 바뀌는 것을 양자 점프(quantum jump)라 한다.

에너지 변화를 ΔE라 할 때 $\Delta E < 0$인 경우는 전자가 높은 에너지 준위에서 낮은 에너지 준위로 가면서 방사 에너지(radiation energy)를 방출하는 과정이며, $\Delta E > 0$인 경우는 전자가 낮은 에너지 준위에서 높은 에너지 준위로 감에 따라 방사 에너지를 흡수하는 과정을 나타낸다. 예를 들어, $n=2$의 궤도에 있던 전자가 $n=1$의 궤도로 에너지 준위를 바꿀 때, 두 전자 껍질, K 껍질과 L 껍질의 에너지 차는

$$\begin{aligned}\Delta E &= -13.6 Z^2 \left(\frac{1}{1^2} - \frac{1}{2^2} \right) \text{eV} \qquad (1\text{-}16) \\ &= -13.6 \frac{3}{4} Z^2 \, \text{eV}\end{aligned}$$

이다.

(2) 전자는 같은 에너지 준위에 최대 2개까지의 전자가 채워질 수 있고, 이 두 전자는 반대의 스핀(spin)을 가져야 한다는 파울리 배타 원리(Pauli exclusion principle)를 따른다. 그러므로 헬륨보다 원자 번호가 큰 원자는 모든 전자가 같은 에너지 준위를 차지할 수 없고, 제일 낮은 에너지 준위에 2개의 전자가 들어가고 나머지 전자들은 더 높은 에너지 준위에 들어가야 한다. 이와 같이 동일 에너지 준위를 최대 2개까지의 전자가 동시에 차지할 수 있는데, 이를 파울리 배타 원리라 한다.

(3) 전자의 움직임을 나타내는 모든 물리량을 동시에 완전히 정확하게 측정할 수 없다. 이것을 하이젠베르그(Heisenberg)의 불확정성의 원리(uncertainty principle)라 한다.

이것은 양자역학적인 조건에서 나온 결과를 어떻게 해석해야 되는지를 결정해야 할 때 특히 중요한 원리이다. 이 원리에 따르면 전자의 운동을 완전히 정확하게 묘사할 수는 없다.

운동하는 전자에서 운동량과 위치를 동시에 정확히 알 수 없어 한 직교 좌표축에 대해 그 정확도의 한계는

$$\Delta p_x \cdot \Delta x \geq \frac{h}{2\pi} = \hbar \tag{1-17}$$

의 형식으로 나타낼 수 있다. 여기서 Δp_x는 운동량의 불확정도이고, Δx는 위치의 불확정도이다. 전자의 위치를 Δx의 오차로 정확히 알면 운동량에서의 측정 불확정도는 $\frac{\hbar}{\Delta x}$ 이상이다. 또한 시간과 에너지 모두를 동시에 정확히 알 수 없다. 예를 들면, 광자 (photon)의 에너지와 광자를 방출하는 시간 모두를 정확히 측정할 수 없어 그 한계는

$$\Delta E \cdot \Delta t \geq \frac{h}{2\pi} = \hbar \tag{1-18}$$

이다. 여기서 ΔE는 에너지의 불확정도이고 Δt는 시간의 불확정도이다.

플랑크 상수는 아주 작은 값이기 때문에 전자와 같이 아주 작은 입자에 대한 양을 정확히 알고자 할 때 특히 중요성을 지니게 된다. 결국 전자의 행동은 완전히 정확하게 묘사할 수 없기 때문에, 전자를 발견할 수 있는 확률 함수를 도입하여 전자의 행동을 확률적으로 나타낼 수밖에 없다.

(4) 전자의 운동은 파의 운동을 나타내는 식과 유사한 미분 방정식을 사용해서 나타낼 수 있다. 이 미분 방정식이 슈뢰딩거가 1926년 처음 제안한 슈뢰딩거의 파동 방정식이다. 슈뢰딩거는 원자 내 전자의 양자화된 에너지 준위나 양자 상태가 각각 다른 수의 마디(node)를 지닌 정상파(standing wave)에 대응한다고 가정하였다. 여기서 마디는 파의 진폭이 0인 지점을 말한다. 그리고 정상파란 시간에 따라 위치를 변화시키지 않는 파를 말한다. 정상파와는 반대로 진행파란 시간에 따라 위치를 바꾸는 파를 일컫는다.

그림 1.3에 나타나 있는 양쪽 끝이 고정되어 있고 그 사이를 진동하는 바이올린의 선과 같은 파를 나타내는 식은 간단하게 정현 함수로 표시하면,

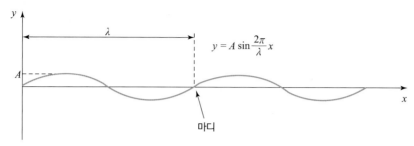

그림 1.3   양쪽 끝이 고정되어 있고 그 사이를 진동하는 바이올린의 진동을 나타내는 파.

$$y = A \sin \frac{2\pi}{\lambda} x \qquad (1\text{-}19)$$

이고, 여기서 A는 파의 최대 진폭을 나타내며 $2\pi x/\lambda$는 파의 위상, λ는 파장, x는 줄 방향으로의 거리, y는 변위 또는 진폭이다. 속도 v로 진행하는 파는 시간을 t로 표시할 때

$$y = A \sin \frac{2\pi}{\lambda}(x \pm vt) \qquad (1\text{-}20)$$

로 나타낼 수 있다. 속도가 없는, 즉 진행하지 않은 파는 간단히 나타내면

$$y = A \sin \frac{2\pi}{\lambda} x \qquad (1\text{-}21)$$

이다.

위 식을 x에 대해 미분하면

$$\frac{\partial y}{\partial x} = \frac{2\pi}{\lambda} A \cos \frac{2\pi}{\lambda} x \qquad (1\text{-}22)$$

이고 미분을 한번 더 하면

$$\frac{\partial^2 y}{\partial x^2} = -\frac{4\pi^2}{\lambda^2} A \sin \frac{2\pi}{\lambda} x \qquad (1\text{-}23)$$

이다. 위의 식들을 정리하면

$$\frac{\partial^2 y}{\partial x^2} + \left(\frac{2\pi}{\lambda}\right)^2 y = 0 \qquad (1\text{-}24)$$

가 된다. 드브로이의 가정에 따라 이러한 파의 파장은

$$\lambda = \frac{h}{p} \tag{1-4}$$

이라 하고, 이를 식 (1-24)에 대입하면

$$\frac{\partial^2 y}{\partial x^2} + \frac{4\pi^2 p^2}{h^2} y = 0 \tag{1-25}$$

가 된다. 운동량 $p = m_e v$이므로 위 식을 다시 쓰면

$$\frac{\partial^2 y}{\partial x^2} + \frac{4\pi^2 m_e^2 v^2}{h^2} y = 0 \tag{1-26}$$

이다.

전체 에너지 E는 운동 에너지 E_k와 퍼텐셜 에너지 E_p의 합이므로 $E = E_k + E_p$이고, 운동 에너지는 $E_k = m_e v^2 / 2$이므로 앞의 두 식을 조합하여 식 (1-26)에 대입하면,

$$\frac{\partial^2 y}{\partial x^2} + \frac{8\pi^2 m_e}{h^2} (E - E_p) y = 0 \tag{1-27}$$

을 얻을 수 있다. 여기에 변위 y 대신 파동 함수 Ψ를 사용하면 다음과 같은 1차원에서 시간 독립 슈뢰딩거 파동 방정식(wave equation)이 만들어진다.

$$\frac{\partial^2 \Psi}{\partial x^2} + \frac{8\pi^2 m_e}{h^2} (E - E_p)\Psi = 0 \tag{1-28}$$

위 식에서 1차원 $\frac{\partial \Psi}{\partial x}$을 3차원으로 확장하여 라플라시안 연산자(Laplacian operator)

$$\nabla^2 = \frac{\partial^2}{\partial x^2} + \frac{\partial^2}{\partial y^2} + \frac{\partial^2}{\partial x^2} \tag{1-29}$$

로 표시하면(여기서 ∇^2는 델 스퀘어드라고 읽는다), 3차원에서의 시간 독립 슈뢰딩거 파동 방정식은

$$\nabla^2 \Psi + \frac{8\pi^2 m_e}{h^2}(E - E_p)\Psi = 0 \tag{1-30}$$

이 된다.

앞의 시간 독립 슈뢰딩거 파동 방정식을 다시 쓰면

$$\left(-\frac{h^2\nabla^2}{8\pi^2 m_e} + E_p\right)\Psi = E\Psi \tag{1-31}$$

이 되고 또는 간단히

$$H\Psi = E\Psi \tag{1-32}$$

로 나타낸다. 여기서 H는 해밀토니안 연산자(Hamiltonian operator), 즉 에너지 연산자로

$$H = -\frac{h^2}{8\pi^2 m_e}\nabla^2 + E_p \tag{1-33}$$

로 정의한다.

식 (1-31)을 만족하는 전자가 일정 체적 내에 있으면 그 경우의 해(solution)는 한 세트(set)의 정상파로 이루어진다. 경계조건(boundary condition)들을 만족하는 각 해는 고유함수(eigenfunction) 또는 고유상태(eigenstate)라 한다. 그리고 각 고유함수는 그것에 해당하는 에너지 E_n 즉 고유값(eigenvalue)을 가지고 있다. 즉 식 (1-31)의 한 해는 고유값이라는 특정한 한 에너지값

$$E_n = -\frac{e^4 m_e}{8h^2 \varepsilon_o^2}\frac{Z^2}{n^2} \tag{1-13}$$

$$= -13.6\frac{Z^2}{n^2}\,\text{eV}$$

에 대해서만 존재한다. 이런 형태의 방정식을 고유값 방정식(eigenvalue equation)이라고 한다.

2) 원자의 전자 분포

식 (1-31)에 전자의 총 에너지 E와 식 (1-10)에 있는 퍼텐셜 에너지 E_p를 대입하여 슈뢰딩거 파동 방정식을 풀면 그 해인 고유함수에서 전자의 분포에 대한 정보를 얻을 수 있고, 그 해에 해당하는 에너지를 알 수 있다. 원자 내의 전자는 구면 대칭(spherical symmetry)을 이루므로 퍼텐셜 에너지도 구면 대칭을 나타낸다. 따라서 퍼텐셜 에너지를 나타내는 식 (1-10)을 직교 좌표계로 다시 쓰면

$$E_p = -\frac{Ze^2}{4\pi\varepsilon_o r} = -\frac{Ze^2}{4\pi\varepsilon_o \sqrt{x^2+y^2+z^2}} \tag{1-34}$$

이 되어 더 복잡한 식이 된다. 직교 좌표계를 이용하여 3차원 파동 방정식을 풀기는 더 어려우므로, 파동 방정식에서 보통 원자핵 주위의 전자의 분포를 그림 1.4의 구면극 좌표계(spherical polar coordinate)를 이용하여 파동함수 $\Psi(x, y, z) = \Psi(r, \theta, \phi)$로 나타낸다. 여기서 변수 r, θ, ϕ는 구면극 좌표계에서의 변수이다. 이 변수를 사용하여 직

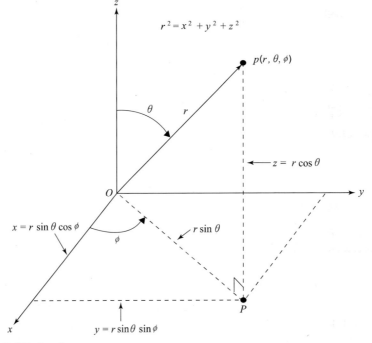

그림 1.4 **구면극 좌표계.**

교 좌표계의 변수 x, y, z를 나타내면, $x = r\sin\theta\cos\theta$, $y = \sin\theta\sin\phi$, $z = r\cos\theta$이다. 그리고, $\Psi(x, y, z)$는 $\Psi(r, \theta, \phi)$로 표시하고 변수 분리가 가능하다고 가정하여 변수 분리법을 써서 다시 나타내면 $\Psi(r, \theta, \phi) = R(r)\Theta(\theta)\Phi(\phi)$이다. 이를 식 (1-30)에 대입하면 다음과 같은 구면 좌표계에서의 3차원 파동 방정식을 유도할 수 있다.

$$\frac{1}{r^2}\frac{\partial}{\partial r}\left(r^2\frac{\partial\Psi}{\partial r}\right) + \frac{1}{r^2}\frac{1}{\sin\theta}\frac{\partial}{\partial\theta}\left(\sin\theta\frac{\partial\Psi}{\partial\theta}\right) \tag{1-35}$$

$$+ \frac{1}{r^2}\frac{1}{\sin^2\theta}\frac{\partial\Psi}{\partial\phi} + \frac{8\pi^2 m_e}{h^2}(E - E_p)\Psi = 0.$$

위 식에서 원자핵 주위의 전자 에너지와 전자의 공간 분포를 계산할 수 있다. 이 방정식의 해와 진동하는 줄을 나타내는 파동 방정식에서 나온 해는 두 해 모두 양자화되어 있고 정수개의 마디를 가지고 있다는 점에서 유사하지만 차이점도 많이 있다. 전자의 위치를 정확하게 알 수 없다는 불확정성의 원리 때문에, 슈뢰딩거 방정식에서 나온 해의 파동 함수를 단순한 진폭으로 간주할 수 없다.

1926년 보른(Born)이 제안한 바와 같이 전자가 임의의 체적 dV 내에서 발견될 확률은 $\Psi^2 dV$로 나타낸다. 이러한 가정은 광학에서 빛의 강도, 즉 광자를 발견할 수 있는 확률은 광파의 진폭 제곱에 비례한다는 사실과 비교해 보면 합리적이라 생각할 수 있다.

원자와 같이 구면 대칭인 경우에는 반경 r과 반경 $r + dr$ 사이에서 전자를 발견할 수 있는 확률은, 반지름 r인 구의 체적 V는 $4\pi r^3/3$이고 $dV = 4\pi r^2 dr$이므로 $4\pi r^2\Psi^2 dr$이다. 3차원 슈뢰딩거의 파동 방정식에서 나온 해 Ψ가 줄의 진동을 나타내는 1차원 파동 방정식에서 나온 해와 다른 점은 3차원 함수이기 때문에 일반적으로 마디가 점이 아니고 면이 된다는 것이다.

수소 원자 내 전자에 대해서는 변수 분리법을 써서 식 (1-35)의 해를 구할 수 있다. 해를 정확히 구하는 것은 아주 복잡하므로 생략하고, 여기서는 그 결과 중의 일부를 표 1.1에 함수 $R(r)$과 함수 $\Theta(\theta)\Phi(\phi)$로 나타내었다. 1차원 파동 방정식의 해는 한 가지의 양자수(줄 방향의 마디수)로 나타나지만, 3차원 파동 방정식을 풀면 그 해인 각 파동함수는 세 가지 양자수에 의해 나타내어진다. 이 세 양자수는 주양자수(n), 부양자수(angular momentum quantum number, l) 그리고 자기 양자수(magnetic quantum number, m)이다. 이 세 양자수(n, l, m)의 각각의 조합을 원자 궤도(atomic orbital)라고 한다.

앞에서 나온 바와 같이 주양자수(n)는 전자 껍질을 나타내고 양의 정수값 $n = 1, 2,$ $3, \cdots$의 값을 지닌다. 보어의 원자 모형에서와 같이 전자가 하나인 수소의 경우 전체 에너지는

$$E_n = -\frac{13.6}{n^2}\,\mathrm{eV} \tag{1-14}$$

로 표시되어 주양자수는 전자의 총 에너지가 어떻게 양자화되어 있는지를 나타낸다.

두 번째 양자수인 부양자수(l)는 궤도 각 운동량(orbital angular momentum)의 양자화된 방식을 나타낸다. 부양자수는 0부터 $(n-1)$까지의 정수값을 가지고, 이 숫자를 주양자수 n과 혼동하지 않도록 하기 위해 $l = 0$을 s(분광학에서 유래된 것으로 sharp에서옴), $l = 1$을 p(principal에서 옴), $l = 2$를 d(diffuse에서 옴), $l = 3$을 f(fundamental에서옴) 등으로 표시한다.

세 번째 양자수는 자기양자수(m)로 전자의 각 운동량 벡터와 가해진 전기 마당 사이

표 1.1 전자가 하나인 원자에 대한 궤도 파동 함수의 거리 및 각도 의존성.

궤도	$R(r)$	$\Theta(\theta)\,\Phi(\phi)$
$1s$	e^{-kr}	1
$2s$	$(2-kr)e^{-kr/2}$	1
$2p_x$	$kr\,e^{-kr/2}$	$\sin\theta\cos\phi = x/r$
$2p_y$	$kr\,e^{-kr/2}$	$\sin\theta\sin\phi = y/r$
$2p_z$	$kr\,e^{-kr/2}$	$\cos\theta = z/r$
$3s$	$(27-18kr+2k^2r^2)e^{-kr/3}$	1
$3p_x$	$kr(6-kr)e^{-kr/3}$	$\sin\theta\cos\phi = x/r$
$3p_y$	$kr(6-kr)e^{-kr/3}$	$\sin\theta\sin\phi = y/r$
$3p_z$	$kr(6-kr)e^{-kr/3}$	$\cos\theta = z/r$
$3d_{xy}$	$k^2 r^2\,e^{-kr/3}$	$\sin\theta\cos\phi\sin\phi = xy/r^2$
$3d_{yz}$	$k^2 r^2\,e^{-kr/3}$	$\sin\theta\cos\theta\sin\phi = yz/r^2$
$3d_{zx}$	$k^2 r^2\,e^{-kr/3}$	$\sin\theta\cos\theta\cos\phi = xz/r^2$
$3d_{x^2-y^2}$	$k^2 r^2\,e^{-kr/3}$	$\sin^2\theta\,(\cos^2\phi-\sin^2\phi) = (x^2-y^2)/r^2$
$3d_{z^2}$	$k^2 r^2\,e^{-kr/3}$	$3\cos^2\theta - 1 = (3z^2-r^2)/r^2$

의 각도의 척도이며, $-l$, $(-l+1)$, $\cdots$, -1, 0, 1, $\cdots$, $(l-1)$, l인 $(2l+1)$개의 정수값을 가진다.

네 번째 양자수는 스핀 양자수(spin quantum number, m_s)로 전자의 스핀을 나타낸다. 여기서 전자의 스핀이라 하는 것은 전자 자체의 자기 모멘트(magnetic moment)를 말한다. 스핀 양자수는 슈뢰딩거 방정식의 해에서는 나온 세 가지 양자수에는 포함되지 않았던 양자수로 $+1/2$와 $-1/2$의 두 값을 지닌다. 스핀 양자수는 자기 마당(magnetic field)을 가했을 때 원자 상태를 관찰한 결과를 설명하기 위해 추가된 양자수이다.

예를 들어, 어떤 원자에서 $n=3$, $l=2$인 d 상태에서 -2, -1, 0, 1, 2의 5개의 m 상태를 지닐 것이다. 그림 1.5의 왼쪽과 같이 자기 마당이 가해지지 않는 경우에 관련 에너지인 고유값은 m에 영향을 받지 않고 n에 따라 달라지므로 이 5개의 m 상태는 같은 하나의 에너지를 지닐 것이다.

그러나 그림의 오른쪽과 같이 자기 마당을 가해주면 상태의 자기 모멘트 벡터(magnetic moment vector)와 자기 마당 벡터(magnetic field vector) 사이의 상호작용으로 5개의 m 상태로 갈라진다. 이러한 상호작용을 제만 갈라지기(Zeeman splitting)라고 한다. 이때 궤도 모멘트가 가해진 자기 마당에 평행한 상태는 궤도 모멘트가 반대 평행인 상태에 비하여 낮은 에너지를 지닌다. 전자 스핀을 고려하지 않는 경우에는 $(2l+1)$개의 m에 해당하는 5개인 홀수 상태를 관찰할 수 있을 것이다.

그러나 실제 관찰한 결과 짝수개의 상태를 관찰하게 되었고 이것을 설명하기 위해 전자의 각 모멘트 또는 자기 모멘트와 관련이 있는 네 번째의 양자수인 스핀 양자수를 생각하게 되었다. 각 m에 대해 두 상태가 관측되었으므로 스핀 양자수는 각 m에 대해 $+1/2$와 $-1/2$의 두 값을 지니고 그 값은 반대이다.

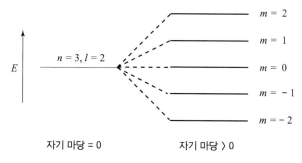

그림 1.5 자기 마당이 가해지지 않을 때 같은 에너지를 지니나, 자기 마당을 가해주면 5개의 m 상태로 갈라진다.

표 1.2 **양자수와 전자의 상태.**

주양자수, n	부양자수, l	자기 양자수, m	스핀 양자수, m_s
1	0	0	$\pm 1/2$
2	0	0	$\pm 1/2$
	1	-1	$\pm 1/2$
	1	0	$\pm 1/2$
	1	1	$\pm 1/2$
3	0	0	$\pm 1/2$
	1	-1	$\pm 1/2$
	1	0	$\pm 1/2$
	1	1	$\pm 1/2$
	2	-2	$\pm 1/2$
	2	-1	$\pm 1/2$
	2	0	$\pm 1/2$
	2	1	$\pm 1/2$
	2	2	$\pm 1/2$

파울리 배타 원리에 의해 각 궤도$(n,\ l,\ m)$에는 최대 2개까지의 전자가 들어갈 수 있고, 이 2개의 전자는 반대의 스핀을 지녀야 한다. 그러나 $(n,\ l,\ m)$에 스핀 양자수(m_s)가 추가되어 만들어진 각 $(n,\ l,\ m,\ m_s)$ 상태는 파울리 배타 원리에 따라 최대 1개의 전자를 지닐 수 있다.

지금까지 서술한 네 개의 양자수로써 전자의 상태에 대한 완전한 설명이 가능하다. 표 1.2는 $n = 3$까지의 주양자수에 대한 부양자수, 자기 양자수, 스핀 양자수를 구하여 전자의 상태를 표시한 것이다.

표 1.1에 있는 슈뢰딩거 방정식의 해에서 원자핵 주위의 전자 분포가 어떻게 되어 있는지 알아보자. 전자를 원자핵에서 반경 r과 반경 $r + dr$ 사이에서 발견할 수 있는 확률은

$$\Psi^2 dV = 4\pi r^2 \Psi^2 dr \tag{1-36}$$

이고, 파동함수를 변수 분리하여 $\Psi(r,\ \theta,\ \phi) = R(r)\,\Theta(\theta)\,\Phi(\phi)$라 하면 이 확률은 $4\pi r^2\,R^2(r)\,\Theta^2(\theta)\,\Phi^2(\phi)dr$이다. 여기서 $R^2(r)$은 전자 분포함수에서 반지름 방향으로의 전자 발견 확률 인자이므로 이를 지름 확률 인자(radial probability factor)라 하고,

$\Theta^2(\theta)\,\Phi^2(\phi)$는 전자 분포함수 중 각도에 의존하는 인자이므로 각 의존 확률 인자 (angular dependent probability factor)라 한다.

앞에서 기술한 바와 같이 슈뢰딩거 방정식의 해의 마디는 면으로 이루어져 있으며 마디에서 파동함수는 0이므로 전자를 발견할 수 있는 확률도 0이 된다. 파동 함수를 변수 분리하여 $\Psi(r,\theta,\phi)=R(r)\,\Theta(\theta)\,\Phi(\phi)$라 하면 파동함수가 0이 되는 경우는 $R(r)=0$, $\Theta(\theta)=0$, $\Phi(\phi)=0$의 세 가지가 있다. $R(r)=0$인 경우에 생기는 마디면은 구면이 되므로 구면 마디(spherical node)라 하고, $\Theta(\theta)=0$인 경우 생기는 마디면은 평면이므로 면 마디(planar node)라 하며, $\Phi(\phi)=0$인 경우 생기는 마디면은 원추면이므로 원추 마디(conical node)라 한다.

먼저 간단한 경우로 $\Theta(\theta)\,\Phi(\phi)=1$일 때의 전자 분포를 알아보자. 이때는 각 의존 확률 인자 $\Theta^2(\theta)\,\Phi^2(\phi)=1$이 되어 전자 분포가 각도에 무관하게 된다. 먼저 1s를 살펴보자. 1s는 표 1.1에서

$$R(r)=e^{-kr},\ \Theta(\theta)\Phi(\phi)=1 \tag{1-37}$$

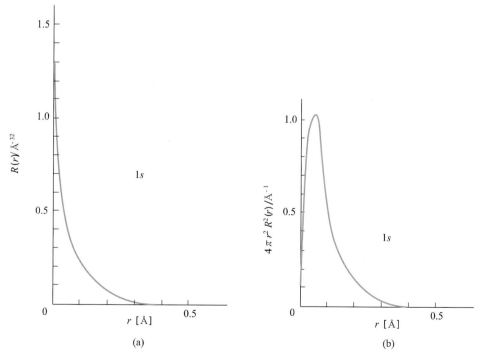

그림 1.6　(a) $1s$ 궤도에서 지름 부분 $R(r)$, (b) $1s$ 궤도에서 지름 부분의 확률 분포 $R^2(r)$.

이고 여기서 k는 상수이다. 여기서 각 의존 확률 인자가 1이므로 그 전자 분포함수는 각도에 무관하고, 원점으로부터의 거리에 따라서만 전자 분포함수가 달라진다. 그림 1.6(a)는 $1s$의 경우 $R(r)$을, (b)는 $R^2(r)$을 표시한 것이다.

다음으로 $2s$에 대해서는 표 1.1에서

$$R(r) = (2 - kr)e^{-kr/2}, \ \Theta(\theta)\Phi(\phi) = 1 \tag{1-38}$$

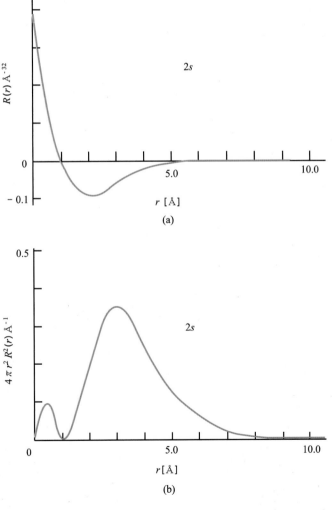

그림 1.7   (a) $2s$ 궤도에서 지름 부분 $R(r)$, (b) $2s$ 궤도에서 지름 부분의 확률 분포 $R^2(r)$.

이다. 그림 1.7(a)는 $R(r)$을, (b)는 $R^2(r)$을 표시한 것이다.

3s의 경우 표 1.1에서

$$R(r) = (27 - 18kr + 2k^2r^2)e^{-kr/3}, \ \Theta(\theta)\Phi(\phi) = 1 \tag{1-39}$$

이다. 그림 1.8(a)는 $R(r)$을, (b)는 $R^2(r)$을 표시한 것이다.

$R(r) = 0$인 곳을 구면 마디라 하며 그림 1.6(a)에서 $r = \infty$로 1개, 그림 1.7(a)에서 $r = 2/k$와 $r = \infty$의 2개, 그림 1.8(a)에서 구면 마디는 2차 방정식 $27 - 18kr + 2k^2r^2 = 0$의 해 2개와 $r = \infty$를 합쳐 3개이다. 구면 마디의 개수는 주양자수 n과 같다.

전자를 발견할 수 있는 확률은 구면 마디에서 0이고, 또 마디는 아니나 $r = 0$인 곳에

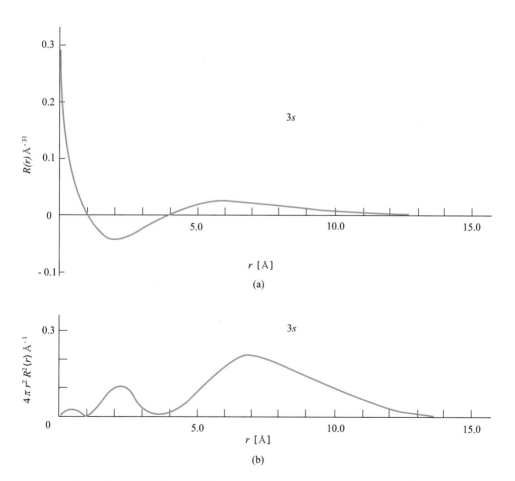

그림 1.8 (a) 3s 궤도에서 지름 부분 $R(r)$, (b) 3s 궤도에서 지름 부분의 확률 분포 $R^2(r)$.

서도 전자의 발견 확률이 0이 된다. 마디가 아닌 다른 부분에서의 전자 발견 확률은 그림 1.6(b), 1.7(b)와 1.8(b)에 나타낸 것과 같이 거리 r에 따라 변하게 되어 마디 사이의 어느 지점에서 최고치를 나타내고, 이 최고치는 거리에 따라 증가한다.

$2p$, $3p$, $3d$ 전자와 같이 각 의존 확률 인자가 1이 아닌 경우, 전체 전자 발견 확률은 거리에 따른 지름 확률 인자와 각 의존 확률 인자의 곱으로 나타낸다.

먼저 거리에 따른 전자 분포함수를 살펴보자. $2p$ 전자의 경우

$$R(r) = kre^{-kr/2} \tag{1-40}$$

이고, $3p$의 경우,

$$R(r) = kr(6 - kr)e^{-kr/3} \tag{1-41}$$

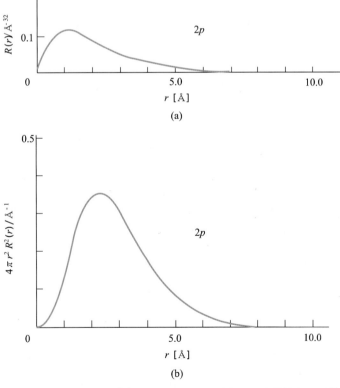

그림 1.9   (a) $2p$ 궤도에서 지름 부분 $R(r)$, (b) $2p$ 궤도에서 지름 부분의 확률 분포 $R^2(r)$.

이고, $3d$의 경우

$$R(r) = k^2 r^2 e^{-kr/3} \qquad (1\text{-}42)$$

이다. 이들의 $R(r)$와 r에 따른 전자 발견 확률을 그린 것이 그림 1.9, 1.10과 1.11이다.

표 1.1에서 $\Theta(\theta)\,\Phi(\phi)$의 값은 $2p_x$의 경우

$$\cos\phi\sin\theta = \frac{x}{r} \qquad (1\text{-}43)$$

이고, $2p_y$의 경우

$$\sin\phi\sin\theta = \frac{y}{r} \qquad (1\text{-}44)$$

이고, $2p_z$의 경우

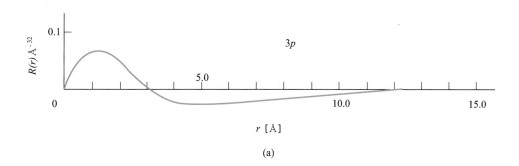

(a)

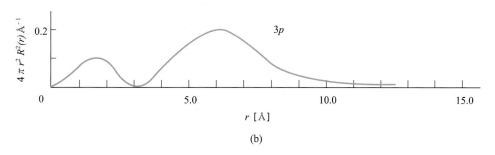

(b)

그림 1.10 (a) $3p$ 궤도에서 지름 부분 $R(r)$, (b) $3p$ 궤도에서 지름 부분의 확률 분포 $R^2(r)$.

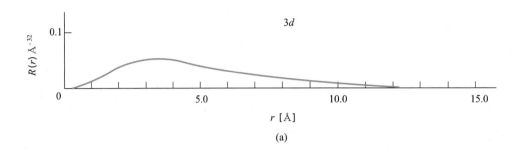

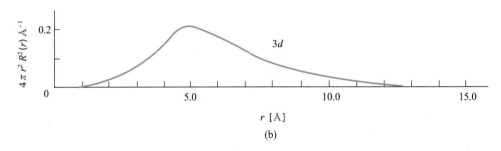

그림 1.11 (a) $3d$ 궤도에서 지름 부분 $R(r)$, (b) $3d$ 궤도에서 지름 부분의 확률 분포 $R^2(r)$.

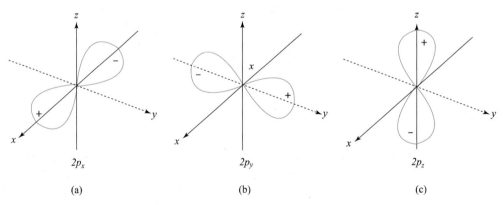

그림 1.12 궤도 $2p_x$, $2p_y$, $2p_z$.

$$\cos\theta = \frac{z}{r} \tag{1-45}$$

로 그림 1.12(a), (b)와 (c)에 각도에 따른 값을 나타내었다.

$\Theta(\theta)\,\Phi(\phi)=0$으로 각도에 의존하는 전자 분포함수가 0이 되는 마디를 비구면 마디 (nonspherical node)라 하는데, 이는 앞에서의 면마디와 원추 마디를 통틀어서 이야기하

는 것이다. 그림 1.12(a)에서는 $x=0$인 면, 1.12(b)에서는 $y=0$인 면, 1.12(c)에서 보면 $z=0$인 면은 원점을 지나는 비구면 마디로 각 그림에서 1개씩 있다. 원점을 지나는 비구면 마디의 수는 부양자수 l과 같다. 이 세 p궤도의 전자는 각각 구면 대칭이 아니고 특정 방향으로 치우쳐 있기 때문에 방향성을 지닌다.

원자간 결합이 방향성인지 아닌지는 원자핵 주위의 전자 궤도가 방향성을 나타내는지 여부에 달려 있다. 원점을 지나는 비구면 마디의 수인 l이 0이면, $1s$ 또는 $2s$ 궤도와 같이 궤도는 구면 대칭인 전자 분포를 지니게 되어 원자간 결합은 비방향성이 된다. 부양자수 l이 0이 아니면 각 의존 확률 인자 때문에 방향성을 지니고, 원자와 원자가 결합을 할 때도 방향성 결합이 된다.

그러나 이 세 p 궤도에 전자가 가득차게 되면 그 합은 구면 대칭을 지니게 되어 방향성이 없어지고 이러한 원자들은 비방향성 결합을 하게 된다. 각 의존 확률 인자 $\Theta^2(\theta)\,\Phi^2(\phi)$도 $\Theta(\theta)\,\Phi(\phi)$를 제곱한 것으로 나타낸다.

$3d_{xy}$, $3d_{yz}$, $3d_{zx}$, $3d_{x^2-y^2}$, $3d_{z^2}$ 전자의 $\Theta(\theta)\,\Phi(\phi)$는 그림 1.13에 나타내었다. 여기에서는 원점을 지나는 비구면 마디의 개수가 2이다. $3d$ 궤도의 전자도 부양자수 l이 0이 아니기 때문에 방향성을 지니고 원자 결합 시 방향성을 지닌다.

그러나 $2p$의 경우와 마찬가지로 5가지의 d 궤도에 전자가 가득차게 되어 다 합하면 구면 대칭이 되고, 7가지의 f 궤도에 전자가 가득차게 되면 구면 대칭이 된다. 그러므로 가득찬 전자 껍질은 원자핵 주위의 전자 분포를 구면 대칭이 되게 하고, 이러한 원자들은 비방향성 결합을 하게 된다. 각 의존 확률 인자 $\Theta^2(\theta)\,\Phi^2(\phi)$는 앞에서와 마찬가지로 $\Theta(\theta)\,\Phi(\phi)$의 제곱으로 나타낸다.

전체적인 전자 분포함수는 지름 확률 인자와 각 의존 확률 인자를 곱한 것이다.

그림 1.14(a)는 $2p_x$ 전자에 대한 지름 확률 인자와 각 의존 확률 인자를, 그림 1.14(b)는 그 곱인 전체 전자 분포를 나타낸 것이다. 그림 1.14(b)는 xy면 위에 있는 점에서 전자를 발견할 수 있는 확률을, z축을 따른 높이로 나타낸 그림이다.

3) 원자의 전자 배치

이제까지 우리는 수소와 같이 전자가 하나인 원자에 대한 슈뢰딩거 방정식의 해에 대해 설명하였다. 이 경우 바닥 상태(ground state)는 $n=1$, $l=0$, $m=0$, $m_s=\pm1/2$이고 나머지 고유상태는 이 전자가 더 높은 에너지로 여기된(excited) 상태이다. 전자가 하나

인 원자의 경우 그 에너지는

$$E_n = -13.6 \frac{Z^2}{n^2} \text{ eV} \tag{1-13}$$

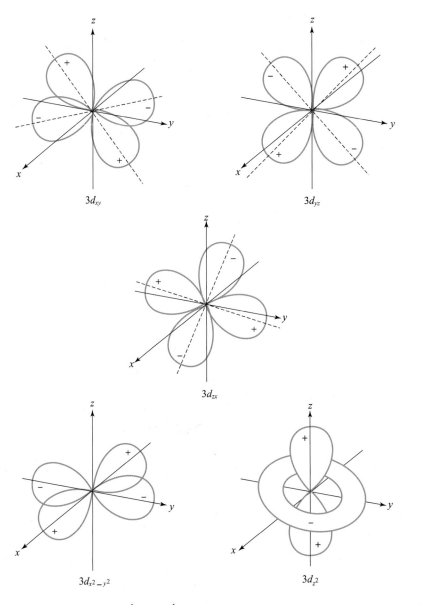

그림 1.13 **궤도** $3d_{xy}$, $3d_{yz}$, $3d_{zx}$, $3d_{x^2-y^2}$, $3d_{z^2}$.

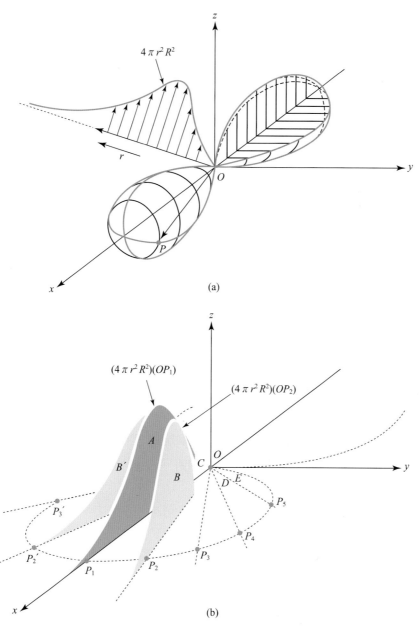

(a)

(b)

그림 1.14 (a) $2p_x$ 궤도에서 전자의 확률 분포를 기하학적으로 표시한 그림, (b) $2p_x$ 궤도에서 Ψ^2을 xy면 위에 나타낸 그림. 곡선의 종 좌표는 xy면에서 단위 부피당 전자를 발견할 수 있는 확률에 비례하는 값이다. 종 좌표의 비 $A : B : C : D$는 선분 길이의 비 $|OP_1| : |OP_2| : |OP_3| : |OP_4|$와 같은데, 이는 지름 확률 인자 R^2이 모든 곡선에 대하여 같기 때문이다. 또한 점선으로 된 곡선은 각의존 확률 인자 $\Theta^2(\theta)\,\Phi^2(\phi)$을 나타낸다.

이고, 원자 번호가 1인 경우, 그 에너지는

$$E_n = -\frac{13.6}{n^2}\,\text{eV} \tag{1-14}$$

로 n에만 의존하게 된다. 이를 그린 것이 그림 1.15(a)이다.

전자의 분광학적 표시(spectroscopic designation)에서 첫 번째 기호는 주양자수 n을, 두 번째 기호는 l의 값에 해당하는 기호를, 하첨자는 m의 값을 나타낸다. 예를 들어, $2p_x$의 경우 2는 주양자수를, p는 l의 값을, x는 m의 값을 나타낸다. 한 원자의 전자 구조를 표시하기 위해서 종종 하첨자를 생략하고 주어진 n과 l에 해당하는 궤도에 들어 있는 전자의 수를 나타내기 위해 상첨자를 사용한다.

예를 들어, 4의 경우 모든 전자가 다 들어 찼을 경우 $4s^2$, $4p^6$, $4d^{10}$과 $4f^{14}$로 표시한다. 따라서 전자가 하나인 원자의 경우 전자 구조는

$$1s^2\ \ 2s^2\ \ 2p^6\ \ 3s^2\ \ 3p^6\ \ 3d^{10}\ \ 4s^2\ \ 4p^6\ \ 4d^{10}\ \ 4f^{14}\ \ 5s^2\ \cdots$$

과 같이 표시한다.

전자가 하나인 원자에 두 번째 전자를 더하게 되면(원자 번호가 2 이상인 모든 원소와 같이), 파울리 배타 원리, 스핀–스핀 상호작용 또는 쿨롱 상호작용 등의 전자와 전자 간의 상호작용으로 인하여 전자의 에너지는 전자가 하나인 경우와 달리 에너지 준위가 주양자수 n에만 의존하지는 않는다. 2개 이상의 전자를 가진 원자에서 정확한 슈뢰딩거의 해는 불가능하나 정성적으로 그 에너지 준위를 예측하는 방법은 양자역학 교과서에 잘 나와있다.

그 결과만을 이용하면 전자가 2개 이상인 원소에서 원자핵 주위의 전자 에너지는 전자 상호간의 작용으로 에너지 준위가 갈라지게 된다. 이를 나타낸 것이 그림 1.15(b)이다. 원자 하나에서 전자가 배치될 경우 전자는 낮은 에너지 준위부터 차례로 파울리 배타 원리를 만족하면서 채워진다. 전자가 채워지는 순서는

$$1s^2\ \ 2s^2\ \ 2p^6\ \ 3s^2\ \ 3p^6\ \ 4s^2\ \ 3d^{10}\ \ 4p^6\ \ 5s^2\ \ 4d^{10}\ \ 5p^6\ \ 6s^2\ \ 4f^{14}\ \ 5d^{10}\ \ 6p^6\ \cdots$$

이 된다. 이 순서를 그림으로 나타내면 그림 1.16이 되고 여기서 화살표는 채워지는 순서를 나타낸 것이다.

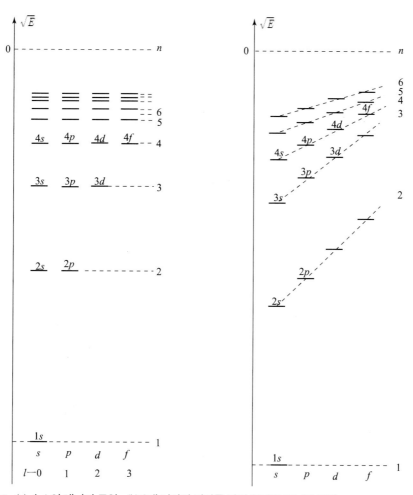

그림 1.15　(a) 수소의 에너지 준위, (b) 2개 이상의 전자를 가진 원자의 에너지 준위.

　교환 상호작용(exchange interaction)으로 알려진 전자 스핀의 상호작용으로 인해 평행하게 스핀 배치가 일어나면 또한 에너지가 더 낮아진다. 이로 인하여 원소에서 전자가 채워질 때 따르는 또 하나의 규칙은 훈트(Hund)의 최대 다양성(maximum multiplicity)의 규칙이다. 이 규칙은 $l \neq 0$인 경우 반대 스핀의 두 번째 전자가 채워지기 전에 그 l에 해당하는 모든 궤도는 같은 스핀으로 먼저 채워져야 한다는 것이다. 이렇게 되면 짝이 아닌 전자의 수가 최대가 된다.

　예를 들어, 5개의 $3d$ 전자를 가진 원자에서 $5d$ 궤도 각각은 전자 하나씩을 가지고 모든 스핀은 모두 평행하게 된다. 여기에 6번째의 전자가 추가되면 반대 스핀을 지니게

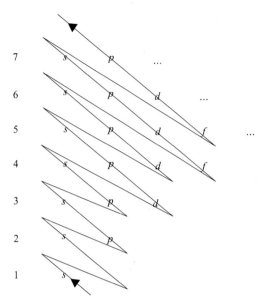

그림 1.16 전자가 2개 이상인 원자에서 전자가 채워지는 순서.

된다. Fe나 Mn과 같은 원소의 큰 자기 모멘트는 훈트의 법칙에 기인한다.

원소에서 각 에너지 준위를 파울리 배타 원리와 훈트의 최대 다양성 규칙에 따라 채우게 되는데 표 1.3에 원자 번호 30까지의 원소에 대해 전자 배치를 그려두었다. 원자 번호 22인 Ti의 경우 그림 1.16에서와 같이 $4s$의 에너지 준위가 $3d$보다 더 낮으므로 전자가 $4s$를 먼저 채운 후에 $3d$에 채워져

$$1s^2 \ 2s^2 \ 2p^6 \ 3s^2 \ 3p^6 \ 4s^2 \ 3d^2$$

의 전자 배치를 갖게 된다.

전이 금속 중에서 Cr과 Cu의 경우 파울리 배타 원리와 훈트의 다양성의 법칙만을 적용하면 전자 구조는 [Ar]$4s^2 3d^4$와 [Ar]$4s^2 3d^9$이 되어야 하나 실제 전자 구조는 [Ar]$4s^1 3d^5$와 [Ar]$4s^1 3d^{10}$이 된다. 이것은 구면 대칭 효과가 에너지를 낮추어 주었기 때문이다.

어떤 중금속의 전자 배치는 이상과 같은 설명으로도 충분하지가 않다. 예를 들어, Nb, Ru과 Rh은 $5s$ 궤도에 전자 1개가 들어가고 나머지 전자는 $4d$ 궤도에 4, 7, 8개가 각각 들어있다. 이러한 예외가 생긴 이유에 대한 설명은 이 책의 수준을 벗어난다. 원자 번호 36까지의 원소에 대한 전자 배치를 표로 만들어 표 1.4에 표시하였다.

표 1.3 주기율표의 처음 30가지 원소에 대한 전자 배치.

		$1s$	$2s$	$2p$	$3s$	$3p$	$4s$	$3d$
H	$1s$	↑		○○○				
He	$1s^2$	↑↓		○○○				
Li	$1s^2 2s$	↑↓	↑	○○○				
Be	$1s^2 2s^2$	↑↓	↑↓	○○○				
B	$1s^2 2s^2 2p$	↑↓	↑↓	↑○○				
C	$1s^2 2s^2 2p^2$	↑↓	↑↓	↑↑○				
N	$1s^2 2s^2 2p^3$	↑↓	↑↓	↑↑↑				
O	$1s^2 2s^2 2p^4$	↑↓	↑↓	↑↓↑↑				
F	$1s^2 2s^2 2p^5$	↑↓	↑↓	↑↓↑↓↑				
Ne	$1s^2 2s^2 2p^6$	↑↓	↑↓	↑↓↑↓↑↓				
Na	$3s$	↑↓	↑↓	↑↓↑↓↑↓	↑	○○○		
Mg	$3s^2$	↑↓	↑↓	↑↓↑↓↑↓	↑↓	○○○		
Al	$3s^2 3p$	↑↓	↑↓	↑↓↑↓↑↓	↑↓	↑○○		
Si	$3s^2 3p^2$	↑↓	↑↓	↑↓↑↓↑↓	↑↓	↑↑○		
P	$3s^2 3p^3$	↑↓	↑↓	↑↓↑↓↑↓	↑↓	↑↑↑		
S	$3s^2 3p^4$	↑↓	↑↓	↑↓↑↓↑↓	↑↓	↑↓↑↑		
Cl	$3s^2 3p^5$	↑↓	↑↓	↑↓↑↓↑↓	↑↓	↑↓↑↓↑		
Ar	$3s^2 3p^6$	↑↓	↑↓	↑↓↑↓↑↓	↑↓	↑↓↑↓↑↓		
K	$4s$	↑↓	↑↓	↑↓↑↓↑↓	↑↓	↑↓↑↓↑↓	↑	○○○○○
Ca	$4s^2$	↑↓	↑↓	↑↓↑↓↑↓	↑↓	↑↓↑↓↑↓	↑↓	○○○○○
Sc	$4s^2 3d$	↑↓	↑↓	↑↓↑↓↑↓	↑↓	↑↓↑↓↑↓	↑↓	↑○○○○
Ti	$4s^2 3d^2$	↑↓	↑↓	↑↓↑↓↑↓	↑↓	↑↓↑↓↑↓	↑↓	↑↑○○○
V	$4s^2 3d^3$	↑↓	↑↓	↑↓↑↓↑↓	↑↓	↑↓↑↓↑↓	↑↓	↑↑↑○○
Cr	$4s^1 3d^5$	↑↓	↑↓	↑↓↑↓↑↓	↑↓	↑↓↑↓↑↓	↑	↑↑↑↑↑
Mn	$4s^2 3d^5$	↑↓	↑↓	↑↓↑↓↑↓	↑↓	↑↓↑↓↑↓	↑↓	↑↑↑↑↑
Fe	$4s^2 3d^6$	↑↓	↑↓	↑↓↑↓↑↓	↑↓	↑↓↑↓↑↓	↑↓	↑↓↑↑↑↑
Co	$4s^2 3d^7$	↑↓	↑↓	↑↓↑↓↑↓	↑↓	↑↓↑↓↑↓	↑↓	↑↓↑↓↑↑↑
Ni	$4s^2 3d^8$	↑↓	↑↓	↑↓↑↓↑↓	↑↓	↑↓↑↓↑↓	↑↓	↑↓↑↓↑↓↑↑
Cu	$4s^1 3d^{10}$	↑↓	↑↓	↑↓↑↓↑↓	↑↓	↑↓↑↓↑↓	↑	↑↓↑↓↑↓↑↓↑↓
Zn	$4s^2 3d^{10}$	↑↓	↑↓	↑↓↑↓↑↓	↑↓	↑↓↑↓↑↓	↑↓	↑↓↑↓↑↓↑↓↑↓

표 1.4 정상 상태에서 원자의 전자 배치.

		He	Ne		Ar		Kr		
		$1s$	$2s$	$2p$	$3s$	$3p$	$3d$	$4s$	$4p$
H	1	1							
He	2	2							
Li	3	2	1						
Be	4	2	2	1					
B	5	2	2	2					
C	6	2	2	3					
N	7	2	2	4					
O	8	2	2	5					
F	9	2	2						
Ne	10	2	2	6					
Na	11					1			
Mg	12					2			
Al	13				2	1			
Si	14		Ne 속		2	2			
P	15				2	3			
S	16				2	4			
Cl	17				2	5			
Ar	18	2	2	6	2	6			
K	19						1		
Ca	20						2		
Sc	21						1	2	
Ti	22						2	2	
V	23						3	2	
Cr	24						5	1	
Mn	25						5	2	
Fe	26						6	2	
Co	27		Ar 속				7	2	
Ni	28						8	2	
Cu	29						10	1	
Zn	30						10	2	
Ga	31						10	2	1
Ge	32						10	2	2
As	33						10	2	3
Se	34						10	2	4
Br	35						10	2	5
Kr	36	2	2	6	2	6	10	2	6

4) 원소의 주기적 성질

전자 껍질이 꽉 채워진 전자 배치를 가지면 안정한 전자 구조가 된다. 다음에 표시한 순서

$$1s^2 \mid 2s^2\ 2p^6 \mid 3s^2\ 3p^6 \mid 4s^2\ 3d^{10}\ 4p^6 \mid 5s^2\ 4d^{10}\ 5p^6 \mid 6s^2\ 4f^{14}\ 5d^{10}\ 6p^6 \mid \cdots$$

He   Ne   Ar   Kr   Xe   Rn

에서 수직 막대로 표시한 꽉 채워진 전자 배치를 지닌 원소는 화학적으로 매우 안정하므로 불활성 원소(inert element)라고 한다. 이 원소들은 표준 조건에서 단원자 기체이므로 불활성 기체(inert gas)라고도 한다. 불활성 기체 원소는 주기율표에서 각 열(series)에서 마지막을 차지하고 있다.

주기율표에서 바깥 $3d$, $4d$ 또는 $5d$ 버금껍질(subshell)에 1개에서 9개의 전자를 지닌 원소를 전이 원소(transition element)라고 한다. $4f$와 $5f$를 채우는 열에 있는 원소를 각각 란탄족(lanthanide)과 악티늄족(actinide) 원소라고 한다. 꽉 채워진 껍질에다 전자가 1개 더 있는 원소를 알칼리(alkali) 금속, 전자가 2개 더 있는 원소를 알칼리토(alkaline earth) 원소라고 한다.

원자의 성질은 원자 번호에 따라 달라지는데 이것은 궤도에 전자가 채워지는 배치 순서에 따라 큰 영향을 받는다. 다음에 설명할 이온 결합(ionic bond)을 더 잘 이해하기 위해 이온화 퍼텐셜(ionization potential)과 전자 친화도(electron affinity)를 알아보자.

1차 이온화 퍼텐셜은 다음 식에서와 같이 독립된 기체 상태의 중성 원자 A에서 전자 하나를 떼어내고, 양이온 A^+와 전자를 무한대의 거리로 분리시키는 데 필요한 에너지이다.

$$A_{(g)} + E_l \rightarrow A_{(g)}^+ + e^- \tag{1-46}$$

표 1.5는 원소들의 이온화 퍼텐셜을 나타내고 있다. 표에서 I의 하첨자는 원자에서 떼어내는 전자의 순서로 차례로 1차, 2차, 3차 및 4차 이온화 퍼텐셜을 나타낸다. 불활성 원소는 안정되고, 채워진 전자 껍질 배치를 이루고 있기 때문에 이러한 원소들에서 전자 하나를 제거하여 이온화하는 데 특히 많은 에너지가 필요하다. 다른 원소들은 불활성 기체보다 낮은 이온화 퍼텐셜을 가지고 있다. 표에서 보면 한 칸에서 원자 번호가 증가하면 1차 이온화 퍼텐셜은 점차 증가한다.

알칼리 금속은 쉽게 전자 하나를 내놓아 양이온 A^+로 되어 구면 대칭인 꽉 채워진

껍질 배치를 갖게 된다. 따라서 1차 이온화 퍼텐셜이 작은 원소로는

$$Li(Z=3, \; 2s에서\;첫\;전자)$$
$$Na(Z=11, \; 3s에서\;첫\;전자)$$
$$K(Z=19, \; 4s에서\;첫\;전자)$$
$$Rb(Z=37, \; 5s에서\;첫\;전자)$$
$$Cs(Z=55, \; 6s에서\;첫\;전자)$$

이 있고, 여기에서 원자 번호가 증가하면 제거되는 전자와 원자핵 사이의 거리가 멀어지므로 이온화 퍼텐셜이 감소한다. 마찬가지로 원자 번호가 4(Be), 12(Mg), 20(Ca), 38(Sr)과 56(Ba)으로 증가함에 따라 2차 이온화 퍼텐셜도 감소한다. Pb($Z=82$)의 경우 매우 낮은 2차 이온화 퍼텐셜을 가지고 있기 때문에 2가로 이온화된 Pb를 이온 결합 결정에서 흔히 볼 수 있다.

이와 같이 이온화 퍼텐셜값은 원소의 전자 배치와 밀접한 연관이 있다. 유명한 멘델레프(Mendeleev)의 주기율표도 이러한 관계에서 만들어진 것이다. 원소는 바깥 전자의 배치에 따라 금속, 부도체, 반도체의 세 가지로 크게 나눈다. 대개 주기율표의 왼쪽에 있는 원소는 전자 주개(doner)이고, 오른쪽에 있는 원소는 전자 받개(acceptor)이다. 전이 원소는 왼쪽에 있는 원소와 유사한 전자 배치를 갖고 있기 때문에 금속이다.

무한대로 떨어져 있던 전자 하나가 기체 상태의 원자 하나에 더해져서 다음 식과 같이 음전하가 하나인 이온으로 바뀔 때 방출 에너지를 전자 친화도(electron affinity)라고 한다.

$$X_{(g)} + e^- \rightarrow X_{(g)}^- + E_l \tag{1-47}$$

여기서 전자 친화도는 에너지 E_l이다. 전자 친화도를 정의할 때의 부호는 이온화 에너지를 정의할 때 사용되는 부호와 반대이다. 양의 이온화 에너지는 전자를 제거하는 데 에너지가 필요하다는 것을 나타내고, 양의 전자 친화도는 전자가 추가될 때 에너지가 방출된다는 것을 나타낸다.

표 1.5 원소의 이온화 퍼텐셜.

원자 번호	이온화 퍼텐셜 eV/전자				
	기 호	I_1	I_2	I_3	I_4
1	H	13.595	–	–	–
2	He	24.581	54.403	–	–
3	Li	5.390	75.619	122.419	–
4	Be	9.320	18.206	153.850	217.7
5	B	8.296	25.149	37.920	259.3
6	C	11.256	24.376	47.871	64.5
7	N	14.53	29.593	47.426	77.4
8	O	13.614	35.108	54.886	77.4
9	F	17.418	34.98	62.646	87.1
10	Ne	21.559	41.07	63.5	97.0
11	Na	5.138	47.29	71.65	98.9
12	Mg	7.644	15.031	80.12	109.3
13	Al	5.984	18.823	28.44	120.0
14	Si	8.149	16.34	33.46	45.1
15	P	10.484	19.72	30.156	51.4
16	S	10.357	23.4	35.0	47.3
17	Cl	13.01	23.80	39.90	53.5
18	Ar	15.755	27.62	40.90	59.8
19	K	4.339	31.81	46	60.9
20	Ca	6.111	11.868	51.21	67
21	Sc	6.54	12.800	24.75	73.9
22	Ti	6.82	13.57	27.470	43.2
23	V	6.74	14.65	29.31	48
24	Cr	6.764	16.49	30.95	50
25	Mn	7.432	15.636	33.69	~53
26	Fe	7.87	16.18	30.643	~56
27	Co	7.86	17.05	33.49	~53
28	Ni	7.633	18.15	35.16	–
29	Cu	7.724	20.29	36.83	–
30	Zn	9.391	17.96	39.70	–
31	Ga	6.00	20.51	30.70	64.2
32	Ge	7.88	15.93	34.21	45.7
33	As	9.81	18.63	28.34	50.1
34	Se	9.75	21.5	32	43
35	Br	11.84	21.6	35.9	47.3
36	Kr	13.996	24.56	36.9	–
37	Rb	4.176	27.5	40	–
38	Sr	5.692	11.027	25	57

표 1.6 **전자 친화도.**

원소	eV	kJ mol^{-1}
H	0.75	70
Li	0.5	50
F	3.4	330
Cl	3.6	350
Br	3.4	320
I	3.1	300
O	1.5	140
S	2.1	200

표 1.6에 몇 가지 원소의 전자 친화도를 표시하였는데 여기에 있는 것은 전자 친화도 값이 모두 양수이나, 실제로는 모든 원소가 양수값을 갖지는 않는다.

표에서 보면 Cl, F, Br, I 등의 할로겐 원소와 S, O는 전자 친화도가 크기 때문에 Cl$^-$, F$^-$, Br$^-$, I$^-$, S^{2-}, O^{2-}와 같이 흔히 볼 수 있는 음이온으로 쉽게 바뀐다. 이 음이온들은 불활성 원소와 같이 구면 대칭인 꽉 채워진 껍질의 전자 배치를 지닌다. 불활성 원소는 안정한 전자 배치를 지니고 있으므로 이 원소에 전자 하나가 추가되더라도 많은 에너지가 방출되지는 않고, 전자에 의한 원자핵의 불완전한 차폐 현상 때문에 전자 친화도는 0이 아닌 작은 값을 지닌다.

전기 음성도(eletronegativity)는 같은 분자나 이온에서 한 결합 원자가 다른 원자로부터 전자를 받아들이려는 경향을 나타내는 척도이다. 이온화 퍼텐셜과 전자 친화도에서 전기 음성도를 짐작할 수 있다. 전기 음성도는 결합된 상태에서 원자의 성질이기 때문에 원자가 결합에 사용한 궤도의 성질과 결합 원자의 수와 성질에 따라 달라진다. 따라서 어떤 원소의 전기 음성도는 화합물에 따라 약간씩 달라진다.

전기 음성도를 정량적인 척도로 표시하면 그림 1.17과 같이 나타낼 수 있다. 그림에서 주기율표에서와 같은 순서로 원소를 표시하였고 수평 방향으로의 거리는 전기 음성도를 나타낸다. 그림 1.17에서 보면 두 번째 줄에 있는 전기 음성도의 값은 Li이 1.0, F가 4.0으로 간격이 넓고 등간격이다. H는 거의 중간에 있고 C보다 값이 약간 작다. 주기율표에서 같은 족에 있는 원소의 전기 음성도 값을 보면, 아래로 내려갈수록 약간 왼쪽으로 값이 변하며 이 경향은 할로겐의 경우에 제일 심하다. 전기 음성도는 F가 제일 큰 값을, O가 그 다음으로 큰 값을 갖는다. 전기 음성도를 이용하면 여러 환경에서

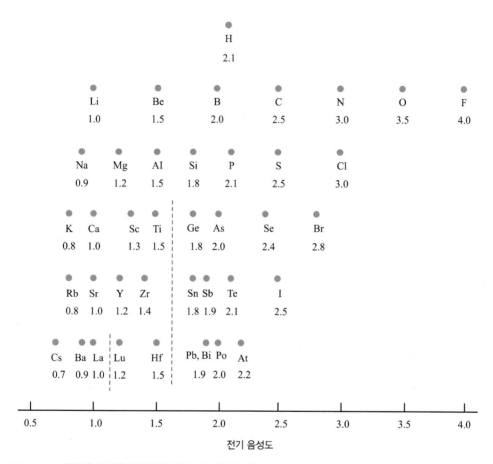

그림 1.17 전기 음성도를 정량적인 척도로 나타낸 그림.

원소나 화합물의 반응성을 대략 짐작할 수 있다. 전기 음성도가 큰 원자는 산화가 잘되지 않으며, 전기 음성도가 작은 원소는 산화물을 잘 만든다.

2 원자의 화학 결합

두 원자 또는 한 원자와 한 이온이 어떻게 안정한 결합 상태를 이루는지 살펴보자. 원칙적으로 이제까지의 물리적 가정으로도 적당한 퍼텐셜을 가진 슈뢰딩거 방정식을 풀면 이 문제를 풀 수 있다. 그러나 문제가 너무 복잡하여 슈뢰딩거 방정식을 풀기가 거의 불가능하므로, 양자역학적인 접근 방법보다 먼저 더 간단한 고전적 방법으로 화학 결합을 설명해 보자.

화학 결합은 크게 이온 결합, 공유 결합(covalent bond), 금속 결합(metallic bond), 반데르발스 결합(Van der Waals bond), 수소 결합(hydrogen bond) 등으로 분류할 수 있다. 이 분류 방법은 절대적인 것은 아니며 예를 들어 이온 결합의 특성을 지닌 분자 결합은 거의 모두가 부분적으로는 공유 결합 특성을 가지고 있다.

원자간 결합은 에너지 감소로 나타나는 결합의 크기에 따라 주 결합(primary bond)과 이차 결합(secondary bond)으로 구분한다. 주 결합은 분자 내의 결합으로 원자간 결합력이 비교적 큰 것으로 이온 결합, 공유 결합, 금속 결합 등이 있고, 이차 결합은 분자와 분자 사이의 결합으로 결합력이 비교적 약한 반데르발스 결합, 수소 결합 등이 있다. 주 결합인 이온 결합, 공유 결합, 금속 결합의 결합 세기는 각각 50~1,000, 200~1,000, 50~1,000 kJ/mol의 정도이고 이차 결합인 반데르발스 힘과 수소 결합의 세기는 각각 0.1~10, 10~40 kJ/mol 정도이다.

원자 결합을 생각해보기 전에 우선 불활성 기체 원소에 대해 더 알아보자. 불활성 기체는 반응성이 매우 낮아 다른 원소와 결합을 거의 하지 않아 불활성 기체 원소로 불리며 자연상태에서도 매우 안정하여 결합을 하지 않는 상태로 존재한다. 모든 원소들은 불활성 기체 원소와 같이 안정된 전자 배치를 갖기를 선호한다. 따라서 모든 원자들은 불활성 기체 원소의 전자 배치를 가지려 한다. 즉, 각 원소들은 서로 결합하여 각 원소 모두 불활성 기체 원소의 전자 배치를 갖게 된다.

이와 같은 원리에 의해 원자 결합에서 사용되는 식 중의 하나는 루이스(Lewis) 8중 공식(octet formulation)이다. 이것은 결합에서 최대의 안정도를 취하기 위해서는 이온 결합의 경우 전자를 한 개 이상 주고 받음으로써, 공유 결합의 경우에는 결합 전자를 공유함으로써 꽉 채워진 껍질 전자 배치를 갖도록 한다는 것이다. 앞에서 나온 바와 같이 꽉 채워진 껍질 전자 배치는

$$1s^2 \mid 2s^2\ 2p^6 \mid 3s^2\ 3p^6 \mid 4s^2\ 3d^{10}\ 4p^6 \mid 5s^2\ 4d^{10}\ 5p^6 \mid 6s^2\ 4f^{14}\ 5d^{10}\ 6p^6 \mid \cdots$$

$$\text{He} \qquad \text{Ne} \qquad \text{Ar} \qquad\qquad \text{Kr} \qquad\qquad \text{Xe} \qquad\qquad\qquad \text{Rn}$$

에서 수직 막대로 표시한 곳이다.

He과 같이 $1s$ 궤도에는 전자를 꽉 채우기 위해서는 2개의 전자가 필요하므로 수소의 경우 8중(octet)은 2가 된다. Ne과 Ar과 같이 모든 s, p 궤도가 전자를 다 채우기 위해서

는 8개의 전자가 필요하다. 8중 공식의 숫자 8은 모든 s, p 궤도가 채워졌을 때 8개의 전자가 된다는 것을 나타낸다. 이러한 이유로 주기율표에서 기본 주기는 8이 된다.

　Kr과 Xe과 같이 꽉 채워진 전자 배치를 갖기 위해서는 s, p, d 궤도에 모두 18개의 전자가 필요하므로 8중 공식에 적용되는 수는 18이다. Rn과 같이 꽉 채워진 껍질 배치를 지니기 위해서는 s, p, d, f 궤도의 전자 32개의 전자가 필요하므로 8중 공식에 적용되는 수는 32가 된다.

　이온 결합에서 NaCl은 그림 1.18과 같이 나타내는데 여기서 점은 원자가전자(valence electron)를 나타낸다. 여기에서 Na 쪽에서 전자 하나가 Cl 쪽으로 완전한 이동이 있게 되면, Cl^-은 8개의 전자로 둘러싸여 Ar 과 같이 채워진 껍질을 갖게 되고, Na^+도 역시 Ne과 같이 8개의 전자로 채워진 껍질 전자 배치를 지니게 된다.

　수소, 불소, 산소, 질소의 경우 그림 1.18과 같이 나타내고 여기서 두 점 ··은 공유 결합을 나타낸다. 즉, 두 점이 동시에 양쪽 이온에 속해 있다. 수소의 경우 전자를 양쪽 원자 모두가 공유하고 있으면 수소의 8중 공식의 수인 2를 만족하게 된다. 불소의 경우 두 원자가 두 전자를 공유하고 있으면 두 원자 모두 8중 공식의 수인 8개의 전자를 갖게 된다. 산소의 경우 두 원자가 4개의 전자를 공유하고 있으면 두 원자 모두 8개의 전자를 갖게 되고, 질소의 경우 6개의 전자를 두 원자가 공유하게 되면 두 원자 모두 8개의 전자를 갖게 되어 8중 공식을 만족하게 된다.

　8중 공식을 만족시키는 전자의 개수를 채우지 못하는 경우도 생길 수 있다. 그림 1.19에서와 같이 8개의 전자가 있지 않아 8중 공식을 만족시키지 못하고 끊어진 결합이 있으면 이 결합을 채우기 위해 결합이 계속해서 만들어질 수가 있다. 예를 들어, 그림 1.19에 있는 탄소의 경우 채워지지 않은 전자가 있기 때문에 8중 공식을 만족시키기 위해 탄소를 계속 결합시켜 많은 수의 탄소로 이루어진 초분자인 고체를 만들 수 있다.

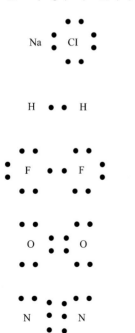

그림 1.18　8중 공식이 적용된 결합의 예.

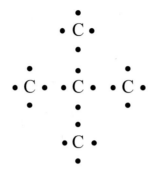

그림 1.19 **탄소의 공유 결합**.

1) 이온 결합

이온 결합은 두 이온 모두 불활성 기체 원소의 전자 배치와 같은 꽉 채워진 껍질 배치를 하기 위해 중성 원자들이 1개 이상의 전자를 서로 주고 받음으로 생기는 결합이다. 중성 원자가 원소가 전자를 잃어버리면 양이온, 전자를 얻으면 음이온이 되는데, 이온 결합은 이렇게 생긴 두 이온 사이의 결합으로 금속 원자와 같이 작은 이온화 퍼텐셜을 지닌 원자와 비금속 원자와 같이 큰 전자 친화도를 지닌 원자가 결합할 때 생기기 쉽다. 또는 전기 음성도 표에서 서로 멀리 떨어져 있는 두 원소가 결합할 때, 전기 음성도가 작은 원자는 전자를 내놓아 양이온이 되려 하고, 전기 음성도가 큰 원자는 전자를 받아 음이온이 되려 하기 때문에 이온 결합이 형성되기 쉽다. 결합이 형성된 각 이온들은 모두 불활성 기체 원소 기체의 전자 배치를 가지므로 각 이온에서 전자를 발견할 확률이 공간에서 구형 대칭으로 방향성을 가지지 않으므로 비방향성 결합이라고 한다.

이온 결합은 반대 부호의 두 이온 사이에서 정전기적 인력에 의한 결합이다. 예를 들어, KCl의 이온화 과정에 따른 에너지 변화는 다음 식과 같다(그림 1.20).

$$K + Cl \rightarrow K^+ + e^- + Cl - 4.34 \text{ eV} \qquad (1\text{-}48)$$
$$Cl + e^- \rightarrow Cl^- + 3.82 \text{ eV}$$
$$K + Cl \rightarrow K^+ + Cl^- - 0.52 \text{ eV}$$

위 식에서 보는 바와 같이 Cl^-를 형성하는 데는 3.82 eV의 에너지가 나오고, K^+를 형성하는데 더 많은 에너지인 4.34 eV의 에너지가 필요하다. 식 (1-48)에 나타나 있듯이 중성의 원자로 존재하는 것보다 무한대로 떨어져 있는 K^+와 Cl^-의 이온으로 있는 것

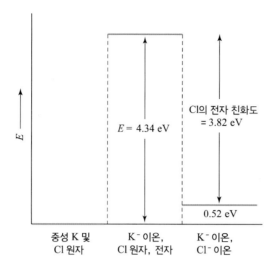

그림 1.20 **KCl의 이온화 과정에 따른 에너지 변화.**

이 0.52 eV만큼 에너지가 더 높은 상태이다.

　이와 같이 두 이온을 형성하는데는 에너지가 더 필요하나 이 양이온과 음이온은 두 이온 사이의 거리 r에 반비례하여 변하는 쿨롱 퍼텐셜에 따라 정전기적으로 서로 끌어 당긴다.

　두 이온간의 퍼텐셜 에너지는

$$E_a = -\frac{Ae^2}{r} \tag{1-49}$$

로 쓸 수 있고, 여기서 A는 상수이다. 그림 1.21에서 두 이온이 무한대로 떨어져 있을 때 에너지는 중성의 원자로 존재하는 것보다 0.52 eV 더 높다. 그러나 식 (1-49)에서 쿨롱 인력 에너지는 거리에 반비례하므로 인력 에너지 분포는 그림에서 점선과 같이 나타나게 된다. 거리가 줄어들면 인력 에너지값은 더 음으로 된다. 그러므로 이온 결합 에서 두 이온이 결합하는데 기여하는 에너지는 두 이온이 가까이 감에 따라서 그 값이 점점 더 음으로 되는 쿨롱 인력 에너지이다.

　이온 사이의 거리가 너무 많이 감소하면 두 이온들의 전자 구름이 중첩되기 시작한 다. 이렇게 되면 파울리 배타 원리에 의해 어떤 전자는 더 높은 에너지 상태로 올라가 야 한다. 따라서 이온을 더 가까이 접근시키기 위해서는 이온에 어떤 일을 하여야 하고, 이 일의 양은 이온 r^n에 반비례한다. 파울리 배타 원리에 의해 전자들 사이에는 반발

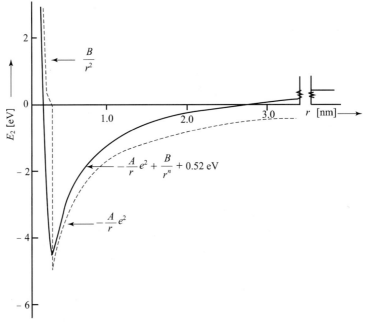

그림 1.21 이온간 간격 r에 따른 K^+와 Cl^-의 전체 에너지.

에너지가

$$E_r = \frac{B}{r^n} \tag{1-50}$$

로 나타나게 된다.

반발 에너지항과 두 원자의 이온화 에너지까지 고려했을 때, 두 이온 사이의 전체 퍼텐셜 에너지는

$$E_p = -\frac{Ae^2}{r} + 0.52\ \text{eV} + \frac{B}{r^n} \tag{1-51}$$

이다. 거리에 따른 전체 퍼텐셜 에너지 곡선에서 에너지 최소점이 나타나는 곳에서 결합이 형성된다. 안정된 결합쌍은 인력과 척력이 서로 균형을 이루는 평형 거리 r_0에서 이온간 거리가 결정된다. 평형 거리에서 더 멀어지면 퍼텐셜 에너지가 증가하고, 이때의 증가된 퍼텐셜 에너지는 이온간 거리를 줄이려는 힘으로 작용하게 된다.

그림 1.21의 전체 퍼텐셜 에너지 곡선의 변화에서 여러 가지 유용한 정보를 얻을 수 있다. 전체 퍼텐셜 에너지 곡선에서 퍼텐셜 우물의 비대칭 정도는 열팽창 계수의 크기

와 비례한다. 열팽창 계수는 온도가 1° 증가할 때 길이의 변화를 나타내는 값이다. 어떤 온도에서 퍼텐셜 우물의 폭은 그 온도에서의 원자의 열적 진동 진폭을 나타내고, 그 온도에서 평균 원자간 거리는 우물 폭의 중간 거리에 해당하므로 곡선의 비대칭성이 커질수록 열팽창 계수가 커지게 된다.

예를 들어, 파이로세람(pyroceram)이나 융용 실리카(fused silica)와 같은 세라믹은 비교적 곡선의 대칭성이 높아 낮은 열팽창 계수를 지니고 열적 충격에도 잘 견딘다. 또한 퍼텐셜 우물의 깊이가 커질수록 결합력이 커지므로 융점이 높아진다.

그리고 퍼텐셜 우물의 평형 거리 r_0에서의 곡률, 즉 에너지의 이차 미분값은 탄성 계수에 비례한다. 탄성 계수는 재료에 힘을 가했을 때 재료의 늘어나거나 줄어드는 정도를 나타낸다. 좁고 깊은 퍼텐셜 우물을 갖는 이온 결합 물질은 녹는점이 높고 탄성 계수 또한 크다.

이성분계 화합물 중 이온 결합 특성만이 강한 화합물의 숫자는 비교적 많지 않다. 이온 결합 특성이 강한 것들 중에는 A=Li, Na, K, Rb, Cs과 B=F, Cl, Br, I일 때 만들어지는 A^+B^- 화합물과 A=Be, Mg, Ca, Sr, Ba, Pb와 B=O, S, Se, Te일 때 만들어지는 $A^{2+}B^{2-}$ 화합물들이 있다.

부분적으로 이온 결합성을 지닌 분자나 화합물에 대해서 두 원자 사이의 전자 교환 정도(즉, 극성 또는 이온성)를 알아볼 수 있는 식이 있는데 이는 전기 음성도를 이용한 것이다. 결합 AB에서 이온 결합과 공유 결합 중 어느 정도 이온 결합의 특성을 지니고 있는지를 나타내기 위해서는 경험식

$$\text{이온 결합 특성 비율} = 0.16|\Delta x| + 0.035|\Delta x|^2 \tag{1-52}$$

을 사용한다. 여기서 $|\Delta x|$는 A와 B의 전기 음성도의 차이이다. 위 식에서 전기 음성도 차이가 커지면 결합의 이온 특성 비율도 증가한다.

이 경험식을 화합물 반도체에 적용하여 이온 결합 특성 비율을 구해 보면 GaAs, ZnSe와 GaN의 이온 결합 비율은 각각 0.07, 0.15와 0.29이다. 이와 같이 이온 결합 특성 비율이 다르게 나타나기 때문에 이들 화합물 반도체의 전자 구조, 결정 구조, 식각 특성 및 기타 여러 성질들이 다르게 나타난다.

다음은 많은 이온으로 구성된 결정에서 이온 결합을 생각해 보자. 이온 결합 때 이온은 꽉 채워진 껍질을 지닌 전자 배치를 하게 되므로 이온은 구면 대칭을 가지게 된다. 따라서 이온 결합 결정에서 이온들의 기하학적 배열은 이온을 강구(hard sphere)로 간

주하여 배열하는 것으로 설명할 수 있다.

이온 결합은 인력이 작용하는 이온 두 개만을 생각하면 방향성이 있다. 그러나 많은 수의 양이온과 음이온으로 구성된 결정 내에서는 각 이온은 많은 수의 이온들로 둘러싸여 있기 때문에 거시적으로 보면 결정에서 이온 결합은 방향성이 없다.

각 양이온은 주위에 있는 모든 음이온을 끌어당기고, 또 음이온도 마찬가지로 양이온들을 끌어 당긴다. 그러므로 결정에서 각 이온은 가능하면 많은 수의 반대 전하의 이온과 접촉하면서 반대 전하의 이온으로 둘러싸이게 된다. 둘러쌀 수 있는 최대 이온의 수는 양이온과 음이온의 크기 비로 정해지는 기하학적인 요인과 결정에서 전기 중성도를 유지해야 된다는 두 가지 조건에 의해 결정된다. 이온 결합 물질의 한 예로 NaCl을 살펴보면 Na^+ 이온은 6개의 Cl^- 이온에 의해 둘러싸여 있고, Cl^- 이온은 마찬가지로 6개의 Na^+ 이온에 의해 둘러싸여 있다.

이온 결합을 하는 결정에서 응집 에너지(cohesive energy)는 무한대로 떨어져 있는 이온들과 합쳐져 있는 집합체와의 에너지 차이로, 양자역학적인 계산에 의하지 않고도 간단하게 계산할 수 있다. 모든 이온쌍에 대해 모든 쿨롱 반발과 인력 퍼텐셜 에너지를 다 합하여 계산한 응집 에너지는 실제 측정한 응집 에너지보다 약 10% 큰 것을 알 수 있다. 이것은 앞에서 기술한 바 있는

$$\frac{be^2}{r_{ij}{}^n} \tag{1-53}$$

형태의 파울리 반발항 때문에 생긴 차이로 이 반발은 이온이 매우 작은 거리로 근접해 있을 때만 크게 작용한다. 여기에서 r_{ij}는 i와 j 사이에 있는 이온간의 거리이고, b와 n은 양의 상수이다. 같은 이온간과 양이온과 음이온간의 정전기적 쿨롱 반발과 인력 퍼텐셜 에너지는

$$\pm \frac{\nu_i \nu_j e^2}{r_{ij}} \tag{1-54}$$

로 나타낼 수 있고, 여기서 ν_i와 ν_j는 i와 j 위치에 있는 이온의 원자가이다.

간단한 경우로 한쪽은 양이온 $M^{\nu+}$로 구성되고, 다른 쪽은 같은 원자가 값 ν인 음이온 $X^{\nu-}$로 구성된 2개의 부격자(sublattice)로 이루어진 구조를 생각해 보자. 그러면 쌍 퍼텐셜 에너지 ϕ_{ij}는 원점으로 잡는 이온에 따라 달라지지 않으므로,

$$\phi_{0,j} \equiv \phi_j = \frac{be^2}{r_j^n} \pm \frac{\nu^2 e^2}{r_j} \tag{1-55}$$

이고, 여기서 r_j는 원점과 j 사이에 있는 이온 사이의 거리이다. 결함이 없는 완전 결정에서 모든 거리 r_j는 음이온과 양이온 쌍의 최근접 거리 r_1과 선형적인 관계가 있다. 즉,

$$r_j = p_j r_l \tag{1-56}$$

이고, 여기서 p_j는 결정 구조의 기하학적인 형태에 따른 비례 상수이다.

원점 이온의 전체 퍼텐셜 에너지는

$$\phi = \sum_{j=1}^N \phi_j = \frac{be^2}{(r_1)^n}\left(\sum_j \frac{1}{p_j^n}\right) - \frac{\nu^2 e^2}{r_1}\left(\sum_j (\mp)\frac{1}{p_j}\right) \tag{1-57}$$

$$= \frac{B_1 e^2}{(r_1)^n} - \frac{A_1 \nu^2 e^2}{r_1}$$

이고, 여기서 N은 이온의 수이고

$$B_1 = \sum_j \frac{1}{p_j^n} \tag{1-58}$$

$$A_1 = \sum_j (\mp)\frac{1}{p_j} \tag{1-59}$$

이다. 식 (1.57)의 첫 번째 합인 B_1은 급속히 수렴하며 쉽게 계산할 수 있고, 이 항이 파울리의 반발항 $B_1 e^2/(r_1)^n$이다. 두 번째 합인 A_1은 천천히 수렴하는 급수로 마델룽 (Madelung) 상수라고 한다. 이 마델룽 상수는 순전히 기하학적인 변수로, 정해진 결정 구조에서 r_1과 ν에는 무관한 상수이다. 여러 수학 공식을 이용하여 이 마델룽 상수를 계산할 수 있다. 제일 간단한 예로 양이온과 음이온으로 서로 번갈아 가면서 일직선 상에 배열되어 있는 사슬 구조를 상상해 보자. 이 구조의 마델룽 상수는 수렴하는 급수로 다음과 같이 표시되며 그 값은

$$A_1 = 2(1 - 1/2 + 1/3 - 1/4 + 1/5 - 1/6 + \cdots = 2\ln 2 = 1.386$$

이 된다. 표 1.7은 흔히 볼 수 있는 이온 결정 구조에 대한 마델룽 상수이다.

표 1.7 **마델룽 상수.**

결정 구조	마델룽 상수
염화나트륨 구조(NaCl)	1.74756
염화세슘 구조(CsCl)	1.76267
스팔러라이트 구조(α-ZnS)	1.63806
우르짜이트 구조(β-ZnS)	1.64132
불화칼슘 구조(CaF_2)	5.03878

원점 이온에 대한 전체 퍼텐셜 에너지는

$$\phi = \frac{B_1 e^2}{(r_1)^n} - \frac{A_1 \nu^2 e^2}{r_1} \tag{1-60}$$

이므로 위 식에서 모르는 변수는 B_1과 n이다. 퍼텐셜 에너지가 최소가 될 때는

$$\frac{d\phi}{dr_1} = -n \frac{B_1 e^2}{r_1^{n+1}} + \frac{A_1 \nu^2 e^2}{r_1^2} = 0 \tag{1-61}$$

이므로 여기에서 변수 B_1은

$$B_1 = \frac{\nu^2 A_1}{n} r_0^{n-1} \tag{1-62}$$

가 되어 변수 B_1을 구할 수 있다. 여기서 r_0는 평형 이온간 거리이다. 이 평형 이온간 거리는

$$r_0 = \left[\frac{n B_1}{\nu^2 A_1} \right]^{\frac{1}{n-1}} \tag{1-63}$$

로 표시할 수 있다. B_1을 식 (1-60)에 대입하여 평형 이온간 거리에서 원점 이온에 대한 퍼텐셜 에너지를 구하면

$$\phi_0 = -\frac{A_1 \nu^2 e^2}{r_0} \left(1 - \frac{1}{n}\right) \tag{1-64}$$

가 나온다.

결정 전체인 N개의 이온에 대한 응집 에너지는

$$\frac{N}{2}\phi_0 = -\frac{N}{2}\frac{A_1\nu^2 e^2}{r_0}\left(1-\frac{1}{n}\right) \tag{1-65}$$

이 된다. 여기서 1/2 인자는 모든 상호작용을 계산할 때 N을 그대로 곱하면 이중으로 계산한 것이 되므로(즉, ϕ_{12}와 ϕ_{21}이 모두 계산에 들어간다) 들어간 것이다. 쿨롱 반발과 인력항만 가지고 계산하면 약 10% 정도 크게 나오므로 n의 값은 약 10이 되고 이 지수 n을 보른(Born) 지수라 한다.

2) 공유 결합

공유 결합은 전기 음성도가 큰 비금속 원자들이 주로 갖는 결합의 형태이다. 이온 결합에서 이온이 안정된 꽉 찬 껍질 배치를 만들기 위해 전자를 주고 받는 것과 마찬가지로 공유 결합에서 원자는 전자를 서로 공유함으로써 불활성 기체 원소의 전자 배치인 꽉 채워진 전자 껍질 배치를 만든다. 대칭을 고려하면 같은 원소로 이루어진 두 원자 사이에서는 전자가 한쪽으로 이동하여 극성이 되는 이온 결합이 될 수가 없고, 대신에 비극성의 공유 결합이 형성된다.

그림 1.22의 위에 있는 그림과 같이 같은 원소 사이의 공유 결합에서는 공유되는 전자를 두 원소가 같은 힘으로 서로 당기게 되므로, 서로 같은 힘으로 공유를 하게 되어 전자들이 어느 한쪽으로 쏠리지 않는 좌우 대칭인 극성이 없는 비극성 공유 결합이 형성된다. 그러나 그림 1.22의 아래에 있는 그림과 같이 서로 다른 원소 사이에서 공유 결합이 형성되면 오른쪽의 Cl 원소가 왼쪽의 H 원소보다 전자를 끌어당기는 힘이 더 강하므로 공유된 전자는 Cl 원소 쪽으로 더 쏠리게 되어 극성을 갖게 되어 극성 공유 결합이 된다.

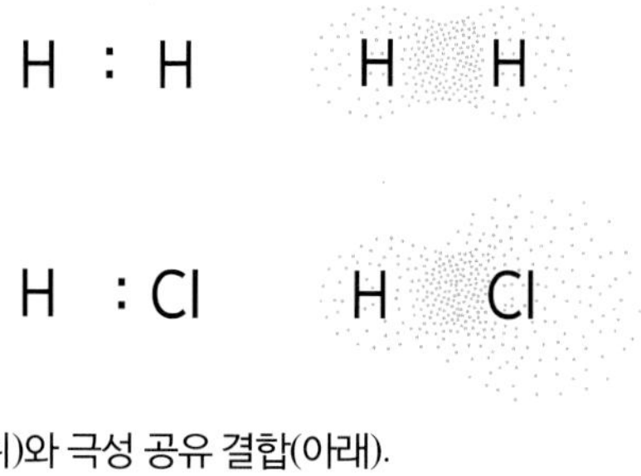

H : H   H   H

H : Cl   H   Cl

그림 1.22 비극성 공유 결합(위)와 극성 공유 결합(아래).

비극성 공유 결합과 극성 공유 결합 모두 각 원소에서 보면 공유된 전자쌍 방향에서 전자를 발견할 확률이 더 높으므로 전자 분포가 방향성을 갖게 되어 방향성 결합이라고 한다.

안정된 꽉 찬 껍질의 전자 배치를 하기 위해서는 공유하는 전자를 포함하여 불활성 기체 원소 He, Ne, Ar, Kr, Xe, Rn 등의 전자 배치를 하여야 한다. 따라서 공유를 하기 위해 추가로 필요한 전자의 숫자는 앞에서 설명한 8중 공식에서 얻어진다.

예를 들어, 질소(Z=7, V족)는 $1s^2 2s^2 2p^3$의 전자 배치를 하고 있고 훈트의 법칙으로 표 1.3에 나와 있는 바와 같이 3개의 p 궤도에 모두 전자 하나씩을 가지고 스핀은 모두 평행하다. 8중 공식에 따라 Ne과 같은 전자 배치를 이루기 위해서는 3개의 전자가 추가로 필요하다. NH_3에서와 같이 3개의 p 궤도에 전자가 하나씩 들어가면 3개의 결합이 형성된다. 질소의 전자 배치는 3개의 반만 차 있는 궤도가 있으므로 결합의 수는 세 방향으로 3개가 된다. 전자 2개가 결합 1개를 형성하므로 결합의 수는 공유 전자 수의 반이다. 또 하나의 질소 원자와 결합하기 위해서는 6개의 전자, 즉 세 전자쌍을 공유하여 3중 결합된 N_2 분자가 만들어진다.

불소(Z=9, VII족)의 전자 배치는 $1s^2 2s^2 2p_x{}^2 2p_y{}^2 2p_z{}^1$인데 짝을 이루지 못하고 반만 찬 궤도의 수가 $2p_z$로 하나이므로 하나의 결합을 형성하여 F_2가 된다.

인(Z=15, V족)은 $1s^2 2s^2 2p^6 3s^2 3p^3$의 전자 배치로 표 1.3에서 보면 p 궤도에 3개의 짝이 없는 전자가 있다. 8중 공식을 만족시키면서 결합하기 위해서 각 P는 3개의 팔로 P와 결합을 계속하여 그물 구조를 만든다.

유황(Z=16, VI족)은 $1s^2 2s^2 2p^6 3s^2 3p^4$의 전자 배치를 지니고 있고 표 1.3에서와 같이 p 궤도에 4개의 전자 중 2개의 짝이 없는 전자가 있다. 8중 공식을 만족시키면서 각 S는 양옆으로 2개의 팔로 S와 결합하여 사슬 또는 고리 모양을 지닌 분자를 만든다. 두 원자로 된 S_2를 만들기 위해서는 2중 결합이 필요하다.

이와 같이 공유 결합에서는 공유된 전자쌍 하나가 하나의 결합을 형성한다. 또한 공유 결합에서는 결합을 형성하기 위해 적어도 하나의 반만 차 있는 궤도(half-filled orbital)가 존재하는 것이 필수조건이다. 반만 차 있는 궤도가 있을 경우에 다른 원자에서 하나씩의 결합 전자를 얻어 결합을 형성할 수 있기 때문이다. 일반적으로 반만 차 있는 궤도의 수와 결합의 수는 같다.

반만 차 있는 궤도의 수와 결합의 수가 항상 일치하는 것은 아니다. 탄소(Z=4, IV족)는 $1s^2 2s^2 2p^2$로 2개의 반만 차 있는 궤도를 가지고 있으나, 다이아몬드나 CH_4에서는

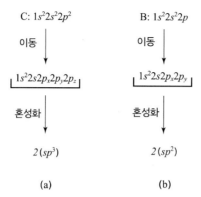

$C: 1s^2 2s^2 2p^2$ $B: 1s^2 2s^2 2p$

이동 ↓   이동 ↓

$1s^2 2s 2p_x 2p_y 2p_z$ $1s^2 2s 2p_x 2p_y$

혼성화 ↓   혼성화 ↓

$2(sp^3)$ $2(sp^2)$

(a)   (b)

그림 1.23 C와 B에서 혼성화가 일어나는 과정을 나타낸 그림.

동등한 강도의 결합이 4개 형성된다. 탄소에서 4개의 결합이 형성되는 것을 설명하기 위해 $2s$에 있는 전자 하나가 $2p$ 궤도로 올라간다고 생각한다(그림 1.23).

물론 이 과정은 에너지가 더 필요하지만, 결합을 형성하게 되어 이렇게 필요한 에너지보다 결합에 따른 에너지 감소분이 더 크다면 전체적인 에너지 감소가 일어나 결합이 형성될 수 있다.

전자 하나가 $2p$로 올라가면 $2s$에서 반만 찬 궤도 1개, $2p$에서 반만 찬 궤도 3개가 있어 4개의 반만 찬 궤도가 만들어진다. 이렇게 되면 탄소에서는 s 궤도에서 생기는 비교적 약한 구면 대칭인 결합 하나와 p 궤도에서 생기는 3개의 강한 방향성 결합을 이루게 된다.

그러나 실제 관찰 결과 탄소에는 4개의 동등한 결합이 있는 것으로 판명되었다. 이것은 혼성화(hybridization)라 하는 궤도의 재배치가 일어나기 때문인 것으로 알려져 있다. 이 경우에는 sp^3라고 하는 혼성 궤도(hybrid)가 만들어지기 때문이다. 따라서 4개의 결합은 사면체(tetragonal) 배치를 지니고 결합각(bond angle)은 109.5°이다. 여기서 혼성(hybrid)이라는 용어는 본래 생물학에서 두 개의 다른 종이 혼합되어 두 개의 특성이 혼합된 단일종을 형성할 때 사용하는 용어이다.

가상의 분자 BeH_2를 생각해 보면 Be의 전자 배치는 $1s^2 2s^2$이고 이 중 $2s$ 궤도에 있는 전자 하나가 $2p_x$ 궤도로 올라가면, $2s$와 $2p_x$가 2개의 동등한 sp 혼성 궤도를 만들어 Be의 양쪽에 2개의 선형(linear) 결합을 만들게 된다. 마찬가지로 BH_3를 보면, B의 전자 배치는 $1s^2 2s^2 2p^1$인데 $2s$에 있는 전자가 $2p$로 올라가게 되면 sp^2 혼성 궤도를 만들어 3개의 결합이 형성되어 평면 삼각형(planar trigonal) 모양이 된다. 마찬가지로 s,

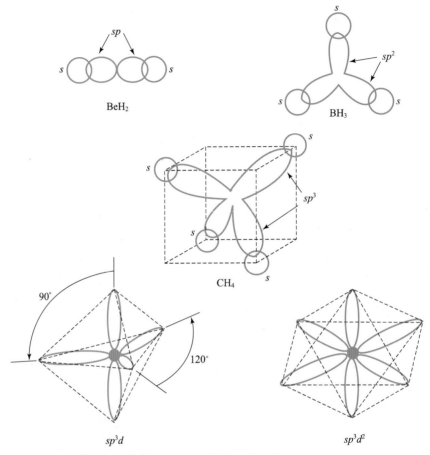

그림 1.24　sp, sp^2, sp^3, sp^3d, sp^3d^2 혼성 궤도의 기하학적인 모양.

p와 d 궤도 사이에서 혼성화가 일어나면 sp^3d, sp^3d^2 등의 혼성 궤도를 만들어서 양면 삼각 피라미드(trigonal bipyramid)와 팔면체(octahedral) 모양을 각각 만들게 된다(그림 1.24).

　그림 1.25에서 H_2O의 전자 배치를 보면 H와 연결되어 있지 않은 2개의 전자쌍과 2개의 공유 결합이 있는 것을 알 수 있다. 2개의 공유 결합의 각도는 실제 90°가 되지는 않는다. 연결되어 있지 않은 전자쌍도 마치 하나의 공유 결합인 것처럼 생각해 보자. 그러면 4개의 결합이 있는 것으로 생각되어 결합 사이의 각도는 사면체에서의 109.5°가 될 것이나, 연결되지 않은 전자쌍과 결합은 꼭 같은 것은 아니므로 실제로는 109.5°에서 약간 벗어난 104.5°가 된다.

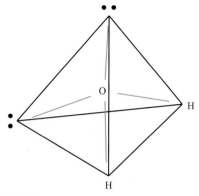

그림 1.25 H₂O 분자에서의 전자 배치.

위에서 우리는 꽉 채워진 전자 껍질 전자 배치를 갖기 위한 8중 공식과 혼성화로 분자와 결정에서 공유 결합과 결합의 수를 잘 설명할 수 있었다. 그러면 왜 전자를 공유하게 되면 결합이 일어나서 원자를 서로 결합하게 하는 것일까? 이것을 더 깊게 이해하기 위해서는 양자역학적인 접근이 필요하다.

간단한 예로 갇혀있는 퍼텐셜인 소위 1차원 상자에 있는 전자를 생각해 보자. 퍼텐셜 $E_p(x)$는 그림 1.26과 같이 나타낼 수 있다. 상자 내에서는 $E_p = 0$이고 퍼텐셜 장벽은 무한대이다. 따라서 식 (1-28)의 슈뢰딩거 방정식에서

$$\frac{\partial^2 \Psi}{\partial x^2} + \frac{8\pi^2 m_e}{h^2} E\Psi = 0 \tag{1-66}$$

을 얻는다. 경계 조건은 $x = 0$과 $x = L$에서 $\Psi = 0$이다. 이 방정식의 해는 무한대 세트의 다음과 같은 해를 갖는다.

$$\Psi(x) = \sin 2\pi k_n x \tag{1-67}$$

여기서 k_n은

$$k_n = \frac{n}{2L} \tag{1-68}$$

이고 n은 양자수로 알려진 정수이다.

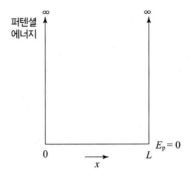

그림 1.26 퍼텐셜 장벽이 무한대인 1차원 상자에 있는 전자.

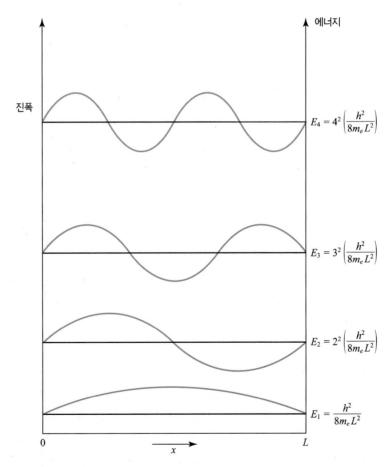

그림 1.27 슈뢰딩거 해에서 나온 첫 네 개의 해와 해당 에너지 값.

이 고유함수를 식 (1-66)에 다시 대입하면

$$-(2\pi k_n)^2 \Psi_n + \frac{8\pi^2 m_e}{h^2} E_n \Psi_n = 0 \tag{1-69}$$

$$\left\{ -4\pi^2 \left(\frac{n}{2L} \right)^2 + \frac{8\pi^2 m_e}{h^2} E_n \right\} \Psi_n = 0 \tag{1-70}$$

에서 이 고유함수에 해당되는 에너지인 고유값

$$E_n = n^2 \frac{h^2}{8m_e L^2} \quad (n = 1, 2, 3 \cdots\cdots) \tag{1-71}$$

을 얻는다. 앞의 슈뢰딩거 방정식 (1-66)의 첫 네 개의 해인 고유함수와 그에 해당하는 에너지인 고유값을 그림 1.27에 그림으로 표시하였다.

　다음은 그림 1.28과 같이 두 우물이 떨어져 있는 경우를 살펴보자. 각 우물은 위와 같이 퍼텐셜 장벽은 무한대이고 전자 하나씩을 가지고 있다. 한 우물에 대한 슈뢰딩거 방정식의 해를 이용하여, 두 우물의 중심이 r만큼 떨어져 있는 경우 각 우물에 대해 고유함수를 구해보면 다음과 같다.

$$\Psi_r = \begin{cases} \sin 2\pi k_n \left(\dfrac{r}{2} + \dfrac{L}{2} - x \right) & \text{오른쪽 우물} \\ 0 & \text{나머지} \end{cases} \tag{1-72}$$

$$\Psi_l = \begin{cases} \sin 2\pi k_n \left(\dfrac{r}{2} + \dfrac{L}{2} + x \right) & \text{왼쪽 우물} \\ 0 & \text{나머지} \end{cases} \tag{1-73}$$

　이 함수들은 그림 1.28의 위에 그려져 있다. 앞에서 나온 식 (1-71)에서 각 우물은 $n=1$에 해당하는 바닥 에너지 고유값은

$$E = 1^2 \frac{h^2}{8m_e L^2} \tag{1-74}$$

을 가지고 있다. 두 우물계에서 에너지의 합은

$$E = 2 \frac{h^2}{8m_e L^2} \tag{1-75}$$

이다.

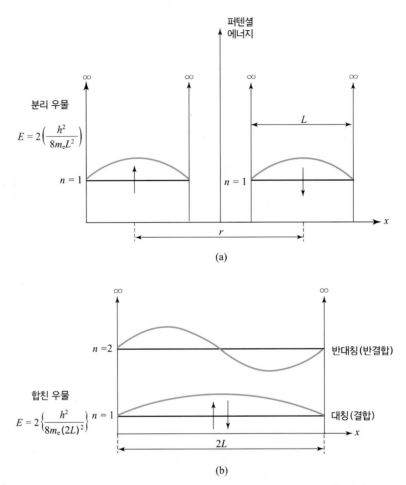

그림 1.28   폭이 L이면서 분리되어 있는 두 우물(위)와 폭이 $2L$로 합쳐져 있는 우물(아래).

   다음 이 우물을 서로 가까이 하여 우물 중심 사이의 거리가 $r = L$로 되게 하고 우물 사이의 퍼텐셜 장벽을 없애면, 그림 1.28의 아래와 같은 폭 $2L$인 하나의 우물이 된다. 폭이 2배로 증가된 이 우물에 전자가 한 개 있을 경우 슈뢰딩거 방정식의 해를 구해보자. 이 우물에 대해서는 $n = 1$인 첫 고유함수는 파장이 $4L$로, 분리되어 있던 우물보다 2배의 파장을 지니게 된다. 이 고유함수에 해당하는 에너지인 고유값은 식 (1-71)에서 폭이 배인 $2L$이 되었으므로

$$E = 1^2 \frac{h^2}{8m_e(2L)^2} \qquad (1\text{-}76)$$

이다. 이 우물에서 2개의 전자가 있다면 두 전자의 전체 에너지는

$$E = 2\frac{h^2}{8m_e(2L)^2} \qquad (1\text{-}77)$$

이다. 한 에너지 준위에는 파울리 배타 원리로 인해 최대 2개 전자가 있을 수 있다.

이 $n=1$인 첫 고유함수들을 그림의 우물에서 보면 중심에서 대칭으로 되어 있고, 폭만 배로 늘어난 우물에서 두 전자의 바닥 상태 에너지의 합은 위의 식들에서 떨어져 있는 두 우물의 바닥 상태 에너지의 합의 1/4이다. 이와 유사하게 그림 1.29에서 분리된 원자 우물에서 $n=1$인 전자의 에너지가 E_0이라면, 분자 우물에서 $n=1$인 상태에는 최대 2개의 전자를 지닐 수 있고 그 전자의 에너지는 $E_0/4$이 된다. 계의 전체 에너지가 75% 감소하고 퍼텐셜 에너지는 상자 내에서 0이므로, 파장에 따라 변하는 운동 에너지가 75% 감소한 셈이 된다.

그러므로 원자 궤도에서 전자의 운동 에너지는 퍼텐셜 우물의 폭, 즉 3차원에서는 공간 범위를 증가시킴으로써 감소한다. 따라서 결합을 형성하고 분자를 만든다. 이런 분자 우물의 바닥 상태를 대칭 또는 결합 분자 궤도(bonding molecular orbital)라 한다.

그림 1.28의 아래 그림에서와 같이 분자 우물에서 그 다음 높은 궤도인 $n=2$에 해당하는 해인 고유함수의 파장은 분자 바닥 상태에 있는 고유함수 파장의 반이면서 원자 바닥 상태의 고유함수와 같은 파장 $2L$을 지닌다. 폭이 $2L$인 분자 우물에서 에 해당하는 에너지와 폭이 L인 원자 우물의 $n=1$에 해당하는 에너지인 고유값은 식 (1-71)에서

$$E = 2^2\frac{h^2}{8m_e(2L)^2} = 1^2\frac{h^2}{8m_eL^2} \qquad (1\text{-}78)$$

로 같다. 그리고 퍼텐셜 에너지는 0이고, 분자 우물에서 $n=2$에 해당하는 고유함수의

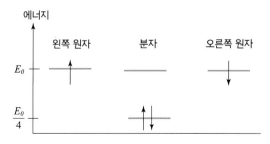

그림 1.29 원자 우물에 있는 전자의 에너지와 분자 우물에 있는 전자의 에너지.

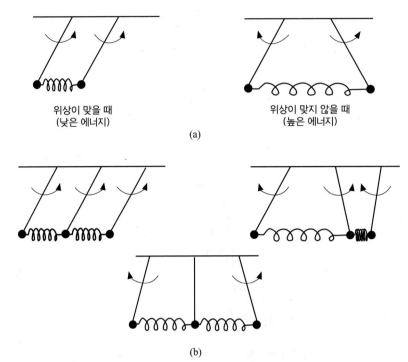

위상이 맞을 때
(낮은 에너지)

위상이 맞지 않을 때
(높은 에너지)

(a)

(b)

그림 1.30 (a) 2개의 추와 2개의 강한 상호작용을 하는 바닥 상태 전자 파동 함수와의 유사성을 나타내는 그림, (b) 상호작용하는 파동함수와 묶여져 있는 추가 3개로 되었을 때의 그림. 이 때에는 3개의 에너지 준위가 만들어진다.

파장은 원자 우물에서 $n=1$인 경우와 같은 $2L$이고 두 경우의 운동 에너지는 둘 다 같다. 이와 유사하게 그림 1.29에서 분리된 원자 우물에서 $n=1$인 전자의 에너지를 E_0 라면, 분자 우물에서 $n=2$인 상태에서 전자의 에너지는 E_0로 같게 된다. 그림 1.28의 아래에서 $2L$의 파장을 지닌 $n=2$인 이 고유함수는 좌우 대칭이 아니므로 반대칭 (antisymmetric) 또는 반결합(antibonding) 분자 궤도라고 한다.

실제 분자에서 결합 궤도는 원자 상태의 에너지를 중심으로 아래로 그리고 반결합 궤도는 위로 갈라지고 에너지 갈라짐의 크기도 아래 위로 거의 같다. 이와 같이 2개의 에너지 상태를 갖는 것은 2개의 추 운동의 경우와 유사하다.

같은 길이와 질량을 지닌 2개의 추를 생각해 보자. 서로 상호작용을 하지 않으면 둘 다 같은 진동수로 진동을 한다. 추 사이에 그림 1.30과 같이 스프링이 연결되어 있으면 이 연결된 두 추는 2개의 에너지 상태를 갖는다. 2개가 같은 위상으로 움직이면 낮은 에너지 상태를 갖게 되고 반대의 위상으로 움직이면 높은 에너지 상태를 갖게 된다.

　　결론적으로 두 원자가 결합할 경우 바닥 상태에서 한 원자의 각 전자는 2개의 새로운 분자 궤도(molecular orbital, MO)를 만들고, 제일 낮은 궤도를 차지함으로써 계의 운동 에너지를 낮춘다.

3) 금속 결합

금속 결합은 이온화 퍼텐셜이 작은 금속들이 전자를 쉽게 방출하여 꽉 채워진 불활성 원소의 전자 배치를 지니게 된 이온들과 어느 이온에도 속하지 않으면서 금속 내에 있는 많은 방출된 전자들 사이의 결합이다. 일반적 금속 결합에서 각 원소는 불활성 기체 원소의 전자 배치를 지니고 있어 원소 주위에서 전자를 발견할 확률이 구형을 이루고 있어, 비방향성이므로 금속 결합을 비방향성 결합이라고 한다. 금속 원자는 전자를 내 놓으려는 경향이 강하므로 금속 원자간 결합시 한 원자로부터 나온 전자는 어느 한 원자핵에 특별히 구속되지 않고 거의 자유 전자처럼 생각할 수 있다. 이 전자들은 원자핵 주위를 자유롭게 움직이며 전자 구름(electron cloud)을 형성한다.

　　금속 결합은 전자가 거의 자유롭게 움직이는 비방향성 결합이고, 이온 결합이나 공유 결합에 비해 결합력이 매우 약하다. 금속 결합의 이러한 두 가지 특성, 즉 자유 전자의 존재와 약한 결합력으로 인해 금속은 이온 결합이나 공유 결합 결정과는 다른 독특한 성질을 가진다. 금속 내의 전자들은 열과 전기의 전달 매체 역할을 하는데, 금속에서는 약하게 결합된 전자 기체(electron gas)들이 자유롭게 움직이므로 전기 전도도와 열 전도도가 높다. 또한 금속 내의 자유 전자가 가시광선 영역의 파장을 갖는 광자를 대부분 흡수하거나 산란시키므로, 금속은 불투명하며 자유 전자가 낮은 에너지 준위로 가면서 이 에너지를 재방출하기 때문에 금속은 반사율이 매우 높고 고유의 광택을 갖는다. 금속은 결합력이 약하고 방향성이 없는 결합이므로 일반적으로 소성 변형(plastic deformation)이 잘 일어난다.

　　금속 결합은 공유 결합과 마찬가지로 원자와 원자가 서로 가까이 있을 때 전자의 에너지 감소 때문에 결합이 만들어지나, 두 결합 사이에는 많은 차이점이 있다. 예를 들면, 공유 결합은 2개의 원자 사이에서 만들어지나, 금속 결합은 많은 수의 원자들 사이에서 만들어지는 결합이며 비방향성이다. 결합에 참여하는 전자는 공유 결합과 같이 두 이온 알갱이(ion core) 사이에 있는 것이 아니고 퍼져 있기 때문에 비방향성이고 고체에서 자유롭게 움직인다. 금속 결합이 이렇게 퍼져 있는 형태이기 때문에 금속 결합을 양이온들과 전자 기체 사이의 결합으로 생각한다.

원자가 1개가 아닌 2개 이상인 경우의 에너지 준위를 살펴보자. 원자가 2개인 경우 에너지 준위는 1개인 경우 하나의 준위에서 약간 아래와 위로 2개의 준위가 그림 1.31과 같이 만들어지게 된다. 원자의 개수가 많아지면 원자의 개수만큼 준위가 만들어져 많은 수의 원자로 구성된 결정의 에너지 준위는 하나의 띠(band)를 만들게 된다. N개의 원자가 있는 경우 $1s$ 에너지 준위는 N개 만들어지고, 3개의 $2p_x$, $2p_y$, $2p_z$ 에너지 준위는 $3N$개의 준위가 만들어진다. 이 에너지 띠는 가득 차 있는 것, 비어 있는 것, 부분적으로 채워져 있는 것으로 나눌 수 있다. 재료의 특성은 이 띠를 채우는 과정이 어떻게 이루어지는가에 따라 크게 달라진다. 재료의 여러 가지 특성, 특히 전기적 특성을 파악하기 위해서는 띠에서의 상태 밀도(density of state), 채워져 있는 에너지 준위, 띠 간격(band gap)의 크기 등을 알아야 한다.

예를 들어, Li는 그림 1.32에 나타낸 것과 같이 원자수를 늘리면 에너지 준위도 늘어난다. 그리고 배타 원리에 의해 각 준위에는 반대 스핀인 두 개의 전자만 들어가게 되는데, 원자의 수가 많아져도 채워진 준위의 무게 중심(center of gravity)이 본래 자유 원자의 준위보다 낮으면 이 에너지만큼 결합에 기여하게 되어 이 원자군들은 결합을 형성한다. 금속에서는 항상 분리된 궤도를 채울만한 많은 수의 전자가 있으므로 결합에 따른 에너지 감소가 이루어져 결합이 형성된다.

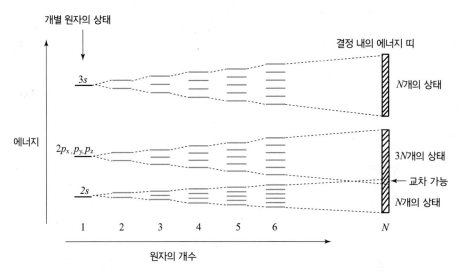

그림 1.31 **원자들이 모여 있을 때 에너지 준위의 모식적 그림.**

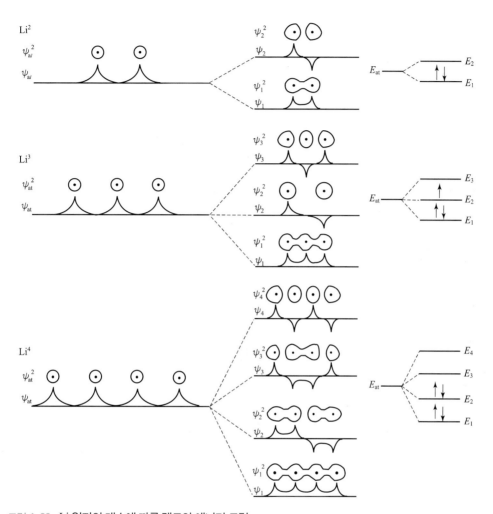

그림 1.32 Li 원자의 개수에 따른 궤도와 에너지 그림.

　일반적으로 원자의 원자가전자수가 적을수록 원자핵에 약하게 결합되어 있고, 금속 결합의 특징을 더 잘 나타낸다. 원자가전자수가 증가할수록 원자핵에 더 단단히 원자 가전자가 결합하게 되어 공유 결합의 특성이 강하게 된다.

　철, 니켈, 텅스텐, 티타늄과 같이 d 껍질이 완전히 채워지지 않은 금속을 전이 금속 (transition metal)이라 한다. 이 금속들은 완전히 채워지지 않은 궤도가 있어 이 궤도들 이 공유 결합을 할 수 있도록 해주기 때문에, 전이 금속은 부분적으로 공유 결합의 특 성을 나타낸다. 따라서 전이 금속은 원자 사이 결합이 강하여 일반 금속에 비해 변형이 어렵고 융점도 매우 높다.

4) 반데르발스 결합

반데르발스의 결합은 전자 교환이 일어나는 분자 내에서의 주 결합이 아니고 전자 교환이 없는 분자와 분자 사이에 작용하는 이차 결합이다. 그러므로 반데르발스 결합은 분자 내의 주 결합 세기에 비하여 매우 약하다. 반데르발스의 힘은 쌍극자(dipole)-쌍극자 상호작용으로 생기는 힘으로, 상호작용 에너지는 분자간 거리에 따라 r^6에 반비례한다.

공유 결합으로 된 분자에서 양전하를 띤 원자핵과 음전하를 띤 전자의 분포를 살펴보자. 서로 공유하고 있는 전자는 대부분의 시간을 두 원자 사이에서 보내기 때문에 분자의 한쪽 끝은 양전하를 띤 영역이 되고, 다른 한쪽 끝은 음전하를 띤 영역이 되어서 영구 쌍극자(permanent dipole)가 만들어지는 것을 알 수 있다. 이와 같이 분자에 존재하는 영구 쌍극자와 옆에 있는 분자의 영구 쌍극자에 의해 쌍극자-쌍극자 사이에 반데르발스 힘이 생겨 결합이 만들어진다. 또 영구 쌍극자와 이 쌍극자에 의해 야기된 옆에 있는 분자의 쌍극자 모멘트의 상호작용으로 반데르발스 힘이 만들어지기도 한다. 영구 쌍극자에 의한 반데르발스 힘은 쌍극자가 방향성을 가지고 있으므로 방향성 결합이다.

Ar, Ne, He 등의 불활성 원소들은 꽉 채워진 안정된 전자 배치를 가지고 있기 때문에 전자의 교환이나 전자와 원자핵들간의 상호작용에 의한 결합을 하지 못한다. 또한 원자가 구면 대칭의 전하 분포를 지고 있으므로 영구 쌍극자도 만들어지지 않는다. 그러나 충분히 낮은 온도가 되면 질소의 경우 액체 질소로 되며, 아르곤의 경우에도 액체로 되거나 고체로 된다. 액체나 고체로 되면 기체일 때에는 없던 분자와 분자 사이의 결합이 만들어 액체나 고체의 형태를 유지하게 된다. 이때 생기는 결합력을 설명할 수 있는 것이 반데르발스의 힘이다.

한 원자나 분자에서 전자의 분포가 순간적으로 구면 대칭에서 벗어나면 양전하와 음전하의 중심이 일치하지 않게 되어 순간적인 쌍극자(temporary dipole)가 만들어지고 옆에 있는 원자나 분자에도 순간적인 쌍극자가 만들어진다. 이들 순간적인 쌍극자 사이의 정전기적인 인력인 런던힘(London force)으로 쌍극자 사이에 반데르발스 결합이 만들어진다. 불활성 원소와 비극성 분자의 결합은 이 순간적 쌍극자 간의 힘으로 설명이 된다. 이 결합은 어느 한 순간에는 방향성 결합일지 모르나 계속 변하는 쌍극자 결합이기 때문에 전체적인 거시적 관점에서 보면 비방향성 결합이다. 이 힘에 의해 실제 기체는 이상 기체의 기체 법칙에서 벗어나게 된다.

다른 예로, 흑연과 다이아몬드는 같은 원소인 탄소로 이루어진 동소체이다. 그러나 흑연과 다이아몬드는 결합 형태가 다르다. 흑연은 층상 구조를 이루는데, 한 층 내의 탄소 원자들끼리는 공유 결합을 이루고, 층과 층 사이는 런던 힘으로 반데르발스 결합이 이루어져 있다. 이 반데르발스 힘은 상당히 약하기 때문에 흑연에서 조그만 힘으로도 쉽게 층 사이를 쉽게 분리할 수가 있어, 흑연을 연필의 심 또는 윤활 재료로 사용할 수 있다. 또한 반데르발스 힘으로 결합된 재료는 분자 단위로 분해하는 데 드는 에너지가 아주 작기 때문에 녹는 점이 비교적 낮다.

5) 수소 결합

공유 결합으로 이루어진 분자에서는 앞에서와 같이 종종 영구 쌍극자가 만들어져 있다. 물 분자를 예로 들어 보면 산소의 반만 찬 p 궤도 2개를 수소에서 나온 전자와 공유하고 있다. 산소와 수소 사이에서 공유된 전자는 대부분의 시간에 이 사이에서 있으므로, 산소 원자는 전기 쌍극자의 음극 역할을 하고, 수소 원자는 양극 역할을 한다. 양극쪽 각각은 다른 물 분자의 음극쪽과 결합하려 하므로 그림 1.33과 같이 분자끼리의 결합이 일어난다. 또한 분자 HF에서 H 원자와 F 원자 사이의 공유 결합으로 인한 영구 쌍극자가 분자에 있으며, 이들 영구 쌍극자들 사이의 정전기적 인력에 의해 분자 HF가 서로 결합한다.

수소가 쌍극자의 양극 쪽을 차지하고 있는 쌍극자 결합을 수소 결합이라 하고, 이 수소 결합은 수소의 이온 알갱이가 매우 작기 때문에 쌍극자 결합 중에서 비교적 강하다. 수소 결합은 영구 쌍극자에 의한 극성이 있기 때문에 방향성이 있어 방향성 결합이라 한다.

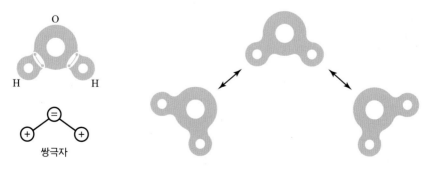

그림 1.33 **물 분자의 쌍극자와 분자 사이의 인력 방향을 나타낸 그림.**

1   슈뢰딩거는 원자에 있는 전자의 양자 상태는 각각 다른 수의 마디를 지닌 정상파에 대응된다고 생각하였다.

(a) 바닥 상태에서 마디의 수는 몇 개인가?

(b) 바닥 상태에서 마디의 위치는 어디인가?

(c) 무슨 양자수가 전체 마디의 수를 나타내는가?

(d) 마디에서 상태함수의 값은 얼마인가?

(e) 마디에서 전자를 발견할 수 있는 확률은 얼마인가?

2   수소에서 다음 각 경우 각 의존 확률 인자와 지름 확률 인자를 그리시오.

(a) $2s$

(b) 세 개의 $2p$ 상태

3   슈뢰딩거 방정식에서 나오는 세 개의 양자수에 대해 설명하시오.

4   $1s$ 전자에 대해 다음에서 전자를 발견할 수 있는 확률을 k로 표시하시오.

(a) 원자핵에 중심을 둔 $10^{-9} \, \text{nm}^3$ 부피의 구

(b) 핵에서 0.04 nm과 0.042 nm 사이의 부피

5   결합의 방향성에 관련되는 양자수에 대해 설명하시오.

6   스핀 양자수에 대해 설명하고, 파울리 배타 원리에 어떻게 적용되는지 설명하시오.

7   이온 결합이 어떻게 만들어지는지 설명하고, 이온화 퍼텐셜과 전자 친화도에 대해 설명하시오.

8   한 이온쌍에 대한 퍼텐셜 에너지를 거리의 함수로 그리시오. 그림에서 최소점은 무엇을 의미하는가?

9   두 개의 단위 전하를 지닌 이온에서 거리가 r_0보다 크면 퍼텐셜 $E_a = -e^2/r$을 가지고, 거리가 r_0보다 작으면 퍼텐셜 $E_r = Ce^2/r^m$을 가진다. 거리 r_0를 C와 m으로 표시하시오.

10 이온 결합은 왜 비방향성인가?

11 이온 결합을 한 결정은 왜 대개 전기 절연체인지 설명하시오.

12 화학 결합이 방향성인지 또는 비방향성인지를 원자의 전자 구조에서 어떻게 알 수 있는지 답하시오.

13 공유 결합을 하기 위한 요건이 무엇인지 답하시오.

14 어떤 화합물이 주로 공유 결합인지 또는 이온 결합인지를 무엇이 결정하는가?

15 공유 결합은 왜 방향성을 갖고 있는가? 공유 결합이 비방향성이 될 수 있는가?

16 혼성화를 설명하시오.

17 원소가 공유 결합으로 결정이 만들어지면 반도체나 절연체가 된다. 그 이유를 설명하시오.

18 공유 결합은 궤도 중첩으로 인한 에너지 감소로 만들어진다. 어떤 경우에 가장 안정된 공유 결합이 형성되는가?

19 Cu, Ge, Se에서 공유 결합 특성이 강한 순서로 배열하시오.

20 길이 1 nm의 1차원 상자 속에 전자 하나가 들어 있다.

(a) 이 전자에 대해 $n = 1$에 해당하는 제일 낮은 에너지를 구하시오.

(b) $n = 1$에 해당하는 고유함수를 구하시오.

(c) 상자의 중심에 있는 0.01 nm 폭에서 전자를 발견할 수 있는 확률을 구하시오.

(d) 상자의 끝에 있는 0.1 nm 폭에서 전자를 발견할 수 있는 확률을 구하시오.

21 금속에서 원자 하나로 독립해 있을 때보다 고체 상태에서 원자가전자의 운동 에너지가 더 낮은 이유를 설명하시오.

22 금속에서 원자 하나로 독립해 있을 때보다 고체 상태에서 원자가전자의 운동 에너지가 더 낮은 이유를 설명하시오.

23 금속의 전도도, 광택, 불투명도에 대해 설명하시오.

24 금속 결정에서 방향성을 갖는 결합이 생기는 이유를 설명하시오.

25 전이 원소는 왜 녹는점이 높은가?

26 탄소와 납은 모두 4개의 원자가전자를 지니고 있으나, 탄소는 다이아몬드에서 공유 결합을 하고 납은 금속 결합을 하는 이유를 설명하시오. 이와 같이 공유 결합과 금속 결합으로 다른 결합을 하게 되면 강도와 전도도에 어떤 영향을 주는지 설명하시오.

27 다이아몬드는 가시광선 영역에서 투명하다. 보론(B) 단결정도 투명한지 답하고 설명하시오.

28 주 결합과 이차 결합의 차이는 무엇인가?

29 수소 결합과 반데르발스 결합을 비교하시오. 어느 것이 더 강한 결합인가?

30 다음은 육방정으로 된 얼음의 구조이다.

(a) 그림에서 실선에는 무슨 결합으로 되어 있는지 답하시오.
(b) 점선에는 무슨 결합으로 되어 있는지 답하시오.
(c) 위의 결합 중 어느 것이 방향성 결합인지 답하시오.
(d) 위의 결합 중 어느 것이 이차 결합인지 답하시오.

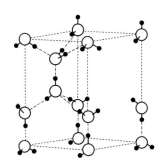

31 다음 결합의 종류를 구분하시오.

(a) Cu – Cu

(b) Na – Na

(c) Cl – Cl

(d) H – F

(e) HF – HF

(f) Si – Si

(g) Cs – Cl

32 같은 C로 되어 있으나 다이아몬드는 가장 경도가 높고, 흑연은 윤활제로 쓰이는 이유를 설명하시오.

CHAPTER 02

원자 충전

1장에서는 원자와 원자가 어떻게 결합하는지에 대해 알아보았다. 이 장에서는 결합 하나에서 시작하여 원자들이 어떻게 계속 충전되어서 전체 결정을 이루는지 알아보자.

결정은 이온이나 원자 또는 분자들로 구성된 3차원적인 집합체이다. 결정이 되기 위해서는 하나 또는 몇 개의 원자, 이온, 분자에서 시작하여 모든 방향으로 계속 추가로 결합하는 것이 가능하여야 한다. 연결된 결합이 없으면 반데르발스 힘이 작용하여 분자들을 결합시키기도 한다.

결정에서 원자들이 어떤 방식으로 배열되어 충전되는지를 알기 위해서, 결합을 방향성 결합과 비방향성 결합으로 나누어 생각하자. 원자들의 배열과 충전은 결합이 방향성인지 비방향성인지에 따라 달라진다. 방향성 결합에는 공유 결합, 수소 결합, 영구 쌍극자에 의한 반데르발스 결합이 있고, 비방향성 결합에는 이온 결합과 금속 결합 그리고 순간 쌍극자에 의한 반데르발스 결합이 있다.

방향성 결합으로 결합되는 원자는 결합각을 만족하면서 충전한다. 결합이 방향성이면 원자 배열이 결합각에 의해 정해지고, 이 결합각으로 정해지는 결합 다면체(bonding polyhedron)가 연결이 되면서 원자 배열이 된다. 다면체의 중심에서 꼭지점 방향이 최대 결합 강도를 지닌 방향이다.

한편 비방향성 결합은 구면 대칭 형태이고 결합각에 대한 제한이 없다. 비방향성 결합으로 결합하는 원자는 일반적으로 마치 구(sphere)를 빽빽이 채우는 것과 같은 방식으로 충전되고, 크기가 다른 이온의 경우 최대의 충전을 하기 위해 구의 크기 차로 정해지는 기하학적인 조건에 따라 충전된다. 결합이 비방향성이면 원자 배열은 원자의 상대적인 크기 비에 따라 결정된다. 이 경우 원자 배열은 중심 원자나 이온을 접하는 모든 이웃하는 원자나 이온의 중심을 연결해서 만들어지는 배위 다면체(coordination polyhedron)로 이루어진다고 설명할 수 있다. 따라서 결정은 결합 다면체나 배위 다면체가 연결되어 배열되거나 또는 원자들이 충전되어 만들어진다고 생각할 수 있다.

1 방향성 결합 원자들의 충전

방향성 결합에는 공유 결합과 수소 결합 및 영구 쌍극자 결합이 있다. 이 중 수소 결합과 영구 쌍극자 결합은 원자와 원자간을 결합시키는 것이 아니고 공유 결합된 분자와 분자를 결합시키는 이차 결합이다. 따라서 수소 결합과 영구 쌍극자 결합은 방향성은 있으나 일정한 각도로 결합하여 규칙적인 원자나 분자 배열을 이루는 과정을 이해하기가 쉽지 않으므로, 원자 충전을 알아보기 위해 여기서는 공유 결합을 먼저 생각해 보고 다음에 수소 결합에서 충전을 생각해보자.

　방향성 결합은 방향성이 있어 비대칭이고 원자 하나에 대한 결합의 수가 정해져 있고 결합각도 정해져 있다. 따라서 원자의 배열은 결합의 수와 각에 따라 정해진다. 여기서 결합의 방향은 결합에 참여하는 전자의 양자 상태에 따라 결정된다. s 전자 한 개의 핵 주위 분포는 구면 대칭이고 어떤 우선 방향도 없지만, 다른 원자와 결합하여 결합 하나를 만들 수 있다. p나 d 궤도에 있는 전자는 방향성이 있는데, p 궤도의 경우는 서로 수직이다.

1) 공유 결합 원자들의 충전

공유 결합에서는 반만 채워진 궤도만이 결합에 참여한다. 따라서 반만 채워진 궤도수와 결합수는 같다. 즉, 전자가 반만 채워진 궤도가 하나이면 결합수가 하나이고, 반만 채워진 궤도가 4개일 경우 결합수는 4개가 된다. 결합의 방향은 반만 채워진 궤도의 방향에 따라 정해진다.

　예를 들어, 인(P)은 p 궤도에 3개의 반만 채워진 궤도가 있다. 그림 2.1에서 불활성 기체 원소인 아르곤의 전자 배치를 지니기 위해서는 3개의 전자를 더 채워야 한다. 그

P (Z=15), 인

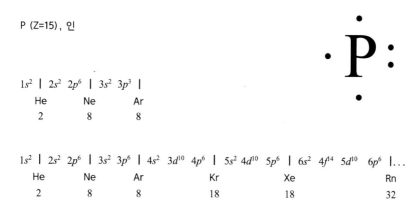

$1s^2$ | $2s^2$ $2p^6$ | $3s^2$ $3p^3$ |
He   Ne   Ar
2   8   8

$1s^2$ | $2s^2$ $2p^6$ | $3s^2$ $3p^6$ | $4s^2$ $3d^{10}$ $4p^6$ | $5s^2$ $4d^{10}$ $5p^6$ | $6s^2$ $4f^{14}$ $5d^{10}$ $6p^6$ |...
He   Ne   Ar   Kr   Xe   Rn
2   8   8   18   18   32

그림 2.1   인의 전자 배치를 나타낸 그림.

림에서 5개의 점이 있는데 3개의 점을 더 채우면 8개의 점이 만들어져 8중 공식을 만족
시키게 된다. 각각의 인(P) 원자가 주위의 3개의 원자에서 각각 전자 하나씩을 공유하
여 세 전자쌍, 즉 3개의 팔로써 결합하면 각 원자들은 모두 주위에 8개의 전자를 지니
게 되어 8중 공식을 만족하게 된다.

위의 조건을 만족시키면서 인 원자를 결합시켜 보자. 제일 먼저 생각할 수 있는 것이
그림 2.2에서와 같은 정사면체 모양의 결합이다. 사면체의 꼭지점에 있는 인 원자는 결
합하고 있는 3개의 인 원자와 각각 한 쌍의 전자를 공유하여 3개의 팔로써 결합하고
있다. 이렇게 사면체 모양을 쌓아 만든 인의 구조가 백린의 결정 구조이다. 이 결정의
색깔이 흰색이므로 백린이라 한다.

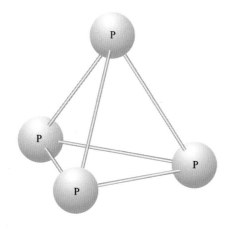

그림 2.2   백린의 구조의 기본이 되는 사면체 구조.

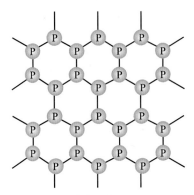

그림 2.3   흑린의 구조의 기본이 되는 판상 육각형 모양.

8중 공식을 만족시키면서 다른 구조를 만들어 보자. 그림 2.3에서와 같이 인 원자 하나가 3개의 팔을 가지면서 다른 인 원자가 결합할 수 있는 육각형 판상 모양을 만들 수 있다. 이런 육각형 판상 모양을 기본으로 원자들을 쌓아 만든 결정 구조가 흑린의 결정 구조이다. 이 인의 색깔이 검기 때문에 흑린이라 한다. 결정이 모두 같은 원자인 인으로 구성되어 있어도 결정 구조가 달라지면, 원자의 배열이 달라지기 때문에 결정 의 성질이 달라진다. 예를 들어, 여기에서는 제일 관찰하기 쉬운 색깔이 달라진다. 백린 은 사면체 모양을 기본으로 만들어진 결정으로 흰색이고, 흑린은 육각형 모양을 기본 으로 만들어진 결정으로 흑색이다. 사면체 모양의 백린에 고압을 가하면 납작한 육각 형 모양의 흑린이 만들어진다.

8중 공식을 만족시키면서 만들 수 있는 또 다른 구조는 그림 2.4 사면체 모양이 일렬 로 결합되어 있는 적린의 구조이다. 여기에서도 모든 원자들은 3개의 결합 팔을 가지고 있으면 서로 결합하여 8중 공식을 만족시킨다. 이런 모양을 기본으로 하여 쌓은 결정은 앞의 백린과 흑린과 다른 결정 구조를 지니므로 당연히 다른 여러 특성을 지니게 된다. 이런 특성 중의 하나가 바로 색깔인데 이 인은 적색을 띠게 되어 적린이라 한다. 접착 제에 적린 가루를 넣어 잘 혼합한 다음 작은 막대 끝에 묻혀 말려 성냥을 만들 수 있다.

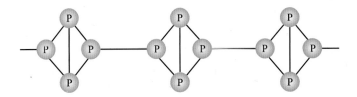

그림 2.4   적린 구조의 기본이 되는 일렬로 배열된 사면체 모양.

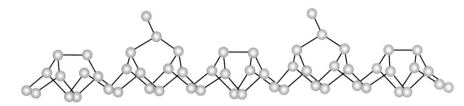

그림 2.5   자린의 구조의 기본이 되는 모형.

우리 재료공학자들은 끊임없이 새로운 기술이나 기기에 사용될 수 있는 새로운 특성을 지닌 신소재를 만들어 내야 한다. 같은 원자 배열을 지닌 같은 결정은 일반적으로 같은 특성을 지니므로, 새로운 특성을 지닌 신소재를 개발하기 위해서는 새로운 원자 배열을 지닌 새로운 결정을 만들거나 발견하여야 한다.

그러면 8중 공식을 만족시키면서 또 다른 새로운 구조를 만들어 보자. 이 새로운 구조가 그림 2.5에 있는 구조이고, 이를 바탕으로 쌓아 만든 결정 구조가 바로 자린(violet phosphorus)의 구조이다. 새로운 구조이므로 새로운 특성을 지니게 되는데 이 인은 색깔이 보라색이므로 자린이라 하고, 히토프인(Hittorf's phosphorus)이라고도 한다.

8중 공식을 만족시키면서 인의 새로운 구조를 더 만들어 보자. 그림 2.6과 같은 새로운 구조들을 더 만들 수 있을 것이고, 이들 구조는 모두 다른 원자 배열을 지니므로 다른 특성을 지닐 것으로 예상된다.

유황(S)은 그림 2.7에서 보는 바와 같이 p 궤도에 4개의 전자 중 2개의 짝이 없는 전자가 있다. 이 2개의 짝이 없는 전자에 짝을 만들어 만들어주기 위해서는 유황 원자

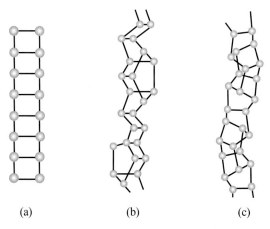

(a)   (b)   (c)

그림 2.6   새로운 인 구조의 기본이 되는 모형들.

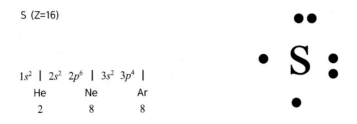

S (Z=16)

$1s^2$ | $2s^2$ $2p^6$ | $3s^2$ $3p^4$ |
    He   Ne   Ar
    2   8   8

$1s^2$ | $2s^2$ $2p^6$ | $3s^2$ $3p^6$ | $4s^2$ $3d^{10}$ $4p^6$ | $5s^2$ $4d^{10}$ $5p^6$ | $6s^2$ $4f^{14}$ $5d^{10}$ $6p^6$ | . . .
   He   Ne   Ar   Kr   Xe   Rn
   2   8   8   18   18   32

그림 2.7   황의 전자 배치를 나타낸 그림.

에 2개의 원자를 결합하면서 각 원자에서 하나의 전자를 가져와 짝을 만들면 된다. 각 원자가 2개의 결합 팔을 만들면서 결합을 하면 8중 공식을 만족시키게 된다. 즉, 각 S는 양옆으로 2개의 팔로 S와 결합하여 사슬 또는 고리 모양을 지닌 분자를 만든다.

　자연에서 가장 흔하게 볼 수 있는 황의 구조는 8개의 황 원자가 고리를 이루고 있는 그림 2.8에 있는 노란색의 S_8, α-황이다. 고리를 만드는 황 원자의 수를 달리 하면 다른 황 구조들을 만들 수 있는데, 그림 2.9와 같이 황 원자 6, 7, 9~15, 18, 20개가 고리를 이루고 있는 황들이 있다. 또한 고리 대신 긴 사슬 모양으로 된 황(그림 2.10)도 있다. 이와 같이 같은 원자로 이루어져 있지만 서로 다른 결정 구조를 지니는 것들을 동소체 라고 하는데, 황에는 고리 또는 사슬 모양의 30여종의 다른 고체 동소체가 있다.

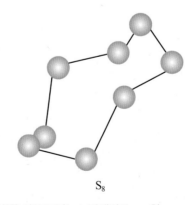

S_8

그림 2.8   8개의 황 원자가 고리를 이루고 있는 노란색의 S_8, α-황.

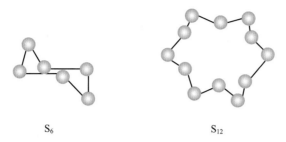

그림 2.9   각각 6, 12개의 황 원자가 고리를 이루고 있는 S_6, S_{12}.

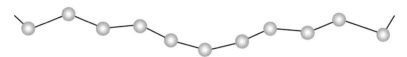

그림 2.10   **긴 사슬 모양의 황.**

다음 탄소의 결합에 대해 생각해 보자. 그림 2.11에서 나타낸 바와 같이 8중 공식에 따라 불활성 기체 원소인 Ne의 전자 배치를 지니기 위해서는 4개의 전자를 더 받아야 한다. 즉, 4개의 결합 팔로 4개의 원자와 결합하여 8중 공식을 만족시키게 된다.

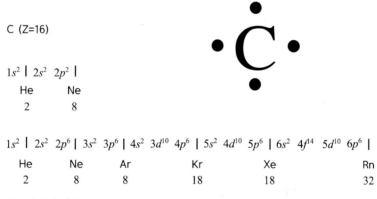

C (Z=16)

$1s^2$ | $2s^2$ $2p^2$ |

He	Ne
2	8

$1s^2$ | $2s^2$ $2p^6$ | $3s^2$ $3p^6$ | $4s^2$ $3d^{10}$ $4p^6$ | $5s^2$ $4d^{10}$ $5p^6$ | $6s^2$ $4f^{14}$ $5d^{10}$ $6p^6$ |

He	Ne	Ar	Kr	Xe	Rn
2	8	8	18	18	32

그림 2.11   **탄소의 전자 배치**

메테인(CH_4)이나 다이아몬드의 탄소에서는 앞에서 설명한 바와 같이 혼성화가 일어나 sp^3 혼성 궤도를 만든다. 여기에서 만들어지는 결합은 약하면서 구면 대칭인 결합 1개와 강하면서 서로 수직인 결합 3개로 된 것이 아니고, 그림 2.12(a)와 같이 정사면체의 꼭지점 방향을 향하면서 같은 강도로 된 4개의 결합으로 이루어져 있다. 따라서 메테인에서는 수소가 정사면체의 꼭지점을, 다이아몬드에서는 탄소가 정사면체의 꼭지점을 차지하게 된다.

탄소와 같은 IVA족인 규소(Si), 게르마늄(Ge), 주석(Sn)도 탄소의 $2sp^3$의 혼성화와 유사하게 각각 $3sp^3$, $4sp^3$, $5sp^3$ 혼성화를 하여 4개의 결합을 만들고 정사면체 꼭지점을 각각 차지한다. 다이아몬드의 경우 탄소 주위에 4개의 탄소가 있게 되어 그림 2.12(b)와 같이 평면에서 공유 결합을 계속 만들어 무한정의 탄소를 결합시킬 수 있다

실제 결정은 3차원에서의 원자 배열이므로, 3차원에서의 충전을 살펴보자. 탄소 하나 주위에 탄소 꼭지점을 지닌 정사면체가 만들어지도록 하면서 그림 2.12와 유사하게

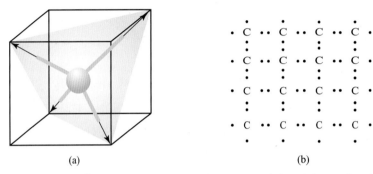

(a)   (b)

그림 2.12 (a) 탄소 주위에 sp^3 혼성화로 만들어지는 4개 결합의 기하학적인 배치, (b) 탄소의 결합과 전자 배치를 평면에 나타낸 그림.

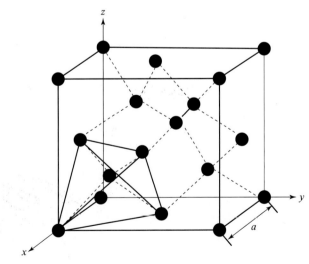

그림 2.13 다이아몬드 구조.

탄소를 계속 결합시켜 3차원적인 망목(network)을 만들 수 있다. 이렇게 만들어진 탄소의 원자 배열이 바로 그림 2.13에 나타낸 다이아몬드 구조이다. 다이아몬드 구조를 가지는 결정으로는 Si, Ge, Sn 등이 있다. 다이아몬드 구조를 평면에 나타내면 그림 2.14와 같다.

다이아몬드 구조를 그림 2.15와 같이 정사면체의 중심에 원자가 하나 들어있으면서 정사면체의 꼭지점에 원자가 하나씩 들어 있는 사면체들이 층을 이루면서 쌓여진 구조로 생각할 수 있다. 그림 2.16에서 이 사면체 층들이 쌓여있는 층 하나를 A층이라 하고, 그 위에 쌓이는 층을 B층, 또 그 위에 쌓이는 층을 C층이라 하면, 이 C층 위에

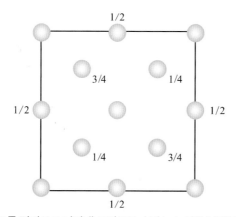

그림 2.14 다이아몬드 구조를 평면도로 나타낸 그림으로 숫자는 높이를 나타낸다.

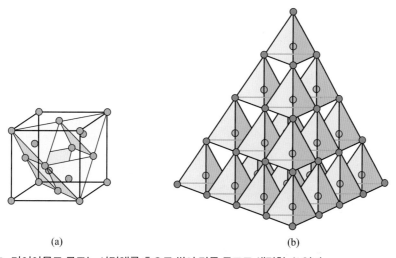

(a)   (b)

그림 2.15 다이아몬드 구조는 사면체를 층으로 쌓아 만든 구조로 생각할 수 있다.

쌓이는 층은 위에서 내려다보면 A층과 높이만 다르고 원자들이 모두 같은 위치에 있게 된다. A층과 높이는 다르지만 사면체들이 같은 위치에 있는 4번째 층을 A층이라 하고, 5번째 층도 B층과 높이만 다르고 내려다보면 사면체들이 같은 위치에 있으므로 B층, 6번째 층은 C층과 높이만 다르고 사면체들이 같은 위치에 있게 되므로 C층이라 한다. 그러면 이들 층이 쌓이는 순서는 $ABCABC$가 되고 계속해서 쌓이는 순서를 보면 $ABCABCABC\cdots$가 된다. 이렇게 적층된 사면체를 위에서 내려다보면 그림 2.17과 같이 된다.

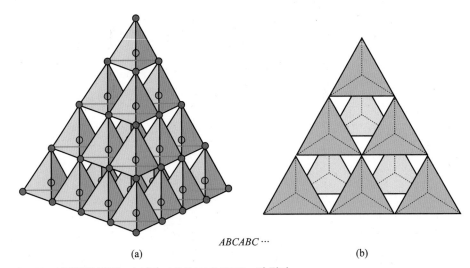

$ABCABC\cdots$

(a)   (b)

그림 2.16   사면체의 쌓이는 순서가 $ABCABCABC\cdots$가 된다.

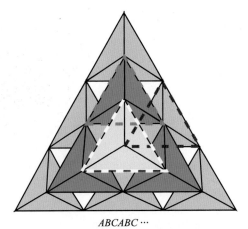

$ABCABC\cdots$

그림 2.17   쌓이는 순서가 $ABC\cdots$인 사면체들을 위에서 내려본 그림.

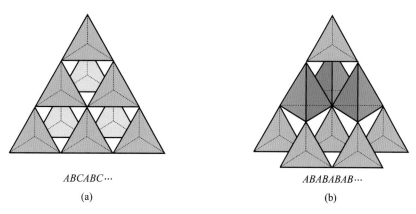

$ABCABC\cdots$

(a)

$ABABABAB\cdots$

(b)

그림 2.18 **적층 순서가 $ABCABCABC\cdots$인 사면체들(왼쪽)과 $ABABAB\cdots$인 사면체들(오른쪽)**

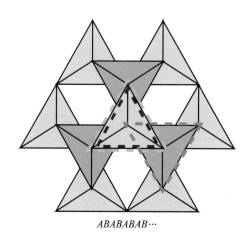

$ABABABAB\cdots$

그림 2.19 **쌓이는 순서가 $ABABAB\cdots$인 사면체들을 위에서 내려본 그림.**

탄소로 8중 공식을 만족시키면서 다른 결정 구조를 만들어 보자. 다른 결정 구조는 다른 원자 배열을 지니므로 다른 특성을 나타낼 것이다. 그림 2.18에서 왼쪽은 다이아 몬드 구조에서 사면체의 적층을 나타낸 그림인데, 이 사면체의 적층 순서를 오른쪽 그림과 같이 $ABABAB\cdots$로 바뀌게 되면 새로운 구조가 만들어지게 된다. 이 새로운 사면체의 적층을 위에서 내려다보면 그림 2.19와 같이 A, B 두 층만 차지하게 되고, C 층은 없어 비어 있는 모습으로 나타나게 된다. 이 새로운 구조에서도 모든 탄소는 모두 4개의 결합 팔을 가지고 4개의 탄소와 결합되어 있다.

이와 같이 적층순서가 $ABAB\cdots$로 만들어진 새로운 구조가 그림 2.20에 나타낸 육 방 다이아몬드(hexagonal diamond) 구조이다. 이 육방 다이아몬드는 론스데일라이트

그림 2.20   육방 다이아몬드 구조를 나타낸 그림으로 모든 원자들이 4개의 결합 팔로써 4개의 다른 원자들과 결합되어 있다. 다른 자리를 나타내기 위해 색을 달리 했으나 모두 같은 원자들이다.

(lonsdaleite)라고도 하고 육방 격자(hexagonal lattice)를 지니며 흑연을 포함하고 있는 운석이 지구와 충돌할 때 흑연이 변태하여 만들어진다. 이 육방 다이아몬드는 새로운 결정 구조를 지니므로 기존 다이아몬드와 여러 다른 특성들을 지니게 되는데, 경도의 경우 기존 다이아몬드보다 58% 더 단단하다.

4개의 결합 팔로써 결합할 수 있는 다른 탄소 결정들을 만들거나 생각할 수 있다. 탄소 원자들이 4개의 결합 팔을 가지도록 하면서 모서리에 탄소가 있는 정육면체들을 결합하여 만들어진 구조가 바로 C_8 입방 탄소이다. 이 새로운 탄소 또한 다른 결정 구조를 지니므로 새로운 특성들을 지니고 있다. 탄소 원자들이 4개의 결합 팔을 지니도록 하면서 모서리에 탄소가 있는 정사면체를 결합시키면 T-탄소를 만들 수 있다. 즉, 다이아몬드 구조에서 탄소 원자 대신 탄소 정사면체로 바꾸어 넣으면 T-탄소가 된다. 이와 같이 여러 탄소 구조들을 생각할 수 있는데 그 예가 F-, M-, O-, P-, S-, W-, X-, Y-, Z-탄소들이다.

앞에서 설명한 바와 같이 메테인(CH_4)이나 다이아몬드의 탄소에서는 $2s$ 하나, $2p$ 3개의 전자에서 혼성화가 일어나 sp^3 혼성 궤도를 만든다. 그러나 에텐(C_2H_4)이나 흑

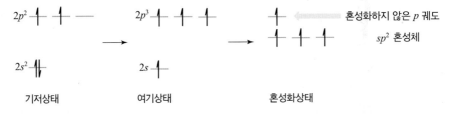

그림 2.21   탄소에서 sp^2 혼성화.

연에서 탄소에서는 $2s$ 하나, $2p$ 2개의 전자에서 혼성화가 일어나나 $2p$ 하나는 혼성화에 참여하지 않는 sp^2 혼성화(그림 2.21)가 일어난다.

  탄소의 sp^2 혼성화 안에서는 3개의 짝 없는 전자가 있어 3개의 결합 팔로써 결합을한다. 3개의 결합 팔로써 결합을 계속 시키면 그림 2.22와 같은 육각형 모양의 그래핀(graphene) 구조가 만들어진다. 2004년 영국 맨체스터대학교의 가임(A. Geim) 교수팀은처음으로 이 그래핀을 만들어 2010년 노벨 물리학상을 받았다. 그래핀 구조는 다이아몬드 구조와 다르므로 여러 가지 다른 특성을 지닌다. 원자 한 층의 두께이면서도 가장강한 강철의 100배 정도 강도를 지니면서 열과 전기의 도체이고 여러 독특한 특성들을지닌다.

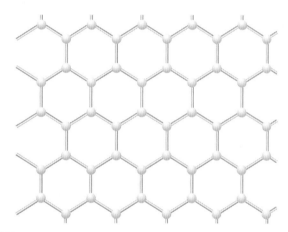

그림 2.22 **그래핀 구조**.

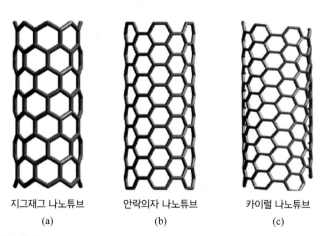

지그재그 나노튜브   안락의자 나노튜브   카이럴 나노튜브
(a)   (b)   (c)

그림 2.23 **나노튜브 구조**.

원자층 하나 두께인 그래핀을 튜브 모양으로 말아 나노튜브(nanotube) 구조(그림 2.23)를 만들 수 있다. 본래 그래핀에서의 결정 방향과 만들어진 나노튜브의 축 방향의 관계에 따라 튜브 테두리(rim)의 원자 배열이 지그재그(zig-zag) 모양인 지그재그 나노튜브, 안락의자 모양인 안락의자(armchair) 나노튜브, 지그재그 나노튜브와 안락의자 나노튜브의 중간인 카이럴(chiral) 나노튜브로 나눌 수 있다. 이들 나노튜브는 그 직경과 종류에 따라 도체가 되기도 하고 반도체가 되기도 한다.

나노튜브의 벽이 1겹으로 되어 있으면 단중벽 나노튜브(single wall nanotube, SWNT)라 하고, 나노튜브 내에 새로운 나노튜브가 만들어져 나노튜브의 벽이 2겹으로 되어 있으면 이중벽 나노튜브(double-wall nanotube), 나노튜브의 벽이 2겹 이상 여러 겹으로 되어 있으면 다중벽 나노튜브(multi-wall nanotube)라 한다(그림 2.24).

나노튜브 내에 중간 격막들이 만들어진 경우 그 모양이 대나무의 단면과 유사하므로 대나무 나노튜브(bamboo nanotube)라 한다. 나노튜브 모양에서 한쪽 입구가 더 좁아져서 만들어진 나노혼(nanohorn)이 있고, 나노튜브에서 변형된 것으로 컵 모양의 나노컵이 여러 겹 쌓여 만들어진 컵스택 나노튜브(cup-stacked nanotube)는 기계적 유연성이 일반 나노튜브보다 더 뛰어나다.

탄소 나노튜브 중에서 가장 낮은 형태로 6각형 고리가 9개 또는 11개 연결된 탄소 나노후프(nanohoop) 구조도 있다(그림 2.25). 길다란 나노튜브가 구부려 고리 모양으로 만든 도넛(doughnut) 모양의 나노튜브 고리(nanotube ring)가 있고, 긴 나노튜브를 양쪽 끝을 연결하여 고리를 만들 때 그대로 연결하지 않고 한쪽 끝을 회전하여 양쪽 끝을 연결한 나노토러스(nanotorus)가 있다.

원자층 하나 두께인 그래핀 구조에서 결합을 자르고 위로 접어서 모든 원자가 3개의 결합 팔을 지니도록 하면서 3차원에서 축구공 모양을 만들 수 있는데, 이렇게 해서 만든 구조가 그림 2.26의 왼쪽의 풀러린(fullerene) 구조이다. 풀러린은 그림 2.26의 오른쪽에 있는 축구공과 같이 20개의 6각형 모양과 12개의 5각형 모양으로 구성되어 있고 모서리가 모두 60개이다. 이 모서리마다 탄소가 들어 있어 전부 60개의 탄소가 들어 있어 C60라고도 한다. C60의 모양이 1976년 몬트리온 세계 엑스포에서 건축가 풀러(Fuller)가 만든 조형물과 유사했기 때문에 풀러의 이름을 따 풀러린이라고 한다. 스몰리(R.E. Smalley)는 이 풀러린을 최초로 만든 공로로 1996년 노벨 화학상을 받았다. C60가 면심 입방 격자의 격자 자리에 들어가 결정구조가 만들어진 것이 풀러라이트(fullerite) 구조인데, 다이아몬드의 경도가 240 GPa 이하인데 비해 풀러라이트의 경도는

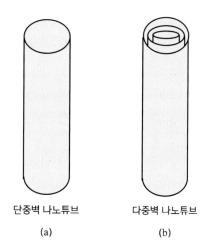

단중벽 나노튜브   다중벽 나노튜브

(a)   (b)

그림 2.24 단중벽 나노튜브(a)와 다중벽 나노튜브(b).

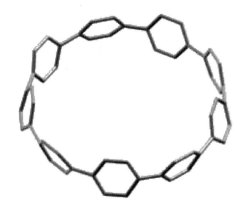

그림 2.25 육각형이 9 개 연결되어 만들어진 나노후프.

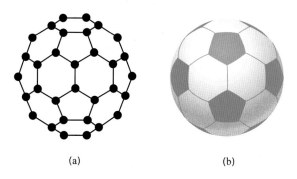

(a)   (b)

그림 2.26 풀러린(C60) 구조(a)와 축구공(b).

310 GPa 정도로 그 경도가 매우 높다.

모든 탄소가 3개의 결합 팔을 지니면서 C60와 마찬가지로 공 모양들을 만들 수 있는데, 이들이 C24, C28, C32, C50, C70, C540 등이다. 이들은 볼 안에 작은 볼들을 만들수 있고(예: C540 안에 C240, C240 안에 C60이 들어 있는 C540(C240(C60))) 이들 볼들이 여러 개 들어 있는 경우 그 모양이 양파와 유사하므로 버키오니온(bucky onion) 구조라 한다. 그리고 풀러린 안에 기체 분자가 들어가 있는 구조도 만들 수 있다.

나노튜브 안에 풀러린을 생성시킨 경우 그 모양이 완두콩 꼬투리와 유사하므로 나노튜브 피포드(peopod)라 하고, 플러린이 나노튜브 밖에서 만들어진 경우 이를 나노버드(nanobud)라 한다.

원자층 하나의 두께인 그래핀을 한 장 한 장 위로 쌓으면 3차원 구조를 만들 수 있는데, 이 구조가 흑연(graphite) 구조(그림 2.27)이다. 흑연 구조에서 그래핀 한 장 내에서 결합은 강한 공유 결합이고, 장과 장 사이는 약한 반데르발스 결합이다. 다이아몬드에서는 원자 간의 결합이 모두 공유 결합이고, 흑연에서는 그래핀 층 사이의 결합이 약한 공유 결합으로 두 결정의 구조가 달라 여러 특성이 다르게 나타난다. 다이아몬드는 일반적으로 투명하나 흑연은 흑색이다. 다이아몬드의 경도는 매우 높아 공업적으로 암석과 같은 단단한 재료들을 절단하는 데 사용하는데 비해 흑연의 경도는 매우 낮아 연필

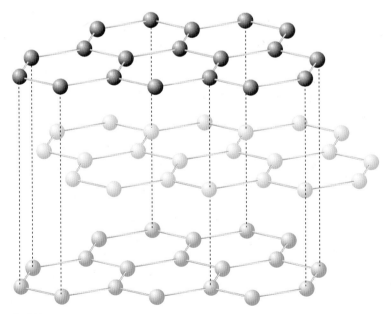

그림 2.27 **흑연 구조.**

의 심으로 사용되거나 고온에서 기계 사이의 마찰을 줄이기 위한 윤활제로 사용된다. 연필의 심으로 사용되기 위해서는 종이보다 경도가 낮아야 한다. 다이아몬드는 전기나 열의 절연체이고 흑연은 도체이다.

한편 탄소 결합 중 탄소만이 아닌 탄소 또는 다른 원자와의 결합이 계속 만들어지면 여러 가지 복잡하고, 큰 분자, 고분자 또는 생체를 이루는 분자 등을 만들 수 있다.

메테인(CH_4)에서 하나의 C-H 결합 대신 C-C 결합을 만들어서 3개 결합을 수소로 완성시키면 에테인(C_2H_6)이 만들어지고, 다시 이 과정을 되풀이하면 프로페인(C_3H_8)을 만든다. 이런 방식으로 계속 합성을 하면 수천 개의 C-C 결합도 만들 수 있으므로 폴리에틸렌과 같은 고분자를 합성할 수 있다.

메테인 분자 하나만 보면 탄소의 4개 결합을 수소가 다 채워주었기 때문에 더 이상 결합할 전자가 없다. 그러므로 CH_4 분자들끼리는 약한 반데르발스 힘으로 결합되어 있다. 고체 메테인에서 이 반데르발스 힘은 약하므로 고체 메테인을 가열하면 매우 낮은 온도에서 분자와 분자 사이의 반데르발스 결합이 끊어져 녹게 된다. 고체 CO_2, N_2, F_2, BCl_3 등도 분자와 분자 사이는 이와 같이 반데르발스의 힘으로 결합되어 있다.

2) 수소 결합 분자들의 충전

수소 결합 중에서 대표적인 물 분자의 결합을 살펴보자. 물 분자는 그림 2.28에서 나타낸 바와 같이 극성 공유 결합을 하고 있고 공유된 전자는 산소 원자와 수소 원자 사이에 있을 확률이 더 많으므로 수소 원자 쪽에서는 +쌍극자, 산소 원자 쪽에서는 그림과 같이 −쌍극자가 생긴다. 공간에서 두 O-H 결합 사이의 각은 105도이다. 수소 결합으로 물 분자가 서로 결합할 경우 +쌍극자와 −쌍극자는 서로 끌어당기고 같은 극성의 쌍극자는 서로 밀어내므로 그림 2.28의 오른쪽 그림과 같은 배열을 지니게 된다. 즉, 물 분자 하나에 4개의 수소 결합 팔이 있어 4개의 물 분자와 서로 결합하여 둘러싸고 있는 물 분자의 산소 원자를 서로 연결하면 사면체 모양이 된다.

그림 2.29의 왼쪽은 하나의 물 분자 주위에 4개의 물 분자가 결합되어 있는 것을 보여 주고, 4개의 결합 팔로써 계속 결합하면 오른쪽에 있는 우리가 일반적으로 알고 있는 물의 결정 구조가 된다. 즉, 오른쪽에 있는 물의 결정 구조는 왼쪽에 있는 사면체를 쌓아서 만들 수 있다.

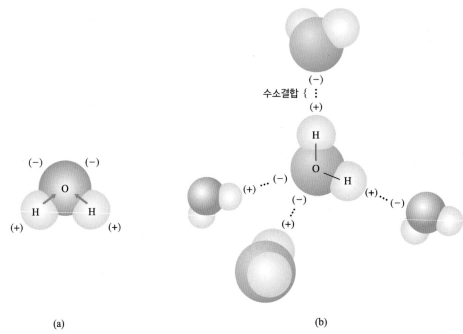

그림 2.28 물 분자에서의 극성 공유 결합(a)과 수소 결합으로 결합된 물 분자들(b).

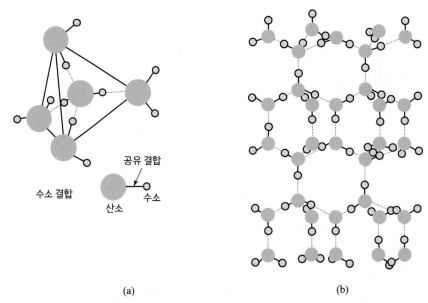

그림 2.29 수소 결합으로 결합된 물 분자들 중 밖에 있는 물 분자의 산소를 연결하면 사면체가 만들어지고
(a), 4개의 결합 팔로 계속 결합하면 물 결정이 만들어진다(b).

　　그림 2.30은 물의 결정 구조 중에서 하나의 단위포를 점선으로 나타낸 그림이다. 나중에 배우겠지만 이 결정은 6-중 대칭을 지니고 있어 물의 결정인 눈 모양은 모두 6-중 대칭을 나타내주게 된다.

　　물 결정은 그림 2.31과 같이 사면체의 적층으로 볼 수 있는데, 왼쪽은 산소 원자로 이루어지는 사면체를 나타내고, 오른쪽은 이 사면체가 쌓여있는 모습을 나타낸 것으로 적층 순서는 $ABABAB\cdots$가 된다. 그런데 물 분자가 4개의 수소 결합 팔로써 결합하면서 적층의 순서를 그림 2.32와 같이 $ABCABC\cdots$로 바꿀 수 있다. 이렇게 해서 만들

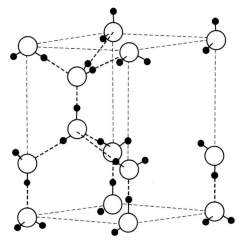

그림 2.30　물 결정 구조를 단위포로 나타낸 그림.

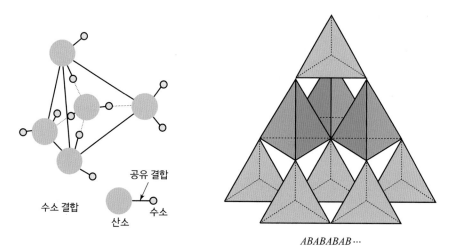

$ABABABAB\cdots$

그림 2.31　물 결정 구조는 사면체의 적층으로 생각할 수 있다.

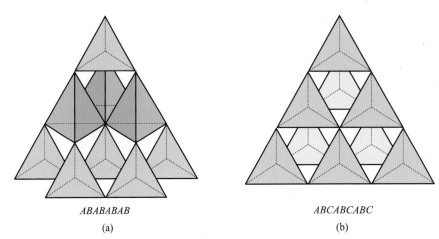

ABABABAB

(a)

ABCABCABC

(b)

그림 2.32 **사면체의 적층 순서를** $ABABAB\cdots$**에서** $ABCABC\cdots$**로 바꿀 수 있다.**

어진 물의 결정 구조가 입방 얼음(cubic ice, Ic) 구조이다. 입방 얼음 구조의 얼음 결정은 입방정의 {111}면으로 이루어진 팔면체 모양을 나타내거나 이 팔면체에서 {001}면이 잘려나간 모양을 나타낸다. 입방 얼음(Ic)은 우리가 알고 있는 육방 얼음(Ih)보다 증기압이 약간 높다.

이와 같이 결합 조건을 만족시키면서 여러 다른 결정들을 만들 수 있는데, 이들이 얼음(ice) II, III, IV, V, VI, VII, VIII, IX, X, XI, XII, XIII, XIV, XV 결정들이다.

2 같은 크기의 비방향성 결합 원자들의 충전

비방향성 결합에는 이온 결합, 금속 결합과 순간적 쌍극자에 의한 반데르발스 결합이 있는데, 금속 결합은 같은 크기의 원자간의 결합이고, 이온 결합은 크기가 다른 원자간의 결합이다. 이와 같은 비방향성 결합은 원자 크기의 상대적 비에 의해서 원자들의 충전이 크게 영향을 받으므로 여기서는 먼저 간단히 같은 크기의 원자들의 충전에 대해 알아보자.

일반적으로 결합은 단위 체적당 결합 에너지를 최소로 하는 방법으로 이루어진다. 금속에서는 모두 같은 크기의 비방향성 원자들로 결합이 이루어져 있으므로, 금속 결합은 방향에 의존하지 않는다. 앞장에서 나온 바와 같이 형성된 결합 하나의 에너지는 음의 값을 지니므로 결합의 수를 증가시킬수록 결합 전체의 에너지는 더 큰 음의 값을

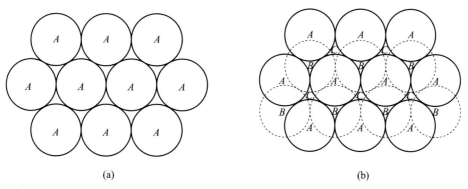

그림 2.33　(a) 2차원에서 구를 조밀 충전하는 방법, (b) 3차원에서 구를 조밀 적층하는 방법.

지니게 된다. 즉, 결합의 수가 많을수록 더 안정된 결합을 하게 된다. 따라서 금속에서 결합 에너지를 최소화하는 방법은 결합수를 최대로 하는 것이다. 이는 단위 체적당 원자수가 최대로 되게 충전하는 것을 의미한다.

금속 결합에서 전자 구름을 이루는 전자를 내놓은 금속은 불활성 원소와 같이 꽉 채워진 전자 배치를 지니게 되고 구면 대칭을 지니게 된다. 따라서 기하학적으로 원자를 충전하는 방법을 생각할 때 금속 원자를 강구(hard sphere)로 간주하면 편리하다. 원자를 그림 2.33(a)에 있는 것과 같이 2차원에서 한 구 주위에 최대로 같은 크기의 구를 채울 수 있는 수는 6개이다. 그리고 그림 2.33(b)의 3차원에서 보면 같은 면에서 최대로 채울 수 있는 6개(A)에 추가하여, 중심 원자의 윗면에 최대 3개(B), 아랫면에 최대 3개(B 또는 C)를 중심구에 접하게 하면서 채울 수 있다. 따라서 3차원에서 원자를 최대한 충전되게 할 때 중심 원자 주위에 12개의 원자가 접하게 된다. 이와 같이 12개의 원자가 접하도록 충전되어 최대한의 충전 밀도를 갖는 충전을 조밀 충전이라 한다.

조밀 충전을 하는 방법은 두 가지가 있다. 그림 2.33(b)에서 A를 중심으로 하여 실선으로 그려진 구가 있는 층을 기준으로 생각해 보자. A가 중심인 구로 된 층 위에 그림에서 B로 표시된 점을 중심으로 하여 점선으로 그려진 구로 한 층을 만든다. 그리고 그 위에 다시 A가 구의 중심인 층을, 그 위에 다시 B가 중심인 한 층을 만든다. 이와 같이 층의 연속적인 적층이 $ABABABAB\cdots$의 순서로 된 조밀 충전을 육방 조밀 충전(hexagonal close-packing, hcp)이라 한다. 이 육방 조밀 충전의 원자 구조가 그림 2.34에 나와 있다.

육방 조밀 충전은 꼭지점에 원자가 들어 있는 정사면체의 적층으로 생각할 수 있다. 그림 2.35에서 보면 왼쪽에 있는 육방 조밀 충전 구조를 정사면체의 적층 AB를 나타

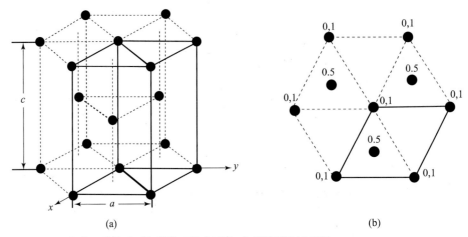

(a)

(b)

그림 2.34 (a) 육방 조밀 충전, (b) 육방 조밀 충전을 c축 방향에서 본 그림.

내었다. 육방 조밀 충전 구조는 오른쪽에 있는 그림과 같이 정사면체가 $ABABAB\cdots$ 로 적층되어 이루어진 구조라는 것을 알 수 있다.

전체 체적 중에서 구와 같은 어떤 구조 단위가 차지하는 체적 비율을 채움률(packing fraction)이라고 한다. 육방 조밀 충전에서 구의 반경이 r이면 그림 2.34의 실선으로 그린 육면체의 밑면의 변 길이는 $2r$이다. 밑면에서 다음 층까지의 간격인 정사면체의 높이는 변 길이 $2r$의 $\sqrt{2/3}$ 배이므로 육면체의 전체 높이는 $4\sqrt{2/3}$ 이다. 육면체 내에 2개의 구가 있으므로 채움률은

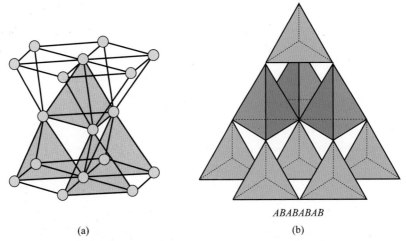

(a)

$ABABABAB$

(b)

그림 2.35 (a) 육방 조밀 충전에 있는 정사면체, (b) 정사면체의 $ABAB$.. 적층을 나타낸 그림.

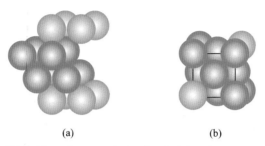

(a)   (b)

그림 2.36 (a) *ABCA* 조밀 충전을 보여 주는 그림, (b) 정육면체의 체심 대각선 방향으로 *ABCA* 조밀 충전을 나타낸 그림.

$$채움률 = \frac{2\left(\dfrac{4}{3}\pi r^3\right)}{(2r)(2r)\sin 120°\left(4\sqrt{2/3}\,r\right)} = \frac{\pi}{3\sqrt{2}} = 0.74 \qquad (2\text{-}1)$$

이다.

또 다른 방법은 *A*가 중심인 구로 된 층 위에 *B*가 중심인 구의 층을 만들고, 그 위에 다시 *C*가 구의 중심인 층을 쌓는 과정을 반복하면 적층 순서가 *ABCABCABC*…가 되는데 이러한 조밀 충전을 입방 조밀 충전(cubic close-packing, ccp)이라 한다.

그림 2.36(a)는 이와 같이 적층 순서를 *ABCA*로 쌓아놓은 것을 보여 주는 그림이고, 그림 2.36(b)는 적층 방향이 정육면체의 체심 대각선 방향으로 *ABCA* 순서로 쌓은 것을 보여 주는 그림으로, 사각형은 정육면체의 한 면을 보여 준다. 그림 2.37(a)에서와 같이 조밀 충전되는 적층 방향이 정육면체의 체심 대각선 방향으로 하여 쌓으면 그림 2.37(b)의 정육면체의 꼭지점과 각 면의 중심에 구가 차지하게 되는 면심 입방(face-centered cubic, fcc) 구조가 만들어진다.

이 구조의 원자 배열을 직접 살펴보자. 그림 2.38은 면심 입방 구조인 알루미늄 결정의 고분해능 사진으로 알루미늄 원자 배열을 보여 준다. 사진 안에 확대된 사진 속에 있는 사각형은 면심 입방 구조 단위포를 [110] 방향에서 본 그림으로 입방체의 두 옆면을 보여 주고 있다. 사각형 윗변에 있는 3원자와 아랫변에 있는 3원자는 입방체의 모서리에 있는 원자들이고, 사각형의 속에 있는 원자들은 입방체의 면심에 있는 원자들이다. 그림 2.39는 면심 입방 구조 결정의 조밀면을 옆에서 본 사진으로 조밀면들의 적층 순서가 *BCABCA* …, 즉 *ABCABC*…인 것을 보여 주고 있다.

면심 입방 구조는 그림 2.40(a)와 같이 꼭지점에 원자가 들어 있는 정사면체의 적층으로 나타낼 수 있고, 그림 2.40(b)는 이 정사면체들을 쌓아 올린 그림이다.

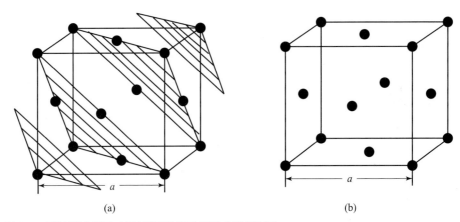

(a)   (b)

그림 2.37 면심 입방 구조. (a)의 빗금친 면이 조밀 충전 면이다.

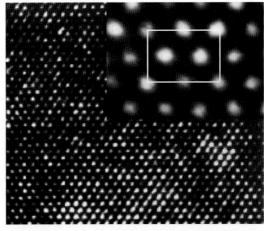

그림 2.38 면심 입방 구조인 알루미늄 결정의 원자 배열을 보여 주는 고분해능 전자현미경 사진으로 사진 속에 확대 사진 안에 있는 사각형은 [110]에서 바라본 단위포를 보여 준다.

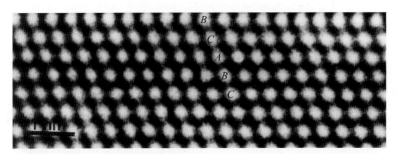

그림 2.39 면심 입방 구조의 조밀면들의 적층이 $BCABC$ ($ABCABC \cdots$)인 것을 보여 주는 고분해능 전자현미경 사진.

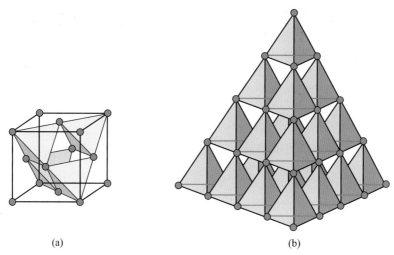

그림 2.40 면심 입방 구조에 있는 정사면체(a)와 이 사면체들을 쌓아 올린 그림(b).

면심 입방과 입방 조밀 충전은 같은 것이다. 면심 입방의 경우에 채움률은 육방 조밀 충전과 같이 0.74가 된다. 육방 조밀 충전과 입방 조밀 충전은 원자 주위의 최인접 원자 수는 12로 같지만 조밀 면이 쌓이는 적층 순서가 다르다. 예를 들어, 2개의 원자층 AB 가 만들어져 있다고 하자. 3번째 원자층이 쌓일 때 맨 아래 원자층 A를 무시하면 B 위에 A 또는 C층은 서로 대칭으로 같은 층이므로 A 또는 C층이 쌓일 확률은 같다. 맨 아래 A층을 생각하여 육방 조밀 충전을 하기 위해서는 A층이 쌓여야 하고, 입방 조밀 충전을 하기 위해서는 C층이 쌓여야 한다. 이와 같이 육방 조밀 충전과 입방 조밀 충전은 인접 원자수와 채움률이 같고, 단지 적층 순서만 다르기 때문에 한 물질에서 같이 입방 조밀 충전에서 육방 조밀 충전으로 또는 그 반대로 잘 변태하기도 하고, 한 물질에서 입방 조밀 충전과 육방 조밀 충전이 공존하기도 한다. 이와 같이 입방 조밀 충전과 육방 조밀 충전은 사람으로 치면 형제자매 사이처럼 매우 가까운 사이로 한 물질에서 입방 조밀 충전 구조가 있으면 그 형제인 육방 조밀 충전 구조가 있고, 육방 조밀 충전 구조가 있으면 입방 조밀 충전 구조가 존재할 가능성이 많다. 원자 배열을 보여 주는 그림 2.5.4의 고분해능 전자현미경 사진을 보면 한 결정 내에서 위에서는 $CACA$, 즉 육방 조밀 충전의 적층 순서를 보여 주고, 아래에서는 $CABCA$, 즉 입방 조밀 충전의 적층 순서를 보여주고 있다.

각 층이 조밀 충전으로 되어 있고 적층 순서가 $ABACABAC\cdots$ 또는 $ABCACABCAC\cdots$와 같이 규칙성을 가지고 있으면 단위포의 크기가 더 커진 초격자

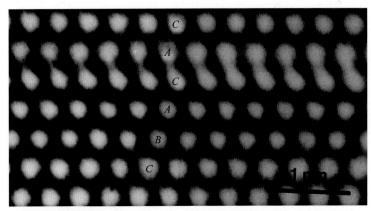

그림 2.41 한 결정 내에 육방 조밀 충전의 적층 순서와 입방 조밀 충전의 적층 순서가 같이 있는 것을 보여 주는 고분해능 전자현미경 사진.

(superlattice) 구조가 된다. $ABACABCAC\cdots$와 같이 자유스럽게 되어 있는 경우에도 조밀 충전이 되기는 하지만 규칙적인 격자 배열을 이루지 못하므로 결정 구조로 취급하지 않고 이들을 적층 결함(stacking fault)으로 간주한다.

$AABCCAABCC\cdots$와 같이 같은 층이 연속으로 적층되면 아랫층의 오목하게 들어간 곳에 다음 층이 적층되지 않아 조밀 충전도 되지 않을 뿐만 아니라 에너지적으로 불안정한 구조가 된다.

단위 체적당 결합 에너지를 최소로 하기 위해 원자들은 조밀 충전을 하려 하기 때문에, 같은 크기의 비방향성 결합 원자인 금속의 약 2/3는 상온에서 면심 입방이나 육방 조밀 충전 구조를 갖는다. 나머지 1/3은 최대 조밀 충전은 아니지만 어느 정도의 충전이 되어 있는 구조인 그림 2.42의 체심 입방(body-centered cubic, bcc) 구조를 갖는다. Li, Na, K과 같은 알칼리 금속과 Fe, Cr, W과 같은 전이 금속이 체심 입방 구조를 가진다.

체심 입방 구조는 중심 원자의 최인접 원자수가 8로 면심 입방이나 육방 조밀 충전만큼 조밀 충전이 되어 있지는 않다. 체심 입방의 채움률은 0.68이다. Li과 Na은 상온 상압에서 체심 입방이나, 낮은 온도에서는 조밀 충전 구조로 변한다. 조밀 충전 구조의 금속 중에는 높은 온도에서 진동 엔트로피의 영향으로 체심 입방으로 변하는 것이 많이 있다.

앞에서 설명한 바와 같이 전이 금속은 반만 채워진 d 궤도를 가지기 때문에 약간의 공유 결합 성질을 띠게 된다. 이 공유 결합 성질에 의해 전이 금속은 약간의 방향성을 가지므로 조밀 충전을 하지 못하고 채움률이 조금 작은 체심 입방 구조를 갖는다. 체심

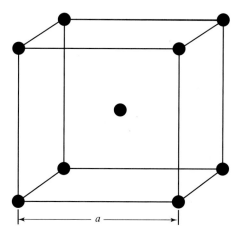

그림 2.42 **체심 입방 구조**.

입방 구조를 갖는 전이 금속들은 다른 조밀 충전 구조를 가지는 금속들에 비해 강한 결합력을 가지며 녹는점이 높고 변형이 어렵다.

순간적 쌍극자로 반데르발스 결합을 하고 있는 불활성 원소들은 꽉 채워진 전자 배치로 구면 대칭을 이룬다. 따라서 이들 원소의 기하학적인 충전은 강구의 충전으로 생각할 수 있다. 금속과 마찬가지로 한 원자 주위에 12개의 원자가 접하도록 충전되어 최대한의 충전 밀도를 갖는 조밀 충전이 된다.

조밀 충전층의 연속적인 적층 순서가 $ABABABAB\cdots$으로 되면 육방 조밀 충전이 만들어지고, 적층 순서가 $ABCABCABC\cdots$인 조밀 충전을 하게 되면 입방 조밀 충전인 면심 입방이 만들어진다. He은 고압하에서 결정화가 되면 육방 조밀 충전이 되고, Ne, Ar, Kr, Xe, Rn과 같은 불활성 원소는 면심 입방이 된다.

조밀 충전 구조가 아니면서 또 하나의 간단한 구조로는 정육면체의 꼭지점에 원자가 차지하는 단순 입방(simple cubic, sc) 구조가 있다. 이 구조는 2차원 적층면에서 원자가 정사각형 배열을 이루고, 윗층의 원자 위치가 아랫층의 원자 위치에 오도록 적층되어 만들어진 구조이다. 이 구조는 조밀 충전 구조가 아니므로 효율적인 충전을 하지 못하고 있다. 단순 입방 구조를 지닌 결정의 한 예로는 금속 Po이 있다.

3 다른 크기의 비방향성 결합 원자들의 충전

크기가 다르면서 비방향성 결합을 하는 경우는 이온 결합에 해당한다. 이온 결합에서 전기적으로 양성인 원자에서 전기적으로 음성인 원자로 전자가 이동하므로 대개 음이온이 양이온보다 크다. 전자를 주고 받은 양이온과 음이온은 불활성 원자와 같이 꽉 채워진 전자 배치를 지니므로 비방향성인 구면 대칭을 지니게 된다. 따라서 양이온과 음이온을 강구로 생각하여 두 이온 사이의 기하학적인 관계를 알아낼 수 있다. 양이온과 음이온의 크기가 다르므로 이 이온들을 크기가 다른 구라 간주한다. 이 이온들의 충전은 크기가 다른 두 구를 될 수 있는 한 조밀 충전하는 방법으로 이루어진다. 크기가 다르므로 중심구 주위에 인접하는 구의 수는 여러가지가 된다.

한 원자 주위의 인접 원자수를 배위수(coordination number, CN)라 한다. 배위수의 더 정확한 정의를 알아보자. 그림 2.43에서 여러 점이 있을 때, 이 중의 한 점을 기준점으로 잡아보자. 이 기준점과 모든 다른 점을 연결하여 만들어지는 선분의 수직이등분 면을 만들자. 이렇게 하였을 때 기준점의 제일 가까이에 만들어지는 볼록한 다면체를 기준점의 디리히리트 영역(Dirichelet region, DR)이라 한다. 또한 구가 무작위로 충전이 되었을 때 구의 중심점으로 만들어지는 디리히리트 영역을 보로노이(Voronoi) 다면체라

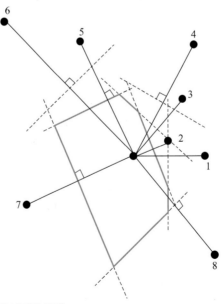

그림 2.43 **디리히리트 영역을 나타낸 그림.**

한다. 그리고 격자에서 이 디리히리트 영역을 위그너-자이츠 포(Wigner-Seitz cell)라 하고, 역격자에서 이 영역을 첫 번째 브릴루앙 영역(Brillouin zone)이라 한다. 디리히리트 영역은 공간을 서로 침범하지 않으면서 완전히 채우기 때문에 채워지지 않는 틈이 전혀 없다.

주어진 점의 배위수는 대개 최인접점(nearest neighbor point)의 수로 생각한다. 그러나 더 정확하게는 디리히리트 영역면의 수를 배위수라 정의한다. 그리고 인접점을 연결하는 선분이 해당 디리히리트 영역면과 교차하는지 아닌지에 따라 직접 인접점(direct neighbor point)과 간접 인접점(indirect neighbor point)으로 구분하고, 그림 2.43에서 2, 5, 7은 직접 인접점이고, 1, 3은 간접 인접점이다.

양이온과 음이온의 상대적 크기 비에 의해 정해지는 안정한 배위수에 대해 알아보자. 그림 2.44에서 (a)의 경우는 양이온이 고정되어 있지 않고 빈 공간 안에서 마음대로 움직일 수 있으며, 음이온 전하의 중심과 양이온 전하의 중심이 일치하지 않기 때문에 불안정하다고 생각한다. 그림 2.44(b)와 (c)의 경우는 양이온이 고정되어 있고, 음이온 전하의 중심과 양이온 전하의 중심이 일치하기 때문에 안정하다고 생각한다. 이 조건에 따라 밖의 이온끼리 접하고 접한 이온들의 틈에 다른 이온이 접할 때의 반경비보다 두 이온의 반경비가 크면 안정하다고 생각한다. 이와 같이 밖의 이온끼리 서로 접하면서 중심에 있는 이온과 접할 때의 이온 반경비를 임계 반경비(critical radius ratio)라 한다. 이 임계 반경비보다 반경비가 작으면 음이온과 양이온 사이의 거리가 평형 이온간 거리보다 더 길게 된다.

예를 들어, 배위수가 3이면 그림 2.45에서 밖에는 반경이 큰 이온 r_B 3개가 서로 접하고 있고, 안에는 반경이 작은 이온 r_A 하나가 3 이온과 서로 접하고 있다. 그림에서

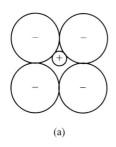 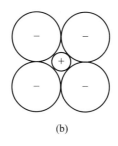 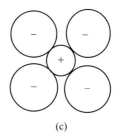

(a)   (b)   (c)

그림 2.44 (a) 양이온이 고정되어 있지 않고 빈 공간 안에서 마음대로 움직일 수 있으며, 음이온 전하의 중심과 양이온 전하의 중심이 일치하지 않기 때문에 불안정하다. (b), (c) 양이온이 고정되어 있고, 음이온 전하와 양이온 전하의 중심이 일치하기 때문에 안정하다.

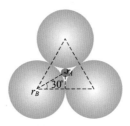

그림 2.45 밖에 큰 이온 3개가 접하고 있고 그 안에 작은 이온 하나가 서로 접하고 있다.

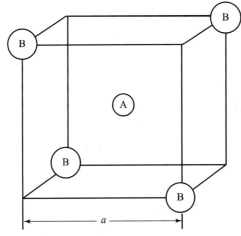

그림 2.46 배위수가 4인 경우 양이온과 음이온의 반경비에 따른 이온의 기하학적인 배열.

$$\frac{r_{\mathrm{B}}}{r_{\mathrm{A}} + r_{\mathrm{B}}} = \cos 30° = \frac{\sqrt{3}}{2} \tag{2-2}$$

이므로 임계 반경비 $r_{\mathrm{A}}/r_{\mathrm{B}} = 0.155$이다.

또 다른 예로 배위수가 4이면 그림 2.46을 이용하여 임계 반경비를 구할 수 있다. 그림과 같이 반경 r_{B}인 이온 B가 정육면체의 8개 꼭지점 중 4개에 중심을 두고 서로 접하면서 있다. 이때 이 이온의 중심은 사면체의 네 꼭지점에 있게 된다. 이 정육면체의 한 변의 길이를 a라 하고, 반경 r_{A}인 이온 A가 이온 B에 내접하고 있을 때

$$\frac{r_{\mathrm{A}} + r_{\mathrm{B}}}{r_{\mathrm{B}}} = \frac{\frac{1}{2}(\sqrt{3}\,a)}{\frac{1}{2}(\sqrt{2}\,a)} = \frac{\sqrt{3}}{\sqrt{2}} \tag{2-3}$$

에서 임계 반경비 $r_A/r_B = 0.225$이다. 반경비가 이 비보다 작으면 이온 A와 B는 평형 이온간 거리보다 더 떨어져 있게 된다.

또 배위수가 6이면 그림 2.47을 이용하여 임계 반경비를 구할 수 있다. 6개의 반경 r_B인 이온 B가 이온 A를 둘러싸고 있을 때 그 단면을 보면 그림 2.47과 같이 4개의 B 이온으로 만들어진 원에 이온 A로 만들어진 원이 내접하게 된다. 반경 r_A인 이온 A가 이온 B에 내접하고 있을 때

$$\frac{r_B}{r_A + r_B} = \cos 45° = \frac{\sqrt{2}}{2} \tag{2-4}$$

에서 임계 반경비는 0.414이다.

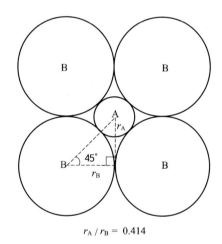

$$r_A / r_B = 0.414$$

그림 2.47 배위수 6인 경우 양이온과 음이온의 반경비에 따른 이온의 기하학적인 배열.

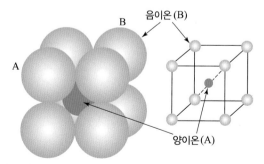

그림 2.48 배위수 8인 경우 양이온과 음이온의 반경비에 따른 이온의 기하학적인 배열.

또 배위수가 8이면 그림 2.48을 이용하여 임계 반경비를 구할 수 있다. 8개의 반경 r_B인 이온 B가 이온 A를 둘러싸고 있을 때 육면체의 체심 대각선 방향으로 큰 이온과 작은 이온이 접하고 있고, 육면체의 변을 따라 큰 이온이 서로 접하고 있으므로

$$\frac{r_A + r_B}{r_B} = \frac{\frac{1}{2}(\sqrt{3}\,a)}{\frac{1}{2}(a)} = \sqrt{3} \tag{2-5}$$

에서 임계 반경비는 0.732이다.

배위수가 12일 때는 육방 조밀 충전이나 입방 조밀 충전의 경우와 같이 두 이온의 반경이 같으므로 임계 반경비는 1이다.

결정에서 가능한 배위수는 1, 2, 3, 4, 6, 8과 12이므로 이들 배위수에 대해서도 위와 유사하게 임계 반경비를 쉽게 구할 수 있다. 각 배위수에서 임계 반경비보다 작으면 불안정하고, 임계 반경비 이상이면 안정하다는 조건에서 나온 안정한 반경비 범위를 표 2.1에 나타내었다.

위에서는 이온 A의 배위수가 안정한 반경비 r_A/r_B만 생각하였으나, 이온 B의 배위 수가 안정한 반경비도 고려하여야 한다. 예를 들어, 배위수가 6일 때를 생각해 보자. 그림 2.49(a)는 반경비가 임계 반경비일 때를 나타낸 그림이다. 여기에서 반경비를 점점 증가시켜 보자. 그림 2.49(b)는 이온 A에 대한 배위수가 6일 때, 반경비가 임계 반경비보다 더 클 때이다. 그림 2.49(c)는 이온 A에 대한 배위수가 6일 때 반경비가 임계 반경비보다 크므로 안정된 반경비라 생각할 수 있다.

표 2.1 배위수에 따른 안정된 반경비의 범위.

배위수	반경비
$CN_A = 1$	$r_A/r_B = 0 \sim \infty$
$CN_A = 2$	$r_A/r_B = 0 \sim \infty$
$CN_A = 3$	$r_A/r_B = 0.155 \sim \infty$
$CN_A = 4$	$r_A/r_B = 0.225 \sim \infty$
$CN_A = 6$	$r_A/r_B = 0.414 \sim \infty$
$CN_A = 8$	$r_A/r_B = 0.732 \sim \infty$
$CN_A = 12$	$r_A/r_B = 1 \sim \infty$

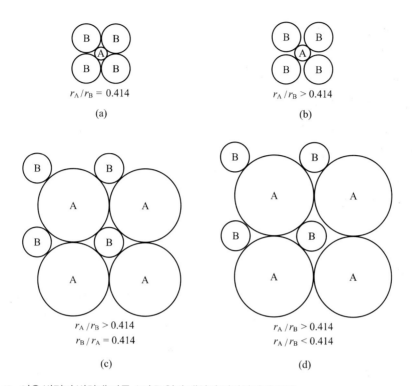

$r_A/r_B = 0.414$

(a)

$r_A/r_B > 0.414$

(b)

$r_A/r_B > 0.414$
$r_B/r_A = 0.414$

(c)

$r_A/r_B > 0.414$
$r_A/r_B < 0.414$

(d)

그림 2.49 이온 반경비 변화에 따른 A와 B 원자 배위의 기하학적인 배열.
(a) 반경비 r_A/r_B가 임계 반경비일 때, (b) 반경비 r_A/r_B가 임계 반경비보다 클 때, (c) 반경비 r_A/r_B가 0.414보다 크기 때문에 안정한 범위이며, r_A/r_B는 0.414가 될 때의 그림, (d) 반경비 r_A/r_B가 0.414보다 커서 안정한 범위나, r_A/r_B가 0.414보다 작을 경우 이온 B가 고정되어 있지 않고 또한 전하 중심이 일치하지 않으므로 불안정하다.

표 2.2 이온 B가 안정된 반경비의 범위.

배위수	r_B/r_A 범위	r_A/r_B 범위
$CN_A = 1$	$r_B/r_A = 0 \sim \infty$	$r_A/r_B = 0 \sim \infty$
$CN_A = 2$	$r_B/r_A = 0 \sim \infty$	$r_A/r_B = 0 \sim \infty$
$CN_A = 3$	$r_B/r_A = 0.155 \sim \infty$	$r_A/r_B = 0 \sim 6.45$
$CN_A = 4$	$r_B/r_A = 0.225 \sim \infty$	$r_A/r_B = 0 \sim 4.44$
$CN_A = 6$	$r_B/r_A = 0.414 \sim \infty$	$r_A/r_B = 0 \sim 2.41$
$CN_A = 8$	$r_B/r_A = 0.732 \sim \infty$	$r_A/r_B = 0 \sim 1.37$
$CN_A = 12$	$r_B/r_A = 1 \sim \infty$	$r_A/r_B = 0 \sim 1$

그러나 이온 B에 대해서 생각해 보면 이온 B에 대한 배위수가 6일 때, 이 반경비 r_B/r_A는 임계 반경비가 되고 임계 반경비는 $r_B/r_A = 0.414$이다. 그림 2.49(d)에서 이온 A에 대해 살펴보면 이온 반경비 r_A/r_B는 안정한 범위지만, 이온 B에 대해 생각해 보면 이온 B가 안에서 돌아다닐 수 있고 양이온과 음이온 전하 중심이 일치하지 않으므로 불안정하다. 따라서 이온 B에 대해서 안정된 반경비는 반경비 r_B/r_A가 임계 반경비보다 클 경우이다. 표 2.2는 이온 B에 대해서 배위수가 1, 2, 3, 4, 6, 8, 12일 때 안정된 반경비 범위를 r_B/r_A와 r_A/r_B로 나타낸 것이다.

염화나트륨(NaCl)이나 황화아연(ZnS)과 같이 화학식에서 원자비가 1 : 1인 화합물 AB에 대해 안정된 반경비 r_A/r_B를 구해보자. A와 B의 원자수가 같으므로 A의 배위수와 B의 배위수는 같다. 배위수 1, 2, 3, 4, 6, 8, 12에 대해 안정한 반경비를 표 2.3에 나타내었다. 그리고 각 이온 반경은 표 2.4에 표시하였다.

황화아연(α – ZnS)에 대해 살펴보면 표 2.4에서 Zn의 이온 반경은 0.072 nm이고, S의 이온 반경은 0.184 nm이므로 이온 반경비는 0.391이다. 표 2.3에서 이 반경비가 안정된 양이온과 음이온의 배위수는 4 : 4, 3 : 3, 2 : 2, 1 : 1이다. 배위수를 될 수 있는 한 크게 하면 이온 주위에서 반대 전하의 이온을 효율적으로 둘러쌀 수 있으므로, 이온 주위의 배위수는 최대로 되려는 경향이 있다. 이 중에서 이온 주위의 배위수가 최대인 것은 양이온과 음이온의 배위수가 4 : 4인 경우이다. Zn 이온과 S 이온의 배위수를 4로 하면서 계속 충전을 하게 되면 그림 2.50의 스팔러라이트(sphalerite 또는 zinc blende) 구조가 된다. 그림에서 보면 Zn 이온과 S 이온의 배위수는 각각 4이다. 이 스팔러라이트 구조는 면심 입방 구조를 기초로 하여 설명할 수 있다. 그림 2.51에 있는 면심 입방

표 2.3 **화합물 AB의 배위수 비에 따른 안정된 반경비 범위.**

배위수 비	반경비 범위
$CN_A : CN_B = 1 : 1$	$0 \sim \infty$
$CN_A : CN_B = 2 : 2$	$0 \sim \infty$
$CN_A : CN_B = 3 : 3$	$0.155 \sim 6.45$
$CN_A : CN_B = 4 : 4$	$0.225 \sim 4.44$
$CN_A : CN_B = 6 : 6$	$0.414 \sim 2.41$
$CN_A : CN_B = 8 : 8$	$0.732 \sim 1.37$
$CN_A : CN_B = 12 : 12$	1

구조의 단위포를 보면 모두 4개의 원자가 있다. 이 구조에서 4개의 원자로 둘러싸인 빈 자리가 있는데, 이것이 사면체 자리(tetrahedral site)이다. 그림의 단위포에서는 작은 흰 원으로 표시한 모두 8개의 사면체 자리가 있다. 스팔러러라이트 구조는 면심 입방

표 2.4 **이온 반경**, nm.

이온	반경	이온	반경	이온	반경	이온	반경	이온	반경
H^-	0.212	Ti^{3+}	0.064	Rb^+	0.147	Ce^{3+}	0.114	Yb^{3+}	0.095
Li^+	0.071	V^{3+}	0.069	Sr^{2+}	0.115	Pr^{4+}	0.099	Lu^{3+}	0.093
Be^{2+}	0.038	Cr^{3+}	0.062	Y^{3+}	0.096	Pr^{3+}	0.112	Ir^{3+}	0.080
B^{3+}	0.025	Mn^{3+}	0.066	Ag^{2+}	0.091	Nd^{3+}	0.110	Ir^{2+}	0.092
O^{2-}	0.135	Mn^{2+}	0.078	Ag^+	0.121	Pm^{3+}	0.108	Au^+	0.137
F^-	0.134	Fe^{3+}	0.064	Cd^{2+}	0.096	Sm^{3+}	0.107	Hg^{2+}	0.110
Na^+	0.095	Fe^{2+}	0.076	Sn^{4+}	0.071	Eu^{3+}	0.105	Hg^+	0.150
Mg^{2+}	0.066	Co^{3+}	0.063	Sn^{2+}	0.110	Eu^{2+}	0.114	Ti^{3+}	0.095
Al^{3+}	0.052	Co^{2+}	0.074	Sb^{3+}	0.092	Gd^{3+}	0.103	Ti^+	0.159
Si^{4+}	0.041	Ni^{2+}	0.073	I^-	0.223	Tb^{3+}	0.102	Pb^{2+}	0.127
S^{2-}	0.184	Cu^{2+}	0.072	Cs^+	0.174	Dy^{3+}	0.100	Bi^{3+}	0.108
Cl^-	0.180	Cu^+	0.093	Ba^{2+}	0.137	Ho^{3+}	0.099	Ra^{2+}	0.150
K^+	0.133	Zn^{2+}	0.072	La^{3+}	0.116	Er^{3+}	0.098	Ac^{3+}	0.111
Ca^{2+}	0.099	As^{3+}	0.069	Ce^{4+}	0.101	Tm^{3+}	0.096	Th^{4+}	0.099
Sc^{3+}	0.081	Br^-	0.190					Th^{3+}	0.108

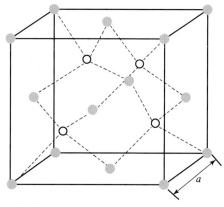

그림 2.50　**스팔러라이트(α-ZnS) 구조.**

구조의 모든 원자 자리를 S로 채우고, 8개의 사면체 자리 중에서 그 반인 4개를 Zn로 채우되 위쪽에 대각선 방향으로 2개, 아래쪽에 위쪽 방향과 90° 방향으로 2개를 채우면 만들어진다. III-V 반도체(AlAs, AlP, AlSb, GaAs, GaP, GaSb, InAs, InP, InSb), II-VI 반도체(BeS, BeSe, BeTe, CdS, CdTe, HgS, HgSe, HgTe), 산화물(ZnO), 할로겐화물 (AgI, CuBr, CuCl, CuF, α-CuI), 카바이드(SiC), 붕소화물(AsB, PbB), 질화물(BN) 등이 이 구조를 지닌다.

앞에서 다이아몬드 구조를 정사면체의 적층으로 생각하였는데 스팔러라이트 구조도 그림 2.52와 같이 정사면체의 적층으로 생각할 수 있다. 이 정사면체에서는 모서리에 S 이온이 정사면체의 중심에 Zn 이온이 자리잡고 있다. 이 정사면체의 적층 순서는 그림 2.53(a)와 같이 $ABCABC\cdots$이다. Zn 이온과 S 이온의 배위수를 각각 4로 만들면서 계속해서 충전할 수 있는 다른 방법이 있는데, 앞에서 배운 바와 같이 적층 순서 $ABCABC\cdots$를 그림 2.53(b)와 같이 $ABABAB\cdots$로 바꾸어 주면 된다. 이렇게 적층 순서를 $ABABAB\cdots$로 바꾸어 준 구조가 바로 그림 2.54에 나와 있는 우르짜이트 (wurtzite) 구조이다. 이 우르짜이트 구조는 육방 조밀 충전 구조를 기본으로 하여 설명

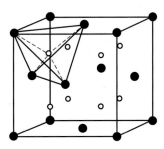

그림 2.51   면심 입방 구조(fcc)에 있는 사면체 자리.

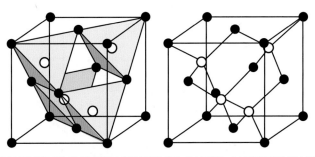

그림 2.52   스팔러라이트 구조를 정사면체의 꼭지점에 S가 중심에 Zn 이 자리잡은 정사면체의 적층으로 나타낼 수 있고(a), 각각 원자의 배위수가 모두 4이다(b).

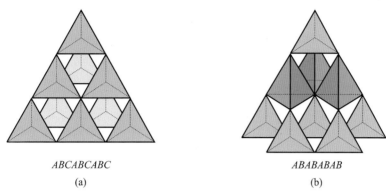

$ABCABCABC$
(a)

$ABABABAB$
(b)

그림 2.53　정사면체의 꼭지점에 S가 중심에 Zn이 자리잡은 정사면체를 $ABCABC\cdots$로 적층할 수 있고 (a), 배위수는 그대로 두면서 적층 순서를 $ABAB\cdots$로 바꾸어 줄 수 있다(b).

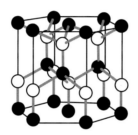

그림 2.54　우르짜이트(wurtzite) 구조.

할 수도 있다. 그림 2.55에 있는 육방 조밀 충전의 단위포에는 2개의 원자가 들어 있고, 4개의 원자로 둘러싸인 사면체 빈자리(tetrahedral site)가 4개가 있다. 육방 조밀 충전 구조의 모든 원자 자리를 S로 채우고 위에 있는 사면체 자리의 반(그림에서 사면체(위) 중심에 하나)과 아래에 있는 사면체 자리의 반(그림에서 단위포 모서리에서 아래 있는 자리 하나)을 Zn로 채우면 우르짜이트 구조가 만들어진다. ZnS, ZnO, BeO, MnS, AgI, AlN, SiC, NH_4F 등이 이 구조를 지닌다.

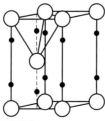

그림 2.55　육방 조밀 충전 구조의 사면체 빈자리

　　염화나트륨(NaCl)에서 나트륨 양이온의 반경은 0.095 nm이고 염소 음이온의 반경은 0.180 nm이다. 이때 나트륨 양이온과 염소 음이온의 반경비는 0.527이다. 표 2.3에서 볼 때 0.527의 반경비가 안정한 양이온과 음이온의 배위수는 각각 6 : 6, 4 : 4, 3 : 3, 2 : 2, 1 : 1이다. 이 중에서 배위수가 최대일 때 가장 안정하므로 최대인 양이온과 음이온의 배위수는 각각 6이다. 양이온과 음이온의 배위수를 6으로 하면서 계속 충전을 하게 되면 그림 2.56과 같은 염화나트륨 구조를 이룬다. 염화나트륨 결정에서 보면 염소 음이온이 6개의 나트륨 양이온으로 둘러싸여 있고, 나트륨 양이온 역시 6개의 염소 음이온으로 둘러싸여 있다. 염화나트륨 구조는 면심 입방 구조를 기본으로 만들어낼 수 있다. 그림 2.57에는 면심 입방 구조가 나와 있는데 단위포당 4개의 원자가 들어 있고, 6개의 원자로 둘러싸인 팔면체 자리가 4개 들어 있다. 염화나트륨 구조는 면심 입방 구조의 모든 원자 자리에 Cl이 들어가고 모든 팔면체 자리에 Na가 들어가면 만들어진다. 염화나트륨 구조는 팔면체의 꼭지점에 Cl이 있고 중심에 Na가 자리잡은 팔

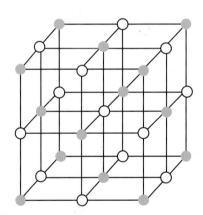

그림 2.56 **염화나트륨**(NaCl) **구조.**

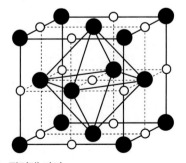

그림 2.57 **면심 입방 구조에 있는 팔면체 자리.**

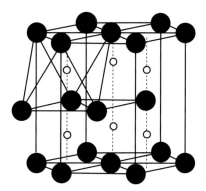

그림 2.58　**육방 조밀 충전(hcp) 구조에 있는 팔면체 자리.**

면체를 계속 쌓으면 만들 수 있다. MgO, TiO, TiC, LaN, NaI, KCl, RbF, AgCl, SrS 등이 염화나트륨 구조이다.

　양이온과 음이온의 배위수가 각각 4이면서 염화나트륨 구조와 다른 결정 구조를 만들 수 없을까? 면심 입방 구조의 적층 순서는 $ABCABC\cdots$인데, 이를 $ABABAB\cdots$로 바꾸면 육방 조밀 충전 구조가 된다. 이 육방 조밀 충전 구조에는 그림 2.58과 같이 단위포당 2개의 원자가 있고 6개의 원자로 둘러싸인 8면체 자리가 2개씩 있다. 육방 조밀 충전 구조의 모든 원자 자리를 음이온이 차지하고 모든 8면체 자리를 양이온이 차지하면 양이온과 음이온 모두 배위수가 6이 되어 그림 2.59에 있는 비소화니켈(NiAs) 구조가 된다. NiAs, FeS, NiS, CoS, PtSn 등이 비소화니켈 구조다.

　염화세슘(CsCl)은 세슘과 염소 이온의 반경이 각각 0.174 nm, 0.180 nm이므로, 반경비는 0.967이고 표 2.3에서 보면 이 반경비가 안정하면서 최대의 배위수가 되는 것은 양이온과 음이온의 배위수가 각각 8일 때이다. 두 이온의 배위수를 8로 하면서 충전하

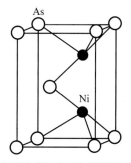

그림 2.59　**음이온과 양이온의 배위수가 각각 6인 비소화니켈(NiAs).**

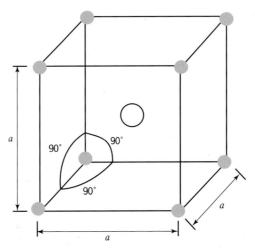

그림 2.60   **염화세슘(CsCl) 구조.**

면 그림 2.60과 같은 염화세슘(CsCl) 구조가 만들어진다. 그림에서 보면 세슘과 염소 이온 모두 배위수가 8이라는 것을 알 수 있다.

이온 반경이 같을 때 이 경우는 같은 크기의 양이온으로 구성된 금속에 해당된다. 반경비는 1이고 표 2.3에서 이 반경비가 안정한 경우는 두 이온의 배위수가 12일 때이다. 배위수가 12가 되도록 계속 원자를 충전하면 조밀 충전이 되고, 적층 순서의 종류에 따라 면심 입방(fcc) 또는 육방 조밀 충전(hcp) 구조가 된다. 이들 조밀 충전 구조에서 보면 각 원자들의 배위수는 12이다.

화합물 AB_2에서는 B 원자의 수가 A 원자의 2배이므로 가능한 A와 B의 배위수의 비는 2 : 1, 4 : 2, 6 : 3, 8 : 4, 12 : 6이다. 표 2.1과 2.2에서 이 배위수가 안정된 반경비의 범위를 표 2.5에 나타내었다.

SiO_2의 경우 실리콘 양이온과 산소 음이온의 반경은 각각 0.041 nm와 0.135 nm로 두 이온의 반경비는 0.304이다. 표 2.5에서 반경비가 0.304이면 제일 안정된 배위수는 실리콘 이온과 산소 이온에 대한 배위수가 각각 4와 2일 때이다. 실리콘 이온에 대한 배위수를 4로 하고, 산소 이온에 대한 배위수를 2로 하여 충전을 하게 되면 그림 2.61의 크리스토발라이트(cristobalite, SiO_2) 구조가 만들어진다. 그림에서 크리스토발라이트(SiO_2)의 구조를 보면 실리콘 이온 주위에는 4개의 산소 이온이 있고, 산소 이온 주위에는 2개의 실리콘 양이온이 있어 각각의 배위수를 만족한다. 크리스토발라이트 구조는 입방 다이아몬드 구조를 기본으로 만들 수 있다. Si으로 만들어진 입방 다이아몬드 구조를 생각해

표 2.5 화합물 AB₂의 배위수 비에 따른 안정된 반경비 범위.

배위수비	반경비 범위
$CN_A : CN_B = 2 : 1$	$0 \sim \infty$
$CN_A : CN_B = 4 : 2$	$0.225 \sim \infty$
$CN_A : CN_B = 6 : 3$	$0.414 \sim 6.45$
$CN_A : CN_B = 8 : 4$	$0.732 \sim 4.44$
$CN_A : CN_B = 12 : 6$	$1 \sim 2.41$

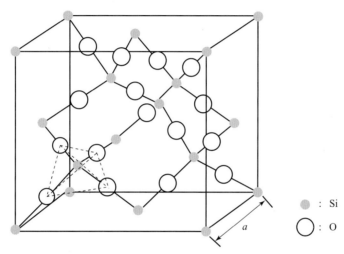

그림 2.61 크리스토발라이트(SiO_2) 구조.

보자. 다이아몬드 구조는 그림 2.15에서와 같이 정사면체의 꼭지점과 중심에 모두 Si이 들어가 있고, 모든 Si은 4개의 결합 팔로써 결합하고 있다. 이 결합 팔 중간에 산소 이온을 자리잡게 하면 크리스토발라이트 구조가 만들어지고, 실리콘과 산소 이온의 배위수가 각각 4와 2가 된다.

이와 같이 실리콘과 산소 이온의 배위수가 각각 4와 2를 만족시키면서 크리스토발라이트와 다른 결정 구조를 만들 수 없을까? 우선 크리스토발라이트 구조가 입방 다이아몬드 구조를 기본으로 하므로 입방 다이아몬드 구조를 그림 2.20에 있는 육방 다이아몬드 구조로 바꾸면 모든 Si은 4개의 결합 팔로써 Si과 결합하고 있다. 이 결합 팔 중간에 산소 이온을 자리잡게 하면 실리콘과 산소 이온의 배위수가 각각 4와 2가 되는 새로운 결정 구조가 만들어진다. 이 구조가 바로 그림 2.62에 있는 트리디마이트(tridymite) 구조이다.

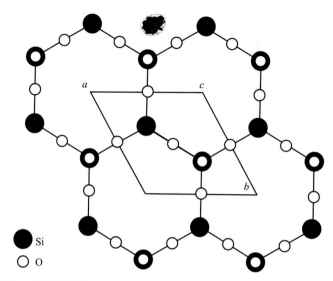

그림 2.62 **트리디마이트**(SiO$_2$) 구조.

염화카드뮴(CdCl$_2$)의 경우 Cd 양이온과 Cl 음이온의 반경은 각각 0.096 nm와 0.180 nm로 두 이온의 반경비는 0.533이다. 표 2.5에서 반경비 0.533이면 제일 안정된 배위수는 Cd 이온과 Cl 이온에 대한 배위수가 각각 6과 3일 때이다. Cd 이온에 대한 배위수를 6으로 하고 Cl 이온에 대한 배위수를 3으로 하여 충전을 하게 되면 그림 2.63(a)의 염화카드뮴(CdCl$_2$) 구조가 만들어진다. 그림에서 염화카드뮴(CdCl$_2$)의 구조를 보면 Cd 이온 주위에는 6개의 Cl 이온이 있고, Cl 이온 주위에는 3개의 Cd 양이온이 있어 각각의 배위수를 만족한다. 염화카드뮴 구조는 Cl 이온이 면심 입방 구조의 모든 자리를 차지하고, 면심 입방 구조에는 4개의 팔면체 자리가 있는데(그림 2.57) 그 반인 2개의 팔면체 자리를 Cd 이온이 차지하는 구조로 생각할 수 있다.

면심 입방 구조에서 그 배열은 적층 $ABCABC\cdots$로 나타낼 수 있고, 그 팔면체 자리의 배열은 $\alpha\beta\gamma\ \alpha\beta\gamma\cdots$로 나타낼 수 있다. 염화카드뮴 구조에서 음이온이 면심 입방 배열을 이루고 있고, 음이온이 팔면체 자리의 반을 차지하고 있으므로 빈 팔면체 자리를 -으로 나타내면 그 적층을 $A\alpha B\text{-}C\gamma A\text{-}B\beta C\text{-}A\alpha B\text{-}C\gamma A\text{-}B\beta C$로 표시할 수 있다.

이황화몰리브덴(MoS$_2$)의 경우 Mo 양이온과 S 음이온의 반경은 각각 0.079 nm (https://en.wikipedia.org/wiki/Ionic_radius)와 0.184 nm로 두 이온의 반경비는 0.429이다. 표 2.5에서 반경비 0.429이면 제일 안정된 배위수는 Mo 이온과 S 이온에 대한 배위수가 각각 6과 3이고, MoS_2도 그림 2.63(a)의 염화카드뮴($CdCl_2$) 구조가 만들어진다. 염화
카드뮴 구조는 그 적층이 $A\alpha B\text{-}C\gamma A\text{-}B\beta C\text{-}A\alpha B\text{-}C\gamma A\text{-}B\beta C$이었는데 팔면체
자리가 비어있는 -에서 분리하면 $A\alpha B$, $C\gamma A$, $B\beta C$ 등으로 분리할 수 있다. 이와
같이 분리를 하면 이황화몰리브덴(MoS_2) 구조에서는 그래핀과 같이 층상 구조를 만들
수 있다. 그래핀으로 나노튜브, 풀러린 등 여러 구조를 만들 수 있는 것과 같이 MoS_2를
이용하여 이와 같은 여러 가지 구조들을 만들 수 있다. 그림 2.63(b)는 이황화몰리브덴
의 층상 구조를 보여 주고 있다. 그림에서 Mo 이온은 1/2 높이에 있고, S 이온은 높이
0, 1에 있고 각각의 배위수 6과 3을 만족시켜주고 있다.

　염화카드뮴 구조와 같이 양이온과 음이온의 배위수가 각각 6과 3이면서 염화카드뮴
구조와 다른 구조를 생각해 보자. 앞에서 면심 입방 구조의 적층 순서가 $ABCABC\cdots$
이었는데 이 적층 순서를 $ABAB\cdots$로 바꾸면 육방 조밀 충전 구조가 된다. 육방 조밀
충전 구조에서는 단위포 내에 원자가 2개 있고, 팔면체 자리가 2개 있다(그림 2.58).
육방 조밀 충전 구조의 모든 원자 자리를 I 이온이 차지하고 팔면체 자리 2개 중 위에
있는 위쪽에 있는 한 자리를 Cd 이온이 차지하면 그림 2.64의 아이오딘화카드뮴(CdI_2)

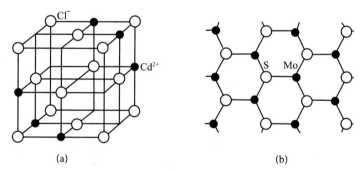

그림 2.63　**염화카드뮴($CdCl_2$) 구조(a)와 층상 구조인 MoS_2 구조(b).**

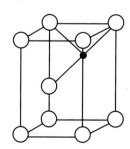

그림 2.64　**아이오딘화카드뮴(CdI_2) 구조.**

구조가 된다. 아이오딘화카드뮴 구조에서 양이온 Cd의 배위수는 6이고 음이온 I의 배위수는 3이다.

산화주석(SnO_2)의 경우 Sn 양이온과 O 음이온의 반경은 각각 0.071nm와 0.135 nm로 두 이온의 반경비는 0.526이다. 표 2.5에서 반경비 0.526이면 제일 안정된 배위수는 Sn 이온과 O 이온에 대한 배위수가 각각 6과 3일 때이다. 앞에서의 염화카드뮴 구조와 아이오딘화카드뮴 구조와 마찬가지로 Sn 이온에 대한 배위수를 6로 하고 O 이온에 대한 배위수를 3으로 하여 충전을 하게 되면 그림 2.65의 산화주석(SnO_2) 구조 또는 루틸(rutile, TiO_2) 구조가 만들어진다. 그림에서 산화주석(SnO_2)의 구조를 보면 Sn 이온 주위에는 6개의 O 이온이 있고, O 이온 주위에는 2개의 Sn 양이온이 있어 각각의 배위수를 만족한다. 산화주석(SnO_2) 구조는 O 이온이 육방 조밀 충전 구조의 모든 자리를 차지하고, 육방 조밀 충전 구조에는 단위포당 2개의 팔면체 자리가 있는데(그림 2.58) 그 반인 1개의 팔면체 자리를 Cd 이온이 차지하는 구조로 생각할 수 있다. 아이오딘화카드뮴 구조에서는 양이온이 그림 2.58의 단위포의 위쪽에 있는 팔면체 자리만을 다 차지했으나, 산화주석 구조에서는 양이온이 그림 2.58의 단위포에서 위쪽에 있는 팔면체 자리의 반을 차지하면서 아래쪽에 있는 팔면체 자리의 반을 차지한다.

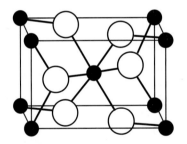

그림 2.65 산화주석(SnO_2) 구조 또는 루틸(rutile, TiO_2) 구조.

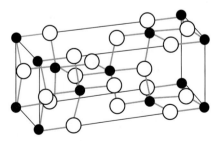

그림 2.66 예추석(anatase, TiO_2) 구조.

양이온의 배위수가 6이고 음이온의 배위수가 3인 또 다른 구조를 생각해 보자. 앞에서 염화카드뮴 구조는 Cl 이온이 면심 입방 구조의 모든 자리를 차지하고, 면심 입방 구조에는 4개의 팔면체 자리가 있는데(그림 2.57) 그 반인 2개의 팔면체 자리를 Cd 이온이 차지하는 구조로 생각할 수 있었다. 예추석(anatase, TiO_2) 구조(그림 2.66)에서는 산소 이온이 면심 입방 구조의 모든 원자 자리를 차지하고, Ti 이온이 단위포에 있는 팔면체 자리의 반을 차지하되 염화카드뮴에서 팔면체 자리를 차지하는 방법과 다른 방법으로 차지한다. 즉, 염화카드뮴 구조에서는 그림 2.57의 단위포에서 양이온이 모서리에 있는 팔면체 자리를 차지하였으나, 예추석(anatase) 구조에서는 그림 2.57 단위포에서 양이온이 중심에 있는 자리와 모서리에 있는 팔면체 자리를 차지하면서 양이온의 배위수가 6이 되면서 음이온의 배위수가 3이 되도록 한다.

형석(CaF_2)의 경우 Ca 양이온과 F 음이온의 반경은 각각 0.100 nm와 0.133 nm로 두 이온의 반경비는 0.752이다. 표 2.5에서 반경비 0.533이면 제일 안정된 배위수는 Ca 이온과 F 이온에 대한 배위수가 각각 8과 4일 때이다. Ca 이온에 대한 배위수를 8로 하고 F 이온에 대한 배위수를 4로 하여 충전을 하게 되면 그림 2.67의 형석(CaF_2) 구조가 만들어진다. 그림에서 형석(CaF_2)의 구조를 보면 Ca 이온 주위에는 8개의 F 이온이 있고, F 이온 주위에는 4개의 Ca 양이온이 있어 각각의 배위수를 만족한다. 형석 구조는 Ca 양이온이 면심 입방 구조의 모든 자리를 차지하고, 면심 입방 구조에는 단위포당 8개의 사면체 자리가 있는데(그림 2.52), 모든 사면체 자리를 F 음이온이 차지하는 구조로 생각할 수 있다.

형석 구조(CaF_2)에서 양이온 자리와 음이온 자리를 서로 바꾸어 Na_2O 구조에서와 같이 모든 면심 입방 구조의 원자 자리를 O 음이온이 차지하고, 모든 사면체 자리를 Na 양이온이 차지하면 이를 반형석(antifluorite) 구조(그림 2.68)라 한다.

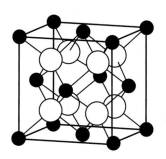

그림 2.67 형석(CaF_2) 구조.

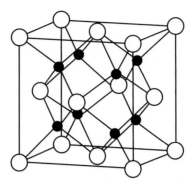

그림 2.68 반형석(antifluorite) 구조.

표 2.6 화합물 AB_3의 배위수비에 따른 안정된 반경비 범위.

배위수비	반경비 범위
$CN_A : CN_B = 3 : 1$	$0.155 \sim \infty$
$CN_A : CN_B = 6 : 2$	$0.414 \sim \infty$
$CN_A : CN_B = 12 : 4$	$1 \sim 4.44$

화합물 AB_3에서는 B원자의 수가 A 원자의 3배이므로 가능한 A와 B의 배위수의 비는 3 : 1, 6 : 2, 12 : 4이다. 표 2.1과 2.2에서 이 배위수가 안정된 반경비의 범위를 표 2.6에 나타내었다.

산화레늄(rhenium oxide, ReO_3)의 경우 Re 양이온과 O 음이온의 반경은 각각 0.069 nm(http://www.saylor.org/site/wp-content/uploads/2011/06/Ionic-Radius.pdf)와 0.135 nm로 두 이온의 반경비는 0.511이다. 표 2.6에서 반경비가 0.511이면 제일 안정된 배위수는 Re 이온과 O 이온에 대한 배위수가 각각 6과 2일 때이다. Re 이온에 대한 배위수를 6으로 하고 O 이온에 대한 배위수를 2로 하여 충전을 하게 되면 그림 2.69의 산화레늄(ReO_3) 구조가 만들어진다. 그림에서 산화레늄(ReO_3)의 구조를 보면 Re 이온 주위에는 6개의 O 이온이 있고, O 이온 주위에는 2개의 Re 양이온이 있어 각각의 배위수를 만족한다. $CrCl_3$는 산화레늄 구조를 지닌다. 산화레늄(ReO_3) 구조는 Re 이온의 정육면체의 꼭지점을 차지하고 O 이온이 모서리의 가운데를 차지하는 구조로 생각할 수 있다. 또는 O 이온이 면심 입방 구조의 원자 자리를 차지하고, 그 팔면체 자리(그림 2.57)의 1/3을 Re 이온이 차지하는 구조로 생각할 수도 있다.

산화레늄 구조와 같이 양이온과 음이온의 배위수가 각각 6과 2이면서 산화레늄과 다

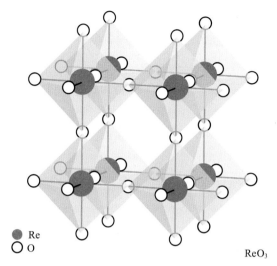

Re
O

ReO₃

그림 2.69 **산화레늄(ReO₃) 구조.**

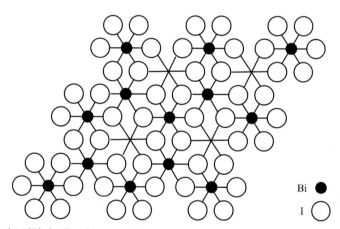

Bi ●
I ○

그림 2.70 **3아이오딘화비스무스(bismuth triiodide, BiI₃) 구조.**

른 구조로는 그림 2.70의 3아이오딘화비스무스(bismuth triiodide, BiI₃) 구조가 있다. 그
림에서 Bi 이온의 배위수는 6이고 I의 배위수는 2이다. β-ZnCl₃는 3아이오딘화비스무
스와 같은 구조를 지닌다. 3아이오딘화비스무스 구조는 I 이온이 육방 조밀 충전 구조
의 원자 자리를 차지하고 그 팔면체 자리의 1/3을 Bi가 차지하여 만들어진다고 생각할
수도 있다. 즉, 산화레늄 구조에서 면심 입방 구조 배열을 이루고 있는 음이온이 육방
조밀 충전 구조 배열로 바뀌고, 양이온이 산화레늄 구조에서와 유사하게 팔면체 자리
의 1/3을 차지하게 되면 3아이오딘화비스무스 구조가 된다.

화합물 A_2B_3에서는 A와 B의 원자수비가 2 : 3이기 때문에 가능한 A와 B의 배위수비는 3 : 2, 6 : 4, 12 : 8이다. 표 2.1과 2.2에서 이 배위수비가 안정한 반경비의 범위를 구하여 표 2.7에 나타내었다.

산화크롬(Cr_2O_3)의 경우 Cr 양이온의 반경은 0.062 nm이고 산소 음이온의 반경은 0.135 nm으로 두 이온의 반경비는 0.459이다. 표 2.7에서 보면 이 반경비가 안정한 A와 B의 배위수의 비가 6 : 4일 때이다. 산화철(Fe_2O_3)의 경우 Fe 양이온의 반경은 0.064 nm이고 산소 음이온의 반경은 0.135 nm으로 두 이온의 반경비는 0.474이다. 표 2.7에서 보면 이 반경비가 안정한 A와 B의 배위수의 비가 6 : 4일 때이다. 산화크롬과 산화철에서 양이온과 음이온의 배위수비를 6 : 4로 충전을 계속하면 그림 2.71(b)의 코런덤(corundum, Al_2O_3) 구조가 만들어진다. 각 양이온이 6개의 산소로 둘러싸여 있고 각 산소 음이온은 4개의 양이온으로 둘러싸여 있는 구조다.

그림 2.71(a)는 육방 조밀 충전 구조에서 팔면체 자리(octahedral site)를 감싸고 있는

표 2.7 화합물 A_2B_3의 배위수비에 따른 안정된 반경비 범위.

배위수비	반경비 범위
$CN_A : CN_B = 3 : 2$	$0.155 \sim \infty$
$CN_A : CN_B = 6 : 4$	$0.414 \sim 4.44$
$CN_A : CN_B = 12 : 8$	$1 \sim 1.37$

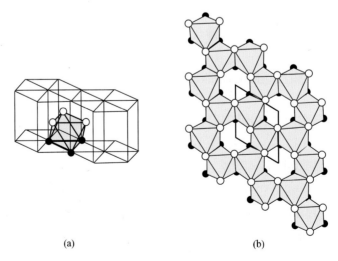

(a)   (b)

그림 2.71 (a) 육방 조밀 충전 구조에서 팔면체 자리 주위의 팔면체, (b) 코런덤(corundum, Al_2O_3) 구조.

팔면체를 보여 주고 있다. 코런덤 구조에서는 이 팔면체 자리 중에서 2/3에는 양이온이 들어 있고 나머지 1/3 자리는 비어있다. 그림 2.71(b)는 코런덤 구조로 (a)에 있는 팔면체를 위에서 본 그림으로 양이온이 들어 있는 팔면체들만 그림으로 나타내고 양이온이 없는 팔면체는 비워 두었다. 그림에서 평행사변형은 단위포를 나타낸 것인데, 이 단위포를 좌우상하로 평행이동을 하게 되면 전체 결정이 된다.

산화알루미늄(Al_2O_3)의 경우 알루미늄 양이온의 반경은 0.052 nm이고, 산소 음이온의 반경은 0.135 nm으로 두 이온의 반경비는 0.385이다. 표 2.7에서 보면 이 반경비가 안정한 A와 B의 배위수의 비가 3 : 2일 때이다. 그러나 실제 산화알루미늄(Al_2O_3)은 배위수의 비가 3 : 2가 아니고 6 : 4인 코런덤(corundum, Al_2O_3) 구조를 지닌다. 이와 같이 반경비에서 구한 배위수와 실제 배위수가 차이가 나는 경우도 있다. 이것은 실제 이온의 충전은 위에서 기술한 이온 반경비뿐만 아니라 전기 중성도를 포함한 여러 영향을 받아 결정되기 때문이다. 또한 두 번째 최인접 이온도 이온의 충전에 영향을 미친다.

1) 폴링의 법칙

이온 결합을 지닌 이온들이 충전할 때 이 충전을 잘 설명할 수 있는 법칙을 폴링(Pauling)이 만들었는데, 이것이 유명한 폴링의 법칙으로 다음과 같다.

폴링의 첫 번째 법칙은 음이온으로 된 배위 다면체가 각 양이온 주위에 만들어진다는 것이다. 음이온과 양이온 사이의 거리는 양이온과 음이온 반경의 합에서 구할 수 있고, 이온의 배위는 위에서 설명한 바와 같이 이온 반경비에 의해 정해진다.

이온 결합에 관한 식 (1-57)에서 마델룽 상수항의 영향과 같은 전하의 이온과 이온 사이에 작용하는 쿨롱과 파울리의 반발력의 영향에 의해 이온 화합물은 음이온 배위 다면체 내에서 양이온이 가장 잘 들어맞는 구조를 선택한다. 마델룽 상수항에서 가장 큰 인력으로 작용하는 것은 최인접 음이온과 양이온의 쌍이므로 배위수는 될 수 있는 한 크게 되려 하고, 음이온과 음이온이 중첩되는 것은 피하면서 결합 길이는 될 수 있는 한 짧게 하려 한다.

폴링의 두 번째 법칙은 전기 중성도에 관한 것이다. 이 법칙으로 공통의 꼭지점을 지니는 배위 다면체의 수를 결정할 수 있다. 둘러싸고 있는 음이온과 양이온 사이의 정전기적 결합 강도를

$$s = \frac{\nu+}{z} \tag{2-6}$$

로 정의하자. 여기서 $\nu+$는 양이온의 전하이고, z는 양이온 주위의 배위수이다. 안정된 배위 구조에서는 음이온 주위에 인접하고 있는 모든 양이온 결합 강도의 합에 부호를 반대로 하면 음이온의 전하와 같다. 즉,

$$-\sum_{\text{음이온}} s = \text{음이온 전하} \tag{2-7}$$

이다.

예를 들어, 그림 2.72는 형석 구조를 그린 것이다. 그림에서 2 + 전하의 Ca 양이온은 8개의 F 음이온으로 둘러싸여 있으므로, Ca의 결합 강도는

$$S_{Ca} = \frac{2}{8} = \frac{1}{4} \tag{2-8}$$

로 1/4이다. 그림 2.72(b)에서 F 음이온은 4개의 Ca 양이온으로 둘러싸여 있으므로 결합 강도를 다 합하여 부호를 붙여주면

$$-\left(4 \times \frac{2}{8}\right) = -1 \tag{2-9}$$

가 되어 음이온 F의 전하와 같다.

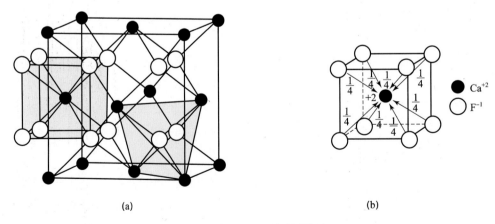

(a)　　　　　　　　　　　　　(b)

그림 2.72　(a) 형석 구조에서 각 이온의 배위수, (b) Ca 주위의 결합 강도.

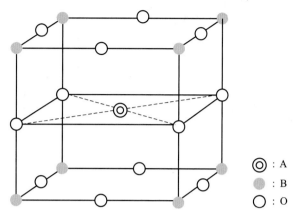

그림 2.73 **페로브스카이트 구조.**

: A
: B
: O

다른 한 예로, 그림 2.73에 있는 페로브스카이트(perovskite) 구조의 $BaTiO_3$에서 Ba의 배위수는 12이므로 결합 강도는

$$s_{Ba} = \frac{2}{12} \tag{2-10}$$

이고, Ti의 배위수는 6이므로 결합 강도는

$$s_{Ti} = \frac{4}{6} \tag{2-11}$$

이다. O 주위에 Ba가 4개, Ti가 2개 있으므로 식 (2-7)에서 결합 강도의 합에 부호를 -로 하면

$$-\left(4 \times \frac{2}{12} + 2 \times \frac{4}{6}\right) = -2 \tag{2-12}$$

로 산소의 전하와 같다.

폴링의 세 번째 법칙은 배위 다면체의 연결에 관한 것이다. 배위 다면체가 연결되어 충전될 때 가능하면 두 다면체가 꼭지점(corner), 변(edge), 면(face)의 우선 순위로 서로 공유하면서 충전된다(그림 2.74). 이것은 두 음이온 다면체가 변이나 면을 공유하면 두 양이온이 서로 가까이 접근하면서 생기는 반발력으로 꼭지점을 공유하는 경우보다 계의 퍼텐셜 에너지를 증가시키기 때문에, 양이온은 가능한 한 멀리 있으려고 하기 때문이다.

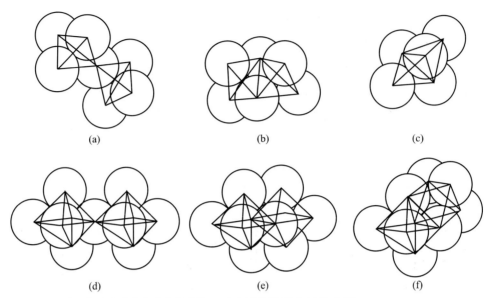

(a)　　　　　　　　　　(b)　　　　　　　　　　(c)

(d)　　　　　　　　　　(e)　　　　　　　　　　(f)

그림 2.74 사면체 쌍과 팔면체 쌍이 꼭지점, 모서리, 면을 공유하고 있는 그림.

폴링의 네 번째 법칙은 배위수가 작을수록, 양이온의 전하가 클수록 꼭지점을 공유하려
는 경향이 커진다는 것이다. 산화규소에서 SiO_4 사면체는 비교적 큰 전하인 Si^{4+}의 강한
상호 반발력으로 꼭지점을 공유하며 연결된다. 여러 양이온을 포함하는 결정에서 전하
가 크고 배위수가 작은 양이온 주위의 음이온 다면체는 다른 다면체와 공유하는 요소를
적게 가진다. 한 예로 그림 2.75에 있는 $BaTiO_3$에서 Ba는 전하가 +2이고 12개의 산소

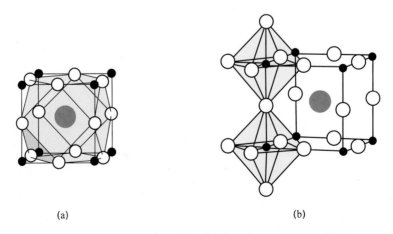

(a)　　　　　　　　　　　　　(b)

그림 2.75 페로브스카이트($BaTiO_3$) 구조의 입방팔면체(cuboctahedron)(a)와 팔면체(b).

에 둘러싸여 있으나, Ti는 전하가 +4이고 6개의 산소에 둘러싸여 있다. 즉, Ti는 전하도 Ba보다 전하도 크고 둘러싼 산소수도 적다. 따라서 Ba 이온 주위의 14면체인 입방팔면체(cuboctahedron)는 면을 공유하고, Ti 이온 주위의 팔면체는 꼭지점만 공유한다.

폴링의 다섯 번째 법칙은 한 구조에서 구성 원소 종류의 수를 가능한 한 적게 하려 한다는 것이다. 이것은 구성 원소 종류가 많으면 여러 크기의 이온과 음이온 다면체를 한 구조에서 효율적으로 충전하기가 어렵기 때문이다.

2) 규산염 구조

앞에서 나온 바와 같이 Si과 O의 이온 반경비에서 가장 안정된 Si과 O 주위의 배위수를 구해보면 각각 4와 2이다. Si 주위의 배위수 4를 만족시키는 것은 사면체의 중심에 Si이 있고 꼭지점에 O가 자리하는 SiO_4 사면체이다. 이 음이온 사면체는 될 수 있는 한 면이나 변보다 꼭지점을 공유하면서 충전된다.

SiO_4 사면체를 기본 구성 요소로 하여 충전하면 충전 방법에 따라 여러 가지 결정 구조를 지닌 규산염(silicate)을 만들 수 있다. 이 규산염은 암석을 이루는 기본 요소이고 지각의 95%를 이루고 있는 제일 풍부한 물질이다.

규산염은 SiO_4 사면체(그림 2.76)를 충전하는 과정에서 사면체 사이에 공유하는 꼭지점의 수에 따라 분류한다. 사면체에는 4개의 꼭지점이 있으므로 공유할 수 있는 최대 꼭지점의 수는 4이고 최소는 0이다.

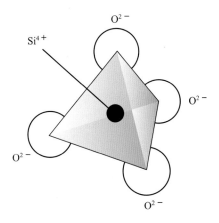

그림 2.76 SiO_4 사면체.

공유하는 꼭지점의 수가 최대인 4가 되면 SiO_4 사면체의 모든 산소가 두 개의 사면체를 공유한다(그림 2.61). 이 경우 Si의 결합 강도는

$$s_{Si} = \frac{4}{4} \tag{2-13}$$

이고 O 주위의 배위수는 2이므로

$$-\left(\frac{4}{4} + \frac{4}{4}\right) = -2 \tag{2-14}$$

로 산소의 전하가 되어 전기 중성도를 만족시키게 된다. 따라서 다른 양이온을 추가할 필요가 없다. SiO_4 사면체의 모든 꼭지점을 공유하면서 계속 충전을 하면 3차원에서 계속 연결되는 구조인 크리스토발라이트 구조(그림 2.61)가 된다. 크리스토발라이트 구조에서는 O/Si가 2가 된다.

공유하는 꼭지점의 수가 최소 0이면 사면체는 꼭지점을 공유하지 않게 되어 떨어져 있는 사면체가 되고 O/Si 비는 4가 된다. 이 경우 Si의 결합 강도는 4/4이고 O 주위에 Si이 하나만 있으므로 Si만으로는 전기 중성도를 만족시키지 못한다. 이와 같이 공유하는 꼭지점의 수가 3 이하인 규산염에서는 다른 양이온이 첨가되어 전기 중성도를 만족시키게 된다.

표 2.8은 사면체가 공유하는 꼭지점의 수에 따라 규산염을 분류한 것이다. 공유하는 꼭지점의 수가 0인 것을 정규산염(orthosilicate)이라 하며 $(SiO_4)^{4-}$로 구성된다. O/Si비가 4이며, 그림 2.77(a)에 정규산염을 나타내었다. 정규산염의 예로는 감람석(olivine, $(Mg,Fe)_2SiO_4$)이 있다. 감람석의 색깔을 보면 연녹색으로 익지 않은 올리브색이므로 감람석(olivine)이라는 이름이 붙여졌다. 지구의 상부 맨틀 층의 대부분은 Mg이 풍부한 감람석이다.

표 2.8 **사면체가 공유하는 꼭지점의 수에 따라 분류한 규산염.**

공유 꼭지점의 수	Si−O 그룹	규산염	구조
0	SiO_4	정규산염	사면체 하나
1	Si_2O_7	파이로규산염	사면체 쌍
2	SiO_3	메타규산염	사슬 또는 고리
5/2	Si_4O_{11}	이중사슬규산염	이중사슬
3	Si_4O_{10}	판규산염	2차원 판
4	SiO_2	망목규산염	3차원 망목

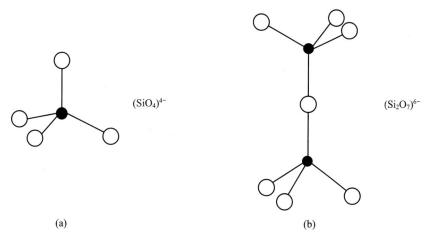

그림 2.77 (a) 정규산염. 공유하는 꼭지점의 수가 0이고 O/Si 비는 4이다. (b) 파이로규산염. 공유하는 꼭지점의 수가 1이고 O/Si 비는 3.5이다.

감람석의 일종인 포스터라이트(forsterite, Mg_2SiO_4)의 결정 구조는 그림 2.78에 그려져 있다. 그림에서 각 사면체가 떨어져 있음을 쉽게 알 수 있다. 마그네슘 양이온은 4개

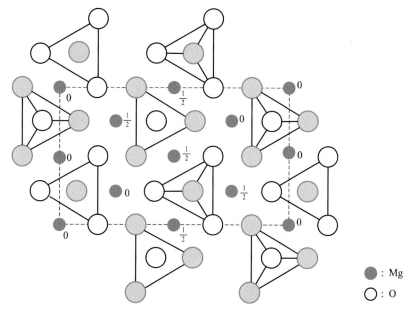

그림 2.78 포스터라이트의 구조. SiO_4 사면체가 떨어져 있다. 산소 원자는 높이 (회색)과 (흰색)에 있고 사면체 중심에 있는 Si 원자는 생략했다.

의 사면체에 있는 6개의 음이온으로 이루어진 8면체에 의해 둘러싸여 있다. 산소 음이온에 있는 전하의 반은 Si에 의해, 나머지 반은 마그네슘 이온으로 전기 중성도를 만족하게 된다.

시멘트의 주요 구성 요소인 Ca_2SiO_4도 감람석의 일종이다. 떨어져 있는 SiO_4 사면체의 또 다른 예로는 석류석(garnet)이 있다. 일반적 화학식은 $R_2^{3+} R_3^{2+} 3Si_3O_{12}$이고, 여기서 R^{2+}는 Ca, Mg, Fe 또는 Mn이고, R^{3+}는 Al, Fe 또는 Cr이다. 지르콘(zircon, $ZrSiO_4$), 페나카이트(phenakite, Be_2SiO_4) 등도 떨어져 있는 사면체로 충전되어 있다.

공유하는 꼭지점의 수가 1인 것을 파이로규산염(pyrosilicate)이라 하고, $(Si_2O_7)^{6-}$로 구성되며 그림 2.77(b)에 나타내었다. 두 개의 사면체가 꼭지점 하나를 공유하면서 충전되어 있고 이때 O/Si 비는 3.5가 된다. 예로는 토베이타이트(thorveitite, $Sc_2Si_2O_7$)와 멜리라이트(melilite, $Ca_2MgSi_2O_7$) 등이 있다. 멜리라이트(melilite)는 암석 색깔이 꿀의 색깔과 같으므로 그 이름이 그리스어로 꿀을 의미하는 meli에서 나왔다.

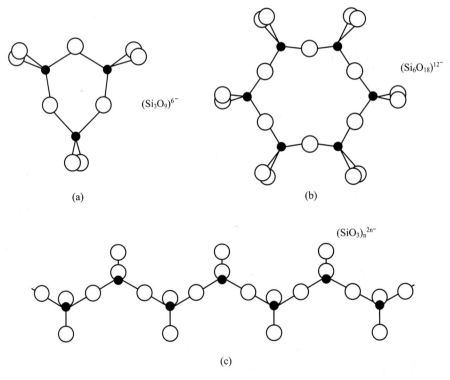

(a) $(Si_3O_9)^{6-}$

(b) $(Si_6O_{18})^{12-}$

(c) $(SiO_3)_n^{2n-}$

그림 2.79 메타규산염.
공유하는 꼭지점의 수가 2이고 O/Si비는 3이다.

공유하는 꼭지점의 수가 2인 것을 메타규산염(metasilicate)이라 하고, O/Si의 비가 3
이다. 그림 2.79(a)는 3개의 사면체가 고리를 이루며 $(Si_3O_9)^{6-}$로 되어 있는 것으로, 그
예로는 베니토아이트(benitoite, $BaTiSi_3O_9$)가 있다. 베니토아이트는 미국 캘리포니아주
산 베니토(San Benito) 카운티(county)에서 주로 생산되기 때문에 베니토아이트라는 이
름이 붙여졌고, 캘리포니아주의 주 보석(state gem)이다. 그림 2.79(b)는 6개의 사면체가
고리를 이루고 $(Si_6O_{18})^{12-}$로 구성되어 있으며, 이와 같은 구조로는 베릴(beryl, Be_3Al_2
Si_6O_{18})이 있다. 그림 2.79(c)와 같이 사면체가 끝없는 사슬로 연결되어 있을 경우
$(SiO_3)_n^{2n-}$로 구성되어 있다. 그 예로는 규산나트륨(sodium silicate, Na_2SiO_4, 그림 2.80),
엔스타타이트(enstatite, $MgSiO_3$), 휘석(pyroxene: diopside, $CaMg(SiO_3)_2$) 등이 있다. 휘
석의 경우 2개의 사면체 단위로 반복이 되어 구조가 만들어진다. 그러나 전기중성도를
만족시켜 주기 위해 팔면체 자리에 다른 종류의 이온이 들어감에 따라 그 주기가 변하

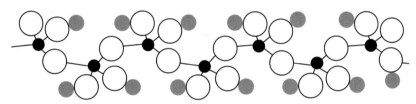

그림 2.80　메타규산염의 일종인 나트륨규산염.

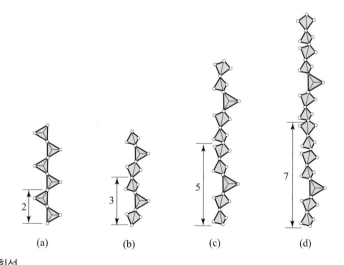

그림 2.81　준휘석.

　　　　(a) 휘석. (b) 규회석(wollanstonite, $CaSiO_3$). (c) 장미휘석(rhodonite, $MnSiO_3$). (d) 파이록스망간
　　　　석(pyroxmangite, $(Mn, Fe)SiO_3$).

게 된다. 그림 2.81과 같이 Ca 이온만이 들어가 규회석(wollanstonite, $CaSiO_3$)이 되면 3개의 사면체 단위로 반복이 된다. Mn 이온만이 들어가 장미휘석(rhodonite, $MnSiO_3$)이 되면 5개의 사면체 단위로 반복이 되고, Mn과 Fe 이온이 들어가 파이록스망간석(pyroxmangite, $(Mn, Fe)SiO_3$)이 되면 반복 단위가 7개의 사면체가 된다. 이와 같이 휘석과 유사하나 사면체 반복 주기만 다른 것들을 준휘석(pyroxenoid)이라 한다.

공유하는 꼭지점의 수가 5/2인 것을 이중사슬규산염(double chain silicate)이라 하며 $(Si_4O_{11})_n^{6n-}$로 구성되고 O/Si비가 2.75이다. 그림 2.82(a)와 같이 두 줄의 사슬로 되어 있으며, 그림 2.82(b)는 사면체가 2개 또는 3개의 꼭지점을 공유하고 있는 모양을 투사해서 보여주고 있다. 석면(asbestos, $Mg_6(OH)_6Si_4O_{11} \cdot H_2O$) 중에서 각섬석(amphibole,

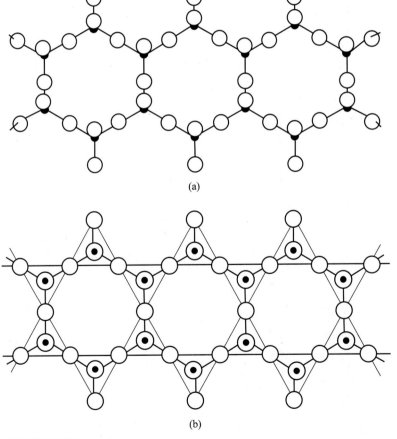

(a)

(b)

그림 2.82 이중사슬규산염.
공유하는 꼭지점의 수가 5/2이고 O/Si 비는 2.75이다.

(OH, F)$_2$Ca$_2$ Mg$_5$Si$_8$O$_{22}$)은 이중사슬규산염으로 이중사슬이 아주 작은 긴 H빔과 같은 형태로 되어 있어 가는 섬유를 만든다. 예전에는 이들 섬유다발을 단열재나 내열섬유 등으로 사용하였으나, 이중 사슬 구조의 가는 섬유는 강한 발암물질로 건강에 매우 해로우므로 더 이상 사용하지 않는다.

공유하는 꼭지점의 수가 3으로 그림 2.83과 같은 판상의 규산염을 판규산염(sheet silicate)이라 하고, $(Si_4O_{10})_n^{4n-}$로 구성되어 있다. 6개의 사면체가 육각형을 이루면서 계속 연결되어 있고, O/Si 비는 2.5이다. 그림 2.83의 판이 한 층을 이루고 이 층이 쌓이게 되면 여러 결정 구조의 규산염이 만들어진다.

그림 2.83의 판상의 사면체 배열에서 사면체 전부를 나타내면 너무 복잡하므로 그중 두 사면체의 측면을 나타낸 것이 그림 2.84이다. 이 그림을 이용하여 판규산염의 층상 배열을 나타내 보자. 그림 2.85(a)와 같은 모양으로 층을 쌓으면 활석(talc, Mg$_3$(OH)$_2$Si$_4$O$_{10}$)의 구조가 된다. 활석은 그림 2.84의 판 2개가 붙어있는 샌드위치 구조를 하고 있다. 두 판은 공유하고 있지 않은 꼭지점이 안으로 들어간 모양으로 결합되어 있고, 판 사이에 Mg나 Al 등이 있어 안쪽 꼭지점에 있는 산소의 전기 중성도를 만족시키고 있다. 양이온의 배위수를 만족시키기 위해 OH$^-$ 같은 음이온이 자주 들어간다. Si을 둘러싸고 있는 O 사면체를 T, Mg을 둘러싸고 있는 O 팔면체를 O, 층 사이의 반데르발스 결합을 -라고 하면, 활석의 층상 구조는 TOT-TOT-TOT로 나타낼 수 있다. 층 사이가 약한 반데르발스 결합으로 되어 있는 TOT층이 쉽게 분리된다. 활석은 모스 경도(Mohs hardness)가 1로 영유아의 베이비파우더(baby power)로 사용될 정도로 경도가 낮다.

Si을 둘러싸고 있는 O 사면체를 T, Mg을 둘러싸고 있는 OH와 O 팔면체를 O, 층 사이의 반데르발스 결합을 -라고 하였을 때, 활석의 샌드위치 구조는 TOT-TOT-TOT로 나타냈으나, 이와는 달리 사문암(serpentine)의 층상 구조는 TO-TO-TO로 나타낼 수 있다. 이 판상 구조에서 팔면체가 사면체보다 약간 더 크므로 TO 층이 저절로 구부러지게 된다. 이런 굽힘이 일어나 판이 말려 긴 관 모양을 형성한 것이 석면의 한 종류인 온석면(crysotile, 그림 2.86(a))이다. 말려 있는 모습이 마치 뱀이 또아리를 틀고 있는 모습과 유사하여 사문암(serpentine)이라는 붙여졌다. 말려있는 관의 길이가 길어 섬유형태를 지니게 되어 온석면이라 하고 석면 중에서 가장 많이 사용되는 것으로 미국에서 사용되는 석면의 95% 이상이 온석면이다. 온석면은 석면이나 이중사슬규산염으로 된 각섬석 석면만큼은 건강에 해롭지는 않다. 사문암의 층상 구조 TO-

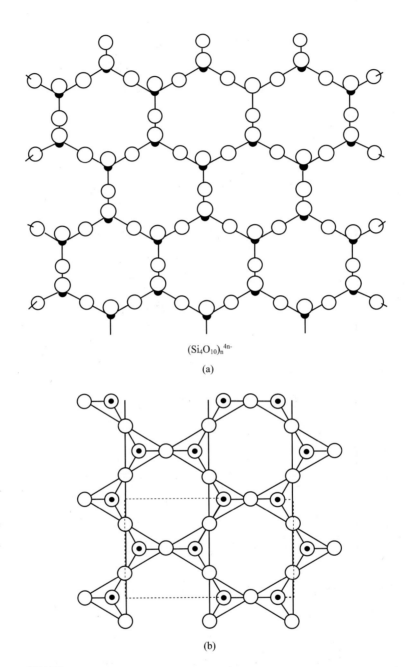

$(Si_4O_{10})_n^{4n-}$

(a)

(b)

그림 2.83 판규산염.
공유하는 꼭지점의 수가 3이고 O/Si 비는 2.50이다.

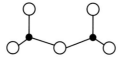

그림 2.84 판상의 사면체 배열에서 두 사면체를 측면에서 본 그림.

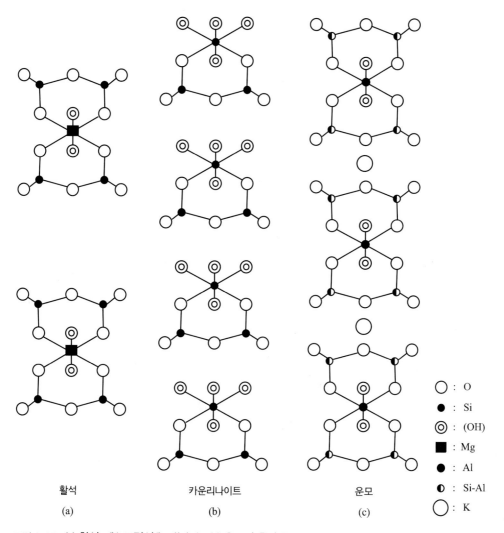

활석   카운리나이트   운모

(a)   (b)   (c)

○ : O

● : Si

◎ : (OH)

■ : Mg

● : Al

◑ : Si-Al

○ : K

그림 2.85 (a) 활석, (b) 고령석(kaolinite), (c) 운모의 층상 구조.

온석면

판온석

팔면체 층
▲▲▲ 사면체 층

(a)   (b)

그림 2.86 (a) 온석면(crysotile), (b) 판온석(antigorite).

$TO\text{-}TO$의 TO층에서 팔면체와 사면체의 크기 차이로 생기는 응력을 굽힘 대신에 작은 조각으로 절단하여 응력을 감소하는 구조를 만드는데 이것이 판온석(antigorite) 구조(그림 2.86(b))다.

그림 2.86(b)와 같이 층을 쌓으면 고령석(kaolinite) 구조가 된다. 고령석은 물과 혼합되면 소성(plasticity)을 가지게 되어 도자기의 원료로 사용된다. Si을 둘러싸고 있는 O 사면체를 T, Al을 둘러싸고 있는 OH와 O 팔면체를 O, 층 사이의 반데르발스 결합을 -라고 하였을 때, 고령석의 층상 구조는 $TO\text{-}TO\text{-}TO$로 사문석과 유사한 구조를 지니나, 사문석에서는 팔면체 중심에 Mg가 있으나 고령석에서는 팔면체 중심에 Al이 있는 점이 다르다.

배위수가 4일 때 Al^{3+}과 Si^{4+}의 이온 반경이 비슷하므로 산소 음이온 사면체 중심에 있는 실리콘을 알루미늄으로 바꿀 수가 있다. 이렇게 바꾸게 되면 두 이온의 전하가 다르므로 전기 중성도의 문제가 생기게 된다. 규산염 구조에서 일부 실리콘을 알루미늄으로 대체하면 전기 중성도를 유지하기 위해서 일부 실리콘을 전하가 더 높은 양이온으로 대체하거나 양이온을 추가해서 넣어야 한다.

양이온을 추가하여 넣은 예가 운모(mica, 예: muskovite, $KAl_2(OH)_2(Si_3Al)O_{10}$)이다. 실리콘을 대체한 알루미늄의 수가 많을수록 층 사이의 K의 수를 증가시켜야 한다. 그림 2.85(c)와 같이 팔면체 층을 중간에 두고 아래 위로 사면체 층을 쌓아 샌드위치 구조를 만들면 운모의 구조가 된다. Si이나 Al을 둘러싸고 있는 O 사면체 층을 T, Al을 둘러싸고 있는 O와 OH 팔면체 층을 O, 층 사이의 K가 들어 있는 층을 K라 하면, 운모의 층상 구조는 $TOTKTOTKTOT$로 나타낼 수 있다. 운모는 층 구조로 되어 있고. 층 사이에 K와 같은 알칼리 이온이 있기 때문에 벽개(cleavage)가 쉽게 일어난다.

공유하는 꼭지점의 수가 4가 되어 모든 꼭지점이 다 연결되면 망목규산염(network silicate)이라고 한다. 충전된 모양을 나타내면 그림 2.61이 되고 크리스토발라이트 구조(더 정확히는 β-크리스토발라이트, 그림 2.87(a))가 된다. $(SiO_2)_n$으로 구성되어 있고

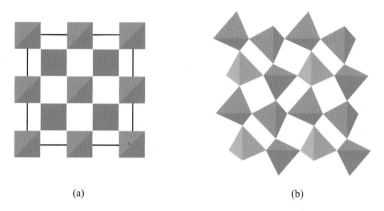

(a)   (b)

그림 2.87 (a) β-크리스토발라이트(high cristobalite), (b) α-크리스토발라이트(low cristobalite).

O/Si비는 2로 양이온이 추가될 필요가 없다.

이 크리스토발라이트 구조에서 기본 사면체를 유지하면서 사면체 사이의 각도인 Si－O－Si 각도만 바뀌어 다른 구조로 된 것이 더 낮은 온도에서 안정한 저크리스토발라이트(low cristobalite, α-cristobalite) 구조(그림 2.87(b))이다. 이와 같이 결합이 끊어지거나 생기는 것이 없이 각도를 바꾸기 위한 이온의 조그만 이동으로 일어나는 상변태를 전위에 의한 상변태(displacive transformation)라 하는데 주로 온도 변화에 의해 일어난다.

β-크리스토발리트(high cristobalite)는 1,470℃ 이하가 되면 트리디마이트(high tridymite, β-tridymite)로 상변태를 할 수 있는데, 앞에서 우리는 β-크리스토발리트(high cristobalite)에서 트리디마이트 구조를 만들 때 다음과 같은 방법을 사용하였다. 우선 입방 다이아몬드 구조를 만들면 모든 Si은 4개의 결합 팔로써 Si과 결합하고 있다. 이 결합 팔 중간에 산소 이온을 자리잡게 하면 β-크리스토발리트 구조가 만들어진다. 입방 다이아몬드 구조를 그림 2.20에 있는 육방 다이아몬드 구조로 바꾸면 모든 Si은 4개의 결합 팔로써 Si과 결합하고 있다. 이 결합 팔 중간에 산소 이온을 자리잡게 하면 트리디마이트(high tridymite) 구조가 만들어진다. 입방 다이아몬드 구조에서 육방 다이아몬드 구조를 만들 경우 적층 순서가 $ABCABC\cdots$에서 $ABABAB\cdots$로 바뀌면서 결합이 끊어져서 새로운 결합이 만들어지게 된다. 이와 같이 결합이 끊어져서 새로운 구조를 만드는 상변태를 재조직(reconstructive) 상변태라 한다.

그림 2.88에서 트리디마이트(high tridymite) 구조는 Si이 육각형 배열을 이루고 있고, 석영(quartz) 구조에서는 Si이 육각형 또는 삼각형 배열을 이루고 있다. 트리디마이트

구조에서 석영 구조로 변하기 위해서는 일부 육각형 배열이 삼각형 배열을 하여야 하는데, 이를 위해서는 결합이 끊어졌다가 새로운 결합을 형성하여야 한다. 즉, SiO_4 기본 사면체는 유지한채 사면체 사이의 결합이 끊어져서 새로운 사면체 사이의 결합이 형성되면서 망목 구조를 재구성하여야 한다. 따라서 트리디마이트에서 867℃ 이하로 되면 석영으로 변할 수 있는 이 상변태는 재조직(reconstructive) 상변태이다.

석영은 고석영(high quartz, β-quartz)에서 573℃ 이하로 되면 결합이 끊어지거나 생기는 것이 없이 결합 각도를 바꾸는 전위에 의한 상변태(displacive transformation)가 일

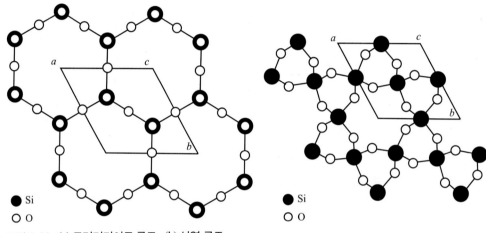

그림 2.88 (a) 트리디마이트 구조, (b) 석영 구조.

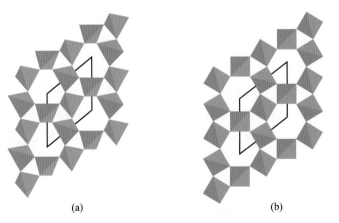

그림 2.89 (a) 저석영(α-quartz, low quartz) 구조, (b) 고석영(β-quartz, high quartz) 구조.

어나 저석영(low quartz, α-quartz)으로 구조가 바뀔 수 있다. 그림 2.89의 두 구조에서 는 사면체가 약간 틀어져 결합 각만 바뀌어 있다. 고석영은 위에서 보면 6-중 대칭축을 볼 수 있으나(그림 2.89(b)), 저석영에서는 6-중 대칭은 사라지고 대신 3-중 대칭을 볼 수 있다(그림 2.89(a)). 또한 고트리디마이트(high tridymite, β-tridymite)는 전위에 의한 상변태로 중트리디마이트(middle tridymite)와 저트리디마이트(low tridymite, α-tridymite) 구조로 변할 수 있다.

크리스토발라이트(α와 β), 트리디마이트(α와 β), 석영(α와 β)과 같이 모두 SiO_2로 성분은 꼭 같으나 여러 가지 결정 구조를 갖는 것을 동질이상(polymorphism)이라 한다. 연결된 사면체 구조는 석영의 경우 더 촘촘하나 트리디마이트와 크리스토발라이트의 경우에는 열린 틈이 많다. 석영은 모래의 주성분으로 공유 결합 구조보다는 못하지만 경도가 상당히 높다.

같은 한 원소로 되어 있으나 상이 다른 단체를 동소체(allotrope)라 한다. 예를 들어, 탄소로 된 다이아몬드(입방과 육방), 흑연, 그래핀, 풀러린, 탄소 나노튜브 등은 모두 동소체이다.

망목규산염에서도 산소 음이온 사면체 중심에 있는 일부 실리콘을 알루미늄으로 대 체하면 다른 원소가 포함된 여러 망목 구조의 알루미늄규산염을 만들 수 있게 된다. 판규산염에서와 같이 실리콘을 알루미늄으로 대체하면 전기 중성도를 유지하기 위해 서 알칼리 또는 알칼리토 양이온을 추가해서 넣어야 한다.

예를 들어, 장석(feldspar, 예: $Na(AlSi_3O_8)$, 그림 2.90)은 망목알루미늄규산염인데 사 면체의 모든 꼭지점을 다른 사면체들과 공유하고 있고, 사면체 중심에 있는 Si의 일부 가 Al으로 대체되고 있어, 전기 중성도를 유지하기 위해 Na이 추가된 경우이다. 장석은 석영 및 운모와 더불어 암석을 구성하고 있는 3대 광물에 속하고, 도자기의 원료로 소

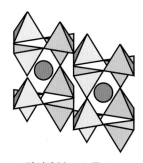

그림 2.90 **장석(feldspar) 구조.**

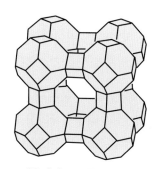

그림 2.91 **제올라이트 A 구조.**

결(sintering) 온도를 낮추는 데 사용된다.

또 다른 망목알루미늄규산염으로 제올라이트(zeolite, 예: $Na(AlSi_2O_6) \cdot H_2O$)가 있는데 사면체가 모든 꼭지점을 다른 사면체와 공유하면서도 고리를 만드는데, 고리를 따라 가운데에 뚫린 통로가 있다. 사면체의 모든 꼭지점을 다른 사면체와 공유하면서도 뚫린 통로를 만들 수 있는 수백 가지 이상의 구조, 즉 제올라이트 구조를 만들 수 있는데 그 한 예가 제올라이트 A로 그림 2.91에 나타내었다. 그림에서 꼭지점은 사면체의 중심으로 Si이나 Al이 자리하고 있고, 모서리의 중간에 산소가 들어 있다. 결정 내에 뚫린 통로가 있는 특성을 이용하여 제올라이트를 흡착제, 이온교환수지, 촉매담체, 분자체 등으로 사용한다.

▲ 비정질 산화물 구조

이제까지의 크리스토발라이트를 비롯한 여러 망목 산화규소는 SiO_4 사면체가 일정한 규칙성을 가지고 충전되어 있어 대칭과 규칙성이 있는 결정질이다. 그러나 이 사면체가 무질서한 망목(random network)으로 충전이 되어 있으면, 일정 간격으로 반복되는 단위 구조가 없어 대칭이나 규칙성이 존재하지 않는 비정질 산화규소가 된다.

결정질과 비정질 산화규소는 그림 2.92에 나타낸 2차원 그림으로 비교해 볼 수 있다. 이 그림에서 SiO_4 사면체는 정삼각형으로 표시하였다. 자카리아센(Zachariasen)은 그림 2.92(b)에서와 같은 무질서한 망목을 가진 산화물 유리를 만드는 조건으로 다음의 네 가지 법칙을 제시하였다.

• 각 산소 이온은 2개 이하의 양이온과 결합되어 있어야 한다.
• 중심 양이온 주위의 산소 이온 배위수는 4 이하이어야 한다.
• 산소 다면체는 변이나 면을 공유하지 않고 꼭지점을 공유해야 한다.
• 3차원 망목을 만들기 위해서는 각 다면체의 최소한 세 꼭지점이 공유되어야 한다.

이런 조건들을 만족시켜 계속 망목을 만들 수 있는 양이온을 망형성제(network former) 또는 유리형성제라고 한다. 망형성제에는 B, Si, Ge, P, V, As, Sb 등이 있고 배위수는 B 주위에서 3이고, 나머지 이온 주위에서는 4가 된다. 따라서 실제로 유리를 만들 수 있는 산소 다면체는 삼각형과 사면체이다.

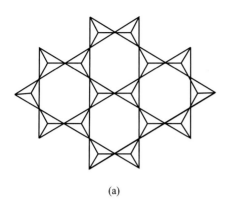 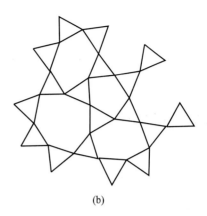

그림 2.92 (a) 결정질 산화규소를 2차원으로 나타낸 그림, (b) 비정질 산화규소를 2차원으로 나타낸 그림.

그 자신만으로는 망형성제가 될 수 없지만 망형성제를 대체할 수 있는 양이온을 중간제(intermediate)라고 한다. 중간제에는 Al, Pb, Zn, Be 등이 있다.

계속 망이 연결되는 것을 끊어주어 유리의 점도를 낮게 하는 양이온을 망변화제(network modifier)라고 한다. 망변화제에는 Zn, Ba, Ca, Na, K 등이 있다.

순수 SiO_2 유리의 이상적인 망목 구조에서 각 Si는 4개의 산소 이온으로 둘러싸여 있고 각 산소 이온은 2개의 Si에 결합되어 있어 끊어져 있는(dangling) 결합이 없다. 따라서 순수 SiO_2로 된 용융 석영(fused quartz)은 유리 전이 온도가 1,430 K 정도로 상당히 높고 열충격에도 잘 견디는 상당히 강한 유리이다.

이 용융 석영은 연화 온도(softening temperature), 즉 유리 전이 온도(glass transition temperature)가 높아서 창문 유리로 쓰기에는 제조 가격이 너무 비싸다. 연화 온도를 낮추기 위해서는 점도를 작게 하여야 하고, 이를 위해서 사면체 망목을 끊어 결합을 약하게 만들어야 한다.

그림 2.92(b)에서 보면 열린 틈이 상당히 많음을 알 수 있다. 이 열린 틈으로 큰 이온이 삽입되는 것이 가능하다. 공업적으로 Na_2O, CaO, B_2O_3 등의 망변화제(network modifier)를 석영에 첨가하여 연화 온도가 낮은 유리를 만든다. 이런 망변화제를 넣는 효과는 폴링의 전기 중성도 법칙을 생각해 보면 쉽게 알 수 있다.

그림 2.93에서와 같이 Na_2O 한 분자가 더 들어가면 새 양이온은 근처의 틈(interstice)에 들어가서 망목을 끊고, 더 들어간 분자의 O 음이온 하나는 결합이 끊어진 사면체의 꼭지점에 가고, O 음이온 하나는 반대쪽의 결합이 끊어진 사면체의 꼭지점으로 간다.

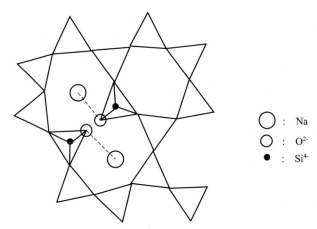

그림 2.93 비정질 산화규소에 Na_2O가 들어가서 망목을 끊는 모습을 나타낸 그림.

Na 결합의 강도는

$$s_{Na} = \frac{1}{1} \qquad (2\text{-}15)$$

이고, Si의 결합 강도는

$$s_{Si} = \frac{4}{4} \qquad (2\text{-}16)$$

이다. 망목이 끊어진 곳에서 보면 산소 주위에 Si과 Na 이온이 각각 하나이므로 결합 강도의 합에 음의 부호를 붙이면,

$$-\left(\frac{1}{1} + \frac{4}{4}\right) = -2 \qquad (2\text{-}17)$$

로 산소의 전하가 되어 전기 중성도를 만족시키게 된다.

1   공유 결합에서 원자의 충전을 결정하는 요인에 대해 설명하시오.

2   원자를 강구로 가정했을 때 다이아몬드 구조의 채움률을 계산하시오.

3   어떤 원소가 다음과 같은 전자 배치를 지니고 있다.

$$1s^2 \ 2s^2 \ 2p^6 \ 3s^2 \ 3p^6 \ 4s^2 \ 3d^{10} \ 4p^3$$

(a) 이 원소로 이루어진 결정은 무슨 결합을 갖는지 답하시오.
(b) 예상되는 결정 구조를 그리고 설명하시오.
(c) 어떤 성질을 갖는지 설명하시오.

4   sp^3 혼성화는 무엇을 의미하는가? 이것이 Si 결정에서 충전에 어떤 영향을 주는가?

5   Ge이 이루는 결정 구조를 그리고, 이 충전을 이루는 이유를 설명하시오. 왜 전기 전도도가 낮을 것이라고 예상되는지 설명하시오.

6   조밀 충전이란 무엇인가? 육방 조밀 충전에서 c/a의 값을 구하시오.

7   다음의 구조에서 채움율을 계산하시오.

(a) 정육면체의 꼭지점에 중심을 두고 충전이 되어 있는 단순 입방 구조
(b) 면심 입방 구조
(c) 체심 입방 구조
(d) 정사면체의 꼭지점에 중심을 두고 충전되어 경우 이 정사면체에서의 채움율

8   육방 조밀 충전의 조밀 충전 면에 있는 원자의 배열을 그리고, 조밀 충전 방향을 그림에 그리시오.

9   육방 조밀 충전의 단위포를 그리시오. 또 조밀 충전이면서 c 축의 길이가 2배로 늘어난 초격자 구조의 적층 순서를 A, B, C로 표시하고, 단위포를 그리시오.

10   이상적인 육방 조밀 충전 구조에서 c/a가 1.633이다. 어떤 결정이 면심 입방 구조에서 c/a가 1.633이 아닌 육방 조밀 충전 구조로 변태하면 결정의 부피는 증가 또는 감소하는지 답하고 이유를 설명하시오.

11 면심 입방 구조에 있는 조밀 충전 면의 원자 배열을 그리고, 조밀 충전 방향을 그림에 표시하시오.

12 면심 입방 구조를 그리고, 조밀 충전 면과 조밀 충전 방향을 그림에 표시하시오.

13 이온을 강구로 가정할 경우 음이온이 정육면체의 꼭지점을 차지하면서 서로 접하고 있을 때 정육면체의 중심에 있는 양이온의 반경을 계산하시오. 그리고 몇 개의 양이온이 음이온을 둘러싸고 있는지 답하시오.

14 이온 결합에서 배위수에 영향을 주는 요인 세 가지를 쓰고 설명하시오.

15 같은 원자로 배위수가 4가 되도록 계속 충전하면 무슨 구조가 되는지 설명하시오. 두 종류의 원자로 배위수가 모두 4가 되도록 계속 충전하면 무슨 구조가 되는지 설명하시오.

16 InSb는 스팔러라이트 구조를 지닌다.
    (a) 이 결정이 반도체 또는 금속 중 어느 특성을 가지는지 설명하시오.
    (b) 이 구조가 무작위로 고용체를 형성하면서 결정화 되면 이 결정은 반도체 또는 금속 중 어느 특성을 갖는지 설명하시오.

17 같은 원자로 배위수가 6이 되도록 계속 충전하면 무슨 구조가 되는지 설명하시오. 두 종류의 원자로 배위수가 모두 6이 되도록 계속 충전하면 무슨 구조가 되는지 설명하시오.

18 같은 원자로 배위수가 8이 되도록 계속 충전하면 무슨 구조가 되는지 설명하시오. 두 종류의 원자로 배위수가 모두 8이 되도록 계속 충전하면 무슨 구조가 되는지 설명하시오.

19 ZnS는 대기압 아래서는 스팔러라이트 구조를 지니고 있다. 그러나 고압 하에서는 염화나트륨 구조로 바뀌어 금속 특성을 나타내게 된다. 왜 염화나트륨 구조에서 이런 특성이 예상되는지 설명하시오.

20 어떤 가상의 화합물 AB가 염화나트륨 구조를 지닌다. 각 A 이온이 12개의 A 이온과 6개의 B 이온을 접하고 있으면 이 화합물에서 두 이온의 반경비를 구하시오.

21 카올리나이트나 활석과 같은 층상 구조에서 층과 층 사이의 결합은 무슨 결합인지 설명하시오.

22 SiO_4 사면체를 기본으로 하여 충전되어 만들어지는 결정 구조 중 공유하는 꼭지점의 수가 다른 6가지 규산염을 설명하시오.

23 다음 구조에서 SiO_4 사면체 연결을 그리고, 공유하는 꼭지점의 수와 O/Si의 비를 계산하시오.
    (a) 파이로규산염
    (b) 메타규산염
    (c) 이중사슬규산염

24 판규산염에서 판에 있는 원자의 배열을 그리고, 공유하는 꼭지점의 수를 계산하시오.

25 공유하는 꼭지점의 수가 4인 규산염 중 한 구조의 단위포를 그리시오.

26 결정과 유리의 구조적 차이를 설명하시오.

27 세라믹은 쉽게 유리를 만드는데, 금속을 유리로 만드는 것은 세라믹 만큼 쉽지 않다. 그 이유를 설명하시오.

CHAPTER 03

격자와 대칭

1 격자와 단위포

지금까지, 먼저 한 원자 주위의 전자에 대해 공부하고, 그 다음 원자와 원자의 결합 그리고 이 원자들이 어떻게 충전이 되어 원자들의 규칙적인 집합체인 결정이 되는지를 배웠다. 결정은 원자들이 규칙적으로 배열되어 있는 고체를 말한다. 결정은 규칙적인 집합체이므로 이 주기적인 규칙성에 의해 대칭을 갖게 된다. 결정 내에는 여러 가지 대칭 요소가 존재하며 이런 대칭 요소 중의 하나 때문에 어떤 점들은 동일한 환경을 지니게 된다.

본래 결정은 3차원적인 원자 배열을 지니고 있으나, 이해하기 쉽도록 하기 위해 2차원적인 원자 배열에서 동일 환경을 지닌 점들을 생각해 보고, 이것을 나중에 3차원으로 확장하여 생각해 보자. 흑연 결정에서 탄소 원자들은 층상으로 배열되어 있는데 층 내에 있는 원자 사이에는 강한 공유 결합을 하고, 이 층들 사이는 약한 반데르발스 결합으로 서로 결합되어 있다. 이러한 흑연 원자들이 이루는 하나의 층으로 만들어진 2차원 결정을 그래핀이라 하는데 그래핀을 한 예로 생각하자.

2차원 결정 그래핀 원자들이 이루는 배열을 그림 3.1에서 보여 주고 있다. 모든 원자들은 동일한 탄소 원자이며 각각의 원자는 세 개의 최인접 원자를 가지고 있다. 따라서 원자의 배위수는 3이며, 이 경우에 모든 원자들의 배위수는 동일하다. 그림에서 A, B로 표시된 두 원자의 경우 배위수는 같다. 그러나 주위의 탄소 원자들이 이루는 배열의 종류에는 두 가지가 있어 A와 B의 원자를 보면 인접 원자들이 놓이는 방향이 서로 다르다. N, Q에 있는 원자들은 원자 A와 같은 환경에 있고, M, P에 있는 원자들은 원자 B와 같은 환경에 있다.

그림 3.1과 같이 모든 원자들의 배열과 원자간의 결합을 다음과 같은 방법으로 나타낼 수 있다. 우선 이러한 층의 내부에 원자들의 배열과 원자간의 결합을 포함하는 하나의 단위로서 $OXAY$를 선택하자. 그 후 이 단위를 $NQXO$ 위치로 옮기고, 다음은 $ROYS$로 옮긴다. 이와 같이 좌우 상하로 평행 이동 작업을 계속하면 이 동일 단위로 평면 내의 모든 배열을 다 만들 수 있다.

이로부터 이 단위와 단위 내에 있는 원자들의 배열과 원자간 결합에 관한 정보만 있으면 결정을 다 나타낼 수 있다는 것을 알 수 있다. 이렇게 선택된 하나의 단위는 2차원에서는 단위 평행사변형, 3차원에서는 단위 평행육면체라 부른다. 단위를 선택할 때 2차원에서는 평행사변형을, 3차원에서는 평행육면체만을 선택해야 한다.

그리고 이 단위 평행사변형 또는 평행육면체를 단위포(unit cell)라 한다. 우선 단위 평행사변형의 형태를 나타내기 위해, 원점 O와 변에 평행한 축 Ox와 Oy를 선택하여 변의 길이를 a, b로 정의하면, OX의 길이가 a이고 OY의 길이가 b이다. 그리고 Ox

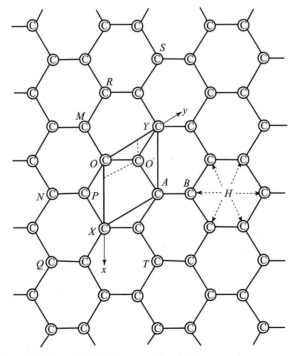

그림 3.1   **2차원 결정 그래핀에서 원자 배열을 보여 주는 개략도.**

와 Oy 사이의 각은 γ로 정의한다. 그러면 단위 평행사변형 형태는 그림 3.1과 같이 2차원에서 평행사변형의 두 변 길이 a, b와 사이각 γ로 정해진다. 2차원 결정 그래핀의 경우 단위 평행사변형의 형태는 상온에서 $a = b = 0.245\,\mathrm{nm}$이고, $\gamma = 120°$이다.

결정을 나타내기 위해서는 단위포의 형태가 정해지면 단위 평행사변형 내에 놓여있는 원자의 종류와 위치를 알아야 한다. 그림 3.1에서 보면 단위 평행사변형의 모든 꼭지점에 원자가 하나씩 있고 내부에 완전한 원자 하나가 있다. 네 꼭지점 O, X, A, Y에 놓인 원자들은 모두 동일한 환경을 가지고 있다. 원자들의 위치를 설명하기 위해서 평행사변형의 변 길이 a, b 단위로 생각해 보자. O의 위치에 있는 원자의 좌표는 (0, 0)이고, X의 위치에 있는 원자는 (1, 0), Y에 있는 원자는 (0, 1), A에 있는 원자는 (1, 1)이다. 한편 O'에 있는 원자의 좌표는 (1/3, 2/3)이다.

여기서 단위 평행사변형 내의 모든 원자의 위치를 완전하게 표시하기 위해서는 단지 원점에 있는 원자의 좌표와 O'에 있는 원자의 좌표만 알면 된다. 그 이유는 X, A, Y점에 있는 원자들은 O점에 있는 원자와 동일한 환경을 가지며, O, X, A, Y와 동일한 환경에 놓인 원자들은 이 점들에서 만나는 네 개의 단위 평행사변형에 의해 공유되기 때문이다.

그러므로 단위 평행사변형 $OAXY$ 영역 내에 있는 원자의 수는 영역 내부의 O'에서 원자 하나와 네 개의 단위포에 의하여 공유되는 O, Y, A, X에서 하나이므로 모두 2개이다. 즉, 단위 평행사변형 내의 원자와 그 위치는 (0, 0)에 탄소 원자 1개, (1/3, 2/3)에 탄소 원자 1개로 표시할 수 있다.

이와 같이 2차원 결정은 단위 평행사변형의 형태와 단위 평행사변형 내의 원자의 종류와 위치로 표시할 수 있다. 그림에서와 같은 결정에서 단위 평행사변형 내의 최소 원자의 수는 2이다. 이것은 원자들이 두 개의 다른 환경을 갖는 위치에 있기 때문이다.

그림 3.1에서 원자들의 위치를 나타내기 위해 단위 평행사변형으로 $OXAY$를 선택하였다. 마찬가지로 단위 평행사변형으로 $OXTA$를 선택할 수도 있다. 이와 같이 거의 임의로 단위 평행사변형이나 단위포를 선택할 수 있다. 그러나 $NQPM$을 단위 평행사변형으로 선택하면 이 평행사변형을 좌우 상하로 평행 이동하여 전체 결정을 나타낼 수 없다. 이것은 Q와 P가 동일한 주위 환경(surrounding)을 갖고 있지 않기 때문이다.

그림 3.1에서 좌우 상하로 평행 이동하여 전체 결정을 나타낼 수 있는 단위 평행사변형의 꼭지점들은 모두 동일한 환경을 갖는다. 이렇게 O, X, A, Y와 같이 동일한 환경을 갖는 점들을 선택하여 표시해 보자. 그런 점들은 N, Q, R, S 등이다. 이와 같이

어떤 한 점의 환경과 동일한 환경을 갖는 점들의 배열을 2차원에서 망목(mesh) 또는 망(net)이라 하고, 3차원에서 격자(lattice)라 하며 각각의 점들을 격자점이라 부른다.

격자란 공간에서 어떤 점의 환경이 모든 다른 점의 환경과 동일한 점들의 무리이다. 이 격자에 의한 대칭 요소를 병진 대칭(translational symmetry)이라 한다. 그림 3.1에 있는 탄소의 원자 배열에서 얻어진 격자가 그림 3.2이다. 그림 3.2는 동일한 환경을 갖는 점들의 집합으로 이루어져 있다. 이 그림은 원자들이 포함되어 있지 않은 점들만의 집합이다.

O' 점과 동일한 환경을 지니는 점들로 이루어진 격자를 만들어도 이 격자는 O 점을 원점으로 하여 이루어진 격자와 꼭 같다. 격자점의 원점을 임의의 다른 점에서 시작하여 그 점과 동일한 환경을 갖는 점들의 집합을 구하여도 격자는 항상 그림 3.2와 같게 나타난다. 그리고 한 격자점에서 다른 격자점으로 이동하는 병진 대칭을 작동하면 작동 전후의 두 점은 동일한 환경을 지니는 점이기 때문에 격자는 대칭을 가지고 이 대칭을 병진 대칭이라 한다.

격자는 점들만의 집합이므로 결정을 구성하기 위해서 각 격자점에 어떤 요소를 더해 주어야 전체적인 결정이 이루어진다. 이 더해지는 요소를 기저(basis 혹은 motif)라 한다. 즉, 기저는 모든 격자점에 동일하게 들어가서 전체 결정을 이루는 원자 집단을 말한다.

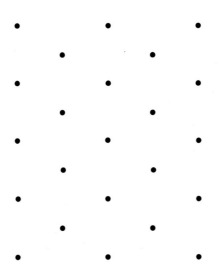

그림 3.2   그림 3.1의 원자 배열에서 얻어진 격자.

이해를 쉽게 하기 위하여 그림 3.3을 참고하자. 그림 3.3(a)는 그림 3.1에서 R, Y, S, X, N, Q, A에서 만들어진 격자점을 나타낸 것이다. 각각의 격자점에 그림 3.3(b)에 있는 원자 집단인 기저를 놓아보면 전체 결정인 그림 3.3(c)를 얻을 수 있다.

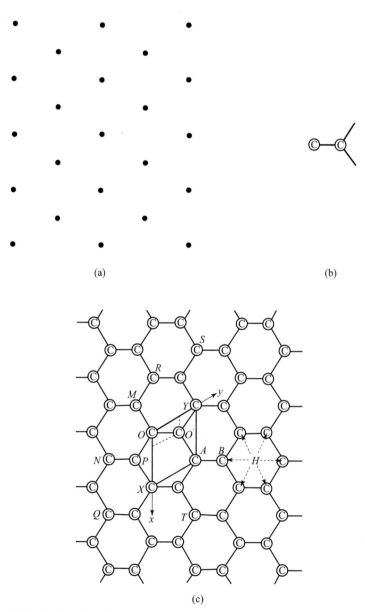

(a)

(b)

(c)

그림 3.3 격자점과 기저로 전체 결정을 나타낼 수 있다.
(a) 격자점, (b) 원자 집단인 기저, (c) 전체 결정.

결정은 앞에서와 같이 단위 평행사변형 또는 단위포의 형태와 사변형이나 포 내의 원자의 종류와 위치로써 나타낼 수 있지만, 이와 같이 결정은 격자점의 배열인 격자와 각 격자점에 놓이는 기저로도 나타낼 수 있다.

그림 3.4와 같이 격자점을 연결하여 여러 가지 평행사변형을 만들 수 있다. 이 평행사변형을 평형 이동하면 전체의 평면을 다 채울 수 있다. 이 평행사변형이 바로 앞에서 나온 단위 평행사변형이다. 그리고 3차원에서 격자점을 연결하여 만든 평행육면체 (parallelepiped)를 단위포라 하고, 이 평행육면체를 평행 이동하면 3차원의 전체 결정을 다 채울 수 있다. 즉, 단위포란 격자점을 연결하여 만든 2차원에서의 평행사변형, 3차원에서의 평행육면체를 말한다.

그림 3.4에 여러 가지 단위 평행사변형을 나타내었다. 이 단위 평행사변형이나 단위포를 평행 이동시켜 연속적으로 배열하면 모든 평면 혹은 공간을 빈틈 없이 채울 수 있다. 이런 단위포들 중에서 단위포 내에 격자점을 하나만 가지는 것을 단격자 단위포 (primitive unit cell)라 한다. 예를 들어, 그림 3.4의 단위 평행사변형 $ABDC$ 내에는 하나의 격자점이 있다. 이와 같이 격자점을 하나만 포함하는 단위포가 단격자 단위포이다. 그림과 같이 여러 가지의 단순 평행사변형을 만들 수 있듯이 여러 가지의 단격자

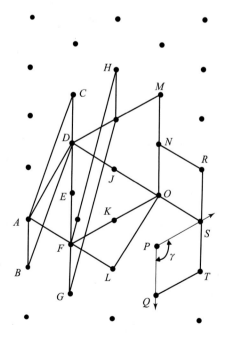

그림 3.4 **여러 단위포.**

단위포를 만들 수 있다.

그러나 단위 평행사변형 $ALOD$의 경우와 같이 단위포 내의 격자점의 총수가 2개 이상인 단위포를 다격자 단위포(nonprimitive unit cell)라 한다.

단위 평행사변형은 2차원 평면에서 그림 3.5(a)와 같이 두 변의 길이 a, b와 사이각 γ로 표시한다. 3차원에서 단위포는 격자점을 연결하여 만든 평행육면체이다. 원점은 단위포의 한 꼭지점이 되고 단위 평행육면체의 변은 오른손 정의법(right hand notation)에 따라 결정의 축 x, y, z로 잡는다. 그림 3.5(b)와 같이 축 사이의 각 α, β, γ를 축각(axial angle)이라 부른다. x, y, z축을 따라서 가장 작은 격자점들의 간격을 각각 a, b, c라 하고 이를 격자 상수(lattice parameter)라 한다.

그림 2.60에 있는 염화세슘(cesium chloride)을 3차원에서 단위포와 격자로 각각 표시해 보자. 단위포의 형태는 $a = b = c$이고, $\alpha = \beta = \gamma = 90°$인 입방 단위포이고, 원자의 종류와 위치는 Cl 원자 하나가 (0, 0, 0)에, Cs 원자 하나가 (1/2, 1/2, 1/2)에 위치하고 있다.

격자는 3차원 공간에 가득찬 정육면체의 각 꼭지점에 점이 하나씩 배열되어 있는 형태이고 기저는 (0, 0, 0)에 있는 Cl 원자 하나와 (1/2, 1/2, 1/2)에 있는 Cs 원자 하나로 이루어져 있다.

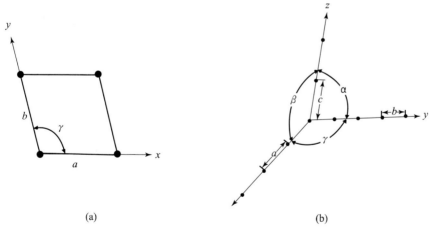

(a)   (b)

그림 3.5   (a) 2차원에서의 단위포, (b) 3차원에서의 단위포.

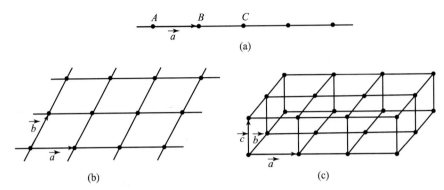

그림 3.6 **병진 대칭.**
(a) 1차원($\vec{r} = u\vec{a}$), (b) 2차원($\vec{r} = u\vec{a} + v\vec{b}$), (c) 3차원($\vec{r} = u\vec{a} + v\vec{b} + w\vec{c}$).

2 대칭 요소

결정에서 원자의 대칭적인 배열은 대칭 요소로 표시한다. 여기서 대칭이란 어떤 작동 (operation)을 하였을 때 작동을 한 후의 주위 환경이 작동 전의 그것과 일치 (coincidence) 되는 것을 말한다. 예를 들어, 한 격자점에서 다른 격자점으로 이동하는 어떤 작동을 하였을 때 격자점의 정의가 동일한 환경을 갖는 점들의 모임을 말하는 것이므로, 새 격자점의 주위 환경이 작동 전의 주위 환경과 일치되어 이 이동하는 작동을 대칭이라고 할 수 있다. 이와 같은 대칭을 포함하여 모든 대칭의 기본이 되는 대칭 요소에는 병진 대칭(translation symmetry), 회전 대칭(rotational symmetry), 경영 대칭 (mirror symmetry), 반영 대칭(inversion symmetry)이 있다. 대칭은 원자나 원자단이 일정한 모양으로 규칙적으로 되풀이 되기 때문에 생긴다. 어떤 반복 작동이든지 위의 네 가지 대칭 요소나 대칭 작동자로 나타낼 수 있다.

우선 병진 대칭에 대하여 알아보자. 병진 대칭이란 어떤 점을 어떤 방향으로 직선 이동시킬 때, 즉 어떤 점에 대한 병진 작동시에 이동 후에도 그 점의 주위 환경을 이동 전과 합동이 되게 만드는 대칭 요소를 말한다. 그림 3.1에서 O, Y, N, Q에 있는 탄소는 동일한 주위 환경을 지니고 있다. 앞에서 결정에서 동일한 환경을 지닌 점의 배열을 격자라 하였다. 격자점은 동일한 환경을 지니므로 한 격자점에서 다른 격자점으로 이동하여도 동일한 주위 환경을 지니게 된다. 예를 들어, 그림 3.1에서 점 O에서 점 Y로 이동하여도 이동 전과 합동이 되어 병진 대칭을 갖게 된다.

그림 3.6은 1, 2, 3차원에서의 병진 대칭을 보여 준다. 1차원 격자점들이 있을 때 격자점 A를 격자 상수 a만큼 이동시킬 경우 격자점 B에 이르러 격자점의 주위 환경이 변하지 않는다. 1차원 격자는 벡터로

$$\vec{r} = u\vec{a} \tag{3-1}$$

으로 나타내고, 여기서 u는 정수이다. $\vec{a}$는 격자점의 이동 방향과 크기를 나타내는 벡터 중에서 크기가 제일 작은 벡터로 기본 격자 병진 벡터(fundamental lattice translation vector)라 한다.

2차원에서 격자 병진 벡터 $\vec{r}$는 두 벡터 $\vec{a}$, $\vec{b}$의 정수배의 합으로 나타낼 수 있다.

$$\vec{r} = u\vec{a} + v\vec{b} \tag{3-2}$$

여기서 $\vec{b}$는 $\vec{a}$와 평행하지 않으면서 제일 짧은 벡터이고 v는 정수이다.

3차원 결정의 경우 격자 병진 벡터 $\vec{r}$는 세 기본 격자 이동 벡터 $\vec{a}$, $\vec{b}$, $\vec{c}$의 정수배의 합이다. 즉,

$$\vec{r} = u\vec{a} + v\vec{b} + w\vec{c} \tag{3-3}$$

이고, $\vec{c}$는 $\vec{a}$, $\vec{b}$와 같은 평면 위에 있지 않으면서 제일 짧은 기본 격자 이동 벡터이고 w는 정수이다.

세 기본 격자 이동 벡터 $\vec{a}$, $\vec{b}$, $\vec{c}$가 이루는 평행육면체 내에는 격자점을 하나만 가지고 있으므로 이 평행육면체는 단격자 단위포를 이룬다. 이때 이러한 단위포의 부피를 Ω라 하면 $\Omega = \vec{a} \cdot [\vec{b} \times \vec{c}]$로 나타낸다.

두 번째로 회전 대칭(rotational symmetry)에 대하여 알아보자. 회전 대칭은 한 점이나 한 축을 중심으로 일정 각도로 계속 회전시킬 때 회전 후에도 계속 합동이 되는 대칭 요소를 말한다. 그림 3.1에서 H 점을 기준하여 $60° = 360°/6$만큼 계속 회전하면 주위의 원자가 합동이 되어 이것을 6-중(6-fold) 회전 대칭이라 하고, 회전축을 6-중 회전 대칭축이라 한다. 점 O를 축으로 $120° = 360°/3$만큼 계속 회전하면 또한 합동이 되는데 이 회전축을 3-중(3-fold) 회전축이라 한다. 그림 3.7의 오른쪽 위에 있는 그림에서 90°만큼 한번 회전하면 합동이 되고 두 번, 세 번 회전해도 합동이 되고 네 번 회전하면 합동이 되면서 본래 위치로 되돌아온다. 이 회전축을 4-중(4-fold) 회전축이라 한다. n이 자연수일 때 어떤 각도, 즉 $360°/n$만큼 회전하여 계속 합동이 되면 이 회전축을 n-중 회전축이라 한다.

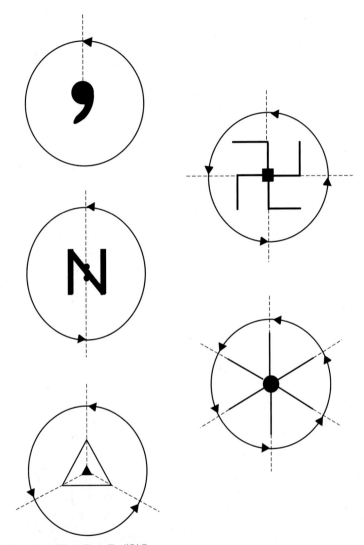

그림 3.7   1-중, 2-중, 3-중, 4-중, 6-중 대칭축.

기하학에서 n은 모든 자연수 값을 가질 수 있다. 예를 들어, 정십각형에는 36°만큼 계속 회전하면 합동이 되는 10-중 회전축이 있다. 그러나 결정에는 격자가 있어 병진 대칭을 지니므로 결정의 회전 대칭은 항상 병진 대칭을 함께 고려해야 한다.

병진 대칭과 회전 대칭 요소를 모두 만족시키는, 즉 결정 내에 존재할 수 있는 회전 대칭은 회전 각도가 360°, 180°, 120°, 90°, 60°인 경우 뿐이다. 회전 대칭은 회전 각도에 따라 회전 각도가 360°인 단중(1-fold) 대칭, 회전 각도가 180°인 2-중(2-fold) 대칭,

회전 각도가 120°인 3-중 대칭, 회전 각도가 90°인 4-중 대칭, 회전 각도가 60°인 6-중 (6-fold) 대칭으로 구분한다. 그림 3.7에 5가지의 회전 대칭축의 예를 보였다. 각 대칭을 나타내는 숫자 및 기호는 단중 대칭은 1, 2-중 대칭은 2와 ♦, 3-중 대칭은 3과 ▲, 4-중 대칭은 4와 ■, 6-중 대칭은 6과 ●로 각각 나타낸다.

　　대칭 요소의 세 번째로 경영 대칭(reflection symmetry)이 있는데, 경영 대칭은 어떤 면을 중심으로 면의 반대쪽으로 같은 거리만큼 이동시켰을 때 합동이 되는 대칭이다. 경영 대칭은 m으로 나타내며, 오른손 물체(right handed object)가 왼손 물체(left handed object)로 되고, 왼손 물체가 오른손 물체로 바뀌는 대칭이다. 우리의 오른손을 거울 속에서 보면 왼손으로 보이는 것 같이 경영 대칭은 오른손, 왼손을 서로 바꾼다. 경영 대칭은 2차원에서는 선을 중심으로, 3차원에서는 면을 중심으로 좌우 대칭이 된다. 그림 3.1에서 A와 B를 연결하는 선의 수직 이등분 면은 경영 대칭면이 된다. 또한 그림 3.8도 경영 대칭의 예를 보여 주고 있다. 그림 3.9에 있는 작은멋쟁이(painted lady) 나비의 사진에서 보면 날개와 몸통 등이 좌우 대칭을 잘 이루고 있어 자연에 있는 나비에게도 경영대칭이 있음을 쉽게 알아 볼 수 있다.

　　어떤 점에서 같은 거리이면서 그 점을 통하여 반대쪽으로 이동하였을 때 합동이 되는 점을 대칭 중심(center of symmetry)이라 하고, 이 대칭을 반영 대칭(inversion)이라 한다. 반영 대칭은 회전 대칭축을 중심으로 180° 회전 후 회전 대칭축에 수직인 면으로 경영 대칭을 했을 때 합동이 되는 대칭이다. 따라서 반영 대칭은 3차원에 있는 대칭이다.

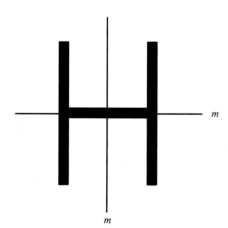

그림 3.8　**경영 대칭의 예.**

그림 3.9　**작은멋쟁이 나비에 나타나는 경영 대칭.**

그림 3.10에서 좌표 (x, y, z)에 있는 점에 반영 대칭 작동을 하면 $(-x, -y, -z)$ 좌표를 가지는 점이 된다. 이때 원점이 대칭 중심이 된다. 격자점은 앞에서

$$\vec{r} = u\vec{a} + v\vec{b} + w\vec{c} \tag{3-3}$$

로 나타내었는데 반영 대칭 작동을 하면

$$\vec{r} = -u\vec{a} - v\vec{b} - w\vec{c} \tag{3-4}$$

가 되어 이것 또한 격자점이 된다. 즉, $(1, -2, 3)$의 좌표가 격자점이면 $(-1, 2, -3)$도 격자점이 된다. 모든 격자점은 대칭 중심이 되어 반영 대칭이 있다. 그림 3.11은 산화주석(SnO_2) 구조 또는 루틸(rutile, TiO_2) 구조를 나타낸 그림이다. 그림에서 흰색 원자나 검은색 원자 모두 평행육면체의 중심에 있는 점을 통해 반영 대칭을 시키면 각각 같은 원자가 자리하고 있음을 알 수 있다. 즉, 평행육면체의 중심에 반영 대칭이 있음을 알 수 있다.

반영 대칭에서도 경영 대칭과 마찬가지로 오른손 물체가 왼손 물체로 되고, 왼손 물체가 오른손 물체로 바뀐다. 반영 대칭은 $\overline{1}$ 또는 i로 표시한다.

반영 대칭은 회전 대칭축을 중심으로 180° 회전 후 회전 대칭축에 수직인 면으로 경영 대칭을 했을 때 합동이 되는 대칭이므로 2-중 회전대칭과 경영대칭의 결합으로 표시할 수 있어 독립적인 대칭요소는 아니나, 결정학을 연구하는 사람들이 역사적으로 하나의 대칭 요소로 간주하여 왔다. 즉, 모든 대칭은 대칭 요소인 병진 대칭, 회전 대칭,

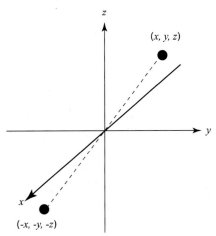

그림 3.10 (x, y, z)에 있는 격자점을 반영 대칭하면 $(-x, -y, -z)$의 좌표를 갖는 격자점이 된다.

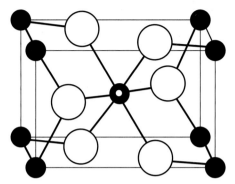

그림 3.11 산화주석(SnO_2) 구조 또는 루틸(rutile, TiO_2) 구조에 있는 반영 대칭.

경영 대칭으로 표시할 수도 있고, 대칭 요소인 병진 대칭, 회전 대칭, 반영 대칭으로 표시할 수도 있다.

1) 결정의 대칭 요소

앞에서 대칭 요소에는 병진 대칭, 회전 대칭, 경영 대칭, 반영 대칭이 있었다. 병진 대칭과 회전 대칭이 공존하는 경우 병진 대칭과 경영 대칭이 공존하는 경우 그리고 병진 대칭과 반영 대칭이 공존하는 경우 어떠한 제한을 받게 되는지를 생각해 보자. 모든 결정은 격자를 지니고 있으므로 병진 대칭을 지니고 있다. 앞에서 반영 대칭을 설명할 때 나온 바와 같이 격자에는 항상 반영 대칭이 존재하기 때문에 병진 대칭과 반영 대칭이 공존하는 하는 경우 어떠한 제한도 받지 않는다. 따라서 병진 대칭이 있는 결정에 회전 대칭이나 경영 대칭이 존재할 때 결정의 격자에 의해 어떤 제한을 받는지 알아보자.

　　모든 결정에는 격자가 있기 때문에 병진 대칭이 있으므로 결정에 존재하는 회전 대칭은 결정의 병진 대칭도 동시에 만족시켜야 한다. 여러 n-중 대칭 중에서 이 조건을 만족시키는 것은 앞에서 나온 단중, 2-중, 3-중, 4-중, 6-중 대칭뿐이다.

　　그러면 어떻게 5가지 대칭축이 얻어지는지 알아보기 위해, 그림 3.12에 있는 2차원의 격자를 생각하여 여기에 회전 대칭이 있을 때를 살펴보자. 여기서 격자점을 A, A', A'', A''', A'''', …라 하고 AA' 방향으로 제일 짧은 기본 격자 병진 벡터를 $\vec{a}$라 하자. 그리고 이 격자에서 각 격자점에 평면에 수직하게 n-중 대칭이 있다고 하자. 그러면 격자점 A'에서 격자점 A을 회전각 $\alpha = \angle AA'B = 360°/n$로 회전한 점 B 또한 격자점이 되어야 한다. A'' 점도 격자점이므로 A''에도 n-중 회전 대칭축이 있어 그림에서 격자점 A'''을 회전각 α로 회전한 점 B' 또한 격자점이 되어야 한다. 그러면 점 B, B'은 AA'에 평행한 선 위에 있는 격자점이 된다. 평행한 두 격자점이면 식 (3-1)을 만족하여

$$BB' = ua \qquad (3\text{-}5)$$

이어야 하고 여기서 u는 정수이다.

그림 3.12로부터 BB'은 $(\alpha - 2a\cos\alpha)$이므로

$$a - 2a\cos\alpha = ua \qquad (3\text{-}6)$$

이고,

$$\cos\alpha = \frac{1-u}{2} \qquad (3\text{-}7)$$

이다. u가 정수이고 $|\cos\alpha| \leq 1$이므로

$$-1 \leq \cos\alpha = \frac{1-u}{2} \leq 1 \qquad (3\text{-}8)$$

이고, 여기서 가능한 u의 값은 -1, 0, 1, 2, 3이 된다. 이 u에 대해 회전각을 구하면 표 3.1이 되어 결정에서 가능한 회전 대칭은 단중, 2-중, 3-중, 4-중, 6-중 대칭의 5가지 뿐임을 확인할 수 있다.

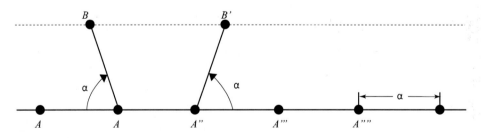

그림 3.12 **2차원 격자에서의 회전 대칭.**

표 3.1 **다섯 가지 회전 대칭을 구하는 식의 해.**

u	-1	0	1	2	3
$\cos\alpha$	1	1/2	0	$-1/2$	-1
α	$0°$	$60°$	$90°$	$120°$	$180°$

앞의 회전 대칭 이외의 다른 대칭축은 결정에서 병진 대칭을 만족시키지 못하므로 존재하지 않는다. 최근 MnAl$_{12}$나 Al$_4$Mn 등의 전자 회절상에서 5-중 대칭이 발견되었으나, 이것은 완전한 결정의 대칭이라기보다는 어떤 주기를 가진 준결정(quasi-crystal)이 만들어내는 대칭으로 간주한다. 2011년 이스라엘의 쉐트만(Dan Shechtman) 박사는 이러한 5-중 대칭이 존재하는 준결정을 연구한 공로 노벨 화학상을 받았다.

그리고 표 3.1에 나와 있는 5가지의 회전 대칭은 2차원 격자의 병진 대칭을 다 만족시키므로 이 5가지 회전 대칭에서 몇 가지의 2차원 격자를 만들어낼 수 있다. 그림 3.13(a), (b), (c), (d)와 (e)는 결정에서 존재하는 5가지의 다른 2차원 격자 또는 망목이다. 여기서 그림 (a), (b)와 (c)는 결정에서 회전 대칭은 병진 대칭을 동시에 만족하여야 한다는 조건에서 나온 격자들이며, (d)와 (e)는 결정에서 경영 대칭은 병진 대칭을 동시에 만족해야 한다는 조건에서 나온 격자들이다.

2차원에서 대칭 요소를 추가하지 않고도 만들어지는 기본 격자는 평행사변형으로 된 격자로 평행사변형(parallelogram 또는 oblique) 격자라 한다. 평행사변형에서 이웃하는 두 변의 길이는 a, b로 다르고 사이각 γ는 임의의 각이다. 평행사변형 격자는 표 3.1에서 u가 -1 또는 3, 즉 $\alpha = 0°$ 또는 180°인 경우에 해당되며 이들 회전각을 만족한다.

그림 3.13(a)는 평행사변형 격자를 그린 것으로 2차원 격자면에 수직한 2-중 대칭축이 있음을 보여 준다. 이보다 대칭이 더 높은 대칭축은 존재하지 않는다. 이 격자에는 오른쪽에 표시한 것과 같이 모든 격자점, 각 변의 중점과 단위포의 중심에서 2-중 대칭을 나타낸다. 3차원에서 모든 격자점이 대칭 중심인 것과 마찬가지로 2차원 격자에서 격자점은 모두 격자면에 수직한 2-중 대칭을 지닌다.

표 3.1에서 $u = 1$일 경우 회전각은 90°이다. 일직선 상에 있는 격자점을 중심으로 다른 격자점을 90° 회전하여 새로운 격자점이 만들면, 그림 3.13(b)와 같은 정사각형(square) 격자가 만들어진다. 이 2차원 격자의 단위포는 $a = b$이고 $\gamma = 90°$이다. 이 격자에는 오른쪽 그림과 같이 각 격자점과 정사각형의 중심에 4-중 대칭이 있고 각 변의 중점에는 2-중 대칭이 있다.

일직선 상에 있는 모든 격자점에 대해 $u = 0$인 경우의 회전각인 60° 회전으로 새로운 격자점을 만들면 $a = b$이고 $\gamma = 60°$인 격자가 만들어진다. 이 격자는 그림 3.13(c)에 있는 $a = b$이고 $\gamma = 120°$인 격자와 같다. 또 $u = 2$에 해당하는 각도인 $\alpha = 120°$로 2차원 격자를 만들면 그림 3.13(c)에 있는 육각형(hexagonal) 격자가 만들어진다. 이 2차원 격자의 단위포는 $a = b$이고 $\gamma = 120°$이다. 이 격자에는 격자점에 6-중 대칭을 지니고 있고, 그림 3.13(c)의 오른쪽 그림과 같이 2-중 대칭과 3-중 대칭이 존재하게 된다.

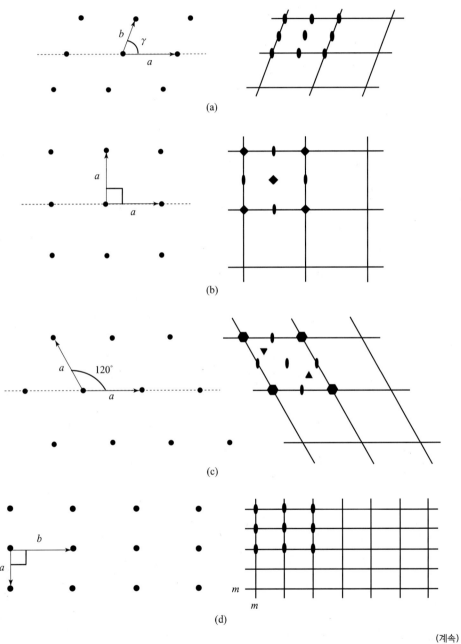

(a)

(b)

(c)

(d)

(계속)

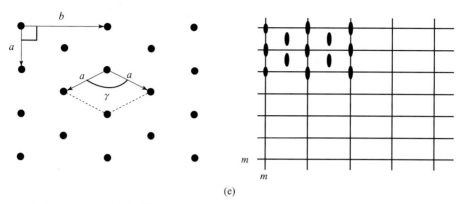

(e)

그림 3.13 5가지 2차원 격자와 대칭.

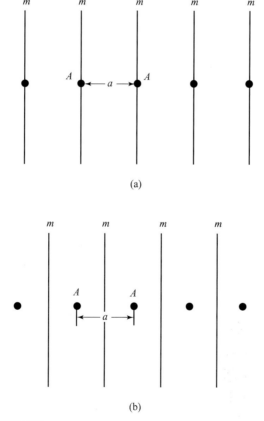

(a)

(b)

그림 3.14 격자에서의 경영 대칭.
     (a) 격자점 위의 경영 대칭면, (b) 격자점과 격자점의 가운데에 있는 경영 대칭면.

이와 같이 병진 대칭과 회전 대칭이 공존하는 경우, 즉 결정에 있는 회전 대칭이 있는 경우 2차원에서 평형사변형 격자, 정사각형 격자, 육각형 격자의 3가지 격자를 만들 수 있다.

결정에는 격자가 있으므로 병진 대칭이 있다. 결정에 존재하는 경영 대칭은 병진 대칭을 만족하여야 한다. 결정 내에서는 이 병진 대칭이 앞에서 회전 대칭에 제한을 가하는 것과 같이 경영 대칭에도 제한을 가한다.

그림 3.14에 있는 2차원 격자에 대해 생각해 보자. 2차원 격자에서 일직선상에 있는 격자점들과 경영 대칭이 동시에 만족하도록 이들을 배치해 보면 그림과 같은 2가지 경우만 가능하다. 그림에서 두 격자점을 A, A'라 하고 기본 격자 병진 벡터를 $\vec{a}$라 하자. 경영 대칭면은 그림에서와 같이 격자줄 AA'에 수직하게 있어야 한다. 그리고 AA' 사이에 아무데나 있을 수 없고, 반드시 그림 3.14(a)와 같이 격자점 위에 경영 대칭면이 있거나, 그림 3.14(b)와 같이 격자점과 격자점의 가운데에 경영 대칭면이 있어야 한다. 한 직선 위에서 격자점과 경영 대칭면이 같이 있을 수 있는 방법은 이와 같이 2가지가 있다.

2차원에서는 이렇게 만든 직선에 수직으로 또 하나의 직선을 만들 수 있다. 이와 같이 수직인 두 격자선 위에서 경영 대칭 m을 배열할 수 있는 방법의 수는 그림 3.15와 같이 2가지이다. 그림에서 경영면 m은 병진 대칭을 만족한다.

그림 3.15에서 보여 준 바와 같이 2차원에서 경영 대칭면과 병진 대칭을 동시에 만족하는 배열은 2가지가 있다. 그림 3.15의 위 그림에 해당하는 격자가 바로 그림 3.13(d)에 있는 직사각형(rectangular) 격자이다. 직사각형 단위포에서 a와 b는 반드시 같을 필요는 없고 $\gamma = 90°$이다. 오른쪽 그림과 같이 경영 대칭면의 교차점에는 2-중 대칭이 있다.

그림 3.15의 아래 그림에 해당되는 2차원 격자는 그림 3.13(e)의 중심 직사각형(centered rectangular) 격자이다. 단위포는 직사각형이고 중심에 격자점이 하나 더 있어 다격자 단위포이다. 위와 마찬가지로 경영 대칭면의 교차점에는 2-중 대칭이 있고, 격자점과 격자점 중간에도 그림과 같이 2-중 대칭축이 있다. 그림에서 점선으로 표시한 것과 같이 간단히 단격자 단위포를 만들 수 있다. 이 단격자 단위포는 능형(rhombus)으로 양변의 길이가 같고 사이각에는 제한이 없다.

이와 같이 결정에서 경영 대칭이 있는 경우, 즉 병진 대칭과 경영 대칭의 공존하는 경우 얻을 수 있는 2차원 격자는 직사각형 격자, 중심 직사각형 격자 2가지다. 앞에서

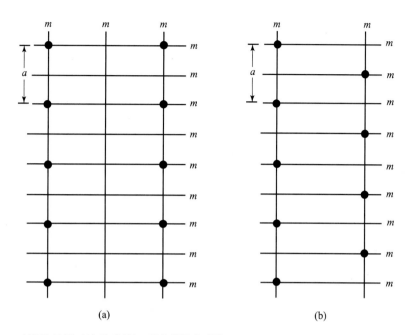

그림 3.15 **수직인 두 격자선 위에 있는 경영 대칭의 결합.**

결정에 회전 대칭이 있는 경우 나올 수 있는 2차원 격자 평행사변형 격자, 정사각형 격자, 육각형 격자의 3가지와 더하여 그림 3.16에 나타낸 바와 같이 2차원에서 모두 5가지의 격자만 존재하는데, 이들이 평행사변형 격자, 정사각형 격자, 육각형 격자, 직사각형 격자, 중심 직사각형 격자이다.

　예를 들어, 중심 정사각형 격자는 존재하지 않는다. 그림 3.17(a)와 같이 중심 정사각형 격자가 존재한다고 하자. 그림 3.17(b)에서와 같이 선을 그어 새로운 정사각형을 만들 수 있다. 이 새로운 정사각형에서 보면 격자점과 정사각형의 중심에 4-중 대칭축이 있고, 네 변의 중점에 2-중 대칭 축이 있어 정사각형 격자와 대칭이 꼭 같아 새 정사각형은 정사각형 격자가 된다. 따라서 중심 정사각형 격자는 존재하지 않는다.

　이 2차원 격자에 있는 단위포인 평행사변형의 두 변과 사이각에 따라 평행사변형을 4가지의 평행사변형으로 분류할 있는데, 이를 2차원 결정계(crystal system)라고 한다. 2차원 결정계에는 평행사변형, 정사각형, 육각형, 직사각형의 4가지가 있다. 직사각형에서는 단격자 단위포인 직사각형 격자와 다격자 단위포인 중심 직사각형 격자가 있다.

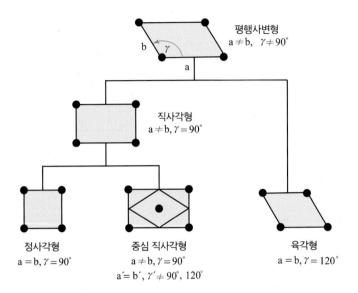

그림 3.16 **2차원 브라배 격자**(Bravais lattice).

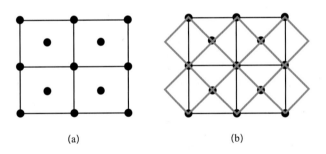

그림 3.17 **중심 정사각형 격자**(a)와 **새로운 정사각형으로 만든 정사각형 격자**(b).

2) 회전 대칭의 결합

결정에는 1, 2, 3, 4, 6의 5가지 회전대칭축이 있었는데 이들 회전 대칭축이 서로 3차원에서 어떻게 결합할 수 있는지를 알아보자. 결정에 존재하는 n-중 회전 대칭은 n이 1, 2, 3, 4, 6의 값만 가질 수 있었고 2차원 결정에서 이 회전축은 평면에 수직하다. 실제 결정은 3차원이므로 이 대칭축의 몇 개가 공간에서 교차하면서 대칭 관계를 이룰 수 있다. 3차원 공간에서 대칭축이 교차할 때는 반드시 3개의 축이 교차해야 되고 이들 사이의 각도 관계에도 제한이 가해진다. 오일러(Euler)와 버거(Burger)가 사용한 방법으로 공간에서 가능한 대칭축의 조합과 대칭축간의 각도 관계를 알아보자.

회전 대칭축은 공간에서 하나만 존재하거나, 서로 교차하며 존재하는 경우에는 반드시 3개 회전 대칭의 조합으로 존재해야 한다. 왜냐하면 다음에 설명하는 바와 같이 공간에서 2개 회전 대칭의 결합은 반드시 제3의 회전 대칭을 만들기 때문이다.

그림 3.18에서 구의 중심점을 O, 구의 표면에 있는 점을 A, B, C라 하고 축 OA, OB, OC의 회전각을 각각 α, β, γ라 할 때, 어떤 점 P를 OA를 회전축으로 α만큼 회전하면 P'이 되고 다시 이것을 OB를 회전축으로 β만큼 회전시키면 P''이 되는데, 이것은 점 P를 OC를 회전축으로 한 번 γ만큼 회전하여 P''을 만드는 것과 같다. 즉, 회전축 OA, OB가 있으면 제3의 회전축 OC는 자동적으로 만들어지기 때문에, 회전 대칭축은 하나로 존재하거나, 3개의 조합으로 존재한다. 따라서 두 회전축이 존재하면 두 회전축의 결합으로 생기는 제3의 회전축이 존재하게 된다.

그러면 이 세 대칭축과 회전각 α, β, γ를 알고 있을 때 축간의 각도 관계를 알아보자. 이 세 회전축과 회전각은 앞에서 본 바와 같이 독립적이 아니므로, 두 회전축과 그 회전각을 알면 제3의 회전축과 회전각을 알 수 있다. 먼저 두 회전축 OA, OB와

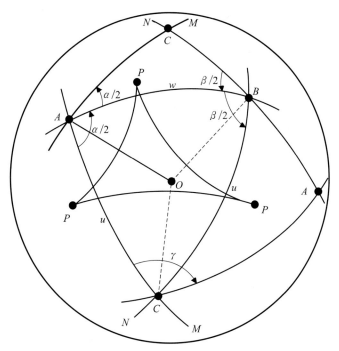

그림 3.18 **공간에 있는 세 축을 나타내는 그림.**
    OA축으로 α 회전과 OB축으로 β 회전 대칭은 OC축으로 γ 회전한 것과 같다.

각각의 회전각을 알고 있을 때 제3의 회전축 OC의 위치를 알아보자.

그림 3.18에서 두 회전축이 구와 만나는 두 점 A, B를 연결하자. 그리고 구면 위의 AB에서 한쪽으로 각 $\alpha/2$인 선 AM이 있다. OA축으로 AM을 α만큼 회전하면 AB를 지나 AB에서 각도가 $\alpha/2$인 선 AM'이 된다. 마찬가지로 AB에서 한쪽으로 각 $\beta/2$인 선 BN이 있고, 이 BN을 OB축으로 β만큼 회전하면 AB에서 각도가 $\beta/2$인 BN'이 된다. AM과 BN의 교점은 C인데 C는 첫 번째 회전으로 C'으로 갔다가 두 번째 회전으로 다시 C로 되돌아 왔으므로, C는 연속된 회전에 의해서도 움직이지 않은 점이 된다. C 점이 연속 회전으로 움직이지 않은 점이므로 축 OC가 회전축이 된다. 따라서 알고 있는 두 회전축과 회전각에서 회전축 OC가 정해졌다.

다음으로 두 회전축과 회전각에서 제3의 회전각을 알아보자. 앞에서 나온 바와 같이 OA축으로 α, OB축으로 β만큼 회전한 것은 OC축으로 어떤 각도 γ만큼 회전한 것과 같다. 즉, 두 회전각 α와 β로 제3의 회전각 γ가 정해지게 된다. 제3의 회전각 γ을 만드는 데 회전각 α의 기여를 없애주면 회전각 β만이 제3의 회전각에 기여하게 된다. 회전각 α의 기여가 없는 점은 회전할 때 축 상에서 움직이지 않는 점이다. 점 A는 OA축으로 α만큼 회전할 때 움직이지 않는 점이므로 이 점 A를 OB축으로 β만큼 회전하여 A'이 되었다고 하면 $\angle ACA'$이 회전각 γ가 된다. $A'C$를 연결하면 구면 위에 두 개의 삼각형 ABC와 $A'BC$가 있게 되고 $\angle ACA'$은 OC 축으로의 회전각 γ가 된다. 따라서 두 회전축과 회전각에서 제3의 회전각을 구하였다.

이제 세 회전축과 세 회전각을 모두 알게 되었다. 그림의 두 삼각형에서 BC는 공통이고 $BA = BA'$이고 $\angle ABC = \angle A'BC = \beta/2$이므로 두 삼각형은 서로 합동이다. 그러므로 $\angle ACB$와 $\angle A'CB$는 $\gamma/2$로 같다. 따라서 세 축이 구와 만나서 이루어진 구면 위의 삼각형 ABC와 그 삼각형의 세 각 $\alpha/2$, $\beta/2$, $\gamma/2$가 정해졌다.

평면 삼각형에서 세 변을 a, b, c라 하고 변 c의 반대 쪽에 있는 각을 γ라 하면 코사인(cos)법칙에서

$$c^2 = a^2 + b^2 - 2ab \cos \gamma \tag{3-9}$$

으로 세 변과 세 각이 서로 관계를 갖는 것과 마찬가지로 구면 위의 삼각형도 세 변과 세 각 사이의 관계를 갖고 있다. 구면에 있는 삼각형에서 세 변은 세 회전축 간의 각도에 대응하므로 세 회전축 간의 각도는 세 각 $\alpha/2$, $\beta/2$, $\gamma/2$와 어떤 관계를 지닌다. 축간각 $\angle BOC$를 u, $\angle COA$를 v, $\angle AOB$를 w라 하면 u, v, w와 $\alpha/2$, $\beta/2$, $\gamma/2$의 관계

를 구면 삼각형(trihedral)에서 코사인(cos) 제2법칙을 이용해서 구해보면 다음과 같은 식으로 나타낼 수 있다.

$$\cos u = \frac{\cos \dfrac{\alpha}{2} + \cos \dfrac{\beta}{2} \cos \dfrac{\gamma}{2}}{\sin \dfrac{\beta}{2} \sin \dfrac{\gamma}{2}} \tag{3-10}$$

$$\cos v = \frac{\cos \dfrac{\beta}{2} + \cos \dfrac{\gamma}{2} \cos \dfrac{\alpha}{2}}{\sin \dfrac{\gamma}{2} \sin \dfrac{\alpha}{2}} \tag{3-11}$$

$$\cos w = \frac{\cos \dfrac{\gamma}{2} + \cos \dfrac{\alpha}{2} \cos \dfrac{\beta}{2}}{\sin \dfrac{\alpha}{2} \sin \dfrac{\beta}{2}} \tag{3-12}$$

위 식으로부터 공간에서 결합이 가능한 세 개의 회전 대칭축과 축간각이 서로 만족해야 하는 관계를 알 수 있다.

이 결과를 실제 결정에 적용하기 위해 OA축을 4-중 대칭축이라 하면 α는 90°, $\alpha/2$는 45°이다. OB축을 2-중 대칭축이라 하면 β는 180°, $\beta/2$는 90°이다. 이 값을 식 (3-10)에 대입하면

$$\cos u = \frac{1/\sqrt{2}}{\sin \dfrac{\gamma}{2}} \tag{3-13}$$

이고, 식 (3-11)에서

$$\cos v = \cot \frac{\gamma}{2} \tag{3-14}$$

이고, 식 (3-12)에서

$$\cos w = \frac{\cos \dfrac{\gamma}{2}}{\sqrt{2}/2} \tag{3-15}$$

이다.

OC축이 어떤 대칭축이라 가정하면 각 γ가 정해지므로 위 식에 대입하여 그 각도 관계를 알 수 있다. 만일 OC축이 2-중 대칭축이라면 $\gamma = 180°$이고 $\gamma/2$는 $90°$이다. 식 (3-13)에서 $\cos u = \sqrt{2}/2$이므로 $u = 45°$이다. 그리고 식 (3-14)에서 $\cos v = 0$, $v = 90°$, (3-15)에서 $\cos w = 0$, $w = 90°$가 된다. 따라서 결정에서 한 점을 교차하는 3 회전축이 4-중 대칭축, 2-중 대칭축, 2-중 대칭축일 때, 4-중 대칭축은 두 2-중 대칭축에 수직이고 두 2-중 대칭축간의 각도는 $45°$이다. 이 세 대칭축과 축간각을 그림으로 나타낸 것이 그림 3.19의 224 그림이다.

OC축을 3-중 대칭축이라 하면, $\gamma = 120°$, $\gamma/2 = 60°$가 된다. 위와 마찬가지로 풀면

$$\cos u = \sqrt{\frac{2}{3}} \tag{3-16}$$

$$\cos v = \frac{1}{\sqrt{3}} \tag{3-17}$$

$$\cos w = \frac{1}{\sqrt{2}} \tag{3-18}$$

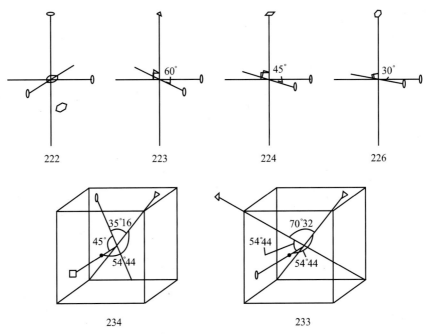

그림 3.19　결정에서 가능한 3개 회전 대칭축의 모든 조합과 축간각.

표 3.2 공간에서 세 회전 대칭축의 조합과 축간각.

	A	B	C	α	β	γ	u	v	w	결정계
1)	2	2	2	180°	180°	180°	90°	90°	90°	사방정
2)	2	2	3	180°	180°	120°	90°	90°	60°	삼방정
3)	2	2	4	180°	180°	90°	90°	90°	45°	정방정
4)	2	2	6	180°	180°	60°	90°	90°	30°	육방정
5)	2	3	3	180°	120°	120°	70°32′	54°44′	54°44′	입방정
	2	3	4	180°	120°	90°	54°44′	45°	35°16′	

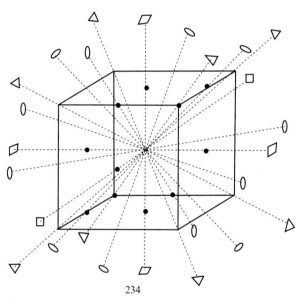

234

그림 3.20　234에서 회전 대칭으로 인한 모든 축을 전부 표시한 그림.

가 되어 u, v, w가 각각 35°16′, 54°44′, 45°가 된다. 이 세 대칭축과 축간 각의 관계를 그림 3.19의 234 그림으로 나타내었다.

　　OC축을 6-중 대칭축이라면 $\gamma = 60°$, $\gamma/2 = 30°$가 된다. 식 (3-13)에 대입하면 $\cos u = \sqrt{2}$가 되므로 이것을 만족하는 각도는 없다. 따라서 결정에서 이 세 대칭축, 즉 4-중 대칭축, 2-중 대칭축, 6-중 대칭축의 결합은 불가능하다.

　　이와 같은 방법으로 결정에서 가능한 한 점을 교차하는 모든 세 축의 조합과 축간의 각도를 표 3.2에 나타내었다. 표에서 축의 조합을 회전축을 나타내는 세 숫자로 나타내었다. 예를 들어, 224는 2-중, 2-중, 4-중 회전축의 조합을 나타낸다.

그리고 세 축과 축간 각도를 그림 3.19에 나타내었다. 그림에서는 세 축만 표시하였으나 회전 대칭으로 인한 회전 대칭축은 실제로는 더 많이 있다. 예를 들어 234의 경우에 세 축만 표시하였으나 회전 대칭으로 인한 축까지 다 포함하면 그림 3.20과 같이 된다.

3 결정계

결정은 3차원에서 평행육면체로 된 단위포로 이루어지므로 이 평행육면체가 평행 이동하여 만들어져 있다고 할 수 있다. 즉, 평행육면체가 3차원으로 연속적으로 쌓여 전체 결정을 이룬다. 앞에서 살펴보았듯이 결정에서 회전축은 세 회전축의 조합 또는 회전축 하나 단독으로 존재한다. 결정에서 가능한 세 회전축의 조합은 222, 223, 224, 226, 233, 234로 6가지이다. 또한 결정 내에서 대칭축이 하나만 있는 경우는 대칭축이 1, 2, 3, 4, 6의 5가지이다. 이 대칭축들이 3차원 결정에 있을 때 평행육면체의 세 축과 축간의 각도 관계에 따라 7가지의 평행육면체로 분류할 수 있는데 이들을 7결정계라 한다(그림 3.21).

그림 3.22에서 결정 내의 평행육면체의 각 축 길이를 a, b, c라 하고 사이각을 α, β, γ라 할 때, 세 대칭축 222가 있게 되면 $a \neq b \neq c$, $\alpha = \beta = \gamma$인 사방정(orthorhombic)이 된다. 결정에 세 대칭축 223이 있으면 평행육면체는 $a = b = c$, $\alpha = \beta = \gamma < 120°$인 삼방정(trigonal 또는 rhombohedral)이 된다. 결정에 세 대칭축 224가 있으면 평행육면체는 $a = b \neq c$, $\alpha = \beta = \gamma = 90°$인 정방정(tetragonal)이 된다.

결정에 세 대칭축 226이 있으면 평행육면체는 $a = b = c$, $\alpha = \beta = 90°$, $\gamma = 120°$인 육방정(hexagonal)이 된다. 결정에 세 대칭축 233 또는 234가 있으면 평행육면체는 $a = b = c$, $\alpha = \beta = \gamma = 90°$인 입방정(cubic)이 된다.

삼사정 $a \neq b \neq c,\ \alpha \neq \beta \neq \gamma$

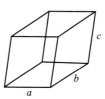

단사정 $a \neq b \neq c,\ \alpha = \gamma = 90° \neq \beta$

사방정 $a \neq b \neq c,\ \alpha = \beta = \gamma = 90°$

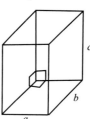

삼방정 $a = b = c,\ \alpha = \beta = \gamma \neq 90° \langle 120°$

정방정 $a = b \neq c,\ \alpha = \beta = \gamma = 90°$

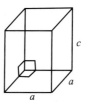

육방정 $a = b \neq c,\ \alpha = \beta = 90°,\ \gamma = 120°$

입방정 $a = b = c,\ \alpha = \beta = \gamma = 90°$

그림 3.21 **7결정계.**

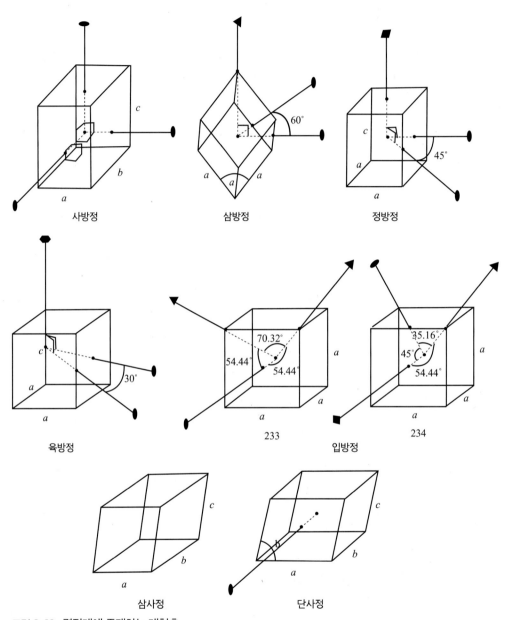

사방정   삼방정   정방정

육방정   233   입방정   234

삼사정   단사정

그림 3.22 **결정계에 존재하는 대칭축.**

그림 3.22와 같이 3차원 결정에 1-중 대칭이 있으면 평행육면체는 $a \neq b \neq c$, $\alpha \neq \beta \neq \gamma$인 삼사정(triclinic)이 되고, 2-중 대칭이 있으면 $a \neq b \neq c$, $\alpha = \gamma = 90° \neq \beta$인 단사정(monoclinic)이 된다. 하나의 평행육면체에서 3-중 대칭, 4-중 대칭, 6-중 대칭

이 각각 있을 때 회전축에 수직인 2-중 대칭축이 저절로 생기지는 않는다. 그러나 결정 속에는 평행육면체가 연속으로 있으므로, 결정 속에 있는 연속적인 평행육면체에서 3-중 대칭, 4-중 대칭, 6-중 대칭이 있으면 각 회전축에 수직인 2-중 대칭축 2개가 저절로 만들어지고, 평행육면체는 각각 삼방정, 정방정, 육방정이 된다. 이 7가지의 결정계를 표 3.3에 나타내었다. 표 3.3은 7결정계로 나눠지는 각 평행육면체의 세 축의 길이 a, b, c와 이 세 축간 각 α, β, γ를 표시한 것이다.

결정에서 무한히 연속된 평행육면체가 삼사정이 되기 위해 꼭 필요한 필수 회전 대칭은 없고, 단사정이 되기 위한 필수 대칭 요소는 2-중 회전축 1개, 사방정이 되기 위한 필수 회전 대칭은 서로 수직인 2-중 회전축 3개이다. 삼방정이 되기 위한 필수 회전 대칭은 3-중 회전축 1개이고, 이에 수직한 2-중 회전축 2개는 연속된 평행육면체에서 저절로 생긴다. 결정에서 평행육면체가 정방정이 되려면 필수 회전 대칭은 4-중 회전축 1개이고, 이에 수직한 2-중 대칭축 2개는 연속된 평행육면체에서 저절로 만들어진다. 육방정이 되려면 필수 회전 대칭은 6-중 회전축 1개, 입방정이 되려면 필수 회전 대칭은 평행육면체 대각선 방향의 3-중 회전축 4개이고 나머지 대칭축은 저절로 생긴다. 각 결정계에서 그 결정계가 되기 위한 최소한의 필수 회전 대칭축을 표 3.3에 표시하였다. 결정에서 결정계를 정하고자 할 때는 필수 대칭 요소가 존재하는지를 조사해야 한다. 예를 들어, 어떤 결정이 그 단위포가 정육면체라도 그 단위포에 4개의 3-중 회전축이 존재하지 않으면 입방정이라 할 수 없다. 즉, 입방정이 되기 위해서는 필수 대칭 요소인 대각선 방향으로 4개의 3-중 대칭축이 존재하여야 한다.

표 3.3 7결정계로 나눠지는 각 평행육면체의 축 길이, 축간 각, 필수 대칭 요소.

계	축 길이	축간각	필수 대칭 요소
삼사정	$a \neq b \neq c$	$\alpha \neq \beta \neq \gamma$	없음
단사정	$a \neq b \neq c$	$\alpha = \gamma = 90° \neq \beta$	2-중 회전축 1개
사방정	$a \neq b \neq c$	$\alpha = \beta = \gamma = 90°$	2-중 회전축 3개(서로 수직)
삼방정	$a = b = c$	$\alpha = \beta = \gamma < 120°$	3-중 회전축 1개
정방정	$a = b \neq c$	$\alpha = \beta = \gamma = 90°$	4-중 회전축 1개
육방정	$a = b \neq c$	$\alpha = \beta = 90°,\ \gamma = 120°$	6-중 회전축 1개
입방정	$a = b = c$	$\alpha = \beta = \gamma = 90°$	3-중 회전축 4개(대각선 방향)

4 공간 격자

결정 내에서 모든 대칭 요소는 상호 모순이 없어야 한다. 예를 들면, 결정의 격자에 있는 병진 대칭과 회전 대칭의 결합에서 7-중 대칭축은 격자의 병진 대칭을 만족시키지 못하므로 결정 내에는 7-중 대칭이 존재할 수 없다.

앞절에서 한 점에서의 순수 회전 대칭축 하나 또는 셋의 가능한 결합에서 7가지의 결정계를 분류할 수 있었다. 2차원에서 격자의 병진 대칭과 회전 대칭 또는 경영 대칭 면의 결합에서 5가지의 2차원 격자를 분류할 수 있었다. 이와 마찬가지로 3차원에서 결정의 격자에 있는 병진 대칭과 회전 대칭 또는 경영 대칭을 상호 결합할 수 있는 방법의 수가 14가지이다. 이 14가지의 격자를 공간(space) 격자 또는 브라배(Bravais) 격자라 한다.

14 브라배 격자를 만들어내는 방법을 알아보자. 먼저 3차원의 공간 격자를 만들기 위해 2차원의 격자, 즉 망목에서 시작하여 이 망목을 일정한 간격으로 쌓아 무한히 많은 층을 만들어 3차원 격자가 만들어진다고 생각한다. 모든 층의 2차원 격자는 같은 방향으로 배치되어 각 층 내의 기본 격자 병진 벡터 $\vec{r}_1$, $\vec{r}_2$는 모두 같다. 그림 3.23(a)와 같이 아래와 위 망목을 연결하는 세 번째의 격자 병진 벡터를 $\vec{r}_3$라 하자. 그러면 이 세 벡터가 브라배 격자의 단위포를 만든다.

2차원 격자 중에서 제일 간단한 평행사변형 격자를 한층 한층 쌓아보자. 평행사변형 격자에서는 그림 3.23(b)와 같이 단위 평행사변형 내에 2-중 대칭축이 면에 수직으로 존재하는데, 이는 격자점, 변 a의 중점, 변 b의 중점, 평행사변형의 가운데에 각각 하나씩 모두 4개가 있다.

이 2-중 대칭축은 모두 층에 수직이다. 윗층 평행사변형의 2-중 대칭축이 아랫층의 평행사변형의 4개 2-중 대칭축 중의 어느 한 축 위에 오도록 쌓으면 2-중 대칭이 유지된다. 그러나 위의 2-중 대칭축이 아래의 2-중 대칭축과 일치하지 않도록 쌓으면 3차원 격자에서 2-중 대칭축이 없어진다.

이렇게 2-중 대칭축이 없어지도록 쌓아 만들어진 3차원 격자의 단위포는 모서리 길이가 $a \neq b \neq c$이고, 사이각 α, β, γ도 아무 값이나 취할 수 있는 임의의 평행육면체이다. 이런 단위포는 격자점이 하나만 들어 있는 단격자 단위포로 만들 수 있다. 이 격자에는 단중 축 외의 대칭축이 없다. 물론 각 격자점은 대칭 중심이 된다. 이 격자를 단순(simple 또는 primitive) 삼사정이라 하며, 그림 3.24에 나타내었다.

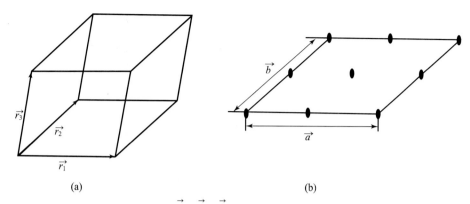

그림 3.23 (a) 평행육면체에서의 세 축 $\vec{r}_1$, $\vec{r}_2$, $\vec{r}_3$. (b) 단위 평행사변형 내에 존재하는 2-중 대칭축. 평행
         사변형 격자에서는 단위 평행사변형 내에 2-중 대칭축이 면에 수직으로 존재하는데, 격자점, 변 a
         의 중점, 변 b의 중점, 평행사변형의 가운데에 각각 하나씩 모두 4개가 있다.

2-중 대칭을 그대로 유지하기 위에 2-중 대칭축이 있는 아랫층 평행사변형의 격자점 위에 수직으로 윗층 평행사변형의 격자점이 오도록 쌓으면 $\vec{r}_3$는 2차원 격자면에 수직이 된다. 그러면 평행육면체에서는 2차원 평행사변형 위에 있던 2 – 중 대칭축을 모두 그대로 유지하게 된다. 이 격자의 단위포는 $a \neq b \neq c$이고 $\alpha = \beta = 90°$, β는 둔각이다. 이 3차원 격자를 단순 단사정이라 하며, 그림 3.24에 나타내었다.

2-중 대칭축이 그대로 유지되는 또 다른 방법은 2-중 대칭축이 있는 윗층 평행사변형의 격자점이 2-중 대칭축이 있는 아랫층 평행사변형의 변 a의 중점에 오도록 쌓는 것이다(그림 3.25(a)). 또 세 번째 층의 평행사변형의 격자점은 맨 아랫층의 격자점 위에 쌓이게 한다(그림 3.25(b)). 이렇게 쌓으면 단위포당 격자점이 2개 들어 있는 다격자 단위포를 만들면서 격자 병진 벡터 $\vec{r}_3$를 $\vec{r}_1$, $\vec{r}_2$에 수직이 되도록 할 수 있다. 이 단위포는 평행육면체의 6면 중 마주보는 한 쌍의 면 중심에 격자점이 더 들어있다. 관습적으로 격자가 있는 면을 보통 축 a와 b를 포함한 면으로 잡아 이 공간 격자를 C-중심 단사정이라 한다.

이외에도 2-중 대칭축이 그대로 유지되는 다른 방법으로는 2-중 대칭축이 있는 윗층 평행사변형의 격자점이, 2-중 대칭축이 있는 아랫층 평행사변형의 변 b의 중점에 오도록 쌓는 것이 있다(그림 3.25(c)). 이때 세 번째 층의 평행사변형의 격자점은 맨 아랫층의 격자점 위에 쌓이게 한다. 그러나 평행사변형의 두 변 a, b는 서로 동등한 것이므로 이렇게 쌓은 것의 공간 격자는 역시 C-중심 단사정이 된다.

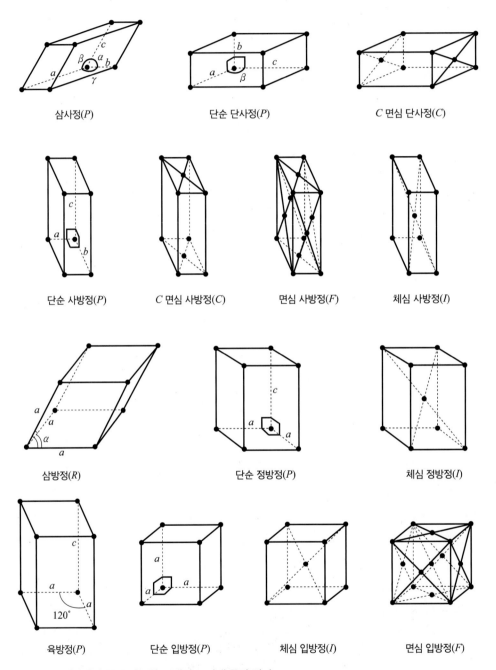

그림 3.24 결정에서 분류 가능한 14개의 브라배 공간 격자.

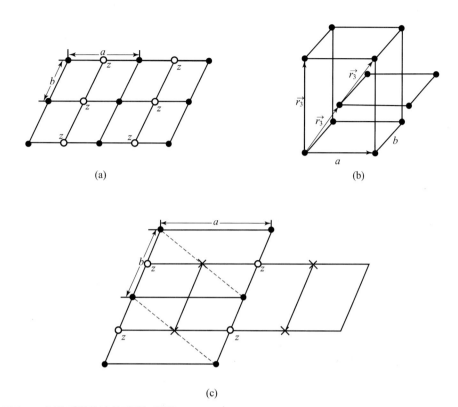

그림 3.25 2-중 대칭축이 유지되는 방법.
(a) 2-중 대칭축이 있는 윗층 평행사변형의 격자점이 2-중 대칭축이 있는 아랫층 평행사변형의 변 a의 중점에 오도록 쌓은 모양, (b) 세 번째 층의 평행사변형의 격자점을 맨 아랫층의 격자점 위에 쌓는 방법, (c) 변 b의 중점에 윗층의 평행사변형 격자점이 오도록 하여 쌓는 것은 변 a의 중점에 격자점이 오도록 하여 쌓는 것과 같고, 평행사변형의 중심에 윗층의 평행사변형 격자점이 오도록 쌓는 것은 점선으로 표시한 평행사변형에서 한 변의 가운데에 격자점이 오도록 쌓는 것과 같다.

　　마지막으로 2-중 대칭축이 그대로 유지되는 또 다른 방법은 2-중 대칭축이 있는 윗층 평행사변형의 격자점이 2-중 대칭축이 있는 아랫층 평행사변형의 중점에 오도록 쌓는 것이다(그림 3.25(c)에서 ×로 표시). 세 번째 층의 평행사변형의 격자점은 맨 아랫층의 격자점 위에 쌓이게 한다. 그러나 그림 3.25(c)에서 평행사변형의 두 변을 잡을 때 그림에서 점선과 같이 잡으면 본래 평행사변형의 중심은 새로운 평행사변형의 한 변의 중점과 같다. 즉, 본래 평행사변형의 중심과 새 평행사변형의 변의 중점은 서로 동등한 것이다. 따라서 이런 경우에도 공간 격자는 C-중심 단사정이 된다.

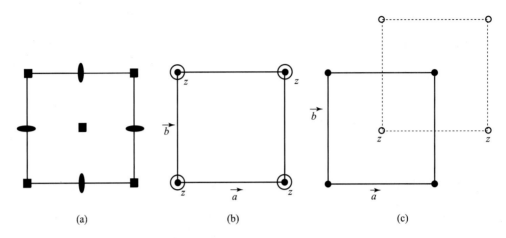

그림 3.26 **4-중 대칭축이 유지되도록 격자점을 쌓는 방법.**

2차원 정사각형 격자에서 3차원 공간 격자를 만드는 방법은 2가지가 있다. 그림 3.26(a)의 정사각형 격자에는 4-중 대칭축이 격자점과 정사각형의 중심에 각각 하나씩 있다. 이 4-중 대칭축이 그대로 유지되는 방법은 4-중 대칭축이 있는 윗층 정사각형의 격자점이 4-중 대칭축이 있는 아랫층 정사각형의 격자점에 오도록 쌓는 것이다(그림 3.26(b)). 이런 격자 배열의 단위포에는 격자점을 하나만 포함하고 있으므로 단순 정방정이라 한다.

4-중 대칭축이 그대로 유지되는 다른 방법은 4-중 대칭축이 있는 윗층 정사각형의 격자점이 4-중 대칭축이 있는 아랫층 정사각형의 중심에 오도록 쌓는 것이다(그림 3.26(c)). 또 세 번째 층의 정사각형의 격자점은 맨 아랫층의 격자점 위에 쌓이게 한다. 이런 격자 배열의 단위포에는 격자점을 꼭지점과 단위포의 중심에 각각 하나씩을 포함하고 있다. 이 격자 배열을 체심 정방정이라 한다.

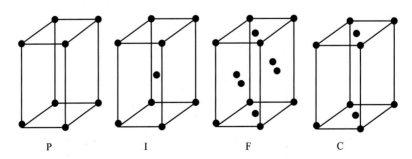

그림 3.27 **평행육면체에서 격자점의 위치에 따른 격자 분류, P, I, F, C.**

앞에서 보인 것과 같은 방법으로 다른 2차원 격자를 3차원으로 확장하면 14개의 공간 격자가 만들어진다. 이들 공간 격자는 그림 3.27에서와 같이 평행육면체에서 격자점의 위치에 따라 격자점이 평행육면체당 하나만 있는 것(단순, simple 또는 primitive, P), 평행육면체의 중심과 꼭지점에 격자점이 들어가는 것(체심, 독일어로 innenzentrierte, I), 평행육면체의 6면의 중심과 꼭지점에 격자점이 있는 경우(면심, face-centered, F), 평행육면체의 한 쌍의 면(주로 C 면)과 꼭지점에 격자점이 있는 경우(C 면심)로 나뉜다.

그런데 7개의 결정계와 단순(P), 체심(I), 면심(F), C 면심(C) 격자들을 모두 고려하면 총 $7 \times 4 = 28$개의 공간 격자가 되어야 하겠지만, 앞에서 본 바와 같이 만들어지지 않는 격자가 생기기 때문에 실제의 공간 격자수는 14개로 된다.

예를 들어, 면심 정방정의 경우를 살펴보자. 정방정에는 4-중 대칭축이 필수 회전 대칭축이고 $a = b \neq c$, $\alpha = \beta = \gamma = 90°$이다. 그림 3.28에 두 개의 면심 정방정이 있다. 여기에서 그림에서와 같이 굵은 선으로 표시한 새로운 단위포인 평행육면체를 만들 수 있다. 새 평행육면체에는 정방정의 필수 회전축인 4-중 대칭축이 있고 $a' = b' = a/\sqrt{2} \neq c' = c$, $\alpha = \beta = \gamma = 90°$로 정방정의 조건을 모두 만족한다. 그리고 평행육면체의 모서리와 체심에 격자가 있으므로 체심 정방정이 된다. 이와 같이 면심 정방정은 체심 정방정으로 나타낼 수 있으므로 14개의 브라배 격자에는 면심 정방정이 없다.

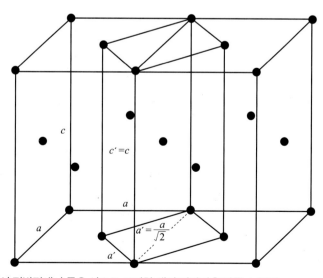

그림 3.28 두 면심 정방정에서 굵은 선으로 표시한 체심 정방정을 만들 수 있다.

C 면심 입방정의 경우를 보면 입방정에서 필수 대칭 요소는 4개의 3-중 대칭축인데 C 면심 입방정에는 3-중 대칭이 없다. C 면심 입방정이 3-중 대칭을 갖기 위해서는 A, B 면에도 격자가 있어야 하나, 만약 여기에 격자가 있다면 면심 입방정이 된다. 그러므로 C 면심 입방정은 14브라배 격자에 포함되지 않는다.

14개의 공간 격자는 7개의 결정계에서 각각 나온 7개의 단순(P) 격자와 사방정, 정방정, 입방정 단위포의 꼭지점과 중심에 격자점이 하나 들어가는 경우(I)의 3개, 사방정과 입방정의 꼭지점과 각 면의 중심에 격자점이 존재하는 경우(F)의 2개, 단사정과 사방정의 꼭지점과 양 C 면의 중심에 격자점이 있는 경우(C)의 2개로써 이루어진다. 그림 3.24는 결정에서 가능한 14개 공간 격자를 보여 주고 있다. 따라서 모든 결정은 반드시 이러한 14브라배 격자 중의 하나에 속한다. 만일 우주에서 떨어진 운석 속의 어떤 결정이 14브라배 격자가 아닌 다른 격자를 지닌다고 어떤 분석 결과가 나왔다면 이것은 틀린 분석 결과인 것이다.

5 격자면과 방향

앞에서 격자와 결정에 존재하는 14개의 공간 격자를 살펴보았다. 3차원 격자에 앞서 우선 2차원 격자에서 격자 방향과 격자 면을 알아보자. 그림 3.29는 격자상수가 a, b인 가상의 2차원 결정의 직사각형 망목을 나타낸다. 그림에서 직선 BA, $B'A'$는 전부 한 무리를 이루고 직선간의 거리도 같다. 이 직선간의 거리는 일반적인 망목에서는 a, b와 사이각 γ로 결정된다. 이 그림에서 선간 거리는

$$d = \frac{ab}{2\sqrt{a^2 + b^2}} \tag{3-19}$$

이고, 직선과 직선 사이의 각 ϕ는 a와 b의 비에 따라 달라진다. 그림에서 OB와 AB 사이의 각은 $2\tan^{-1}(b/a)$로 a와 b의 비에 따라 달라진다. 주어진 결정에서는 a와 b의 값이 일정하므로 결정 사이의 면간 각도 일정하다.

3차원 결정에서의 면은 2차원 망목에서의 직선과 유사하고, 격자면에 평행한 면이 결정면이 되며, 주요 격자면은 높은 밀도의 격자점을 포함하고 있다. 면 간격은 격자 상수와 축간각으로 정해지고, 면 사이각도 축간각과 격자상수의 비로 정해진다. 따라서

어떤 결정에서 해당 면 사이의 각은 일정한 값을 지니고 이를 면간각 일정의 법칙이라한다. 예를 들어, 석영의 경우 육방정으로 주요 면간각이 120°이다. 면의 모양이 그림3.30과 같이 다르게 보이지만 면간각은 모두 120°로 일정하다. 광물 결정을 탐사할 때면간각을 측정하면 그 결정이 탐사하고자 하는 결정인지 아닌지를 판별해 낼 수 있기때문에 이를 이용하기도 하였다. 금과 매우 유사하여 금으로 잘못 판단할 수 있는 광물에 황금색의 황철석(pyrite)이 있는데, 이 결정이 지니는 고유한 면간각을 측정하면 황철석인지 아닌지를 판별할 수 있다.

3차원 결정에서도 격자점이 3차원에 배열되어 있을 때 격자점 2개를 연결하면 격자방향(lattice direction)이 생기고, 일직선 상에 있지 않은 격자점 3개를 연결하면 그 격자점들로 구성이 되는 격자면(lattice plane)이 생긴다. 결정에서는 원자 배열에 따라 그 특성이 다 달라지므로 격자 방향이나 격자면에 따라 그 성질이 달라진다. 그림 3.31은 면심 입방 구조의 결정에서 방향에 따라 특성이 달라지는 나타낸 그림이다. 예를 들어, 결정의 특성 중의 하나인 영률(Young's modulus)이 방향에 따라 원자 배열이 달라지므

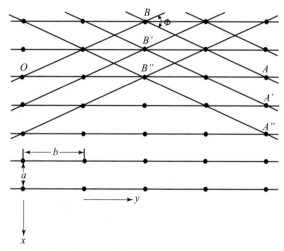

그림 3.29 **격자상수가 a, b인 2차원 직사각형 망목.**

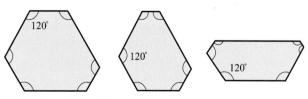

그림 3.30 **면각 일정 법칙을 보여 주는 그림.**

로 [100] 방향으로는 67 Gpa, [110] 방향으로는 130 GPa, [111] 방향으로는 191 GPa로 다 달라진다.

반도체 공정에 많이 사용되는 Si 단결정의 경우에도 그 방향이나 면에 따라 특성이 달라지므로 Si 웨이퍼(wafer)의 결정 방향과 면을 정확히 알고 있고 표시를 해주어야 한다. 그림 3.32에서와 같이 n-형 {111} 웨이퍼인 경우 약간 긴 주평탄부(primary flat) 와 짧은 부평탄부가 45°가 되도록 표시를 하고, p-형 {111} 웨이퍼는 주평탄부 하나로, n-형 {100} 웨이퍼는 주평탄부와 부평탄부가 평행하게, p-형 {100} 웨이퍼는 주평탄부 와 부평탄부가 서로 직각이 되도록 하여 표시해 준다.

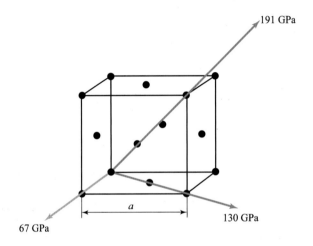

그림 3.31 **방향에 따른 특성의 변화.**

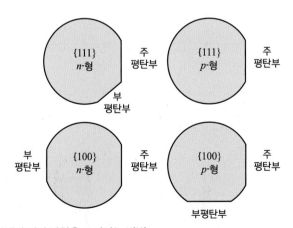

그림 3.32 **Si 웨이퍼에서 면과 방향을 표시하는 방법.**

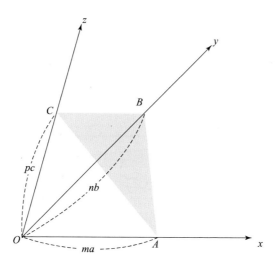

그림 3.33 **격자면 ABC를 밀러 지수로 나타내는 방법.**

이와 같이 결정의 특성이 방향이나 면에 따라 달라지기 때문에 면과 방향을 표시하는 방법을 알고 있어야 할 뿐만 아니라 표시해주어야 한다. 이러한 면과 방향을 표시하는 방법으로는 일반적으로 밀러 지수(Miller index)를 사용한다. 우선 밀러 지수를 사용하여 면을 표시해 보자.

그림 3.33과 같이 어떤 격자면이 원점에서 각각 거리 OA, OB, OC로 세 축 x, y, z와 만난다고 하자. 이때 면과 각 축의 절편들을 격자상수의 단위로 표시하면 $OA = ma$, $OB = nb$, $OC = pc$가 된다. 여기서 계수 m, n, p의 역수는 $1/m$, $1/n$, $1/p$이 되고, 이 세 역수를 정수로 만들고, 이 정수에 공통 인수가 없도록 하여 얻은 정수에 소괄호로 둘러싼 $(h\,k\,l)$이 격자면 ABC를 표시하는 밀러 지수이다.

예를 들어, 그림 3.34에서 P로 표시된 면을 생각해 보자. 이 면은 $A = 1a$, $B = 2b$, $C = (1/3)c$의 절편을 갖기 때문에 m, n, p에 해당하는 값은 각각 1, 2, 1/3이다. 역수는 1/1, 1/2, 3이 되며 이들을 정수로 만들고 공통 인수가 없도록 바꾸면 2, 1, 6이 얻어진다. 따라서 P로 표시된 면의 밀러 지수는 이 숫자들에 괄호를 해서 얻은 (2 1 6)이다.

같은 방법을 이용하면 그림 3.34에서 $A = \infty a$, $B = 1b$, $C = \infty c$인 점으로 이루어진 면 Q의 밀러 지수는 (0 1 0)이 된다. 그리고 밀러 지수 표시에서 절편의 음수값은 지수 위에 바(bar)를 붙여 표시한다. 예를 들어, 1, -3, 4가 되면 (1 $\bar{3}$ 4)로 표시한다.

면의 밀러 지수가 면의 교점까지의 실제 거리를 격자상수의 배수로 표시한 그대로 사용되지 않고, 역수로 만들어져 사용되는 것은 결정의 격자가 회절상에서는 역격자로

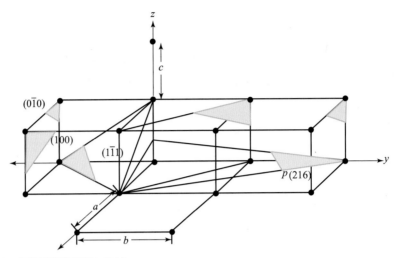

그림 3.34 여러 면의 밀러 지수 표시.

나타나 회절점을 정수로 간편히 표시할 수 있기 때문이다.

또한 밀러 지수를 사용하면 결정에서의 여러 가지 계산을 편리하게 할 수 있다. 축과 각각 A, B, C에서 만나는 면의 방정식은 다음과 같다.

$$\frac{x}{A} + \frac{y}{B} + \frac{z}{C} = 1 \tag{3-20}$$

$A = a/h'$, $B = b/k'$, $C = c/l'$가 되도록 h', k', l'을 정의하자. 위 식에 A, B, C를 치환하면 면 방정식은

$$\frac{x}{a/h'} + \frac{y}{b/k'} + \frac{z}{c/l'} = 1 \tag{3-21}$$

또는

$$\frac{h'x}{a} + \frac{k'y}{b} + \frac{l'z}{c} = 1 \tag{3-22}$$

가 된다.

위의 면과 평행하며 원점을 지나는 면 방정식은

$$\frac{h'x}{a} + \frac{k'y}{b} + \frac{l'z}{c} = 0 \tag{3-23}$$

이고, 여기서 h', k', l'을 정리하여 분수를 없애거나 공통 인수를 없애면

$$\frac{hx}{a} + \frac{ky}{b} + \frac{lz}{c} = 0 \tag{3-24}$$

을 얻는다. 여기서 $(h\,k\,l)$은 밀러 지수이다.

원점을 지나는 이 격자면과 평행한 격자면의 전체 세트는

$$\frac{hx}{a} + \frac{ky}{b} + \frac{lz}{c} = m \tag{3-25}$$

로 주어진다. 이때 $(h\,k\,l)$은 밀러 지수이고, m은 양 또는 음의 값을 갖는 모든 정수이다.

일반적인 단위포를 선택했을 때 작은 밀러 지수 $(h\,k\,l)$의 값을 지닌 격자면은 격자점의 면 밀도가 크고, 면 간격은 크다. 잘 성장한 결정은 보통 낮은 면 지수를 갖는 면이 결정면을 이룬다. 따라서 주요 결정면에 대한 세 축과의 절편을 격자상수 a, b, c의 배수로 표시하면 이 배수는 서로 작은 유리수의 비를 갖는다.

7결정계에서 대칭에 따른 면 지수에 대해 알아보자. 예를 들어, 그림 3.35에서 보인 것과 같이 정방정의 경우 c-축에 평행한 4-중 대칭으로 격자면 (100), (010), ($\overline{1}$00), ($0\overline{1}0$)들은 모두 같은 등가(equivalent)면을 나타내고 이것을 중괄호를 사용하여 {100} 또는 {010}으로 나타낸다. 또한 4-중 대칭축에 수직인 2-중 대칭축에 의해 격자면 (001), ($00\overline{1}$)은 같은 등가(equivalent)면으로 {001}로 표시한다.

입방정에서는 4개의 3-중 대칭축에 의해 격자면 (100), ($\overline{1}$00), (010), ($0\overline{1}0$), (001), ($00\overline{1}$)은 모두 같은 면이고 이들을 {100}, {010} 또는 {001}로 나타낸다. 이와 같이 각 결정계에서 대칭으로 $(h\,k\,l)$과 등가인 격자면을 나타내기 위해 {$h\,k\,l$}을 사용한다.

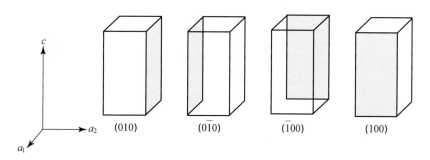

그림 3.35 정방정에서 4-중 대칭에 의한 등가면.

7가지의 결정계 중에서 육방정의 경우 격자면과 방향을 3개의 지수를 사용하는 밀러 지수와 다르게 4개의 지수를 사용하는 밀러-브라배(Miller-Bravais) 지수로 표시하기도 한다. 그림 2.34에 있는 육방 조밀 충전도 육방정에 속한다. 그림 2.34에서 실선으로 된 평행육면체에 있는 세 축을 사용한 밀러 지수를 이용하여 격자면과 방향을 표시하기도 하나, 점선으로 된 부분을 포함한 육각주의 밑면에 있는 세 축과 이 축에 수직인 축을 사용한 밀러-브라배 지수를 사용하여 표시하기도 한다.

밀러-브라배 지수를 사용하면 대칭으로 등가인 격자면을 잘 표현할 수 있다. 예를 들어, 그림 3.36에서 표시한 두 면은 c축에 평행한 면으로 면 밀러-브라배 지수로 표시하면 $(11\bar{2}0)$과 $(1\bar{2}10)$로 표시되어 등가인 격자면을 잘 나타내나, 밀러 지수로 표시하면 관련이 없는 숫자인 (110)과 $(1\bar{2}0)$ 면으로 표시해야 두 면이 서로 등가인 면인지를 알기 어렵다.

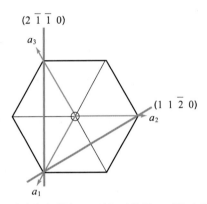

그림 3.36 밀러-브라배 지수로 나타내면 대칭으로 같은 면을 잘 표시할 수 있다.

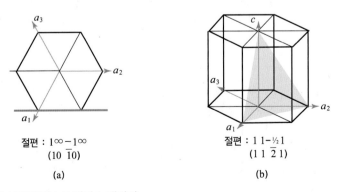

그림 3.37 밀러-브라배 지수로 면지수 매기기

먼저 격자면을 밀러-브라배 지수로 표시해 보자. 어떤 격자면이 원점에서 각각 거리 A, B, C, D로 네 축 a_1, a_2, a_3, c와 각각 만난다고 하자. 이때 면과 각 축의 절편들을 격자상수의 단위로 표시하면 $A = ma_1$, $B = na_2$, $C = pa_3$, $D = qc$가 된다. 여기서 계수 m, n, p, c의 역수는 $1/m$, $1/n$, $1/p$, $1/q$이 되고, 이 네 역수를 정수로 만든 후에 이 정수에서 공통 인수가 없도록 하여 얻은 정수에 (　)로 둘러싼 $(h\,k\,i\,l)$이 격자면 $ABCD$를 표시하는 밀러-브라배 지수이다.

육각주의 윗면이나 아랫면은 밑면에 있는 세 축과 평행하므로 무한대에서 만난다. 그리고 c축과는 $1c$에서 만난다. 이 절편들의 역수는 $1/\infty$, $1/\infty$, $1/\infty$, $1/1$이고 이 면의 밀러-브라배 지수는 (0001)이 된다. 그림 3.37(a)에서 육각주의 옆면은 I형(type I) 프리즘면(prism plane)이라 하는데 절편이 각각 $1a_1$, ∞a_2, $-1a_3$, ∞c인 한 면의 지수는 $(10\bar{1}0)$이다. 그림 3.37(b)에서 절편이 $1a_1$, ∞a_2, $-1a_3$, $1/2c$인 어떤 면의 지수는 $(10\bar{1}2)$가 된다.

그림 3.38(a)에서와 같이 육방정에서 밑면에 축 사이의 각도가 120°인 세 축 a_1, a_2, a_3이 있다고 생각해 보자. 따라서 이 세 축과 수직 방향으로의 축 c를 합쳐 4개의 축으로 생각해 보자. 4개의 축방향을 네 방향 벡터로 각각 $\vec{a_1}$, $\vec{a_2}$, $\vec{a_3}$와 $\vec{c}$로 나타낸다. 이때 $|\vec{a_1}| = |\vec{a_2}| = |\vec{a_3}| \neq |\vec{c}|$의 관계에 있으며, $\vec{a_1}$, $\vec{a_2}$, $\vec{a_3}$간의 각은 120°이고 한 평면 상에 있으며, $\vec{c}$와 $\vec{a_1}$, $\vec{a_2}$, $\vec{a_3}$는 서로 직각이다.

평면에서 2개의 축으로 좌표를 표시할 수 있는데 3개의 축을 사용하여 표시하였기 때문에 밀러-브라배 지수에서는 앞의 세 지수가 독립적이지 않다. 즉, $(h\,k\,i\,l)$에서 $h + k = -i$의 관계가 있다.

그림 3.38(b)는 면 $(h\,k\,i\,l)$이 a_1, a_2, a_3의 세 축이 있는 면과 만난 모습을 보여 준다. 그림 3.38(b)에서 $OA = a_1/h$, $OB = a_2/k$, $OC = -a_3/i$이고 삼각형 OAB의 면적은 두 삼각형 OAC와 OCB의 면적의 합이다. 그러므로

$$\frac{1}{2}\frac{a_1}{h}\frac{a_2}{k}\sin 120^\circ = \frac{1}{2}\frac{a_1}{h}\frac{(-a_3)}{i}\sin 60^\circ + \frac{1}{2}\frac{(-a_3)}{i}\frac{a_2}{k}\sin 60^\circ \quad \text{(3-26)}$$

$$\frac{1}{hk} = \frac{-1}{hi} + \frac{-1}{ik}$$

이 되어 $(h\,k\,i\,l)$에서 $h + k = -i$이다.

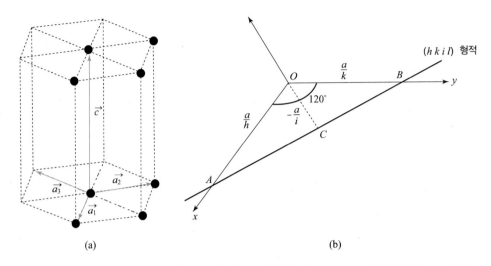

(a)   (b)

그림 3.38 (a) 밑면에 수직이면서 축 사이의 각도가 120°인 육방정 a_1, a_2, a_3, c 축, (b) 면 ($h\,k\,i\,l$)이 a_1, a_2, a_3의 세 축과 만나는 것을 나타낸다.

격자 내에서 방향 표시는 그림 3.39와 같이 벡터의 방향성을 이용하여 표시한다. 어떤 직선상의 두 격자점 P, P'이 있다고 하고 한 점 P를 원점으로 잡자. 두 점 사이의 벡터 $\vec{r}$은 x, y, z축을 따른 병진 벡터(translation vector)로 다음과 같이 표시할 수 있다.

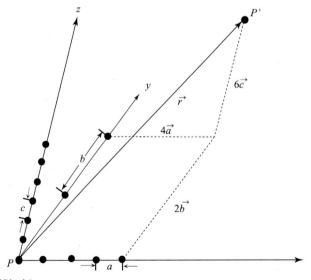

그림 3.39 밀러 방향 지수.

$$\overrightarrow{PP'} = u\vec{a} + v\vec{b} + w\vec{c} \qquad (3\text{-}27)$$

여기서 $\vec{a}$, $\vec{b}$, $\vec{c}$는 각각 x, y, z축 방향으로의 벡터이고 크기는 격자상수와 같다.

　이 벡터의 x, y, z축의 좌표값은 단위포의 세 축 $\vec{a}$, $\vec{b}$, $\vec{c}$를 기준으로 생각하면 u, v, w이다. 이 u, v, w에서 세 수의 공통 인수를 없애 간단히 한 후 u, v, w에 대괄호 [ ]로 표시한 것이 격자 내의 방향 밀러 지수이다. 예를 들면, $\overrightarrow{PP'} = 4\vec{a} + 2\vec{b} + 6\vec{c}$일 때 4, 2, 6의 공통인수는 2이고, 공통인수를 없애 간단히 하면 2, 1, 3이 되고, 여기에 대괄호를 하여 [2 1 3]으로 나타낸 것이 방향의 밀러 지수이다.

　원점을 지나면서 방향 $[u\,v\,w]$에 평행한 직선의 방정식은

$$\frac{x}{ua} = \frac{y}{vb} = \frac{z}{wc} \qquad (3\text{-}28)$$

이다. u, v, w가 정수이고, 원점 P가 격자점이면 P'도 격자점이 된다. 이렇게 만들어진 직선 PP'은 일직선 상의 격자점을 지난다. 이와 같이 격자점을 지나는 직선을 유리(rational) 직선이라 하고, 격자점로 구성된 면을 유리면이라 한다.

　7결정계에서 대칭에 따른 방향 지수에 대해 알아보자. 예를 들어, 정방정의 경우 4-중 대칭으로 격자 방향 [100], [010], [$\bar{1}$00], [0$\bar{1}$0]들은 모두 동등한 방향이 되어 모두를 < >를 사용하여 <100>으로 표시한다. 또한 4-중 대칭축에 수직인 2-중 대칭축에 의해 동등한 격자 방향 [001], [00$\bar{1}$]들은 <001>로 표시한다.

　입방정에서는 4개의 3-중 대칭축에 의해 격자 방향 [100], [$\bar{1}$00], [010], [0$\bar{1}$0], [001], [00$\bar{1}$]은 대칭에 의해 모두 동등한 방향이므로 이들을 <100>, <010> 또는 <001>로 표시한다. 이와 같이 각 결정계에서 대칭으로 $[u\,v\,w]$와 등가인 격자 방향 모두를 나타내기 위해 $<u\,v\,w>$를 사용한다.

　육방정에서 방향은 앞에서 나온 4축 벡터의 방향을 이용한 밀러-브라배 지수를 사용하여 표시하기도 한다. 어떤 직선 상의 두 격자점 P, P'이 있다고 하고 한 점 P를 원점으로 잡자. 두 점 사이의 벡터 $\vec{r}$은 이동 벡터로 다음과 같이 표시할 수 있다.

$$\vec{r} = u\vec{a_1} + v\vec{a_2} + t\vec{a_3} + w\vec{c} \qquad (3\text{-}29)$$

이 벡터의 a_1, a_2, a_3, c축의 좌표값은 u, v, t, w 이다. 여기서 $\vec{a_1}$, $\vec{a_2}$, $\vec{a_3}$는 서로 독립적이 아니고, 대개 $u + v = -t$가 되도록 잡아준다. 이 u, v, t, w에서 네 수의 공통

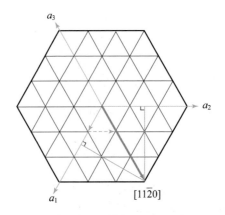

그림 3.40 **밀러-브라배 지수로 방향 표시하기.**

인수를 없애 간단히 한 수 u, v, t, w에 대괄호 [ ]를 붙여서 $[u\,v\,t\,w]$로 나타낸 것이 육방정 격자 내의 방향 밀러-브라배 지수이다. 좌표값 u, v, t, w가 +2, $-$1, $-$1, 0인 벡터 방향의 밀러-브라배 지수는 $[2\bar{1}\,\bar{1}0]$이고 육방정의 a_1축 방향을 나타낸다.

방향이 주어진 벡터에서 밀러−브라배 지수를 구하기 위해서는 그 벡터에서 각 축에 수선을 내려 그 교점의 벡터 성분들을 합하여 전체 벡터를 표시하므로 교점의 좌표값을 이용하여 밀러-브라배 지수를 구한다. 예를 들어, 그림 3.40에 나타낸 a_3축 반대 방향은 벡터에서 각 축에 내린 수선과의 교점 좌표값은 1/2, 1/2, $-$1, 0이므로 간단히 하여 $[11\bar{2}0]$로 표시한다. 같은 방법으로 a_2, a_3과 c축의 방향 지수를 구하면 각각 $[\bar{1}2\bar{1}0]$, $[\bar{1}\,\bar{1}20]$, $[0001]$이다.

6 정대와 정대 법칙

다음은 정대(zone)와 정대 법칙(zone rule)에 대하여 알아보자. 그림 3.41에서와 같이 평행하지 않는 어떤 두 개의 격자면이 만나면, 두 면에 공통으로 포함되는 하나의 선을 형성한다. 두 면에 같이 있는 이 직선을 두 면이 위치한 정대의 정대축(zone axis)이라 한다. 많은 주요 결정면들이 같은 정대에 놓여 있을 수 있어 여러 면들이 한 선에서 만난다.

예를 들어, 그림 3.34에서 (1 0 0), (0 1 0), (1 1 0) 면들은 모두 [0 0 1] 방향과 평행하

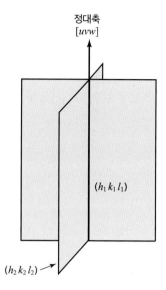

정대축
$[uvw]$

$(h_1 \, k_1 \, l_1)$

$(h_2 \, k_2 \, l_2)$

그림 3.41 **정대축.**

다. 즉, [0 0 1] 방향이 이 면들의 공통 방향이기 때문에 세 면 모두는 같은 정대에 존재한다고 말할 수 있다. 이 면들 모두의 법선 벡터는 [0 0 1]에 수직이다.

$(h_1 \, k_1 \, l_1)$, $(h_2 \, k_2 \, l_2)$의 밀러 지수를 갖는 두 면이 주어졌을 때 두 면이 공통으로 있는 정대의 지수는

$$u = k_1 l_2 - l_1 k_2$$
$$v = l_1 h_2 - h_1 l_2 \qquad (3\text{-}30)$$
$$w = h_1 k_2 - k_1 h_2$$

이다. 이 식은 다음과 같이 구할 수 있다.

앞에서 설명한 면 방정식을 이용하면 밀러 지수가 $(h_1 \, k_1 \, l_1)$, $(h_2 \, k_2 \, l_2)$인 면에 평행하며 원점을 지나는 면의 평면 방정식은

$$\frac{h_1 x}{a} + \frac{k_1 y}{b} + \frac{l_1 z}{c} = 0 \qquad (3\text{-}31)$$

과

$$\frac{h_2 x}{a} + \frac{k_2 y}{b} + \frac{l_2 z}{c} = 0 \qquad (3\text{-}32)$$

로 각각 주어진다.

이 두 면의 교차선의 방정식은 두 방정식에서 다음과 같이 식을 얻을 수 있다.

$$\frac{x}{a(k_1l_2 - l_1k_2)} = \frac{y}{b(l_1h_2 - h_1l_2)} = \frac{z}{c(h_1k_2 - k_1h_2)} \tag{3-33}$$

이 식은 $x = y = z = 0$을 만족하므로 원점을 지나는 직선의 방정식이다. 이제 이 식과 직선의 방정식인 식 (3-28)을 비교해 보면 u, v, w를 h, k, l로 표시하여 식 (3-30)을 얻을 수 있다.

이 식 (3-30)을 쉽게 기억하는 방법이 하나 있다. 두 밀러 지수를 다음과 같이 두 번 쓴다.

$$\begin{array}{c} h_1 \left| \begin{array}{cccc} k_1 & l_1 & h_1 & k_1 \\ \times & \times & \times & \\ k_2 & l_2 & h_2 & k_2 \end{array} \right| l_1 \\ h_2 \phantom{\left|\begin{array}{cccc} k_1 & l_1 & h_1 & k_1 \end{array}\right|} l_2 \\ \vee \quad \vee \quad \vee \\ u \quad\; v \quad\; w \end{array} \tag{3-34}$$

위에 나타낸 것처럼 직선을 2개 아래로 긋고 밖에 있는 4개의 기호는 지우고, $\times$표를 따라서 곱하고 빼면 $k_1l_2 - l_1k_2$, $l_1h_2 - h_1l_2$, $h_1k_2 - k_1h_2$를 얻는데 이는 각각 u, v, w의 값이 된다.

밀러 지수가 $(h\ k\ l)$인 면이 정대 $[u\ v\ w]$에 속할 조건은

$$hu + kv + lw = 0 \tag{3-35}$$

이고, 이러한 관계를 바이쓰 정대 법칙(Weiss zone law)이라 한다. 이는 $(h\ k\ l)$ 면의 법선 벡터가 $[u\ v\ w]$ 방향에 수직인 조건이다.

위 식은 다음과 같이 쉽게 유도된다. $(h\ k\ l)$ 면에 평행하며 원점을 지나는 면의 방정식은 식 (3.24)이고 원점을 지나면서 $[u\ v\ w]$에 평행한 직선의 식은 식 (3.28)이다. 이 직선이 면 $(h\ k\ l)$ 위에 있으면 정대에 속하게 되므로 식 (3.28)을 식 (3.24)에 대입하면 식 (3.35)가 나온다.

7 역격자와 면 간격

1) 역격자

앞에서 나온 결정의 여러 격자가 어떻게 배열되어 있는지를 알기 위해서는 결정의 회

절상을 얻어 이로부터 알아내야 한다. 결정의 격자는 회절상에서 역격자로 나타나고 이 역격자에서 결정의 격자 배열을 알아낼 수 있다. 회절상으로 나타나는 역격자 (reciprocal lattice)에 대해 알아보자. 여기서는 격자의 개념을 토대로 역격자의 정의와 성질 등에 대하여 살펴볼 것이다. 격자는 공간 내에서 임의의 한 점이 갖는 환경이 다른 모든 점들이 갖는 환경과 동일한 점들의 집합이다.

우선 격자의 단위포 중에서 단격자 단위포를 만드는 기본 병진 벡터를 $\vec{a}$, $\vec{b}$, $\vec{c}$ 라고 하면 일반 격자 벡터 $\vec{r}$은 $\vec{r} = u\vec{a} + v\vec{b} + w\vec{c}$로 정의되고, 역격자 벡터(reciprocal lattice vector)는 아래와 같은 관계식으로 정의한다.

$$\vec{a}^* = \frac{\vec{b} \times \vec{c}}{\vec{a} \cdot (\vec{b} \times \vec{c})} = \frac{\vec{b} \times \vec{c}}{\Omega}, \tag{3-36}$$

$$\vec{b}^* = \frac{\vec{c} \times \vec{a}}{\vec{b} \cdot (\vec{c} \times \vec{a})} = \frac{\vec{c} \times \vec{a}}{\Omega}, \tag{3-37}$$

$$\vec{c}^* = \frac{\vec{a} \times \vec{b}}{\vec{c} \cdot (\vec{a} \times \vec{b})} = \frac{\vec{a} \times \vec{b}}{\Omega}. \tag{3-38}$$

여기서 Ω는 단격자 단위포의 체적으로 $\Omega = \vec{a} \cdot (\vec{b} \times \vec{c}) = \vec{b} \cdot (\vec{c} \times \vec{a}) = \vec{c} \cdot (\vec{a} \times \vec{b})$이다.

이렇게 정의된 역격자 벡터의 방향과 크기는 다음과 같은 성질을 갖는다. 먼저 역격자 벡터와 실공간 벡터의 방향 관계를 알아보기 위해 내적(dot product)을 구해보면,

$$\vec{a}^* \cdot \vec{b} = \frac{(\vec{b} \times \vec{c})}{\Omega} \cdot \vec{b} = 0 \tag{3-39}$$

$$\vec{a}^* \cdot \vec{c} = \frac{(\vec{b} \times \vec{c})}{\Omega} \cdot \vec{c} = 0 \tag{3-40}$$

이다. 즉, 역격자 벡터, $\vec{a}^*$는 $\vec{b}$와 $\vec{c}$에 수직이다. 마찬가지 방법으로 다음의 결과를 얻을 수 있다.

$$\vec{b}^* \cdot \vec{c} = \vec{b}^* \cdot \vec{a} = 0 \tag{3-41}$$

$$\vec{c}^* \cdot \vec{a} = \vec{c}^* \cdot \vec{b} = 0 \tag{3-42}$$

즉, 역격자 벡터, $\vec{b}^*$는 $\vec{c}$와 $\vec{a}$에 수직이고, $\vec{c}^*$는 $\vec{a}$와 $\vec{b}$에 수직이다. 그림 3.42에 역격자 벡터 $\vec{b}^*$는 $\vec{c}$와 $\vec{a}$에 수직이고, $\vec{c}^*$는 $\vec{a}$와 $\vec{b}$에 수직인 것을 나타내었다.

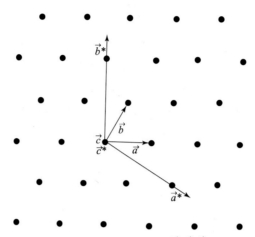

그림 3.42 **실격자 벡터와 역격자 벡터의 구성. 기본 병진 벡터 $\vec{a}, \vec{b}, \vec{c}$에서 역격자 벡터 $\vec{a}^*, \vec{b}^*, \vec{c}^*$를 구할 수 있다.**

만약 실공간의 $\vec{a}, \vec{b}, \vec{c}$가 사방정(orthorhombic), 정방정(tetragonal), 입방정(cubic)에서와 같이 서로 수직인 경우에는 $\vec{a}^* // \vec{a}, \vec{b}^* // \vec{b}, \vec{c}^* // \vec{c}$의 관계가 성립한다. 즉, 역격자 벡터와 실공간 벡터는 평행한 방향을 갖는다.

역격자 벡터의 크기에 관한 성질을 알아보기 위해 $\vec{a}^*$와 $\vec{a}$의 내적을 구해보면,

$$\vec{a}^* \cdot \vec{a} = \frac{(\vec{b} \times \vec{c})}{\Omega} \cdot \vec{a} = \frac{(\vec{b} \times \vec{c}) \cdot \vec{a}}{\vec{a} \cdot (\vec{b} \times \vec{c})} = 1 \tag{3-43}$$

이며, 마찬가지로 $\vec{b}^* \cdot b = 1$, $\vec{c}^* \cdot c = 1$이다. 만약 θ_1이 $\vec{a}^*$와 $\vec{a}$ 사이의 각이라면

$$\vec{a}^* \cdot \vec{a} = |\vec{a}^*||\vec{a}|\cos \theta_1 = 1 \tag{3-44}$$

$$|\vec{a}^*| = \frac{1}{|\vec{a}|\cos \theta_1} \tag{3-45}$$

이다. 마찬가지로, θ_2가 $\vec{b}^*$와 $\vec{b}$ 사이의 각, θ_3가 $\vec{c}^*$와 $\vec{c}$ 사이의 각이라면

$$|\vec{b}^*| = \frac{1}{|\vec{b}|\cos \theta_2} \tag{3-46}$$

$$|\vec{c}^*| = \frac{1}{|\vec{c}|\cos \theta_3} \tag{3-47}$$

으로 표시할 수 있다.

결정계가 사방정, 정방정, 입방정에서와 같이 $\vec{a} \perp \vec{b} \perp \vec{c}$인 경우 $\theta_i = 0$이고, 따라서 $\cos \theta_i = 1$이므로,

$$|\vec{a}^*| = \frac{1}{|\vec{a}|}, \ |\vec{b}^*| = \frac{1}{|\vec{b}|}, \ |\vec{c}^*| = \frac{1}{|\vec{c}|} \tag{3-48}$$

이 된다. 즉, 역격자 벡터의 크기는 실공간 벡터 크기의 역수에 해당된다.

지금까지 기본 역격자 벡터 $\vec{a}^*$, $\vec{b}^*$, $\vec{c}^*$에 대하여 알아보았다. 이제 이 역격자 벡터로 구성된 일반 역격자 벡터(general reciprocal lattice vector) $\vec{g}^* = h\vec{a}^* + k\vec{b}^* + l\vec{c}^*$ (h, k, l은 정수)의 성질에 대하여 알아보기 위하여 그림 3.43에서 보여 주는 실공간 내의 한 면 ABC를 생각해 보자. 원점 O에서 면 ABC가 세 축 x, y, z와 만나는 점까지의 거리를 각각 OA, OB, OC라 하고

$$\overrightarrow{OA} = \frac{\vec{a}}{h}, \ \overrightarrow{OB} = \frac{\vec{b}}{k}, \ \overrightarrow{OC} = \frac{\vec{c}}{l} \tag{3-49}$$

이라 할 때, 면 ABC의 면 지수는 $(h \ k \ l)$이 된다. $\vec{g}^*$의 방향을 알기 위하여 $\vec{g}^* \cdot \overrightarrow{AB}$의 값을 계산하면,

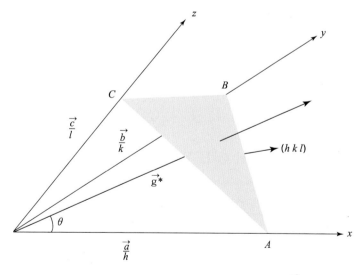

그림 3.43　역격자 벡터와 실공간 내의 $(h \ k \ l)$ 격자면과의 관계. 역격자 벡터 $\vec{g}^*$의 방향은 $(h \ k \ l)$ 면에 수직이며 크기는 $1/d_{hkl}$이다.

$$\vec{g}^* \cdot \overrightarrow{AB} = \vec{g}^* \cdot \left(\frac{\vec{b}}{k} - \frac{\vec{a}}{h} \right) \tag{3-50}$$

$$= (h\vec{a}^* + k\vec{b}^* + l\vec{c}^*) \cdot \left(\frac{\vec{b}}{k} - \frac{\vec{a}}{h} \right)$$

$$= 0$$

이고 마찬가지로 $\vec{g}^* \cdot \overrightarrow{BC} = 0$이다. 이 결과로 $h\ k\ l$로 표시되는 역격자 벡터 $\vec{g}^* = h\vec{a}^*$ $+ k\vec{b}^* + lh\vec{c}^*$는 실공간 내의 면 ABC, 즉 $(h\ k\ l)$ 면에 수직임을 알 수 있다.

만약 θ가 $\vec{g}^*$와 $\overrightarrow{OA}$ 사이의 각이라면 원점 O에서 면 $(h\ k\ l)$ 사이의 면간 거리 d_{hkl}은

$$d_{hkl} = |\overrightarrow{OA}| \cos \theta \tag{3-51}$$

이 된다.

$$\cos \theta = \frac{\overrightarrow{OA}}{|\overrightarrow{OA}|} \cdot \frac{\vec{g}_{hkl}^*}{|\vec{g}_{hkl}^*|} \tag{3-52}$$

임을 이용하여 간단히 나타내면,

$$d_{hkl} = \overrightarrow{OA} \cdot \frac{\vec{g}_{hkl}^*}{|\vec{g}_{hkl}^*|} \tag{3-53}$$

$$= \frac{\vec{a}}{h} \cdot \frac{h\vec{a}^* + k\vec{b}^* + l\vec{c}^*}{|\vec{g}_{hkl}^*|}$$

$$= \frac{1}{|\vec{g}_{hkl}^*|}$$

이다. 그러므로, $|\vec{g}_{hkl}^*| = 1/d_{hkl}$이 된다. 즉, $\vec{g}_{hkl}^*$의 크기는 실공간의 $(h\ k\ l)$ 면간 거리의 역수이다.

이런 결과들을 이용하여 그림 3.44와 같이 왼쪽에 있는 실공간 내의 기본 벡터 $\vec{a}$, $\vec{b}$, $\vec{c}$에서 오른쪽에 있는 역격자의 기본 벡터 $\vec{a}^*$, $\vec{b}^*$, $\vec{c}^*$를 그릴 수 있다. 그림에서 보면 모든 $\vec{g}_{hkl}^*$의 방향은 면 $(h\ k\ l)$에 수직인 방향이고, 모든 $\vec{g}_{hkl}^*$의 크기는 $(h\ k\ l)$ 면간 거리의 역수에 비례한다.

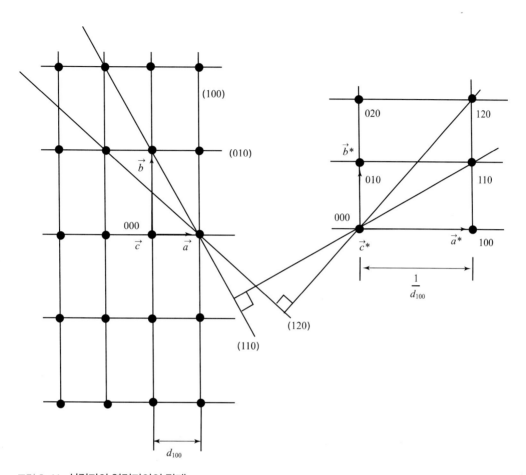

그림 3.44 **실격자와 역격자와의 관계.**

2) 면 간격과 면간각

앞에서 나온 역격자 벡터를 이용하면 면간 거리와 면간 각을 구할 수 있다. 역격자 벡터는

$$\vec{g}_{hkl}^{*} = h\vec{a}^{*} + k\vec{b}^{*} + l\vec{c}^{*} \qquad (3\text{-}54)$$

이고 따라서

$$\vec{g}_{hkl}^{\,*} \cdot \vec{g}_{hkl}^{\,*} = \left|\vec{g}_{hkl}^{\,*}\right|^2 = (h\vec{a}^* + k\vec{b}^* + l\vec{c}^*) \cdot (h\vec{a}^* + k\vec{b}^* + l\vec{c}^*) \tag{3-55}$$
$$= h^2\left|\vec{a}^*\right|^2 + k^2\left|\vec{b}^*\right|^2$$
$$+ l^2\left|\vec{c}^*\right|^2 + 2\{hk(\vec{a}^* \cdot \vec{b}^*) + kl(\vec{b}^* \cdot \vec{c}^*) + lh(\vec{c}^* \cdot \vec{a}^*)\}$$

이고, 역격자 벡터의 크기는 면간 거리 d_{hkl}의 역수와 같으므로

$$\left|\vec{g}_{hkl}^{\,*}\right|^2 = \frac{1}{d_{hkl}^2} \tag{3-56}$$

이다. 식 (3-55)와 (3-56)에서

$$d_{hkl} = \frac{1}{\left|\vec{g}_{hkl}^{\,*}\right|} = \left[\begin{array}{l} h^2\left|\vec{a}^*\right|^2 + k^2\left|\vec{b}^*\right|^2 + l^2\left|\vec{c}^*\right|^2 \\ + 2\{hk(\vec{a}^* \cdot \vec{b}^*) + kl(\vec{b}^* \cdot \vec{c}^*) + lh(\vec{c}^* \cdot \vec{a}^*)\} \end{array}\right]^{-1/2} \tag{3-57}$$

로 면간 거리의 일반식이 나온다.

　역격자 벡터는 격자면에 항상 수직이므로 두 격자면 사이의 각은 두 역격자 벡터 사이의 각과 같다. 밀러 지수가 $(h_1k_1l_1)$인 면에 수직인 역격자 벡터는

$$\vec{g}_{h_1k_1l_1}^{\,*} = h_1\vec{a}^* + k_1\vec{b}^* + l_1\vec{c}^* \tag{3-58}$$

이고, 면 지수가 $(h_2k_2l_2)$인 면에 수직인 역격자 벡터는

$$\vec{g}_{h_2k_2l_2}^{\,*} = h_2\vec{a}^* + k_2\vec{b}^* + l_2\vec{c}^* \tag{3-59}$$

이다. 그런데

$$\vec{g}_{h_1k_1l_1}^{\,*} \cdot \vec{g}_{h_2k_2l_2}^{\,*} = \left|\vec{g}_{h_1k_1l_1}^{\,*}\right| \cdot \left|\vec{g}_{h_2k_2l_2}^{\,*}\right| \cos\phi \tag{3-60}$$

이고 여기서 ϕ는 두 역격자 벡터 사이의 각, 즉 면간각이다.

　위 식 및 식 (3-58)과 (3-59)에서

$$\cos\phi = \frac{\vec{g}_{h_1k_1l_1}^{\,*} \cdot \vec{g}_{h_2k_2l_2}^{\,*}}{\left|\vec{g}_{h_1k_1l_1}^{\,*}\right| \cdot \left|\vec{g}_{h_2k_2l_2}^{\,*}\right|} = \frac{(h_1\vec{a}^* + k_1\vec{b}^* + l_1\vec{c}^*) \cdot (h_2\vec{a}^* + k_2\vec{b}^* + l_2\vec{c}^*)}{\left|\vec{g}_{h_1k_1l_1}^{\,*}\right| \cdot \left|\vec{g}_{h_2k_2l_2}^{\,*}\right|} \tag{3-61}$$

이 되고, 식 (3-57)을 이용하여

$$\left|g^{*}_{h_1k_1l_1}\right| = \frac{1}{d_{h_1k_1l_1}} = \left[\begin{array}{c} h_1^2\left|\vec{a}^{*}\right|^2 + k_1^2\left|\vec{b}^{*}\right|^2 + l_1^2\left|\vec{c}^{*}\right|^2 \\ + 2\left\{h_1k_1(\vec{a}^{*}\cdot\vec{b}^{*}) + k_1l_1(\vec{b}^{*}\cdot\vec{c}^{*}) + l_1h_1(\vec{c}^{*}\cdot\vec{a}^{*})\right\} \end{array} \right]^{1/2} \tag{3-62}$$

이 되므로 식 (3-61)에 대입하여 정리하면

$$\cos\phi = \frac{h_1h_2\left|\vec{a}^{*}\right|^2 + k_1k_2\left|\vec{b}^{*}\right|^2 + l_1l_2\left|\vec{c}^{*}\right|^2 + (h_1k_2 + h_2k_1)\vec{a}^{*}\cdot\vec{b}^{*}}{\sqrt{h_1^2\left|\vec{a}^{*}\right|^2 + k_1^2\left|\vec{b}^{*}\right|^2 + l_1^2\left|\vec{c}^{*}\right|^2 + 2\left\{h_1k_1(\vec{a}^{*}\cdot\vec{b}^{*}) + k_1l_1(\vec{b}^{*}\cdot\vec{c}^{*}) + l_1h_1(\vec{c}^{*}\cdot\vec{a}^{*})\right\}}}$$

$$\frac{+ (k_1l_2 + k_2l_1)\vec{b}^{*}\cdot\vec{c}^{*} + (l_1h_2 + l_2h_1)\vec{c}^{*}\cdot\vec{a}^{*}}{\sqrt{h_2^2\left|\vec{a}^{*}\right|^2 + k_2^2\left|\vec{b}^{*}\right|^2 + l_2^2\left|\vec{c}^{*}\right|^2 + 2\left\{h_2k_2(\vec{a}^{*}\cdot\vec{b}^{*}) + k_2l_2(\vec{b}^{*}\cdot\vec{c}^{*}) + l_2h_2(\vec{c}^{*}\cdot\vec{a}^{*})\right\}}} \tag{3-63}$$

이다.

각 결정계에 대하여 면간 거리와 면간각을 구체적으로 살펴보자.

(1) 입방정

입방정에서는

$$a = b = c, \quad \alpha = \beta = \gamma = 90° \tag{3-64}$$

이며, 세 축이 서로 수직이므로

$$\left|\vec{a}^{*}\right| = \left|\vec{b}^{*}\right| = \left|\vec{c}^{*}\right| = \frac{1}{a} \tag{3-65}$$

이고, 역격자에서 세 축 사이의 각도를 α^{*}, β^{*}, γ^{*}라 하면

$$\alpha^{*} = \beta^{*} = \gamma^{*} = 90° \tag{3-66}$$

로 역격자에서 세 축도 서로 수직이다.

따라서

$$\vec{g}^{*}_{hkl}\cdot\vec{g}^{*}_{hkl} = (h^2 + k^2 + l^2)\left|\vec{a}^{*}\right|^2 \tag{3-67}$$

이고

$$d_{hkl} = \frac{a}{\sqrt{h^2 + k^2 + l^2}} \tag{3-68}$$

이다.

식 (3-63), (3-65)와 (3-66)에서

$$\cos \phi = \frac{h_1 h_2 + k_1 k_2 + l_1 l_2}{\sqrt{h_1^2 + k_1^2 + l_1^2} \, \sqrt{h_2^2 + k_2^2 + l_2^2}} \tag{3-69}$$

의 식으로 주어지고 여기서 면간각을 구할 수 있다.

(2) 정방정

정방정에서는

$$a = b \neq c, \;\; \alpha = \beta = \gamma = 90° \tag{3-70}$$

이며, 역시 세 축이 서로 수직이므로

$$|\vec{a^*}| = |\vec{b^*}| = \frac{1}{a}, \, |\vec{c^*}| = \frac{1}{c}, \, \alpha^* = \beta^* = \gamma^* = 90° \tag{3-71}$$

으로 역격자에서 세 축도 서로 수직이다.

따라서

$$\left|\vec{g_{hkl}}\right|^2 = (h^2 + k^2)\left|\vec{a^*}\right|^2 + l^2\left|\vec{c^*}\right|^2 \tag{3-72}$$

이고

$$d_{hkl} = \frac{1}{\sqrt{\dfrac{(h^2 + k^2)}{a^2} + \dfrac{l^2}{c^2}}} \tag{3-73}$$

이다.

면간 각은 식 (3-63)과 (3-71)에서

$$\cos \phi = \frac{\dfrac{h_1 h_2 + k_1 k_2}{a^2} + \dfrac{l_1 l_2}{c^2}}{\sqrt{\dfrac{h_1^2 + k_1^2}{a^2} + \dfrac{l_1^2}{c^2}} \cdot \sqrt{\dfrac{h_2^2 + k_2^2}{a^2} + \dfrac{l_2^2}{c^2}}} \tag{3-74}$$

으로 주어진다.

(3) 사방정

사방정에서는

$$a \neq b \neq c, \; \alpha = \beta = \gamma = 90\,^\circ \tag{3-75}$$

이며, 세 축이 서로 수직이므로

$$\left|\vec{a}^*\right| = \frac{1}{a}, \left|\vec{b}^*\right| = \frac{1}{b}, \left|\vec{c}^*\right| = \frac{1}{c}, \quad \alpha^* = \beta^* = \gamma^* = 90° \tag{3-76}$$

로 역격자에서 세 축도 서로 수직이다.

따라서

$$\left|\vec{g}_{hkl}^*\right|^2 = h^2\left|\vec{a}^*\right|^2 + k^2\left|\vec{b}^*\right|^2 + l^2\left|\vec{c}^*\right|^2 \tag{3-77}$$

이고

$$d_{hkl} = \frac{1}{\sqrt{\left(\dfrac{h^2}{a^2}\right) + \left(\dfrac{k^2}{b^2}\right) + \left(\dfrac{l^2}{c^2}\right)}} \tag{3-78}$$

이다.

면간각은 식 (3-63)과 (3-76)에서

$$\cos\phi = \frac{\dfrac{h_1 h_2}{a^2} + \dfrac{k_1 k_2}{b^2} + \dfrac{l_1 l_2}{c^2}}{\sqrt{\dfrac{h_1^2}{a^2} + \dfrac{k_1^2}{b^2} + \dfrac{l_1^2}{c^2}} \cdot \sqrt{\dfrac{h_2^2}{a^2} + \dfrac{k_2^2}{b^2} + \dfrac{l_2^2}{c^2}}} \tag{3-79}$$

로 주어진다.

(4) 육방정

육방정에서는

$$a = b \neq c, \; \alpha = \beta = 90°, \; \gamma = 120° \tag{3-80}$$

이므로

$$\left|\vec{a}^{*}\right| = \left|\frac{(\vec{b} \times \vec{c})}{\vec{a} \cdot (\vec{b} \times \vec{c})}\right| = \frac{bc}{abc \cos 30°} = \frac{1}{a\sqrt{3}/2} = \frac{2}{a\sqrt{3}} \tag{3-81}$$

$$\left|\vec{b}^{*}\right| = \frac{2}{a\sqrt{3}}$$

$$\left|\vec{c}^{*}\right| = \left|\frac{(\vec{a} \times \vec{b})}{\vec{c} \cdot (\vec{a} \times \vec{b})}\right| = \frac{ab \sin 120°}{abc \cos 30°} = \frac{1}{c}$$

이고 역격자에서 세 축 사이의 각은

$$\alpha^{*} = \beta^{*} = 90°, \ \gamma^{*} = 120° \tag{3-82}$$

이다. 이를 이용하면 식 (3-55)에서

$$\left|\vec{g}_{hkl}\right|^{2} = (h^{2} + hk + k^{2})\left|\vec{a}^{*}\right|^{2} + l^{2}\left|\vec{c}^{*}\right|^{2} \tag{3-83}$$

이고

$$d_{hkl} = \frac{1}{\sqrt{\dfrac{h^{2} + hk + k^{2}}{(\sqrt{3}\,a/2)^{2}} + \dfrac{l^{2}}{c^{2}}}} \tag{3-84}$$

이다.

면간각은 식 (3-63), (3-81)과 (3-82)에서

$$\cos\phi = \frac{h_{1}h_{2} + k_{1}k_{2} + \dfrac{1}{2}(h_{1}k_{2} + h_{2}k_{1}) + \dfrac{3a^{2}}{4c^{2}}l_{1}l_{2}}{\sqrt{h_{1}^{2} + k_{1}^{2} + h_{1}k_{1} + \dfrac{3a^{2}}{4c^{2}}l_{1}^{2}} \ \cdot \ \sqrt{h_{2}^{2} + k_{2}^{2} + h_{2}k_{2} + \dfrac{3a^{2}}{4c^{2}}l_{2}^{2}}} \tag{3-85}$$

로 주어진다.

(5) 단사정

단사정에서는

$$a \neq b \neq c, \ \alpha = \beta = 90° \neq \gamma \tag{3-86}$$

이므로

$$a^{*} \neq b^{*} \neq c^{*}, \ \alpha^{*} = \beta^{*} = 90° \neq \gamma^{*} \tag{3-87}$$

이다. 식 (3-36), (3-37)과 (3-38)에서

$$h^2|\vec{a}^*|^2 = h^2\frac{|\vec{b}\times\vec{c}|}{\Omega^2} = \frac{h^2(bc\sin\alpha)^2}{\Omega^2}, \tag{3-88}$$

$$k^2|\vec{b}^*|^2 = k^2\frac{|\vec{c}\times\vec{a}|}{\Omega^2} = \frac{k^2(ca\sin\beta)^2}{\Omega^2},$$

$$l^2|\vec{c}^*|^2 = l^2\frac{|\vec{a}\times\vec{b}|}{\Omega^2} = \frac{l^2(ab\sin\gamma)^2}{\Omega^2},$$

이므로 식 (3-86)을 대입하면

$$h^2|\vec{a}^*|^2 = \frac{h^2(bc)^2}{\Omega^2}, \; k^2|\vec{b}^*|^2 = \frac{k^2(ca)^2}{\Omega^2}, \; l^2|\vec{c}^*|^2 = \frac{h^2(ab\sin\gamma)^2}{\Omega^2} \tag{3-89}$$

이고, 식 (3-36)과 (3-37)에서

$$hk(\vec{a}^* \cdot \vec{b}^*) = \frac{hk}{\Omega^2}(\vec{b}^* \times \vec{c}^*) \cdot (\vec{c}^* \times \vec{a}^*) \tag{3-90}$$

이다. 벡터의 성질에서

$$(\vec{a}\times\vec{b}) \cdot (\vec{c}\times\vec{d}) = (\vec{a}\cdot\vec{c})(\vec{b}\cdot\vec{d}) - (\vec{a}\cdot\vec{d})(\vec{b}\cdot\vec{c}) \tag{3-91}$$

이므로

$$\begin{aligned}(\vec{b}\times\vec{c}) \cdot (\vec{c}\times\vec{a}) &= (\vec{b}\cdot\vec{c})(\vec{c}\cdot\vec{a}) - (\vec{b}\cdot\vec{a})(\vec{b}\cdot\vec{c}) \\ &= (\vec{b}\cdot\vec{c})(\vec{c}\cdot\vec{a}) - (\vec{b}\cdot\vec{a})c^2 \\ &= (bc\cos\alpha)(ac\cos\beta) - c^2ac\cos\gamma \\ &= -abc^2\cos\gamma\end{aligned} \tag{3-92}$$

이다. 따라서

$$hk(\vec{a}^* \cdot \vec{b}^*) = \frac{hk}{\Omega^2}(-abc^2\cos\gamma) \tag{3-93}$$

이다.

　단위포의 체적은

$$\Omega = \vec{c} \cdot (\vec{a}\times\vec{b}) = cab\sin\gamma \tag{3-94}$$

이므로,

$$hk(\vec{a}^* \cdot \vec{b}^*) = \frac{hk}{(abc\sin\gamma)^2}(-abc^2\cos\gamma)$$ (3-95)

이다.

식 (3-55)와 (3-87)에서

$$\left|\vec{g}_{hkl}^*\right|^2 = h^2\left|\vec{a}^*\right|^2 + k^2\left|\vec{b}^*\right|^2 + l^2\left|\vec{c}^*\right|^2 + 2hk(\vec{a}^* \cdot \vec{b}^*)$$ (3-96)

이므로

$$d_{hkl} = \frac{1}{\sqrt{\dfrac{A}{\sin^2\gamma} + \dfrac{l^2}{c^2}}}$$ (3-97)

이고 여기서

$$A = \frac{h^2}{a^2} + \frac{k^2}{b^2} - \frac{2hk\cos\gamma}{ab}$$ (3-98)

이다.

면간각은 식 (3-63), (3-89)와 (3-95)에서

$$\cos\phi = \frac{d_{h_1k_1l_1}d_{h_2k_2l_2}}{\sin^2\gamma}\left[\frac{h_1h_2}{a^2} + \frac{l_1l_2\sin^2\gamma}{c^2} + \frac{k_1k_2}{b^2} - \frac{(h_1k_2 + h_2k_1)\cos\gamma}{ab}\right]$$ (3-99)

로 주어지고 여기서 $d_{h_1k_1l_1}$과 $d_{h_2k_2l_2}$는 면간 거리이다.

(6) 삼방정과 삼사정

먼저 삼사정에서 면간 거리를 구하고 이를 이용하여 삼방정의 면간 거리를 구해보자. 삼사정에서

$$a \neq b \neq c, \ \alpha \neq \beta \neq \gamma$$ (3-100)

이므로

$$a^* \neq b^* \neq c^*, \ \alpha^* \neq \beta^* \neq \gamma^*$$ (3-101)

이다.

$$hk(\vec{a}^* \cdot \vec{b}^*) = \frac{hk}{\Omega^2}(\vec{b}^* \times \vec{c}^*) \cdot (\vec{c}^* \times \vec{a}^*)$$ (3-90)

이고, 벡터의 성질에서

$$(\vec{a} \times \vec{b}) \cdot (\vec{c} \times \vec{d}) = (\vec{a} \cdot \vec{c})(\vec{b} \cdot \vec{d}) - (\vec{a} \cdot \vec{d})(\vec{b} \cdot \vec{c}) \tag{3-91}$$

이므로

$$\begin{aligned}
(\vec{b} \times \vec{c}) \cdot (\vec{c} \times \vec{a}) &= (\vec{b} \cdot \vec{c})(\vec{c} \cdot \vec{a}) - (\vec{b} \cdot \vec{a})c^2 \\
&= (bc \cos \alpha)(ac \cos \beta) - c^2 ab \cos \gamma \\
&= abc^2 (\cos \alpha \cos \beta - \cos \gamma)
\end{aligned} \tag{3-102}$$

이므로

$$hk(\vec{a}^* \cdot \vec{b}^*) = \frac{hk}{\Omega^2} abc^2 (\cos \alpha \cos \beta - \cos \gamma) \tag{3-103}$$

이다.

그림 3.45와 같이 수직인 세 축 x, y, z에서 a축을 x축으로 잡고 b축을 x-y 면에 있게 하여

$$\vec{c} = c_x \mathbf{i} + c_y \mathbf{j} + c_z \mathbf{k} \tag{3-104}$$

로 표시하고,

$$\vec{b} = b_x \mathbf{i} + b_y \mathbf{j} + b_z \mathbf{k} \tag{3-105}$$

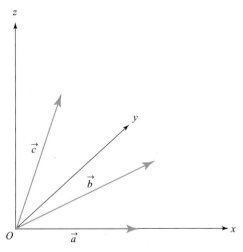

그림 3.45 수직인 세 축 x, y, z에서 a 축을 x축으로 잡고 b축을 x, y 면에 있게 하여 $\vec{c} = c_x \mathbf{i} + c_y \mathbf{j} + c_z \mathbf{k}$와 $\vec{b} = b_x \mathbf{i} + b_y \mathbf{j} + b_z \mathbf{k}$를 나타내는 그림.

으로 표시하면,

$$\vec{b} \cdot \vec{c} = b_x c_x + b_y c_y + b_z c_z = (b\cos\gamma)(c\cos\beta) + (b\sin\gamma)c_y + 0c_z \quad (3\text{-}106)$$
$$= bc\cos\alpha$$

에서

$$c_y = \frac{(c\cos\alpha - \cos\gamma\cos\beta)}{\sin\gamma} \quad (3\text{-}107)$$

이다. 그리고

$$c^2 = c_x^2 + c_y^2 + c_z^2 = c^2\cos^2\beta + c^2\frac{(\cos\alpha - \cos\gamma\cos\beta)^2}{\sin^2\gamma} + c_z^2 \quad (3\text{-}108)$$

이므로

$$c_2^2 = c^2 - c^2\cos^2\beta - c^2\frac{\cos^2\alpha - 2\cos\alpha\cos\beta\cos\gamma + \cos^2\gamma\cos^2\beta}{\sin^2\gamma} \quad (3\text{-}109)$$
$$= \frac{c^2}{\sin^2\gamma}\{\sin^2\gamma - \cos^2\beta\sin^2\gamma - \cos^2\alpha + 2\cos\alpha\cos\beta\cos\gamma - \cos^2\gamma\cos^2\beta\}$$
$$= \frac{c^2}{\sin^2\gamma}\{\sin^2\gamma - \cos^2\beta - \cos^2\alpha + 2\cos\alpha\cos\beta\cos\gamma\}$$
$$= \frac{c^2}{\sin^2\gamma}\{1 - \cos^2\gamma - \cos^2\beta - \cos^2\alpha + 2\cos\alpha\cos\beta\cos\gamma\}$$

이고

$$c_z = \frac{c}{\sin\gamma}\sqrt{1 - \cos^2\gamma - \cos^2\beta - \cos^2\alpha + 2\cos\alpha\cos\beta\cos\gamma} \quad (3\text{-}110)$$

이다.

단위포의 체적

$$\Omega = (\vec{a} \times \vec{b}) \cdot \vec{c} = (ab\sin\gamma)c_z \quad (3\text{-}111)$$

이므로 위의 c_z를 대입하면

$$\Omega = abc\sqrt{1 - \cos^2\gamma - \cos^2\beta - \cos^2\alpha + 2\cos\alpha\cos\beta\cos\gamma} \quad (3\text{-}112)$$

이다. 이것을 또 식 (3-103)에 대입하면

$$hk(\vec{a}^* \cdot \vec{b}^*) = \frac{hk}{a^2 b^2 c^2} \frac{abc^2 (\cos\alpha\cos\beta - \cos\gamma)}{(1 - \cos^2\gamma - \cos^2\beta - \cos^2\alpha + 2\cos\alpha\cos\beta\cos\gamma)} \tag{3-113}$$
$$= \frac{hk}{ab} \frac{\cos\alpha\cos\beta - \cos\gamma}{1 - \cos^2\gamma - \cos^2\beta - \cos^2\alpha + 2\cos\alpha\cos\beta\cos\gamma}$$

이고

$$h^2 |\vec{a}^*|^2 = \frac{h^2 (bc\sin\alpha)}{\Omega^2} \tag{3-114}$$

이므로 단위포의 체적을 대입하면

$$h^2 |\vec{a}^*|^2 = \frac{h^2 b^2 c^2 \sin^2\alpha}{a^2 b^2 c^2 (1 - \cos^2\gamma - \cos^2\beta - \cos^2\alpha + 2\cos\alpha\cos\beta\cos\gamma)} \tag{3-115}$$

이다.

이 식들을 이용하여 식 (3-57)에 넣어 정리하면

$$d_{hkl} = abc \sqrt{\frac{1 - \cos^2\gamma - \cos^2\beta - \cos^2\alpha + 2\cos\alpha\cos\beta\cos\gamma}{q_{11}h^2 + q_{22}k^2 + q_{33}l^2 + 2q_{12}hk + 2q_{23}kl + 2q_{31}lh}} \tag{3-116}$$

이고, 여기서

$$\begin{aligned}
q_{11} &= b^2 c^2 \sin^2\alpha \\
q_{22} &= a^2 c^2 \sin^2\beta \\
q_{33} &= a^2 b^2 \sin^2\gamma \\
q_{12} &= abc^2 (\cos\alpha\cos\beta - \cos\gamma) \\
q_{23} &= ab^2 c (\cos\alpha\cos\gamma - \cos\beta) \\
q_{31} &= a^2 bc (\cos\beta\cos\gamma - \cos\alpha)
\end{aligned} \tag{3-117}$$

이다.

면간 각은 식 (3-63), (3-113)과 (3-114)를 이용하여

$$\cos\phi = \frac{d_{h_1 k_1 l_1} d_{h_2 k_2 l_2}}{\Omega^2} \big[q_{11} h_1 h_2 + q_{22} k_1 k_2 + q_{33} l_1 l_2 + q_{23}(k_1 l_2 + k_2 l_1) \tag{3-118}$$
$$+ q_{31}(l_1 h_2 + l_2 h_1) + q_{12}(h_1 k_2 + h_2 k_1) \big]$$

로 주어진다.

삼방정의 경우

$$a = b = c, \quad \alpha = \beta = \gamma = 60° \tag{3-119}$$

이므로 이를 식 (3-116)에 대입하면

$$d_{hkl} = a \sqrt{\frac{1 - 3\cos^2\alpha + 2\cos^3\alpha}{B\sin^2\alpha + 2C(\cos^2\alpha - \cos\alpha)}} \tag{3-120}$$

이고 여기서 B는 $h^2 + k^2 + l^2$이고 C는 $hk + kl + lh$이다.

단위포의 체적은 식 (3-112)와 (3-119)에서

$$\Omega = a^3 \sqrt{1 - \cos^2\alpha + 2\cos^3\alpha} \tag{3-121}$$

이다.

면간 각은 식 (3-118)과 (3-119)에서

$$\cos\phi = \frac{a^4 d_{h_1 k_1 l_1} d_{h_2 k_2 l_2}}{\Omega^2} \Big[(h_1 h_2 + k_1 k_2 + l_1 l_2)\sin^2\alpha \tag{3-122}$$

$$+ (h_1 k_2 + h_2 k_1 + k_1 l_2 + k_2 l_1 + l_1 h_2 + l_2 h_1)(\cos^2\alpha - \sin^2\alpha) \Big]$$

이 된다.

1   그림 5.5를 2차원 결정으로 가정하자.

  (a) 격자점을 표시하시오.

  (b) 위의 격자점에 배치되어 있는 기저를 표시하시오.

  (c) 단격자 단위포와 다격자 단위포를 그리시오.

  (d) 두 격자점이 들어 있는 직사각형 단위포를 만들고, 단위포 내에 존재하는 회전 대칭축과 경영면을 표시하시오.

  (e) 2차원 격자는 무엇인지 답하시오.

2   2차원 정사각형 격자에서 다음 기저와 대칭축을 지닌 원자 배열을 그리고, 격자, 기저, 대칭축의 위치를 표시하시오.

  (a) 원자 하나로 된 기저를 가지고 4-중 회전축을 지닌 결정

  (b) 원자 둘로 된 기저를 가지고 4-중 대칭축을 지닌 결정

  (c) 원자 둘로 된 기저를 가지고 2-중 대칭축을 지닌 결정

  (d) 원자 셋으로 된 기저를 가지고 6-중 대칭축을 지닌 결정

3   2차원 육각형 격자에 격자점당 세 개의 원자로 된 기저를 배치하여 다음과 같은 회전축을 갖도록 하시오.

  (a) 6-중 대칭축

  (b) 3-중 대칭축

  (c) 2 개의 경영면의 교점에 2-중 대칭축

  (d) 단중 대칭축

4   결정의 한 점에서 만나는 다음 대칭축으로 구성된 세 대칭축의 조합과 축간각을 구하시오.

  (a) 2-중 대칭축, 4-중 대칭축, 또 하나의 대칭축

  (b) 2-중 대칭축, 3-중 대칭축, 또 하나의 대칭축

5   다음 세 대칭축 사이의 각을 구하시오.

  (a) 233

  (b) 234

  (c) 226

6   면심 정방정을 나타낼 수 있는 브라배 격자는 어느 것인지 답하고 그 이유를 설명하시오.

7   주어진 격자에서 모든 단격자 단위포의 부피는 같음을 증명하시오.

8   면심 입방 격자와 체심 입방 격자를 그리고, 단격자 단위포를 그려 넣으시오.

9   4-중 대칭축을 지닌 브라배 격자를 모두 쓰시오.

10   3-중 대칭축을 지닌 브라배 격자를 모두 쓰시오.

11   정육면체 단위포의 꼭지점에 원자 A가 있고, 아래면과 윗면의 중심에 원자 B가 있다. 이 결정의 브라배 격자는 어느 것인지 답하시오.

12   2차원 육각형 격자를 그리고, 이것을 3차원으로 쌓으면 어떤 격자가 만들어지는지 그림으로 설명하시오.

13   세 축과 $1a$, $1b$, $3/4c$에서 만나는 면의 밀러 지수를 구하시오.

14   입방정에서 방향 $[h\ k\ l]$은 항상 면 $(h\ k\ l)$에 수직임을 증명하시오.

15   다음 방향의 밀러 지수를 구하시오.
     (a) 체심 입방에서 조밀 충전 방향
     (b) 면심 병진 방향
     (c) 입방에서 3-중 대칭축의 방향
     (d) 다이아몬드 구조에서 제일 큰 통로의 방향

16   $a = 0.2\ nm$, $c = 0.4\ nm$인 체심 정방 격자를 그리고, (102), (101), (121)과 (122)면을 그리시오.
     (a) (102)면의 면간 거리를 구하시오.
     (b) (102)와 (101) 면간각을 구하시오.
     (c) [011]과 [100] 방향을 포함하고 있는 면의 밀러 지수를 구하시오.

17 면심 입방 격자를 그리고, 다음 방향이나 면을 그리시오.

   (a) [113], [−211], [1−43] 방향

   (b) 형 {123}의 모든 면

   (c) [110] 정대에 속하는 {111}면

   (d) {111}면으로 이루어진 사면체와 팔면체

18 다음 그림에 있는 격자면 A, B, C와 방향 DG, EF, EH의 밀러-브라배 지수를 구하시오.

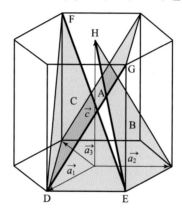

19 [112] 정대에 속하는 면 5개를 쓰시오.

20 육각주를 그리고 각 모서리의 방향과 각 면의 밀러-브라배 지수를 그림에 표시하시오.

21 베릴륨($a = 0.228$ nm, $c = 0.357$ nm)에서

   (a) [0001]과 [11−23] 사이의 각도를 계산하시오.

   (b) [11−23]와 [−2113] 방향을 포함하고 있는 면을 구하시오.

   (c) (1−103) 면간 거리를 구하시오.

22 다음 격자의 역격자를 그리시오.

   (a) $a = 0.2$ nm, $b = 0.4$ nm인 중심 직사각형 격자

   (b) 육각형 격자

   (c) 체심 입방 격자

   (d) $a = 0.4$ nm, $c = 0.6$ nm인 체심 정방 격자

CHAPTER 04

평사 투영과 공간군

1 평사 투영

어떤 결정이나 그 구조를 연구할 때 결정의 격자면, 방향, 대칭 등을 평면에 투영하여 표시할 필요가 있다. 일반적인 투시도 또는 평면도와 정면도로는 결정의 각도 관계를 나타내기에는 적합하지 않다. 따라서 면간각을 정확히 측정할 수 있고 면간의 관계를 잘 나타낼 수 있는 그림이 필요한데, 이러한 요건을 만족시켜 주는 것이 바로 평사 투영 (stereographic projection)이다. 평사 투영을 이용하면 구 위의 한 점에서 다른 점까지 가장 가까운 경로를 그릴 수 있다. 예를 들어, 뉴욕에서 서울까지 비행을 하기 위한 최단 거리를 평사 투영을 이용해 그 비행 경로를 구할 수 있다.

원점에 결정을 두고 그림 4.1과 같이 원점 O가 중심인 구를 그리면 이 구가 투사구(sphere of projection)가 된다. 격자의 방향은 그 방향과 평행하면서 원점을 지나는 방향선 OP로 나타내고, 결정 내의 모든 면들은 면에 수직하면서 원점을 지나는 면 법선 OP로 나타내자. 이때 방향선 또는 면 법선들이 투사구의 표면과 만나는 점 P를 극점(pole)이라 한다. 따라서 극점 P는 방향 OP와 면 법선 OP에 수직한 면을 나타낸다. 그림 4.2에서 극점 100은 면 (100)과 면 법선인 방향 [100]을, 극점 010은 면 (010)과 면 법선인 방향 [010]을, 극점 001은 면 (001)과 면 법선인 방향 [001]을 나타낸다.

결정면은 면 법선 대신 그 면에 평행하면서 원점을 지나는 면으로써도 나타내고, 이 면이 투사구와 만나서 이루어진 선을 그 면의 형적

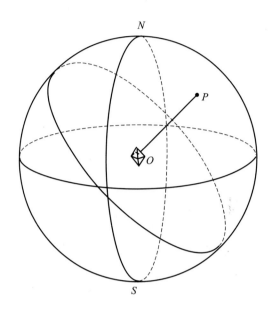

그림 4.1   **투사구.**

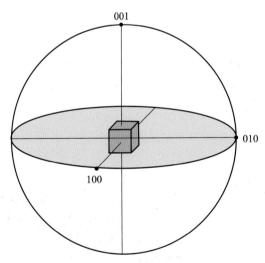

그림 4.2   **극점** $100, 010, 001.$

(trace)이라 한다. 그리고 구의 중심을 통과하는 평면을 직경면(diametrical plane)이라 하고, 직경면과 구가 만나서 이루어지는 원을 대원(great circle)이라 한다.

그림 4.3에서 법선이 각각 OP와 OQ인 두 평면이 이루는 각도는 두 법선 사이의 각도와 같다. 이 각도는 투사구의 중심에서 대원 위에 있는 극점 P와 Q를 지나는 현이

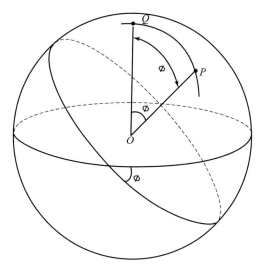

그림 4.3   두 면간 각이 두 극점간의 각 ϕ와 같음을 보여 주는 그림.

이루는 각과 같다. 평면에서 극점을 나타내기 위해서는 투사구 위에 있는 극점을 종이 위에 투사해야 한다.

그림 4.4에서와 같이 투사구를 평면에 투사해 보자. 지구의 북극, 남극과 유사하게 N과 S를 투사구의 북극과 남극이라 하자. 그러면 적도면은 NS에 수직이면서 구의 중

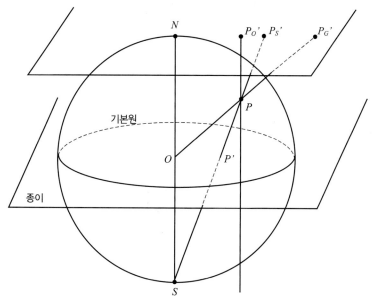

그림 4.4   구의 표면에 있는 극점을 평면인 종이에 투사하는 방법.

심을 지나고 투사구와 만나 대원을 만드는데 이 대원이 적도가 된다. 둥근 지구 표면의 여러 점을 지도로 나타내는 방법이 여러 가지 있듯이, 구의 표면에 있는 점을 평면에 투사하는 방법에도 여러 가지가 있다. 투사하는 기본 원리는 점 광원에서 나온 빛이 물체의 그림자를 만드는 원리를 이용한 것이다.

투영면이 원통이나 원추가 아닌 평면에 투영하는 경우를 살펴보자. 그림 4.4에서는 평면 위의 여러 가지 투영법 중 대표적인 것으로 정사 도법(orthographic projection), 심사 도법(gnomonic projection), 평사 도법을 비교해 놓았다. 정사 도법은 무한 거리의 광원에서 나온 평행한 광선이 물체에 비춰 투영도를 형성하는 것과 같이, 평면에 수직으로 평행하게 투사하여 극점 P의 투영점은 $P_O{}'$가 된다. 정사 도법은 일반적으로 가장 많이 쓰이는 도법으로 기계나 건축물의 투영도를 그릴 때 사용하며, 투영했을 때 투영면에 평행한 길이가 투영도에서 정확하게 나타난다. 심사 도법은 투사를 시작하는 점을 구의 중심 O에 둔 것으로 P의 투영점은 $P_G{}'$이다. 평사 도법은 투사를 시작하는 점을 구 표면의 한 점(여기서는 S)에 두고서 투사하는 것으로 이때 투영점은 $P_S{}'$이 된다. 투영면을 여기서는 N에 두었으나 구의 중심에 투영면을 두면 투영점이 P'이 되고 이것을 극점 P의 평사 투영이라 한다. 투영면이 구의 중심에 있으면 투영면이 적도면이 된다. 이 때 투사구와 투영면의 교차선은 기본원(primitive circle)이라 하는 대원이다. 기본원의 반경은 구의 반경과 같다.

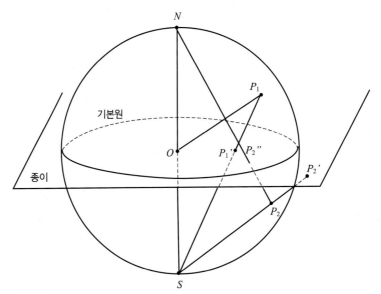

그림 4.5   **평사 투영.**

투영면의 상부를 북반구, 하부를 남반구로 생각해 보자. 그림 4.5에서 북반구의 극점 P_1은 기본원의 내부에 투영되고 종이에서 검은 점으로 표시한다. 북반구의 모든 극점 은 기본원 안에 표시된다. 남반구의 한 극점 P_2는 기본원 밖 $P_2{}'$에 투영된다. 그러나 극점이 기본원 외부에 투영되면 불편하므로 이것을 피하기 위해 남반구에 있는 극점은 북극 N에서 투사를 하여 $P_2{}''$에 투영되도록 한다. 이와 같이 남반구의 극점이 투영된 것은 북반구의 극점과 구분하기 위해 고리로써 표시한다.

평사 투영에서 중요한 두 가지의 성질이 있다. 첫째는 투사구 위에 있는 원은 평사 투영에서 원으로 투사된다는 것이다. 그림 4.6은 투사구의 수직 단면을 보여 준다. 투사 구 위에 점 R이 있고 R을 중심으로 원을 그려 원주상에 P와 Q가 있다. 원 PQ가 이루는 면은 투사구의 중심을 지나지 않는 면이다. 이와 같이 투사구의 중심을 지나지 않는 면이 투사구와 만나 이루는 원을 소원(small circle)이라 한다. 이 소원은 그림에서 와 같이 $P'Q'$으로 투사되면 오른쪽과 같이 원으로 투사된다. 그러나 일반적으로 소원 의 중심 R은 오른쪽 그림의 평사 투영도에 있는 소원의 중심에 투영되지는 않는다.

둘째는 각도 관계가 평사 투영에서 그대로 유지된다는 것이다. 이것은 투사구 위에 있는 어떤 원도 투영면에 원으로 투사되기 때문이다. 예를 들어, 그림에서 PQ에 해당 하는 원은 현 PQ에 해당하는 일정한 각 β를 나타내는데, 이 원이 평사 투영도에서 $P'Q'$에 해당하는 원으로 나타나기 때문에 각 β는 일정한 길이 $P'Q'$으로 나타난다. 만일 투영도에서 원이 아니고 타원으로 나타나면 지름의 길이가 일정하지 않으므로, 일정한 각 β가 여러 길이로 나타날 수 있어 결정에서의 각도 관계가 투영도에서 그대 로 유지되지 못한다.

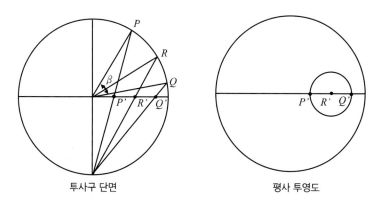

투사구 단면   평사 투영도

그림 4.6   소원 PQ는 평사 투영도에서 원 $P'Q'$으로 투사된다.

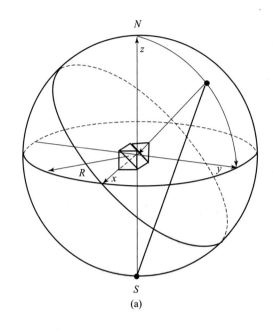

(a)

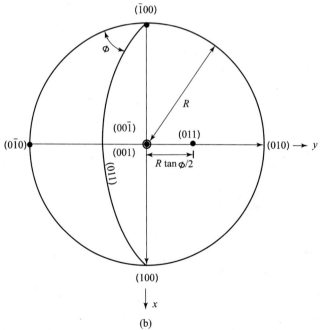

(b)

그림 4.7   입방정의 평사 투영도.
입방 결정을 평사 투영했을 때 결정의 z축이 투영면에 수직인 001 극점이 되도록 하면 001 극점은 기본원의 중심에 검은 점으로 표시된다.

그림 4.7(a)와 (b)를 이용하여 투사구의 중심에 놓인 입방 결정을 평사 투영해 보자. 그림과 같이 결정의 z축이 투영면에 수직인 북극이 001 극점이 되도록 하면 이 001 극점은 기본원의 중심에 검은 점으로 표시된다. 이와 같은 투영을 001 표준 입방 투영 (standard cubic projection)이라 한다. 즉, 기본원의 중심에 있는 극점이 어떤 표준 투영 인지를 나타낸다.

입방에서 세 축은 서로 수직이므로 100과 010 극점은 그림 4.7(b)와 같이 투영면에서 기본원 위에 있게 된다. $\bar{1}$00과 0$\bar{1}$0 극점은 기본원 위에서 100과 010 극점의 반대편에 있게 된다. 그리고 (00$\bar{1}$)의 법선은 남극점 S에서 만나고 이 점은 투영도에서 기본원의 중심에 고리로 표시된다.

(011) 면은 x 축인 [100]이 정대축인 정대에 속해 있다. [100]이 정대축인 모든 면의 극점은 100 극점에서 90°에 있는 선인 대원 위에 있다. 이 대원은 투영도에서 0$\bar{1}$0, 001, 010 극점을 연결하는 선으로 나타난다. 따라서 011 극점의 투영점은 001과 010을 연결 하는 직선 위의 어느 곳에 있게 된다.

그림 4.7(a)에서 (011) 면의 법선은 기준구와 P점에서 만나는데, 각 PON은 ϕ이고, 각 PSN은 $\phi/2$이다. 입방에서 두 면 사이의 각은 45°이므로 001과 011 극점 사이의 각도도 45°이다. 그림 4.7(b)의 투영도에서 원점에서 극점 P까지의 거리 OP는

$$R \tan \frac{\phi}{2} \tag{4-1}$$

이고, 여기서 R은 투사구의 반경이다. 또한 그림 4.7(a)에서 (011) 면의 연장선이 구와 만나는 대원의 투영선이 그림 4.7(b)에 표시되어 있다. 그림 4.8은 (011)면의 평사 투영 하는 방법을 나타낸다. 극점과 마찬가지로 (011) 면이 투사구와 만나는 모든 점에서 남 극으로 투영하여 투사면과 만나는 모든 점을 연결하면 (011) 면의 형적(trace)이 된다. 또는 평사 투영도에서 (011)면의 형적은 극점 011과 90°가 되는 성질을 이용하여, 극점 011에서 90°가 되는 대원을 따라 그리면 (011) 면의 형적이 된다.

그림 4.9는 입방정의 {100}, {110}, {111} 극점과 {100}, {110}의 형적을 001 표준 입방 평사 투영도로 나타낸 그림이다. 입방정에 있는 2-중, 3-중, 4-중 회전 대칭축을 평사 투영도로 나타낸 그림이 그림 4.10이다.

한 극점의 대원은 투영도에서 작도를 하거나 울프망(Wulff net)이라 하는 그래프를 사용하여 그린다.

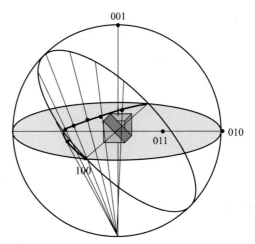

그림 4.8   면 (011)의 형적을 그리는 방법.

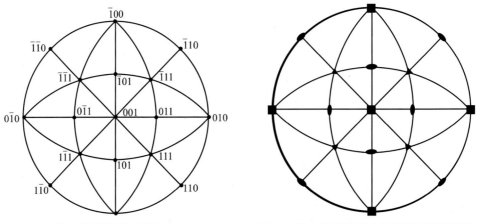

그림 4.9   001 표준 입방 평사 투영도.

그림 4.10   2-중, 3-중, 4-중 회전 대칭축을 001 표준 입방 평사 투영도에 나타낸 그림.

극점에서 90°가 되는 대원을 찾는 것과 같이 투영도에서 각도를 측정하는 데 편리한 것이 울프망이므로 이에 대해 알아보자. 이 망(net)은 그림 4.11(a)와 (b)에 그려져 있는데 구의 남북극이 투영면에 있고 구 표면의 윗면에는 경선(latitude)과 위선(longitude)이 표시되어 있다. 이 위선과 경선을 투영한 그물망이 울프망이다.

투사구의 중심을 지나는 면이 투사구와 만나서 만드는 원을 대원이라 하고, 중심을 지나지 않는 면이 투사구와 만나는 원을 소원이라 한다. 위선은 적도만 대원이고 나머

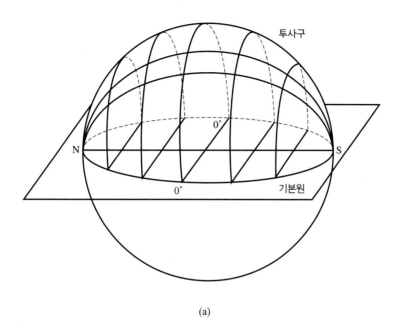

(a)

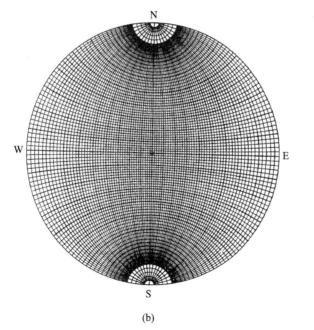

(b)

그림 4.11 (a) 울프망을 만들기 위한 투사구 위의 경선과 위선, (b) 2° 간격으로 그린 울프망.

지는 소원이다. 이에 비해 경선은 모두 대원이다. 망의 반경과 투사구의 반경은 같고, 따라서 투영도의 기본원 반경과도 같다. 울프망은 보통 경도와 위도의 간격을 2°로 하여 그린다.

이 울프망을 이용하여 투영도에 있는 두 극점 사이의 각을 측정해 보자. 투영도의 기본원과 울프망의 기본원은 크기가 같은 것을 사용하고, 투명한 울프망을 투영도 위에 중심이 일치하도록 포갠다. 평사 투영에서는 두 극점이 대원 위에 있을 때만 그 각도를 정확히 나타내므로 위에 있는 울프망을 회전하여 그림 4.12와 같이 두 극점이 망의 대원인 같은 경선 또는 적도 위에 오도록 한다. 그리고 울프망에 나와있는 소원의 수를 세어서 각도를 구한다.

어떤 극점이 있을 때 극점에 수직한 면의 형적을 구해보자. 위와 마찬가지로 투명한 울프망을 중심이 일치하도록 한 다음 울프망을 회전하여 그림 4.13과 같이 적도 상에 극점이 오도록 하고, 그 극점에서 90°가 되는 대원인 경선을 따라 줄을 그으면 그 줄이 극점을 나타내는 면의 형적이 된다.

평사 투영도를 어떤 축에 대해 회전한 경우 각 극점이 어떻게 움직이는지 알아보자. 먼저 회전축이 평사 투영도의 기본원 위에 있을 경우를 생각해 보자(그림 4.14). 기본원 위에 있는 극점 B를 축으로 어떤 극점 P를 30° 회전하는 경우를 보자. 울프망을 투영도 위에 포개고 그림 4.14와 같이 울프망의 N 또는 S 극이 극점 B와 일치하도록 울프망을 회전한다. 그 다음 극점 P에서 울프망의 소원을 따라 30°가 되는 곳이 회전 후의 극점 P'이 된다.

회전축이 투영도의 기본원 위에 있지 않은 경우를 보자(그림 4.15). 기본원 위에 있지 않은 극점 B를 축으로 어떤 극점 P를 30° 회전하는 경우를 보자. 이 경우 그대로 회전할 수 없기 때문에 회전축을 회전할 수 있는 기본원의 중심으로 옮겨야 한다. 회전축을 중심으로 옮기기 위해 울프망을 포갠 후 극점 B가 적도 상에 오도록 한 후 극점 B를 중심인 B_1으로 옮긴다. 여기서는 중심과 극점 B 사이의 각도가 40°이므로 극점 B를 중심으로 옮기는 것은 40°로 회전하는 것과 같다. 극점 B를 옮기면서 극점 P도 중심과 극점 B 사이의 각도인 40°만큼 회전하여 그림과 같이 P_1이 되게 한다. 이제 중심인 B_1을 중심으로 하여 P_1을 30° 회전하여 P_2가 되게 한다.

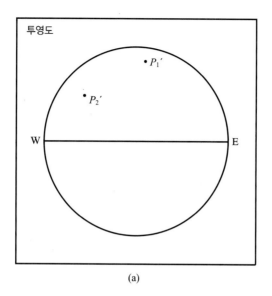

(a)

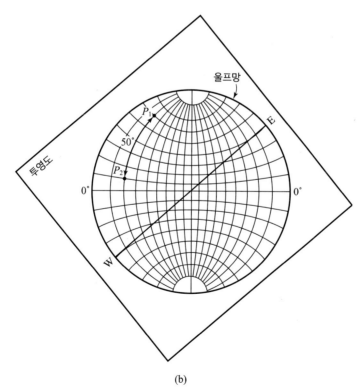

(b)

그림 4.12 (a) 극점 P_1', P_2'의 평사 투영, (b) 각도를 측정하기 위해 두 극점을 울프망의 같은 대원 상에 오도록 투영도를 회전한다. 극점 사이의 각은 50°이다.

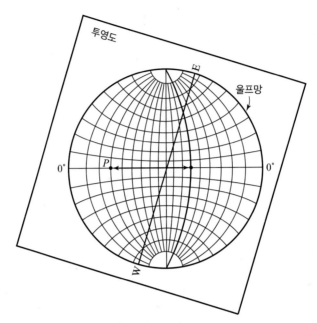

그림 4.13 울프망을 이용하여 극점의 형적을 구하는 그림.

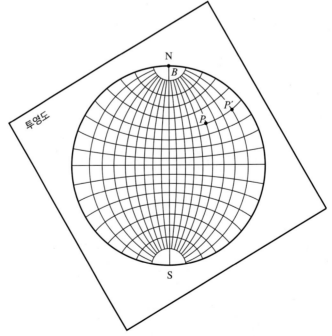

그림 4.14 기본원에 있는 한 축에 대해 극점을 30° 회전하는 것을 나타낸 그림.

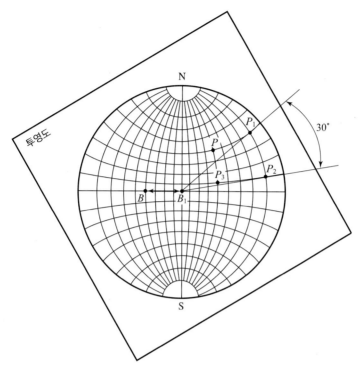

그림 4.15 기본원 위에 있지 않는 극점 B를 축으로 극점 A의 30° 회전을 나타내는 그림.

　회전이 끝났으나 회전을 하기 위해 극점 B를 B_1으로 옮겼으므로 다시 B_1과 P_2를 40° 만큼 반대 방향으로 회전한다. 40° 만큼 반대로 회전하면 B_1은 다시 B가 되고 P_2는 같은 위도 위에 있는 P_3가 되어 이 극점이 축 B를 중심으로 P를 30° 회전한 극점이 된다.

　결정에서 적층 결함이나 계면과 같은 면 결함이나 정벽면(habit plane)을 연구할 때, 평행하지 않은 두 면 위에 선으로 나타나 있는 면의 형적에서 그 결정면을 알아낼 필요가 자주 있다. 그림 4.16(a)와 같이 각도 ϕ인 두 결정면 A, B가 선 POQ에서 만날 때 결정면 A 위에 선 MOM'이 있고, POQ와 각 θ_A을 이루고, 결정면 B 위에 선이 있으며, POQ와 각 θ_B를 이룰 때, 결정면 MOT를 알아보자.

　극점 B가 기준원의 중심이 되도록 투영도를 그리면 기준원은 면 B의 형적이 된다. 면 A는 면 B와 각 ϕ를 이루므로 울프망을 사용하여 적도 상에 B에서 각 ϕ에 있는 극점 A를 표시하고 이 극점에서 면 A의 형적을 그림 4.16(b)와 같이 그린다. 선 POQ는 면 A와 B의 형적의 교점이므로 극점 P와 Q를 그림과 같이 표시한다. 선 TOT'

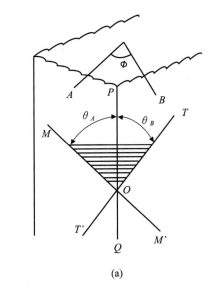

(a)

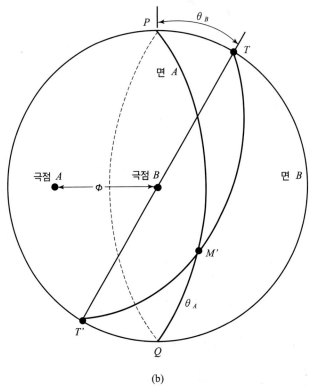

(b)

그림 4.16 평행하지 않은 두 면 위에 선으로 나타나 있는 면의 형적에서 그 결정면을 구하는 그림.

을 투영도에 표시해 보자. 면 B 위에서 보면 선 OT는 방향 OP에서 시계 방향으로 θ_B 만큼 회전되어 있으므로 극점 B를 축으로 시계 방향으로 회전된 극점 T, T'으로 나타낼 수 있다. 극점 TT'을 지나는 모든 대원은 결정에서 TOT'을 지나는 모든 면들이 된다. 이 면들 중에서 MO를 지나는 면을 구해야 한다. 면 A에서 보면 방향 OM'은 방향 OQ에서 반시계 방향으로 θ_A의 각도에 있으므로, 울프망을 사용하여 극점 A를 중심축으로 하여 면 A의 형적 위에서 극점 Q에서 반시계 방향으로 θ_A에 있는 극 M'을 찾는다. 울프망을 사용하여 $TM'T'$을 지나는 대원을 그리면 이 대원은 면 MOT의 형적이 된다. 면의 형적이 나와 있으므로 울프망을 사용하여 극점을 구하고 결정면 MOT의 밀러 지수를 알 수 있다.

2 점군

결정에서 전기 저항, 열팽창 계수, 자기 감수율, 탄성 계수와 같은 여러 거시적인 성질은 결정의 대칭 요소 중에서 결정의 격자에 의해 생긴 병진 대칭의 영향을 받지 않는다. 병진 대칭을 제외하고 남는 대칭 요소는 회전 대칭, 경영 대칭과 반영 대칭이다. 결정에서 가능한 회전 대칭, 경영 대칭과 반영 대칭의 조합은 32가지가 있으며, 이를 32결정 점군(point group)이라 한다. 이 점군에 속하는 모든 대칭 요소는 병진 대칭을 포함하지 않은 움직이지 않는 한 점에 대한 결정의 모든 대칭을 나타내므로 점군이라 한다. 결정에서 32점군 이외에는 존재하지 않는다. 만일 운석에서 나온 어떤 결정을 분석하여 32점군 외에 새로운 점군이 발견되었다고 어떤 사람이 주장한다면 이는 잘못된 주장이다.

회전 대칭, 경영 대칭과 반영 대칭은 결정에서 이 대칭 요소의 존재 여부를 원자의 실제 하나 하나의 위치를 기준으로 하지 않고, 물리적 성질의 대칭성, 외부 결정면, 결정의 에칭(etching) 등과 같은 거시적인 시험을 기준하여 판별하므로 거시 대칭 요소(macroscopic symmetry element)라 한다.

거시 대칭 요소에는 두 종류가 있다. 첫째 종류(first kind)는 계속적인 작동으로 왼손 물체는 그대로 왼손 물체로, 오른손 물체는 그대로 오른손 물체로 있는 대칭을 말한다. 회전 대칭축은 회전할 동안 왼손 물체는 왼손 물체로, 오른손 물체는 오른손 물체로 그대로 있으므로 첫째 종류에 속한다.

둘째 종류(second kind)는 계속적인 작동으로 왼손 물체는 오른손 물체, 오른손 물체는 다시 왼손 물체로 계속 바뀌는 대칭을 말한다. 경영 대칭과 반영 대칭은 대칭 작동 때 왼손 물체가 오른손 물체로 되고, 왼손 물체가 오른손 물체로 바뀌므로 둘째 종류에 속한다. 왼손 물체와 오른손 물체와 같이 서로 오른손과 왼손의 관계에 있는 물체를 좌우상 대장체(enantiomorphous object)라 한다.

회전 대칭과 경영 대칭의 조합에 대해 생각해 보자. 경영 대칭면은 회전 대칭축에 수직 또는 평행하게 존재할 수 있다. 회전 대칭축에 수직인 경우는 나중에 생각하기로 하고 우선 회전 대칭축에 평행한 경우를 생각해 보자. 경영 대칭면이 회전축에 평행하면 회전축에 평행한 새로운 경영 대칭면이 생긴다. 이것은 두 경영 대칭면이 어떤 각도 $\alpha/2$로 만나면 두 경영면의 교차선이 회전축이 되고 회전각은 α가 된다는 버거의 정리 (Burger's theorem)에서 나온 것이다. 버거의 정리에 관한 예를 들어보자. 그림 4.17에서 두 경영면이 90°로 만나면 두 경영면의 교차선에 2-중 대칭축이 저절로 생긴다. 그림 4.18에서 2-중 대칭축과 이 축에 평행한 경영면이 있으면 회전각의 반인 90° 위치에 경영면이 저절로 생긴다. 이것은 회전축과 이에 평행한 경영면의 조합에서 생기는 일반적 법칙으로 다음과 같이 증명할 수 있다.

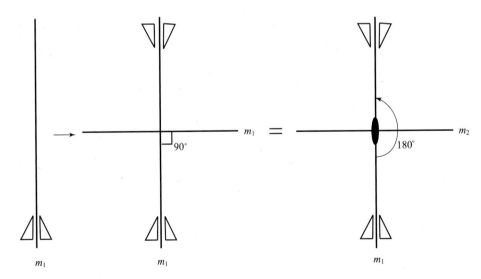

그림 4.17 두 경영면이 각 $\alpha/2$로 만나면 회전각이 α인 회전축이 교차선을 따라 생긴다.

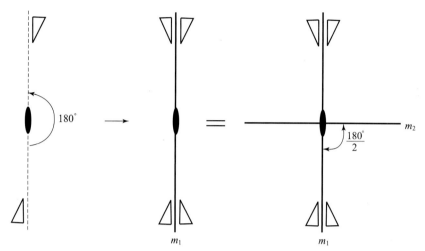

그림 4.18 회전축과 이에 평행한 경영면의 조합에서 새로운 경영면이 회전각의 반인 $\alpha/2$의 위치에 생긴다.

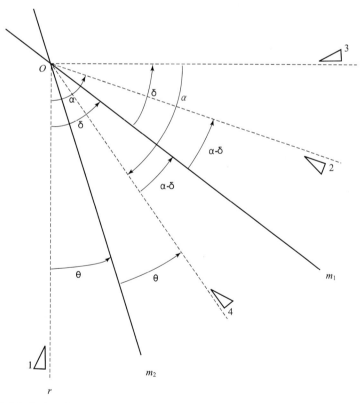

그림 4.19 회전축과 이에 평행인 경영면 m_1의 조합으로 $\alpha/2$의 사이각을 지닌 m_2가 새로이 만들어지는 것을 보여 준다.

그림 4.19에서 원점 O에 회전축이 있어 1에 있는 물체를 α로 회전하면 2에서 합동이 된다. O점에서 회전축에 평행한 경영면 m_1이 있어 Or과 각 δ를 이룬다고 하자. 그러면 1에 있는 물체는 3에서 경영 대칭을 이루게 된다. 회전축이 있기 때문에 물체 3을 각 α로 회전하여 물체 4를 만들 수 있다. 경영면 m_1이 있기 때문에 경영면과 물체 2와 4 사이의 각은 $\alpha - \delta$로 같다. 그림에서 보면 새로운 경영면 m_2가 생기고 m_2와 Or 사이의 각을 θ라고 하면 그림에서 $2\theta + 2(\alpha - \delta) = \alpha$이므로 $\theta = \delta - \alpha/2$이다. 두 경영면 사이의 각은 $\theta + (\alpha - \delta) = (\delta - \alpha/2) + (\alpha - \delta) = \alpha/2$가 되어 회전각의 반이 된다.

한 점을 기준으로 하여 가능한 모든 대칭의 조합인 점군 중에서 먼저 2차원 점군을 생각해 보자. 점군에서 고려 대상인 세 가지 대칭 요소인 회전 대칭, 경영 대칭, 반영 대칭 중에서 반영 대칭은 3차원적인 대칭이므로 제외하고 난 후, 2차원에서의 회전 대칭과 경영 대칭의 조합을 2차원 점군(two dimensional point group)이라 한다. 2차원 점군에는 먼저 회전 대칭 1, 2, 3, 4, 6과 경영 대칭 m이 있고, 회전 대칭과 경영 대칭의 조합에서 생기는 것들이 있다. 앞에서 나온 바와 같이 회전 대칭과 경영면의 조합은 새로운 경영면을 저절로 생기게 한다.

회전 대칭 1과 m은 조합이 되어도 새로 생기는 경영면은 이미 존재하는 대칭 m이다. 회전 대칭 2와 경영 대칭 m을 2차원에서 결합하면 그림 4.20과 같이 사이각이 90°

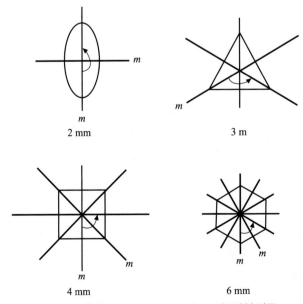

그림 4.20 **대칭축과 m의 결합으로 생긴 2 mm, 3 m, 4 mm, 6 mm의 2차원 점군.**

인 새로운 경영면이 생겨 2 mm이 된다. 회전 대칭 3과 경영 대칭 m을 조합하면 3 mm 이 되나, 그림 4.21과 같이 60° 위치에 새로 만들어지는 m은 기존의 m을 120° 두 번 회전하여 생긴 것과 구분되지 않으므로 3 m으로 표시한다.

회전 대칭 4와 m을 조합하면 사이각이 45°인 경영면이 저절로 생겨 4 mm이 된다. 회전 대칭 6과 m을 조합하면 사이각이 30°인 경영면이 생겨 6 mm이 된다. 2차원인 평면에서의 점군은 1, m, 2, 2 mm, 3, 3 m, 4, 4 mm, 6, 6 mm 등 모두 10개가 있다. 그림

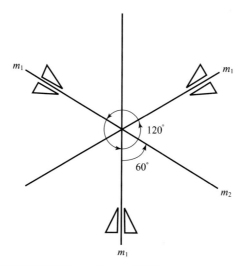

그림 4.21 3과 m_1의 조합에서 새로 생기는 m_2는 m_1과 같다.

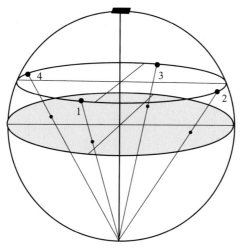

그림 4.22 4-중 회전 대칭축에 있는 일반 방향의 극점을 평사 투영도에 그리는 법.

4.20은 2차원 점군 중에서 대칭축과 m의 결합으로 생긴 2 mm, 3 m, 4 mm, 6 mm을 보여 주고 있다.

3차원 점군인 32점군은 세 가지 대칭 요소인 회전 대칭, 경영 대칭, 반영 대칭의 조합으로 표시된다. 이들 점군에 대해 좀 더 자세히 살펴보자.

회전 대칭축 1-, 2-, 3-, 4-, 6-중 회전 대칭은 모두 32점군에 속한다. 예를 들어, 4-중 대칭축에서 한 극점과 그 극점이 대칭에 의해 존재할 수 있는 모든 극점을 평사 투영도에 나타내 보자. 대칭축의 극점이 북극점이 되도록 투영하면 대칭축은 평사 투영도의 중심에 위치하게 된다. 그림 4.22에서 임의의 한 극점 1을 북극 방향으로 있는 4-중 회전축으로 회전하면 극점 2, 극점 3, 극점 4가 되고, 이 극점들을 투사면에 그림과 같이 평사 투영하면 이 극점들의 평사 투영도가 된다. 즉, 그림 4.23에서와 같이 임의의 한 일반 극점 1을 잡고, 4-중 대칭이 있으므로 90°씩 본래의 극점에 돌아올 때까지 계속 회전하면 극점 2, 3, 4가 만들어진다. 특별한 위치에 있지 않는 극점 1과 극점 2, 3, 4와 같이 대칭에 의해 동등한 방향의 극점을 등가 일반 방향의 극점(pole of equivalent general direction)이라 한다. 그림 4.25의 평사 투영도에 5개의 대칭축과 한 일반 극점이 그 대칭에 의해 존재할 수 있는 극점을 모두 나타내었다. 이러한 회전 대칭을 순수 (proper) 회전 대칭이라 하고 X로 나타낸다.

이 순수 회전 대칭과 경영 대칭이나 반영 대칭의 연속 작동으로 생기는 대칭을 비순수(improper) 회전 대칭이라 한다. 순수 회전 대칭 작동시에는 오른손 물체가 오른손

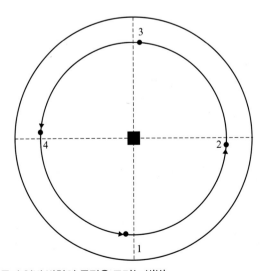

그림 4.23 회전축 4와 등가 일반 방향의 극점을 그리는 방법.

물체로 되어 물체의 왼손, 오른손의 방향이 바뀌지 않지만, 비순수 회전 대칭에서는 오른손 물체가 왼손 물체로, 왼손 물체는 오른손 물체로 계속 바뀐다.

비순수 회전 대칭 중에는 첫째, 회전 대칭과 반영 대칭의 조합($X + i$, $\overline{X}$)인 회반(rotoinversion)이 있다. 그 작동은 회전 대칭 작동과 반영 대칭 작동을 연속적으로 하는 작동이다. 회전 대칭과 반영 대칭에는 아래의 5가지 조합이 있다.

$$\overline{1}(1 + i), \overline{2}(2 + i), \overline{3}(3 + i), \overline{4}(4 + i), \overline{6}(6 + i). \tag{4-2}$$

이들 대칭을 그림 4.26의 평사 투영도에서 등가 일반 방향의 극점을 사용하여 표시하였다.

투영도에서 극점을 그리는 방법은 다음과 같다. 먼저 반영 대칭 $\overline{1}(= i)$를 그려보자. 그림 4.24에서 극점 1을 구의 중심을 통해 반영 대칭을 시키면 극점 2가 된다. 각 극점을 투사면에 투영시키면 그림 4.26의 첫째 그림이 되어 평사 투영도에 투영된 두 극점을 표시할 수 있다. 다음으로 $\overline{3}$을 그려보자. 그림 4.27과 같이 먼저 360°/3 회전을 하고 반영 대칭을 하여 극점 2를 표시하고, 다시 이 극점을 360°/3 회전을 하고 반영 대칭을 하여 극점 3을 표시하고, 회전 후 반영 대칭을 하여 극점 4를, 회전 후 반영 대칭을 하여 극점 5를, 다시 회전 후 반영 대칭으로 극점 6을, 그리고 회전 후 반영 대칭을 하여 본래의 극점 1이 되면 중지한다. 주의할 점은 본래의 극점에 되돌아올 때까지 작동을 계속해야 한다는 점이다.

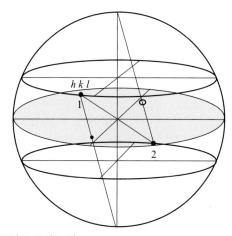

그림 4.24 반영 대칭의 평사 투영도 그리는 법

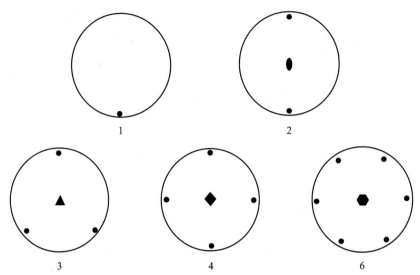

그림 4.25 5개의 순수 회전 대칭에 대한 등가 일반 방향의 극점과 대칭축을 나타내는 평사 투영도.

그림 4.26에서 $\bar{1}$는 바로 반영 대칭이고, 고리는 남반구에 있는 극점이다. $\bar{2}$는 경영면이 대칭축에 수직으로 있는 경영 대칭과 같다. 그림에서 이 경영면의 형적을 굵은 선으로 표시하였다. $\bar{6}$에서도 굵은 선은 경영면을 나타낸다. 그리고 $\bar{1}(= i)$, $\bar{2}(= m)$, $\bar{3}$, $\bar{4}$, $\bar{6}$ 모두를 32점군에 속하는 것으로 한다.

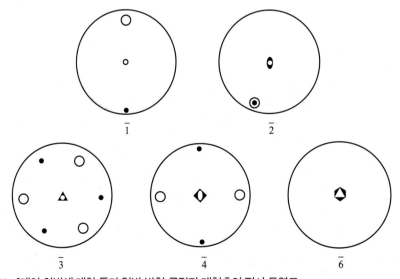

그림 4.26 5개의 회반에 대한 등가 일반 방향 극점과 대칭축의 평사 투영도.

둘째로, 회전 대칭과 경영 대칭의 조합($X+m$, $\widetilde{X}$)이 있다. 이처럼 회전 대칭 후 다시 회전축에 수직인 면에 경영 대칭을 연속적으로 작동하는 것을 회경(rotoreflection)이라 한다. 회경 대칭에도 5가지 조합이 있으며 다음과 같다.

$$\widetilde{1}(1+m),\ \widetilde{2}(2+m),\ \widetilde{3}(3+m),\ \widetilde{4}(4+m),\ \widetilde{6}(6+m) \tag{4-3}$$

먼저 $\widetilde{1}(1+m)$를 평사 투영도에 나타내 보자. 그림 4.28에서 북반구의 극점 1를 투사

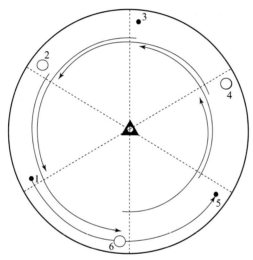

그림 4.27 $\overline{3}$의 평사 투영도를 그리는 방법.

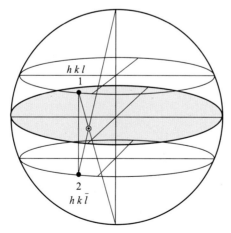

그림 4.28 $\widetilde{1}(1+m)$의 평사 투영도를 그리는 방법.

면에 대해 경영 대칭 작동을 하면 남반구의 극점 2가 된다. 두 극점을 평사 투영하면 그림 4.29의 첫째 그림이 된다. 여기서 투사면이 경영면이므로 이를 나타내기 위해 투사면의 형적을 얇은 실선 대신 두꺼운 실선으로 표시를 한다.

다음으로 $\tilde{3}$을 그려보자. $\tilde{3}$인 경우 그림 4.30에서와 같이 극점 1을 먼저 360°/3 회전을 하고, 회전축에 수직인 면에 경영 대칭을 하여 고리로 된 극점 2를 표시하고, 다시 이 극점을 360°/3 회전을 한 후 경영 대칭을 하여 극점 3을 표시하고, 회전 후 경영 대칭으로 고리로 된 극점 4를, 회전 후 경영 대칭으로 극점 5를, 회전 후 경영 대칭으로 고리로 된 극점 6을 표시하고, 다시 회전 후 경영 대칭을 하면 본래의 극점에 되돌아오는데, 이와 같이 되돌아올 때까지 그린다. 이들 회경 대칭을 평사 투영도에서 등가 일반 방향의 극점을 사용하여 그림 4.29에 표시하였다.

평사 투영도로 나타낸 그림 4.27과 4.29를 보면 회반과 회경은 하나씩 서로 짝지어진다. 즉,

$$\tilde{1}=\bar{2},\ \tilde{2}=\bar{1},\ \tilde{3}=\bar{6},\ \tilde{4}=\bar{4},\ \tilde{6}=\bar{3} \tag{4-4}$$

의 관계가 있다. 회경 대칭 요소는 모두 회반으로 나타나므로 32점군에 새로이 추가되는 점군은 없고, 32점군을 표시할 때 회반으로 나타낸다. 그리고 $\tilde{1}=\bar{2}$는 회전축에 수직인 경영면으로 경영 대칭 m과 같고, $\tilde{2}=\bar{1}$는 반영 대칭 i와 같다.

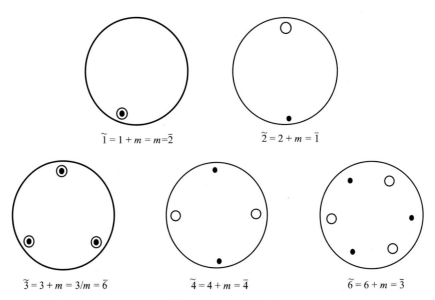

그림 4.29 5개의 회경에 대한 등가 일반 방향 극점의 평사 투영도.

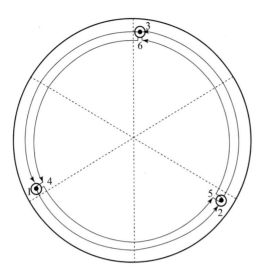

그림 4.30 $\tilde{3}$의 평사 투영도를 그리는 방법.

순수 회전 대칭과 그 회전축에 수직인 경영 대칭(m)을 조합한 대칭이 가능한데, 그것을 X/m으로 나타내고 그 조합은

$$\frac{1}{m}, \frac{2}{m}, \frac{3}{m}, \frac{4}{m}, \frac{6}{m}$$ (4-5)

의 5개가 있다. 이들 대칭에 있는 등가 일반 방향의 극점을 그림 4.31에 표시하였다. 이들의 평사 투영도에서 보면 $\frac{1}{m}$은 와 같고 $\frac{3}{m}$은 $\bar{6}$와 같으므로 32점군에는 새로 추가시키지 않고 $\frac{2}{m}$, $\frac{4}{m}$, $\frac{6}{m}$의 3개만을 32점군에 추가로 포함시킨다.

또한 순수 회전 대칭과 그 회전 대칭에 해당하는 회반축이 한 축에 동시에 존재하는 것이 가능한데 그것을 $X/\overline{X}$로 나타내고, 그 조합에는

$$1/\bar{1}, 2/\bar{2}, 3/\bar{3}, 4/\bar{4}, 6/\bar{6}$$ (4-6)

의 5개가 있다. 이들의 대칭 요소와 등가 일반 방향의 극점을 그림 4.32에 표시하였다. 그림 4.32를 보면 $1/\bar{1}$는 $\bar{1}$, $2/\bar{2}$는 $2/m$, $3/\bar{3}$는 , $4/\bar{4}$는 $4/m$ 그리고 $6/\bar{6}$는 $6/m$과 각각 같기 때문에 모두 앞에서 나온 점군이므로 32점군에 새로 더 추가되는 점군은 없다. 따라서 하나의 회전 대칭축을 가지면서 중복되지 않은 점군은 앞에서 나온 X로 표시되는 5개, $\overline{X}$로 표시되는 5개, X/m으로 표시되는 3개 등 모두 13개가 있음을 알 수 있다.

한편 한 점을 교차하는 세 개의 회전 대칭에 대해 알아보자. 먼저 순수 회전축 세

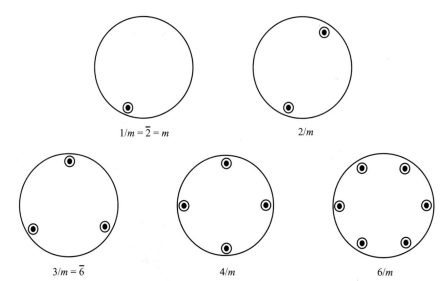

그림 4. 31 순수 회전 대칭과 대칭축에 수직인 경영 대칭의 조합을 나타내는 등가 일반 방향의 극점을 보여 주는 평사 투영도.

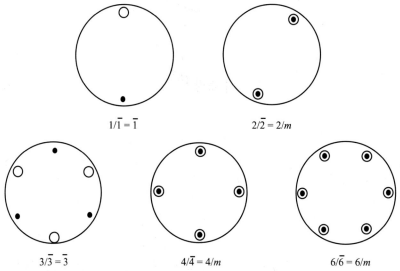

그림 4. 32 순수 회전 대칭과 그 회전 대칭에 해당하는 회반축이 한 축에 동시에 존재하는 경우를 나타내는 그림으로 등가 일반 방향의 극점을 나타내었다.

개가 공간에서 결합하는 방법은 앞에서 나온 바와 같이

$$222, 322, 422, 622, 332, 432 \qquad (4\text{-}7)$$

의 6가지가 있어 이를 모두 32점군에 추가시킨다. 이들 점군 중에서 222, 322, 422와 622는 제3의 축에 수직인 2-중 회선축을 2개 지니고 있으므로 이면(dihedral) 점군이라 하고, 332와 432는 정육면체의 대칭을 나타내는 등축(isometric) 점군이라 한다. 그림 3.19에 있는 대칭축간의 각도 관계와 대칭에 의해 동등한 대칭축을 모두 평사 투영도에 표시한 것이 그림 4.33의 오른쪽 그림이고, 그 등가 일반 방향의 극점의 평사 투영도는 왼쪽 그림이다. 그림에서 322는 32로 나머지 대칭 요소가 저절로 다 만들어지므로 32로 표시한다. 233도 23으로 모든 대칭 요소를 다 나타내므로 23으로 표시하고, 입방정임을 나타내어 주기 위해서 두 번째 자리에 반드시 3을 표시한다.

다음으로 순수 회전축과 비순수 회전축이 결합한 세 개의 축이 결합하는 방법으로는

$$\frac{2}{2}\frac{2}{2}\frac{2}{2}, \; \frac{3}{3}\frac{2}{2}\frac{2}{2}, \; \frac{4}{4}\frac{2}{2}\frac{2}{2}, \; \frac{6}{6}\frac{2}{2}\frac{2}{2}, \; \frac{3}{3}\frac{3}{3}\frac{2}{2}, \; \frac{4}{4}\frac{3}{3}\frac{2}{2} \tag{4-8}$$

의 6가지가 있다.

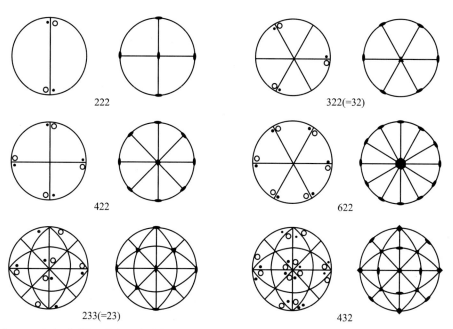

그림 4.33 순수 회전축 3개가 공간에서 결합하는 방법.
왼쪽은 등가 일반 방향의 극점의 평사 투영도이고 오른쪽은 대칭축의 평사 투영도.

표 4.1 순수 회전축과 비순수 회전축이 결합한 3개 축의 결합에 의한 점군.

세 회전축간 조합	순수 회전축과 비순수 회전축이 결합한 3개의 축이 결합하는 방법
222	$\dfrac{2}{2}\dfrac{2}{2}\dfrac{2}{2} = \dfrac{2}{m}\dfrac{2}{m}\dfrac{2}{m} = mmm$
322	$\dfrac{3}{3}\dfrac{2}{2}\dfrac{2}{2} = \bar{3}\dfrac{2}{m}\dfrac{2}{m} = \bar{3}\dfrac{2}{m} = \bar{3}m$
422	$\dfrac{4}{4}\dfrac{2}{2}\dfrac{2}{2} = \dfrac{4}{m}\dfrac{2}{m}\dfrac{2}{m} = \dfrac{4}{m}mm$
622	$\dfrac{6}{6}\dfrac{2}{2}\dfrac{2}{2} = \dfrac{6}{m}\dfrac{2}{m}\dfrac{2}{m} = \dfrac{6}{m}mm$
332	$\dfrac{3}{3}\dfrac{3}{3}\dfrac{2}{2} = \bar{3}\,\bar{3}\dfrac{2}{m} = \dfrac{2}{m}\bar{3} = m3$
432	$\dfrac{4}{4}\dfrac{3}{3}\dfrac{2}{2} = \dfrac{4}{m}\bar{3}\dfrac{2}{m} = m3m$
총 분류수	6

앞에서 나온 바와 같이 $\bar{2}$는 m과 같으므로 표 4.1에 나타난 것과 같이 $\dfrac{2}{2}\dfrac{2}{2}\dfrac{2}{2} = \dfrac{2}{m}\dfrac{2}{m}\dfrac{2}{m}$으로 표시할 수 있다. $\dfrac{2}{2}\dfrac{2}{2}\dfrac{2}{2} = \dfrac{2}{m}\dfrac{2}{m}\dfrac{2}{m}$에서 보면 m은 222의 회전축 2에 수직인 m을 나타내므로 그림 4.33의 222에서 회전축에 수직인 m을 작동하면 그림 4.34 왼쪽 위 그림과 같이 된다. 그리고 이 대칭은 그림 4.35에서와 같이 mmm에서 m은 본래의 222에서 2에 수직인 경영면을 나타내므로, 이 mmm만으로도 $\dfrac{2}{2}\dfrac{2}{2}\dfrac{2}{2} = \dfrac{2}{m}\dfrac{2}{m}\dfrac{2}{m}$ 대칭을 다 나타낸다.

$3/\bar{3}$는 $\bar{3}$와 같으므로 $\dfrac{3}{3}\dfrac{2}{2}\dfrac{2}{2} = \bar{3}\dfrac{2}{m}\dfrac{2}{m} = \bar{3}\dfrac{2}{m}$이고 $\bar{3}m$으로 모든 대칭을 나타내고, 여기서도 m은 본래의 322에서 2에 수직인 경영면을 나타낸다. $4/\bar{4}$는 $4/m$이므로 $\dfrac{4}{4}\dfrac{2}{2}\dfrac{2}{2} = \dfrac{4}{m}\dfrac{2}{m}\dfrac{2}{m}$인데 $\dfrac{4}{m}mm$으로 모든 대칭을 나타내고, 그리고 $6/\bar{6}$는 $6/m$이므로 $\dfrac{6}{6}\dfrac{2}{2}\dfrac{2}{2} = \dfrac{6}{m}\dfrac{2}{m}\dfrac{2}{m}$이고 $\dfrac{6}{m}mm$으로 모든 대칭을 나타낸다. 그리고 $\dfrac{3}{3}\dfrac{3}{3}\dfrac{2}{2} = \bar{3}\,\bar{3}\dfrac{2}{m} = \dfrac{2}{m}\bar{3}$이고 $m3$로 모든 대칭을 나타내고, $\dfrac{4}{4}\dfrac{3}{3}\dfrac{2}{2} = \dfrac{4}{m}\bar{3}\dfrac{2}{m}$이고 $m3m$으로 모든 대칭을 나타낸다. 이들 중의 한 예로 $m3m$에서 두 m은 432의 두 대칭축 4와

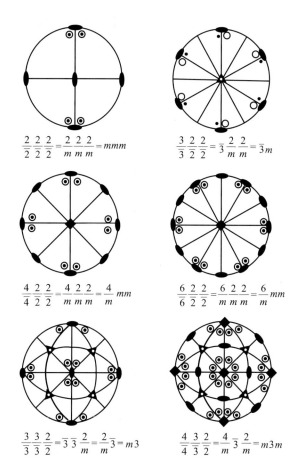

$$\frac{2}{2}\frac{2}{2}\frac{2}{2} = \frac{2}{m}\frac{2}{m}\frac{2}{m} = mmm \qquad\qquad \frac{3}{3}\frac{2}{2}\frac{2}{2} = \bar{3}\frac{2}{m}\frac{2}{m} = \bar{3}m$$

$$\frac{4}{4}\frac{2}{2}\frac{2}{2} = \frac{4}{m}\frac{2}{m}\frac{2}{m} = \frac{4}{m}mm \qquad\qquad \frac{6}{6}\frac{2}{2}\frac{2}{2} = \frac{6}{m}\frac{2}{m}\frac{2}{m} = \frac{6}{m}mm$$

$$\frac{3}{3}\frac{3}{3}\frac{2}{2} = \bar{3}\,\bar{3}\,\frac{2}{m} = \frac{2}{m}\bar{3} = m3 \qquad\qquad \frac{4}{4}\frac{3}{3}\frac{2}{2} = \frac{4}{m}\bar{3}\frac{2}{m} = m3m$$

그림 4.34 순수 회전축과 비순수 회전축이 결합한 세 개의 축이 결합하는 방법. 등가 일반 방향의 극점과 대칭축의 평사 투영도.

2에 수직인 m을 나타내고, 그림 4.36과 같이 그려보면 $m3m$만으로 $\frac{4}{4}\frac{3}{3}\frac{2}{2}$ $= \frac{4}{m}\bar{3}\frac{2}{m}$의 모든 대칭을 표현할 수 있다.

이와 같이 만들어진 mmm, $\bar{3}m$, $\frac{4}{m}mm$, $\frac{6}{m}mm$, $m3$, $m3m$, 이들 6개를 새로 32 점군에 추가시킨다.

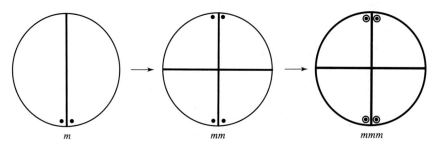

그림 4.35　mmm 대칭의 평사 투영도 및 일반 등가 방향의 극점.

　　그림 3.21에 나타낸 것처럼 공간에서 OA축에 대해 α만큼 회전 대칭한 뒤 다시 OB 축에 대해 β만큼 회전 대칭한 것은 OC축에 대해 γ만큼 한 번 회전 대칭한 것과 같아야 한다. 즉, OA축에 대한 회전 대칭을 A, OB축에 대한 회전 대칭을 B, OC축에 대한 회전 대칭을 C라 하면 AB=C가 성립한다. AB=C에서 A가 비순수 회전 대칭이고, B가 비순수 회전 대칭이면 C는 순수 회전 대칭이어야 한다. 예를 들어, A가 비순수 회전 대칭으로 왼손 물체가 오른손 물체로 바뀌고 B가 비순수 회전 대칭으로 오른손 물체에서 왼손 물체로 바뀌면, C는 왼손 물체가 왼손 물체로 바뀌었으므로 순수 회전 대칭이 되어야 한다. 이때 순수 회전 대칭을 P, 비순수 회전 대칭을 I로 표시할 경우 AB=C는 I I P로 나타내고, 여기에서 I I 결합은 반드시 P가 되므로 I I I 결합은 불가능함을 알 수 있다. 이러한 AB=C를 I와 P로 나타낼 수 있는 방법은 다음과 같다.

$$
\begin{array}{l}
\text{P P P} \\
\text{P I I} \\
\text{I P I} \\
\text{I I P.}
\end{array}
\tag{4-9}
$$

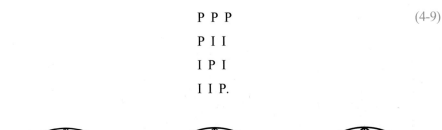
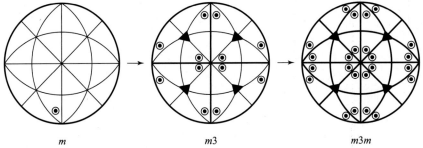

그림 4.36　$m3m$의 대칭과 등가 일반 방향 극점의 평사 투영도.

표 4.2 순수 회전축 3개가 결합한 6가지의 조합 각각에 해당하는 P P P, P I I, I P I, I I P 결합에 의한 점군.

회전축간 조합	P P P	P I I	I P I	I I P
222	222	$2\,\bar2\,\bar2=2mm$	$\bar2\,\bar2\,2=2\,\bar2\,\bar2=2mm$	$\bar2\bar2\bar2=\bar2\bar2\bar2=2mm$
322	$322=32$	$3\,\bar2\,\bar2=3mm=3m$	$\bar3\,2\,\bar2=\bar3 m2=\bar3 m$	$\bar3\,\bar2\,2=\bar3\,\bar2\,2=\bar3 m$
422	422	$4\,\bar2\,\bar2=4mm$	$\bar4 22=\bar4 2m$	$\bar4\,\bar2\,2=\bar4\,\bar2\,\bar2=\bar4 2m$
622	622	$6\,\bar2\,\bar2=6mm$	$\bar6 22=\bar6 2=\bar6 m2$	$\bar6\,\bar2\,2=\bar6\,\bar2\,\bar2=\bar6 m2$
332	$332=23$	$3\,\bar3\,\bar2=3\,\bar3 m=m3$	$\bar3\,\bar3\,2=3\,\bar3\,\bar2=m3$	$\bar3\,\bar3\,2=\bar3\,\bar3\frac{2}{m}=\frac{2}{m}\bar3=m3$
432	432	$4\,\bar3\,\bar2=4\,\bar3 m$ $=\frac{4}{m}\,\bar3\,\frac{2}{m}=m3m$	$4\,\bar3\,\bar2=4\,\bar3 m$	$\bar4 32=4\,\bar3\,\bar2=m3m$
총 분류수	6	7		

공간에서 가능한 세 회전 대칭축들 사이의 조합은 세 회전 대칭축 사이의 관계식에 의해 222, 322, 422, 622, 332, 432가 있음을 앞에서 살펴보았다. 이 6가지 회전 대칭축 각각에 해당하는 P P P, P I I, I P I, I I P 결합에 의한 점군을 표 4.2에 표시하였다.

그림 4.37을 보면 222에 대해서는 이들 조합은 세 축이 다 구분없이 동등하므로 $2\,\bar2\,\bar2=\bar2\,2\,2=\bar2\,\bar2\,2=2mm$이고, 여기서 m은 222의 회전축 2에 수직인 경영면을 나타낸다. 322에 대해서는 $3\,\bar2\,\bar2=3mm$이나 두 번째 m은 첫 번째 m과 구분이 되지 않는 m이므로 줄여서 $3m$으로 표시한다. $\bar3\,2\,2=\bar3\,\bar2\,2=\bar3 m2$는 $\bar3 m$으로 모든 대칭이 표시되는데, 여기서도 m은 322의 대칭축 2에 수직인 경영면을 의미한다. 422에 대해서는 $\bar4\,2\,\bar2=4mm$이며, $\bar4\,2\,\bar2=\bar4\,2\,2=\bar4 2m$이다. 그리고 622에 대해서는 $6\,\bar2\,\bar2=6mm$이며, $6\,2\,2=6\,2m=\bar6\,\bar2\,2=\bar6 m2$이다.

332에 대해서는 $3\,\bar3\,\bar2=\bar3\,\bar3\,2=3\,\bar3 m$이며 $m3$로 모든 대칭을 나타내고, $\bar3\,\bar3\,2=\bar3\,\bar3\,\frac{2}{m}=\frac{2}{m}\,\bar3$도 $m3$로 모든 대칭을 나타낼 수 있다. 432에 대해서는 $4\,\bar3\,\bar2=4\,\bar3 m=\frac{4}{m}\,\bar3\,\frac{2}{m}$는 $m3m$으로 다 나타내고, $\bar4\,\bar3\,2=\bar4\,3m$이며, $\bar4\,\bar3\,2=4\,\bar3\,\bar2$는 $m3m$으로 모두 나타낸다.

이들 중 $\bar3 m$, $m3$, $m3m$은 순수와 비순수 회전 대칭축의 결합에서 이미 나왔던 것들이므로 새로 나온 $2mm$, $3m$, $4mm$, $\bar4 2m$, $6mm$, $\bar6 m2$, $\bar4 3m$의 7가지를 새로 32점군에 추가한다.

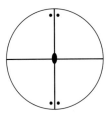

$2\bar{2}\bar{2} = \bar{2}\bar{2}2 = \bar{2}\bar{2}2 = 2mm$

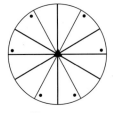

$3\bar{2}\bar{2} = 3mm = 3m$

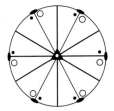

$\bar{3}2\bar{2} = \bar{3}\bar{2}2 = 3m$

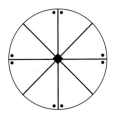

$4\bar{2}\bar{2} = 4mm$

$\bar{4}2\bar{2} = \bar{4}\bar{2}2 = \bar{4}2m$

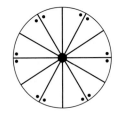

$6\bar{2}\bar{2} = 6mm$

$\bar{6}2\bar{2} = \bar{6}2m = \bar{6}\bar{2}2 = \bar{6}m2$

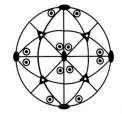

$3\bar{3}2 = \bar{3}3\bar{2} = m3$

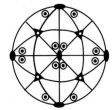

$\bar{3}\bar{3}2 = \bar{3}3\frac{2}{m} = \frac{2}{m}\bar{3} = m3$

$4\bar{3}2 = \frac{4}{m}\bar{3}\frac{2}{m} = m3m$

(계속)

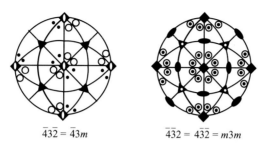

$$\overline{4}3\overline{2} = \overline{4}3m \qquad\qquad \overline{4}\overline{3}2 = 4\overline{3}2 = m3m$$

그림 4.37 6가지의 회전 대칭축 조합 각각에 해당하는 P P P, P I I, I P I, I I P 결합에 의한 점군.
등가 일반 방향의 극점과 대칭축의 평사 투영도.

　이상에서 세 개의 회전 대칭축을 가지는 점군은 순수 회전축과 비순수 회전축이 한 축을 이루며, 세 개의 축의 결합에 의한 6개, P P P 결합에 의한 6개, P I I, I P I, I I P 결합에서 새로 나온 7개의 점군 등 모두 19개가 있음을 알 수 있다. 이들을 하나의 회전 대칭축을 가지는 점군 13개와 합하면 32개의 점군이 얻어진다. 위에서 얻어진 점군을 결정계에 따라 분류하면 표 4.3이 된다.

　각 결정계에서 격자점의 배열과 같이 제일 높은 대칭을 나타내는 점군을 완전 대칭

표 4.3 결정계에 따른 32점군(괄호 안은 쇤플리스 기호).

형태	삼사정	단사정	사방정	삼방정	정방정	육방정	입방정	
X	1 (C_1)	2 (C_2)		3 (C_3)	4 (C_4)	6 (C_6)		
$\overline{X}$	$\overline{1}=i$ (C_i)	$\overline{2}=m$ (C_s)		$\overline{3}$ (C_{3i})	$\overline{4}$ (S_4)	$\overline{6}$ (C_{3h})		
$\dfrac{X}{m}$		$\dfrac{2}{m}$ (C_{2h})			$\dfrac{4}{m}$ (C_{4h})	$\dfrac{6}{m}$ (C_{6h})		
XXX			222 (D_2)	322 (D_3)	422 (D_4)	622 (D_6)	332 (T)	432 (O)
$\dfrac{X}{\overline{X}}\dfrac{X}{\overline{X}}\dfrac{X}{\overline{X}}$			mmm (D_{2h})	$\overline{3}m$ (D_{3d})	$\dfrac{4}{m}mm$ (D_{4h})	$\dfrac{6}{m}mm$ (D_{6h})	$m3$ (T_h)	$m3m$ (O_h)
$X\overline{X}\overline{X}$			$2mm$ (C_{2v})	$3m$ (C_{3v})	$4mm$ (C_{4v}) $2m$ (D_{2d})	$6mm$ (C_{6v}) $\overline{6}m2$ (D_{3h})		$\overline{4}3m$ (T_d)

계(holosymmetric class)라 한다. 삼사정에서는 $\bar{1}$, 단사정에서는 $2/m$, 사방정에서는 mmm, 삼방정에서는 $\bar{3}m$, 정방정에서는 $4/mmm$, 육방정에서는 $6/mmm$ 그리고 입방정에서는 $m3m$이 완전 대칭계를 이룬다. 예를 들어, 격자점의 배열에서 격자점의 점군은 완전 대칭계를 이루므로 격자면의 대칭과 겹침수는 각 결정계에서 완전 대칭계의 점군에 의해 결정된다.

화학자나 물리학자는 우리가 사용하고 있는 점군에 대한 국제 기호 대신 더 오래된 쇤플리스(Schoenflies) 기호를 사용하기도 한다. 이 기호의 일반 형식은 A_{nx}로 되어 있다. 여기서 A는 C, D, T, O, S 중의 하나이다.

C(cyclic)는 회전축이 하나만 있는 그룹으로 n-중 축이 있으면 C_n으로 표시한다. 예외로 $\bar{4}$ 대칭축이 있으면 S로 표시한다. D(dihedral)는 이면체 그룹으로 제3의 축에 수직으로 2개의 2-중 대칭축이 있는 222, 322, 422, 622에서 나온 그룹이다. T(tetrahedral)는 대칭축 332 결합에서 나온 그룹이다. O(octahedral)는 대칭축 432에서 나온 그룹이다. 그리고 $\bar{4}$ 대칭축이 하나 있으면 S로 표시한다.

하첨자 n은 2, 3, 4, 6과 같은 제일 높은 대칭축을 나타낸다. n은 A가 T 또는 O이면 생략되고, 뒤에 있는 x가 i (inversion), 즉 반영 대칭 또는 s (독일어로 거울인 Spiegel)인 특별한 경우에 생략된다. 하첨자 x는 $n=1$인 경우에 반영 대칭이 있으면 i를, 경영 대칭이 있으면 s를 사용한다. 또한 수평(horizontal), 수직(vertical), 대각선(diagonal) 경영면이 있으면 $x=h$, $x=v$, $x=d$를 각각 사용한다. 이러한 것이 없으면 x를 생략한다. 표 4.3의 점군에 해당 쇤플리스 기호를 괄호 속에 표시하였다.

점군에서 형(form)과 겹침수(multiplicity)에 대해 알아보자. 예를 들어, 그림 4.38에서 점군 222를 보면 2−중 대칭축 3개가 서로 수직임을 알 수 있다. 그리고 일반 극점 하나가 대칭에 의해 4번 반복되어 4개의 극점으로 표시되어 있다. 만일 맨 첫 극점의 지수가 h, k, l 사이에 아무런 특별 관계가 없는 일반 극점 $(h\,k\,l)$이면, 이 극점은 대칭 요소의 작동으로 다른 나머지 극점 3개를 만들어내는데, 이들의 지수는 $(\bar{h}\,\bar{k}\,l)$, $(h\,\bar{k}\,\bar{l})$과 $(\bar{h}\,k\,\bar{l})$이다. 이와 같이 지수 $(h\,k\,l)$을 지닌 초기 결정면이 대칭 요소에 의해 만들어진 결정면의 모임을 형 $h\,k\,l$이라 하고, 기호로 $\{h\,k\,l\}$로 표시한다. 이 면들의 모임이 공간을 둘러싸면 그 형은 닫혀있다(closed)고 하고 그렇지 않으면 그 형은 열려있다(open)고 한다. 위의 경우 형 $h\,k\,l$은 닫혀있다.

그리고 점군 222의 경우 부호 $\{h\,k\,l\}$은 형 $\{h\,k\,l\}$에 속한 모든 $(h\,k\,l)$, $(\bar{h}\,\bar{k}\,l)$, $(h\,\bar{k}\,\bar{l})$과 $(\bar{h}\,k\,\bar{l})$을 포함한다. 이 경우 형 $h\,k\,l$은 겹침수 4를 가지고 있다고 한다. h,

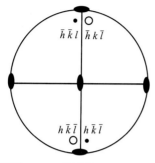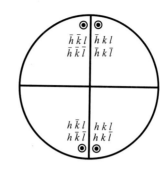

그림 4.38 **222와** mmm**의 극점** hkl.

k, l 사이에 특별한 관계가 없는 경우 이것을 일반형이라 한다. 만일 대칭 요소에 의해 h, k, l 사이에 특별한 관계가 만들어지면 이것을 특별형이라 한다. 위의 경우 {100}, {010}, {001}은 특별형이다. 예를 들어, 형 {100}은 두 면 (100)과 ($\bar{1}$00)만을 갖고 있다. 이 형은 두 면으로 공간을 완전히 둘러싸지 못하므로 열려져 있다. 그리고 겹침수의 숫자가 4보다 작기 때문에 특별형이라는 것을 쉽게 알 수 있다.

그리고 그림 4.38에 있는 점군 mmm에서 보면 일반 극점 하나가 대칭에 의해 8번 반복되어 8개의 극점으로 표시되어 있다. 첫 극점의 지수가 일반 극점 ($h\,k\,l$)이면 이 극점은 다른 대칭 요소의 작동으로 다른 나머지 극점 7개를 만들어내는데, 이들의 지수는 ($\bar{h}\,\bar{k}\,l$), ($h\,\bar{k}\,\bar{l}$), ($\bar{h}\,k\,\bar{l}$), ($\bar{h}\,\bar{k}\,\bar{l}$), ($\bar{h}\,k\,l$), ($h\,k\,\bar{l}$)이다. 즉, 같은 원자 배열을 지닌 결정면이 8가지이다. 따라서 형 $h\,k\,l$은 겹침수 8을 가지고 있다. 이와 같이 겹침수는 평사 투영도에 있는 극점의 수와 같다.

결정의 전체 회절상의 대칭을 조사하면 결정이 속한 점군에 관한 정보를 알 수 있다. 하지만 ($h\,k\,l$) 면과 이 면에 반영 대칭인 ($\bar{h}\,\bar{k}\,\bar{l}$) 면이 있을 때 프리델(Friedel)의 법칙에 따라 이 두 면에서 나오는 x-선이나 전자 회절상을 구별할 수 없으므로 회절상은 항상 반영 대칭을 지니게 된다. 회절상의 점군은 결정의 점군에 반영 대칭을 더해서 얻어진 것이다.

예를 들면, 그림 4.39는 점군 4, $\bar{4}$에 해당하는 결정의 회절상 대칭이 $\frac{4}{m}$임을 나타내 보인다. 점군 4, $\bar{4}$에 속하는 결정도 회절상에서는 반영 대칭이 더해져 점군이 $\frac{4}{m}$인 결정의 회절상 대칭인 $\frac{4}{m}$와 같게 되는 것이다. 이때 $\frac{4}{m}$를 점군 4, $\bar{4}$, $\frac{4}{m}$인 결정의 라우에 군(Laue group)이라 한다. 즉, 라우에 군 $\frac{4}{m}$에 속하는 결정의 점군은 4, $\bar{4}$, $\frac{4}{m}$

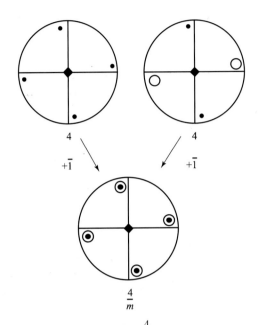

그림 4.39 점군 4, $\overline{4}$ 에 해당하는 결정의 라우에 군은 $\dfrac{4}{m}$ 임을 나타낸 그림.

표 4.4 **라우에 군.**

	11 라우에 군				
계	라우에 군	라우에 군을 이루는 점군			
삼사정	$\overline{1}$	1	$\overline{1}$		
단사정	$\dfrac{2}{m}$	2	$\overline{2}$	$\dfrac{2}{m}$	
사방정	mmm	222	$2mm$	mmm	
삼방정	$\overline{3}$	3	$\overline{3}$		
	$\overline{3}m$	32	$3m$	$\overline{3}m$	
정방정	$\dfrac{4}{m}$	4	$\overline{4}$	$\dfrac{4}{m}$	
	$\dfrac{4}{m}mm$	422	$4mm$	$\overline{4}2m$	$\dfrac{4}{m}mm$
육방정	$\dfrac{6}{m}$	6	$\overline{6}$	$\dfrac{6}{m}$	
	$\dfrac{6}{m}mm$	622	$6mm$	$\overline{6}m2$	$\dfrac{6}{m}mm$
입방정	$m3$	23	$m3$		
	$m3m$	432	$\overline{4}3m$	$m3m$	

중의 하나가 된다.

32점군 중에서 11개의 점군이 반영 대칭을 지닌다. 나머지 21개의 점군은 반영 대칭이 없는데, 여기에 반영 대칭을 더함으로써 앞의 반영 대칭을 지닌 점군과 같아진다. 이 11개의 점군이 라우에 군을 형성하는데, 이들을 표 4.4에 표시하였다.

3 공간군

결정에서 규칙적인 원자 배열은 한 원자 또는 원자 무리가 회전 대칭, 경영 대칭, 반영 대칭, 병진 대칭의 작동을 함으로써 만들어진다. 앞에서 한 점을 지나는 회전 대칭축의 조합에 의해서 7결정계를 분류하였고, 회전 대칭, 경영 대칭, 반영 대칭을 조합하여 32 점군을 분류하였다. 회전 대칭과 병진 대칭이 서로 부합해야 하는 조건에서 5가지의 회전 대칭축을 얻었지만 이 두 작동을 결합하지는 않았다. 회전 대칭, 경영 대칭 및 반영 대칭 작동과 병진 대칭 작동을 각각 결합하여 결정에서 공간에 있는 모든 대칭 요소

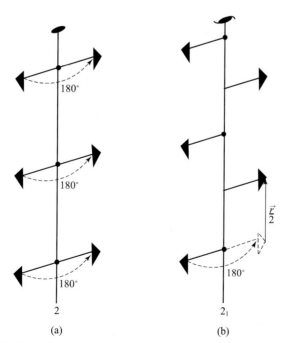

그림 4.40 (a) 2-중 대칭축, (b) 2₁ 나사축.

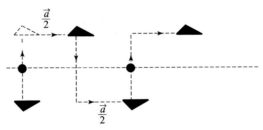

그림 4.41 미끄럼 면.
경영면에 대한 경영 작동과 그 면에 평행한 병진 작동이 반복되어 있는 대칭.

를 다 나타낼 수 있는데, 이들을 공간군(space group)이라 한다. 결정에는 230가지의 공간군이 있다.

먼저 회전 대칭과 병진 대칭 작동의 조합을 나사축(screw axis)이라 하고, 한 축 주위의 회전 작동과 그 축에 평행한 병진 작동을 반복하는 것으로 나타난다(그림 4.40(b)). 경영 대칭과 병진 대칭 작동의 조합을 미끄럼면(glide plane)이라 하고(그림 4.41), 경영면에 대한 경영 작동과 그 면에 평행한 병진 작동을 반복하는 것으로 나타난다. 병진 대칭이 있는 격자에는 항상 반영 대칭이 있으므로 두 작동의 조합은 새로운 대칭 요소를 만들지 않는다.

어떤 결정에 2-중 대칭축이 있으면 이것은 그림 4.40(a)과 같이 기저가 축을 중심으로 180° 회전 대칭을 가지면서, 대칭축을 따라 배열되어 있다는 것을 의미한다. 그림 4.40(b)와 같이 180° 회전 대칭 작동과 회전 대칭축 방향으로 격자 병진 벡터의 반 (1/2) $\vec{r}$로 병진 작동의 결합을 반복하면 나사 2-중 축이 만들어진다. 이 나사 2-중 대칭축을 2_1로 나타낸다.

병진 거리 $(1/2)\vec{r}$는 결정에서 격자상수 정도의 차수로 수 0.1 nm 정도여서 맨눈으로는 이 거리를 구분할 수 없다. 거시적으로 2_1 나사축을 가지고 있는 결정의 외부 결정면이나 물리적 성질을 측정하면 2-중 대칭축, 즉 2를 가지고 있는 결정과 똑같아 구분할 수 없다. 이와 유사하게 모든 나사축은 거시적으로 회전축으로 나타난다.

3-중 나사축에는 3-중 회전 대칭과 병진 대칭 작동의 조합인 3_1과 3-중 회전 대칭과 병진 대칭 작동의 조합인 3_2가 있고 그림 4.42에 나타내었다. 이와 같이 n_N-중 나사축은 $360°/n$의 회전과 이 회전축에 평행한 $(N/n)\vec{r}$의 병진 작동을 반복하는 것을 나타낸다. 나사축에서 회전 및 병진 작동을 반복 결합할 때, 각 격자점은 동일하므로 모든 작동을 각 격자점에서 행해야 한다. 예를 들어, 그림 4.43(a)에서 한 격자점에 대해 4_3을

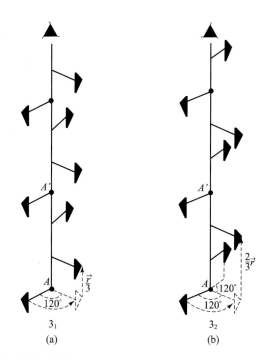

그림 4.42 (a) 3_1 나사축, (b) 3_2 나사축.

작동하였을 때 그림과 같이 되나, 모든 격자점에 대해 이 작동을 하면 그림 4.43(b)와 같이 된다. 4-중 나사축도 결정의 외부 결정면이나 물리적 성질을 측정하면 거시적으로 4-중 회전축으로 나타난다.

병진 작동이 τ이고 회전이 $360°/n$일 때 나사축에서 회전축은 격자의 병진 방향에 평행하고, 병진 작동의 반복은 격자 병진과 같아야 하므로

$$n\tau = mr \tag{4-10}$$

또는

$$\tau = \frac{m}{n}r \tag{4-11}$$

이고, 여기서 m, n은 정수이다. 그리고, τ를 나사축의 높낮이(pitch)라 한다.

또한

$$\frac{m}{n}r = \frac{n}{n}r - \frac{(n-m)}{n}r \tag{4-12}$$

이므로 $m \leq n$이어야 한다. $m = 0$ 또는 $m = n$은 순수 회전 대칭이다. 예를 들어, 6-중 나사축은 6_1, 6_2, 6_3, 6_4, 6_5의 5가지가 있고, 그중 6_1은 60° 회전에 $\vec{r}/6$의 병진 작동을, 6_5는 60° 회전에 $5\vec{r}/6$ 병진 작동을 반복해서 만들어진다. 표 4.5는 여러 가지 나사축과 그 기호를 보여 준다.

나사축끼리 또는 순수 회전축과 나사축의 공간에서 조합과 축간의 각도는 순수 회전축의 조합 및 축간 각도와 같다.

경영면에 대한 경영 작동과 그 면에 평행한 병진 작동이 반복되어 있는 대칭은 미끄럼 면으로 나타난다(그림 4.41). 이 미끄럼면 중 병진 작동이 $\vec{a}/2$, $\vec{b}/2$ 또는 $\vec{c}/2$인 것을 축 미끄럼면(axial glide plane)이라 하고, 미끄럼면의 병진 방향에 따라 a, b, c의 기호

표 4.5 **결정에서의 나사축**

이름	기호	그림 기호	격자상수 단위로 표시한 축방향으로의 나사 이동
2-중 나사축	2_1	❘	$\dfrac{1}{2}$
3-중 나사축	3_1	▲	$\dfrac{1}{3}$
	3_2	▲	$\dfrac{2}{3}$
4-중 나사축	4_1	◆	$\dfrac{1}{4}$
	4_2	◆	$\dfrac{2}{4} = \dfrac{1}{2}$
	4_3	◆	$\dfrac{3}{4}$
6-중 나사축	6_1	⬡	$\dfrac{1}{6}$
	6_2	⬡	$\dfrac{2}{6} = \dfrac{1}{3}$
	6_3	⬡	$\dfrac{3}{6} = \dfrac{1}{2}$
	6_4	⬡	$\dfrac{4}{6} = \dfrac{2}{3}$
	6_5	⬡	$\dfrac{5}{6}$

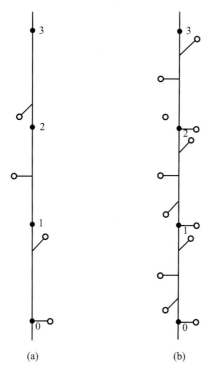

(a)   (b)

그림 4.43 (a) 격자 하나에 4_3 작동을 했을 때, (b) 모든 격자에 대해 4_3 작동을 했을 때의 모습.

그림 4.44 익모초(Siberian motherwort)의 사진으로 잎차례에서 4_2 나사축을 가지고 있다.

로 구분하여 표시한다. 그림에서 미끄럼면을 표시하기 위해서는 2차원에서 미끄럼면과 병진 대칭의 작동 방향이 투사면에 평행인 미끄럼면은 대시로 된(dashed) 선(- - - - -)으로 표시한다. 미끄럼면의 병진 작동 방향이 투사면에 수직인 축 미끄럼면은 점선(⋯⋯⋯⋯)으로 나타낸다.

대각선 미끄럼면(diagonal glide plane)은 병진 작동이 면 대각선(face diagonal)의 1/2인 $\vec{a}/2 \pm \vec{b}/2$, $\vec{b}/2 \pm \vec{c}/2$, $\vec{c}/2 \pm \vec{a}/2$ 또는 $1/2(\vec{a} \pm \vec{b} \pm \vec{c})$이고, 기호 n으로 표시한다. 대각선

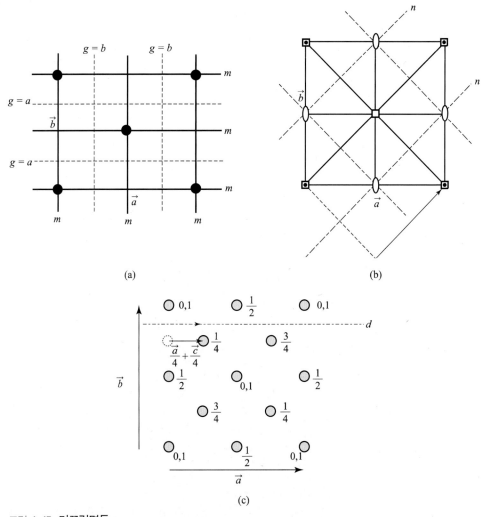

(a)

(b)

(c)

그림 4.45 미끄럼면들.
(a) 2차원 평면 상의 축 미끄럼면, (b) 2차원 평면 상의 대각선 미끄럼면, (c) 3차원에 있는 다이아몬드 미끄럼면.

미끄럼면은 그림에서 쇄사선(—·—·—)으로 표시한다. 다이아몬드 미끄럼면(diamond glide plane)은 병진 작동이 면 대각선의 1/4인 $\vec{a}/4\pm\vec{b}/4$, $\vec{b}/4\pm\vec{c}/4$, $\vec{c}/4\pm\vec{a}/4$ 또는 1/4 $(\vec{a}\pm\vec{b}\pm\vec{c})$이고 기호 d로 표시한다. 다이아몬드 미끄럼면은 그림에서 쇄사선(—·—·—)에 화살촉을 추가하여 표시한다. 그림 4.45에 2차원에서의 축 미끄럼면, 대각선 미끄럼면과 3차원에서 다이아몬드 미끄럼면의 예를 나타내었다.

미끄럼면에서 병진 거리는 나사축과 유사하게 결정에서 격자상수 정도의 차수로 수 0.1 nm 정도여서 맨눈으로는 이 거리를 구분할 수 없다. 미끄럼면을 가지고 있는 결정의 외부 결정면이나 물리적 성질은 거시적으로 경영 대칭면을 가지고 있는 결정과 똑같다. 그러므로 모든 미끄럼면은 거시적으로는 경영 대칭면으로 나타난다.

3차원에 있는 230개의 공간군을 알아보기 전에 2차원 면군(plane group)에 대해 먼저 알아보자. 앞에서 2차원 격자에는 5가지가 있고 2차원 점군에는 10가지가 있음을 알았

표 4.6 **면군**.

결정계	점군	면군		
		번호	전체 기호	단축 기호
평행사변형	1	1	$p1$	$p1$
	2	2	$p211$	$p2$
직사각형 (단순 p와 중심 c)	m	3	$p1m1$	pm
		4	$p1g1$	pg
		5	$c1m1$	cm
	$2mm$	6	$p2mm$	pmm
		7	$p2mg$	pmg
		8	$p2gg$	pgg
		9	$c2mm$	cmm
정사각형	4	10	$p4$	$p4$
	$4mm$	11	$p4mm$	$p4m$
		12	$p4gm$	$p4g$
육각형	3	13	$p3$	$p3$
	$3m$	14	$p3m1$	$p3m1$
		15	$p31m$	$p31m$
	6	16	$p6$	$p6$
	$6mm$	17	$p6mm$	$p6m$

다. 2차원 격자에 기저를 결합하면 2차원 결정이 된다. 이 격자와 기저 결합의 종류에는 17가지가 있는데, 이것이 2차원 면군으로 표 4.6에 나타내었다. 표에서 5가지의 격자를 평행사변형, 직사각형, 정사각형, 육각형으로 4가지의 2차원 결정계로 분류하였다. 직사각형 계에는 단격자 단위포인 직사각형 격자와 다격자 단위포인 중심 직사각형이 있다. 그리고 점군과 면군을 각 계에 따라 분류하여 표에 표시하였다.

면군 1번은 평행사변형 격자에 점군 1인 기저가 들어가 있는 것으로 그림 4.46에 나와 있다. 왼쪽 그림의 기저 대신에 점군 표시 방법으로 표시하면 가운데 그림과 같이 되고 대칭을 표시한 것이 오른쪽 그림이다. 이 면군은 p_1으로 표시하는데 여기에서 소문자 p는 2차원 단순 격자를 의미한다. 면군 2번은 평행사변형 격자에 점군 2가 들어가 있는 것으로 그림 4.47과 같이 각 격자점과 단위포에서 변의 중점과 포의 중심에 2-중 대칭축이 있다. 이 면군은 p_2로 표시한다.

그림 4.48은 면군 5번을 나타낸 것으로 격자는 중심 직사각형 격자이고, 각 격자점에 경영 대칭을 지닌 기저가 들어가 있다. 경영 대칭면에 의해 생기는 대장체를 구별하기 위해 그림과 같이 쉼표를 사용한다. 만일 쉼표가 없는 것이 왼손 물체이면 쉼표가 있는 것은 오른손 물체이다. 이와 같은 기저가 들어가면 그림과 같이 굵은 선으로 표시한 경영 대칭면과 대시로 된 선으로 표시한 미끄럼면이 만들어진다. 이 면군은 cm으로 표시하는데 여기서 c는 중심 격자를 나타낸다.

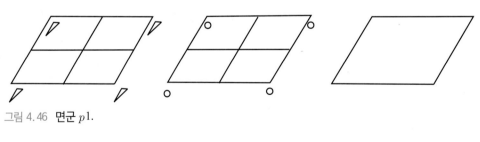

그림 4.46 **면군 $p1$.**

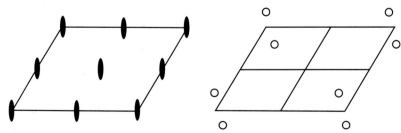

그림 4.47 **면군 $p2$.**

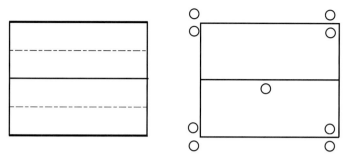

그림 4.48 2차원 면군 cm. 중심 직사각형 격자이고 각 격자점에 있는 기저가 경영 대칭을 가지고 있다.

면군 10번은 정사각형 격자에 4-중 대칭을 지닌 기저가 들어가서 생긴 면군이다. 그림 4.49와 같이 4-중 대칭 기저가 있으면 격자점과 단위포의 중심에 4-중 대칭축이 있고 변의 중점에 2-중 대칭축이 생긴다. 이 면군은 $p4$로 표시하고 원점에서의 대칭은 4이다.

단위포에서 어떤 원자를 임의 위치에 두게 되면 그 단위포 내에서 작동되는 대칭에

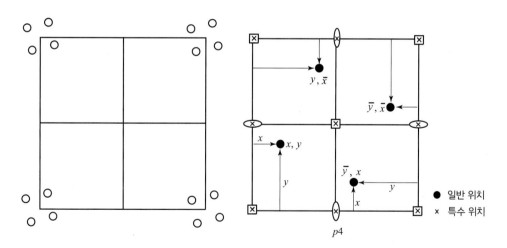

겹침 수	바이코프 기호	위치의 대칭	동가점 좌표
4	d	1	$x, y, \bar{y}, x, \bar{x}, \bar{y}, y, \bar{x}$
2	c	2	$\frac{1}{2}, 0, 0, \frac{1}{2}$
1	b	4	$\frac{1}{2}, \frac{1}{2}$
1	a	4	$0, 0$

그림 4.49 면군 $p4$과 그 등가점의 유도.

의해 여러 개의 원자를 단위포 내에 만들게 된다. 따라서 단위포 내의 원자는 결정의 대칭 요소와 관련이 있다. 이러한 대칭에 의해 동등한 원자들이 차지하는 위치 (position)의 무리를 그 결정의 등가점 세트(equipoint set)라 하고, 그 세트에서 등가인 점이나 위치의 수를 등급(rank)이라 하고, 겹침수를 나타낸다. 그리고 일반 경우보다 등 가인 위치의 수가 적게 만들어지는 위치를 특별 위치(special position)라 한다. 그림 4.49 의 면군 $p4$를 나타낸 그림에서 원자를 (x, y)라 표시한 일반 위치에 두게 되면 중앙에 있는 $4-$중 대칭축이 3개의 원자 위치를 추가로 만들게 된다. 이 위치들을 단위포의 각 꼭지점을 원점으로 생각하여 표시하면 그림 4.49와 같이 $(-y, x)$, $(-x, -y)$와 $(y, -x)$가 된다. 이 위치 (x, y), $(-y, x)$, $(-x, -y)$와 $(y, -x)$를 $4d$로 표시한다. 여기 서 4는 겹침수를 나타내고 d는 바이코프(Wyckoff) 기호로 대칭이 높은 것에서부터 차 례로 a, b, c, d, …을 붙인다.

원자를 $(1/2, 0)$에 두면 $(0, 1/2)$에도 원자 위치가 만들어져 등가 위치의 수는 2가 되 고, 이 위치는 특별 위치로 $2c$로 표시한다. $(1/2, 1/2)$ 위치에 원자를 두면 새로 만들어지 는 원자 위치는 없고 등가 위치의 수는 1로 특별 위치가 되어 $1b$로 표시한다. $(0, 0)$ 위치에 원자를 두면 마찬가지로 새로 만들어지는 원자 위치는 없고 등가 위치의 수는 1로 특별 위치가 되고 $1a$로 표시한다. 이를 나타낸 것이 등가점 표로 면군 그림 밑에 나타나 있다. 왼쪽 열은 위치의 수인 겹침수와 바이코프 기호를 나타내고, 중간 열은 그 위치의 대칭을 그리고 오른쪽 열은 위치를 좌표로 표시한 것이다.

각 면군에 대해 그림 4.49에 있는 격자, 점군 표시, 대칭 표시, 등가점 표와 같은 내용 을 포함한 여러 결정학적 정보가 x-선 결정학 국제표(International Tables for X-ray Crystallography, Vol. I, Kynoch Press, Birmingham, England, 1962)에 수록되어 있다.

면군 13번은 육각형 격자에 점군 3을 지닌 기저가 들어가 있는 것으로 $p3$로 표시한 다. 그림 4.50(a)에서와 같이 격자점과 삼각형의 중심에 3-중 대칭축이 있다. 면군 14번 은 육각형 격자에 점군 $3m$을 지닌 기저가 들어가서 만들어진 면군으로 $p3m1$으로 표 시한다. 그림 4.50(b)에서 보면 3-중 대칭축, 경영면과 미끄럼면이 있음을 알 수 있다. 육각형 격자에 점군 6을 지닌 기저가 들어 있는 경우가 그림 4.50(c)에 나와 있다. 그림 에서 격자점에 6-중 대칭축, 삼각형 변의 중점에 2-중 대칭축, 그리고 삼각형의 중심에 3-중 대칭축이 있음을 알 수 있다.

회전 대칭, 경영 대칭, 반영 대칭과 병진 대칭을 조합하여 230공간군을 만들 때, 가장 간단한 경우는 14브라배 격자에 32점군 중 해당 점군을 더하여 공간군을 만드는 것이

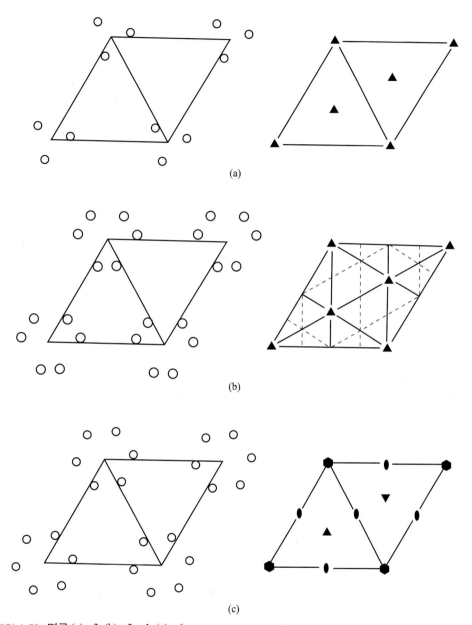

그림 4.50 **면군** (a) $p3$, (b) $p3m1$, (c) $p6$.

다. 이렇게 만들어지는 공간군이 72공간군이다. 여기에 순수 회전 대칭 대신 나사축이 있는 경우와 경영 대칭면 대신 미끄럼면이 있는 경우를 모두 감안하면 230공간군이 만들어진다. 모든 결정은 반드시 230개 공간군 중의 하나에 속한다.

또한 공간군은 14브라배 격자의 각 격자점에 적당한 기저를 배열해서 만들어진다. 공간군 기호는 브라배 격자의 종류와 각 격자점에 있는 기저의 대칭을 나타낸다. 공간군 기호의 제일 앞은 기호 F, I, C, P로 나타내고 이들은 각각 면심 격자, 체심 격자, C-면심 격자, 단순 격자임을 뜻하며, 삼방정인 경우에 R(rhombohedral)로도 나타낸다. 나머지 기호는 각 격자점에 있는 기저의 배열이 어떤 대칭을 지니고 있는지를 나타낸다.

공간군은 어떤 방향에 평행한 회전 대칭축이나 나사축과 그 방향에 수직인 경영면이나 미끄럼면을 모두 나타내는 기호로 나타낸다. 예를 들어, $F4/m32/m$, $P6_3/m2/m2/c$, $I4_1/a2/m2/d$, $P2/m2/n2_1/a$, $P2_12_12$ 등으로 나타낸다. 이를 간단히 하여 나타내기도 하는데 간단히 표시한 대칭으로도 간단히 하기 전의 모든 대칭을 다 나타낼 수 있기 때문이다. $F4/m32/m$, $P6_3/m2/m2/c$, $I4_1/a2/m2/d$, $P2_12_12$ 등을 간단히 하여 $Fm3m$, $P6_3/mmc$, $I4_1/amd$, $Pmna$, $P2_12_12$로 나타낸다.

공간군 기호에서 결정계를 바로 알아볼 수 있다. 입방정은 $Pm3m$과 같이 브라배 격자의 종류를 나타내는 P, I, C, F 다음에 있는 대칭 기호에서 두 번째 기호가 3 또는 $\bar{3}$로 되어 있다. 정방정은 대칭 기호의 첫 기호가 4 또는 $\bar{4}$로, 육방정은 대칭 기호의 첫 기호가 6 또는 $\bar{6}$로, 삼방정은 대칭 기호의 첫 기호가 3 또는 $\bar{3}$로 되어 있다. 사방정은 대칭 기호 3개가 2-중 회전축이나 나사축, 경영면, 미끄럼면으로 되어 있고, 단사정은 첫 대칭 기호가 2-중 회전축이나 나사축, 경영면, 미끄럼면으로 되어 있으며, 삼사정은 첫 대칭 기호가 1 또는 $\bar{1}$로 되어 있다.

공간군 기호는 브라배 격자의 종류와 각 격자점에 있는 기저의 대칭을 나타내는데, 예를 들어, 공간군 기호 $Pm3m$은 면심 입방 격자와 각 격자점에 $m3m$의 점군이 있는 것을 나타낸다. 공간군 기호 $P6_3/mmc$에서 P는 공간 격자가 단순 격자임을, 6_3은 6-중 회전 대칭과 $(3/6)\vec{r}=(1/2)\vec{r}$의 병진 대칭 작동이 결합한 나사축이 있음을, $/m$은 회전축에 수직인 경영 대칭면을, m은 622의 회전축 2에 수직인 경영 대칭면을, c는 2에 수직이며 병진 벡터가 $\vec{c}/2$인 미끄럼 면이 있음을 나타낸다.

공간군 기호에서 나사축을 회전축으로, 미끄럼면을 경영 대칭면으로 바꾸면 그 결정의 외부 결정면의 대칭이나 물리적 성질이 나타내는 대칭인 점군이 된다. $P6_3/mmc$에서 6_3 나사축을 회전축 6으로 c 미끄럼면을 경영 대칭면 m으로 바꾸면 $P6/mmm$이 되어 이 공간군의 브라배 격자는 단순 육방정이고 점군은 $6/mmm$임을 나타낸다. 다른 예들로 $P2_12_12$의 점군은 222이고, $I4_1/amd$의 점군은 $4/mmm$이다.

　공간군을 화학자나 물리학자들이 사용하기도 하는 쇤플리스 기호로 나타내기도 한다. 앞에서 쇤플리스 기호로 표시하면 점군에 있는 대칭 요소를 알아볼 수 있는 장점이 있었다. 쇤플리스 공간군 기호는 쇤플리스 점군 기호에 상첨자로 차례로 1, 2, 3, …을 붙인 것이다. 따라서 기호에서 점군에 대한 정보만을 제공해 준다. 예를 들면, 단사정에서 Pm은 C_s^1이고 Pc는 C_s^2, Cm은 C_s^3, Cc는 C_s^4 등으로 나타낸다. 따라서 공간군 기호로 쇤플리스 기호는 거의 사용되지 않는다.

　공간군 1, 2번은 삼사정 격자에 점군 1과 $\bar{1}$가 각각 들어가서 생긴 것이다. 공간군 3번은 단순 단사정 격자에 기저로 회전축 2가 들어가서 생긴 것이다. 이 공간군은 $P2$로 표시한다. 여기서 대문자 P는 단격자 단위포를, 2는 회전축 2를 의미한다. 그림 4.51은 공간군 $P2$와 $P2_1$을 두 축이 직각이 아닌 면에 투사하여 나타낸 것이다. 투사면 위에 있는 것을 나타내기 위해 +를, 아래에 있는 것을 나타내기 위해 −를 곁에 표시하고 투사면에서의 이동을 나타내기 위해 숫자를 사용한다. 예를 들어, 1/2 + 는 투사면 위로 1/2만큼의 이동을 의미한다. 그리고 왼손 물체와 오른손 물체를 구별하기 위해 쉼표를 사용한다. 공간군 4번인 $P2_1$은 단순 단사정 격자에서 각 격자점에 기저가 21의 나사축을 가지고 있다. 그리고 그림에서 살펴보면 여러 나사축이 생기는 것을 알 수 있다.

　230공간군에서 모든 대칭 요소의 배열은 x-선 결정학 국제표(International Tables for x-ray Crystallography, Vol. I, Kynoch Press, Birmingham, England, 1962)에 나와있다. 예를 들어, 그림 4.52는 공간군 75번인 $P4$를 나타내고 있다. 그림에서 보면 표의 상단에는 공간군 기호, 쇤플리스 기호, 점군, 결정계가 적혀 있다. 그리고 조그만 원을 그린 그림에서는 일반 위치에 있는 물체와 그 물체가 공간군 대칭 요소에 의해 반복해서 만들어지는 것을 나타낸다. 오른쪽 그림은 단위포 내 대칭 요소의 위치를 보여 준다.

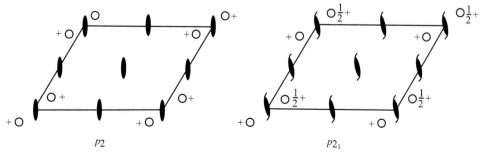

그림 4.51　3차원 공간군 $P2$와 $P2_1$. 공간군 $P2$에 나사축을 더해주면 공간군 $P2_1$이 된다.

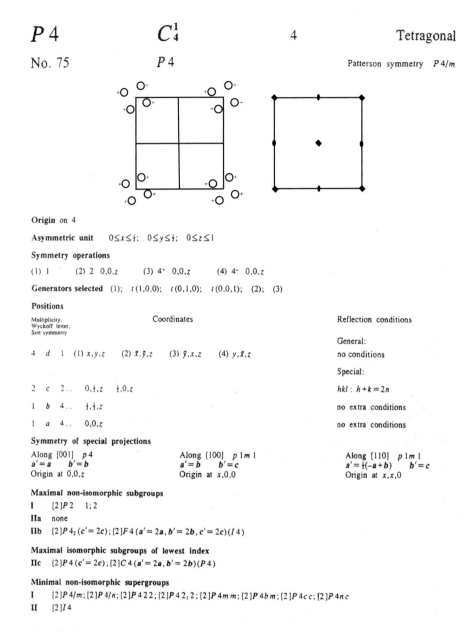

$$P\,4 \qquad\qquad C_4^1 \qquad\qquad\qquad 4 \qquad\qquad\qquad \text{Tetragonal}$$

No. 75 $\qquad\qquad P\,4$ $\qquad\qquad\qquad\qquad$ Patterson symmetry $\;P\,4/m$

Origin on 4

Asymmetric unit $\quad 0\leq x\leq\frac{1}{2};\quad 0\leq y\leq\frac{1}{2};\quad 0\leq z\leq 1$

Symmetry operations

(1) 1 $\qquad$ (2) 2 $\;0,0,z$ $\qquad$ (3) $4^+\;\;0,0,z$ $\qquad$ (4) $4^-\;\;0,0,z$

Generators selected $\;(1);\;\; t(1,0,0);\;\; t(0,1,0);\;\; t(0,0,1);\;\; (2);\;\; (3)$

Positions

Multiplicity, Wyckoff letter, Site symmetry	Coordinates			Reflection conditions
				General:
4 $\quad d \quad 1$	(1) x,y,z $\quad$ (2) $\bar{x},\bar{y},z$ $\quad$ (3) $\bar{y},x,z$ $\quad$ (4) $y,\bar{x},z$			no conditions
				Special:
2 $\quad c \quad 2\,..$	$0,\frac{1}{2},z \qquad \frac{1}{2},0,z$			$hkl:\; h+k=2n$
1 $\quad b \quad 4\,..$	$\frac{1}{2},\frac{1}{2},z$			no extra conditions
1 $\quad a \quad 4\,..$	$0,0,z$			no extra conditions

Symmetry of special projections

Along [001] $\;p\,4$ $\qquad\qquad\qquad$ Along [100] $\;p\,1m1$ $\qquad\qquad\qquad$ Along [110] $\;p\,1m1$
$a'=a \quad b'=b$ $\qquad\qquad\qquad$ $a'=b \quad b'=c$ $\qquad\qquad\qquad\qquad$ $a'=\frac{1}{2}(-a+b) \quad b'=c$
Origin at $0,0,z$ $\qquad\qquad\qquad$ Origin at $x,0,0$ $\qquad\qquad\qquad\qquad$ Origin at $x,x,0$

Maximal non-isomorphic subgroups

I $\qquad$ [2]$P\,2\quad$ 1; 2

IIa $\quad$ none

IIb $\quad$ [2]$P\,4_2\,(c'=2c)$; [2]$F\,4\,(a'=2a,b'=2b,c'=2c)(I\,4)$

Maximal isomorphic subgroups of lowest index

IIc $\quad$ [2]$P\,4\,(c'=2c)$; [2]$C\,4\,(a'=2a,b'=2b)(P\,4)$

Minimal non-isomorphic supergroups

I $\qquad$ [2]$P\,4/m$; [2]$P\,4/n$; [2]$P\,4\,2\,2$; [2]$P\,4\,2_1\,2$; [2]$P\,4\,m\,m$; [2]$P\,4\,b\,m$; [2]$P\,4\,c\,c$; [2]$P\,4\,n\,c$

II $\qquad$ [2]$I\,4$

그림 4.52 **공간군** $P4$.

    그리고 대칭을 나타내는 여러 기호들의 설명은 x-선 결정학 국제표의 1.4절에 나와 있다. 예를 들면, 투사면에 평행한 2-중 대칭축은 화살표로, 2_1나사축은 반쪽의 화살촉을 가진 화살표로 나타낸다. 투사면에 평행한 경영면은 직선을 꺾어 표시하고, 투사면에 평행한 미끄럼면은 직선을 꺾은 다음 여기에 화살표를 추가하여 표시한다.

표에서 보면 원점(origin)을 대칭축이 4인 점에 정했다는 알 수 있다. 비대칭 단위 (asymmetric unit)는 단위포의 체적을 일반 극점의 겹침수로 나누어준 공간에 해당하는 것으로, 이 비대칭 단위를 가지고 공간군의 대칭 작동을 하면 전체 결정 구조를 만들어 낼 수 있다. 일반 극점 또는 위치의 겹침수가 여기서는 4이므로 비대칭 단위는 단위포 체적의 1/4에 해당한다.

공간군 $P4$의 위치는 그림 4.49의 면군 $p4$에서 나온 각 위치에 일반 z 좌표만 추가 한 것으로 생각할 수 있다. 겹침수나 대칭도 그림 4.49에서 설명한 바와 같다. 바이코프 기호는 대칭이 높은 것부터 아래에서 차례로 a, b, c, …로 표시하였다. 제일 위에 있는 줄은 점군 1을 지닌 위치로 일반 위치에 대한 정보를 나타내 준다. 일반적으로는 공간 군에서의 위치가 면군에서의 위치보다 많다. 이러한 정보와 등가점의 등급인 겹침수를 알면 단위포 내에 원자들을 배열할 수가 있다. 분자식이 AB_2C_4이고 공간군이 $P4$인 어 떤 화합물이 단위포당 한 분자식씩 들어 있다고 가정하자. C 원자가 들어갈 곳은 등가 점 겹침수가 4인 일반 위치 x, y, z뿐이다. A 원자에 대해서는 겹침수가 1인 위치가 0, 0, z와 1/2, 1/2, z 두 곳이므로 이 중 한곳에 들어갈 수 있다. B 원자는 겹침수가 2인 위치인 1/2, 0, z와 0, 1/2, z에 들어간다.

다른 한 예로 공간군 $Pm3m$인 $BaTiO_3$를 보자. 공간군 $Pm3m$은 공간군 221번이다. 공간군 221번의 등가점 표를 보면 아래에서부터 $1a$ 0, 0, 0, $1b$ 1/2, 1/2, 1/2, $3c$ 0, 1/2, 1/2; 1/2, 0, 1/2; 1/2, 1/2, 0, $3d$ 1/2, 0, 0; 0, 1/2, 0; 0, 0, 1/2이므로, Ba는 $1a$ 위치에 Ti는 $1b$ 위치에(또는 Ba는 $1b$ 위치에 Ti는 $1a$ 위치에) 그리고 O는 $3c$ 위치 또는 $3d$ 위치에 들어갈 수 있다. 그림 2.20의 페로브스카이트 구조인 $BaTiO_3$는 Ba가 $1b$의 위치에 Ti가 $1a$의 위치에 그리고 O가 $3d$의 위치에 들어가도록 하여 그린 결정 구조이다.

그림 4.52에서 회절 조건은 x-선이나 전자의 운동학적(kinematical) 회절에서 회절 점 의 소멸 여부를 나타내는 조건이다. 여기에서 일반은 일반 위치에 원자가 위치하였을 때 그리고 특수는 원자가 특수한 위치에 있을 때의 회절 조건이다. 특정 방향으로 투사 대칭은 특정 방향으로 투사하였을 때의 면군, 단위포, 원점을 나타낸다. 최대 부분군 (subgroup)과 최소 모군(supergroup)은 점군의 상하군 관계를 나타낸 것이다. 부분군과 모군 정보를 이용하면 규칙 – 불규칙 변태와 같이 대칭 요소가 줄어드는 상변태에서 미 세구조의 변화를 잘 이해할 수 있다.

1   표준 입방 [001] 평사 투영도를 그리고, 투영도를 사용하여 다음 문제의 답을 구하고, 계산으로도 구하시오. 투영도에 답을 얻는 과정을 나타내시오.

   (a) $[0\bar{1}1]$과 $[012]$ 사이의 각

   (b) $(1\bar{1}0)$과 (113) 사이의 각

   (c) $(\bar{1}20)$과 $(\bar{1}21)$ 면의 형적

   (d) $(4\bar{1}1)$과 $(1\bar{2}2)$ 면의 교차선

   (e) $(01\bar{1})$과 $(\bar{1}1\bar{2})$면의 정대 축

   (f) 면심 입방인 경우 (111)면에 있는 조밀 방향과 (111)면의 형적

2   표준 입방 [001] 평사 투영도에 {100}, {110}과 {111}면의 형적을 모두 나타내시오. 면심 입방인 경우 조밀 충전면과 조밀 충전 방향을 표시하고, 면과 방향의 개수를 계산하시오.

3   표준 입방 [112]와 [113] 평사 투영도에 {100}, {110}과 {111} 극점을 모두 나타내고 극점의 지수를 표시하시오.

4   투영도의 기본원 위에 두 극점 001과 111이 있다. 투영도의 투사축을 구하시오.

5   $a = 0.1$ nm, $b = 0.2$ nm, $c = 0.4$ nm인 사방정의 [001] 평사 투영도에 {100}, {010}, {001}, {110}, {101}, {011}, {111} 극점을 그리시오.

6   표준 입방 [001]와 [110] 평사 투영도에 {100}, {110}과 {111} 극점을 모두 나타내고 극점의 지수를 표시하시오.

   (a) (111)과 (110)의 정대축을 두 투영도에서 구하고, 바이스 정대 법칙으로도 구하시오.

   (b) (101)과 (110)의 정대축을 두 투영도에서 구하고, 바이스 정대 법칙으로도 구하시오.

   (c) [001] 투영도를 회전하여 [110] 투영도를 만들 때 회전축을 계산으로 구하고, 투영도에 표시하시오.

   (d) 어떤 입방 결정의 점군이 $m3m$이다. 모든 회전 대칭축과 경영면을 두 평사 투영도에 나타내시오.

7   지구를 평사 투영하여 울프망을 이용해 보자.

(a) 북극이 투영도의 중심이 되고 적도가 기본원이 되도록 서울(북위 37.5, 동경 127)과 파리(북위 48, 동경 3)를 투영도에 표시하고 두 지점을 지나는 제일 짧은 비행 경로인 대원을 그리시오.

(b) 서울과 남반구에 있는 상파울루(남위 23, 서경 47)를 투영도에 표시하고 제일 짧은 비행 경로를 새로운 투영도에 그리시오.

(c) 지구 반경이 6400 km라고 할 때, 서울과 파리, 서울과 상파울루 사이의 거리를 계산하시오.

(d) 서울에서 파리로 제일 짧은 경로로 비행하고자 할 때 비행기의 기수는 북쪽에서 어느 쪽으로 몇 도 방향으로 가야 하는가?

8   직각으로 만나는 두 경영면은 2-중 대칭축을 만든다라는 것을 보이시오.

9   회전축 1, 2, 3, 4, 6에 해당하는 회반축과 회경축의 동가 일반 방향의 극점을 평사 투영도에 그리고 같은 것끼리 표시를 하시오.

10   다음 점군의 대칭축과 동가 일반 방향 극점의 평사 투영도를 그리시오.

(a) 234

(b) 233

11   다음 점군의 대칭축과 동가 일반 방향 극점의 평사 투영도를 그리시오.

(a) $\bar{3}m$

(b) $m3$

(c) $\bar{4}2m$

12   다음과 같은 다면체의 꼭지점에 원자가 있다. 이 다면체의 점군을 구하고, 대칭축과 동등 일반 방향 극점의 평사 투영도를 그리시오.

(a) 정사면체   (b) 정팔면체

(c) 정육면체   (d) 직육면체

(e) 정12면체(dodecahedron)   (f) 정20면체(icosahedron)

13 아래 그림과 같은 육각 프리즘의 중심에 있는 점군을 구하고, 대칭
    축과 동등 일반 방향 극점의 평사 투영도를 그리시오.

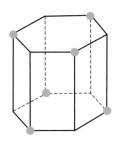

14 다음의 점군을 구하시오.

(a) 야구공   (b) 축구공   (c) 농구공

15 다음 분자에서 점군을 구하시오.

(a) 그림 1.25의 물 분자   (b) 벤젠   (c) NH_3

(d) CH_4 (e) C_2H_4 (f) HF

(g) Cl_2

16 아래 구조의 다음 위치에서 점군을 구하시오.

(a) 체심 입방 구조의 체심   (b) 면심 입방 구조의 0, 0, 0

(c) 면심 입방 구조의 면심   (d) 육방 조밀 충전의 1/3, 2/3, 1/2

(e) 육방 조밀 충전의 0, 0, 0   (f) Si의 0, 0, 0

(g) 염화나트륨 구조의 Na

17 2, 2_1, 3_1, 3_2, n, d를 그리고 회전 대칭은 순수 회전 대칭과 비순수 회전 대칭으로 구분하
    시오.

18 4_2, 6_1, 6_2, 6_3, 6_4 나사축을 그리고 격자점을 표시하시오.

(a) 2차원에서 서로 접하고 있는 같은 크기의 원 세 개가 있다. 여기에 있는 대칭 요소
    를 그리고 표시하시오. 또 이것의 점군을 알아내시오.

(b) $a = b$, $\gamma = 120°$인 육각형 격자의 단격자 단위포를 그리고, 단위포에 있는 회전 대
    칭축, 경영면, 미끄럼면을 모두 그리시오.

(c) 단위포에 경영 대칭이 생기지 않도록 격자점에 (a)의 원 세 개가 들어가도록 그리
    고, 단위포에 있는 회전 대칭축, 경영면, 미끄럼면을 모두 그리시오.

(d) 단위포에 경영 대칭이 생기도록 격자점에 (a)의 원 세 개가 들어가도록 그리고, 단
    위포에 있는 회전 대칭축, 경영면, 미끄럼면을 모두 그리시오.

19 그림 5.5를 2차원 결정으로 가정하고 다음 질문에 답하시오.

(a) 격자점을 표시하시오.

(b) 두 격자점이 들어 있는 단위포를 만들고, 단위포 내에 있는 모든 대칭 요소를 기호를 사용하여 표시하시오.

(c) 2차원 면군은 무엇인지 답하시오.

20 세슘의 공간군은 $Im3m$이고 염화세슘의 공간군은 $Pm3m$이다. 두 공간군에서 유사점과 차이점을 설명하시오.

21 상온에서 안정한 백색 주석의 공간군은 $I4_1/amd$이다. 체심 정방 격자에 기저로 0, 0, 0와 0, 1/2, 1/4에 원자가 있고 c/a는 0.545이다.

(a) 단위포를 그리시오.

(b) 4_1나사축의 위치를 그리시오.

(c) 첫 번째 최인접 원자와 거리와 두 번째 최인접과의 거리비가 0.95인 것을 보이시오.

22 어떤 2차원 결정이 면군 cm을 가지고 있다. 면군 cm에서 바이코프 기호가 a인 위치는 0, y이고 겹침수는 2 위치 대칭은 m이고, 바이코프 기호가 b인 위치는 $x, y; -x, y$이고 겹침수는 4 위치 대칭은 1이다.

(a) A 원자가 $2a$ 위치($y = 0.4$)에, B원자가 $4b$ 위치($x = 0.2$, $y = 0.1$)에 있는 단위포를 그리시오.

(b) (a)의 단위포에서 비대칭 단위는 단위포의 몇 %인지 답하시오.

(c) (a)의 단위포에서 기저를 원자의 종류와 단위포의 좌표로 표시하시오.

23 공간군 $I4$에 대해 다음 물음에 답하시오.

(a) 점군과 브라배 격자는 무엇인가?

(b) 공간군의 일반 위치에 있는 물체 하나에서 시작하여 대칭으로 만들어지는 물체 모두를 그림으로 나타내고, 좌표로도 표시하시오.

(c) 단위포에 있는 회전축과 나사축을 표시하시오.

(d) 특수 위치의 대칭, 겹침수와 좌표를 표시하시오.

(e) 같은 원자가 단위포에 들어갈 수 있는 최대의 수와 최소의 수는 각각 및 개인가?

24 공간군 $P4_1$과 $P4_2$에 대해 다음 물음에 답하시오.

   (a) 점군과 브라배 격자는 무엇인가?

   (b) 공간군의 일반 위치를 그림으로 나타내고, 좌표로도 표시하시오.

   (c) 단위포에 있는 대칭 요소를 표시하시오.

   (d) 특수 위치의 대칭, 겹침수와 좌표를 표시하시오.

25 공간군 $P6$와 $P6_3$에 대해 다음 물음에 답하시오.

   (a) 점군과 브라배 격자는 무엇인가?

   (b) 공간군의 일반 위치를 그림으로 나타내고 좌표로도 표시하시오.

   (c) 단위포에 있는 회전축과 나사축을 표시하시오.

   (d) 특수 위치의 대칭, 겹침수와 좌표를 표시하시오.

26 공간군 $Pmm2$에 대해 다음 물음에 답하시오.

   (a) 점군과 브라배 격자는 무엇인가?

   (b) 공간군의 일반 위치를 그림으로 나타내고 좌표로도 표시하시오.

   (c) 단위포에 있는 회전축과 경영면을 표시하시오.

   (d) 특수 위치의 대칭, 겹침수와 좌표를 표시하시오.

27 방해석(calcite, $CaCO_3$)의 공간군은 번호 167번인 $R\bar{3}c$이다. x-선 결정학 국제표를 찾아보고 Ca, C, O의 위치를 정하고, 위치의 대칭을 조사하시오.

The Crystal Structure of Materials

CHAPTER 05

결정 구조

1 금속과 원소의 구조

금속은 가능한 한 조밀 충전을 하려 하므로 조밀 충전 구조인 면심 입방이나 육방 조밀 충전 구조 또는 체심 입방 구조를 지닌다. 이들 외의 구조를 가지는 금속은 망간(Mn), 갈륨(Ga), 인듐(In), 주석(Sn), 비소(As), 프로토악티늄(Pa), 수은(Hg), 우라늄(U), 플루토늄(Pu) 등이 있다.

1) 면심 입방 구조

면심 입방의 공간군 기호는 $Fm3m(= F4/m\bar{3}\,2m)$이다. 면심 입방의 점군은 $m3m$으로 기호의 가운데 3-중 축이 있으므로 결정계가 입방정임을 말해주고, 공간군 기호에서 F가 있으므로 브라배 격자는 면심 입방이다. <100> 방향으로 4-중 축과 이 축에 수직한 경영 대칭면이 있다. <111> 방향으로는 $\bar{3}$ 대칭축이 있고 <110> 방향으로는 2-중 대칭축과 이 축에 수직한 경영 대칭면이 있다.

각 격자점에는 원자 하나가 들어 있다. 그림 2.37은 격자상수 a인 단위포를 그린 것이다. 단위포에서 원자의 좌표는 (0, 0, 0), (1/2, 1/2, 0), (1/2, 0, 1/2)과 (0, 1/2, 1/2)이다. 단위포당 원자수는 4개이다. 각 원자는 $a/\sqrt{2}$ 거리에 12개 최인접 원자를 가지고 있어 배위수는 12이다. 이 구조는 면심 입방 격자의 각 격자점이 중심인 같은 크기의 구가 인접 구와 서로 접촉 상태로 있는 구조로 생각할 수 있다. 구의 반경이 R이라면 격자상수 $a = 2\sqrt{2}\,R$이다. 단위포에서 구가 차지하는 분율은 약 74%이고 이것을 채움률이라 한다. 이 채움률 74%는 같은 크기의 구가 차지할 수 있는 최대 채움율이다.

격자에서 <110> 방향을 따라 구가 서로 접촉하고 있는데 이 방향이 최조밀 방향이다. 격자에는 모두 12개의 최조밀 방향이 있다. 원자가 각 격자점에 있을 때 3－중 대칭축에 수직인 {111} 면에서는 각 원자의 중심이 정삼각형의 꼭지점이 된다. 원자가 반경 $a/2\sqrt{2}$ 인 구라면 {111} 면의 모습은 그림 2.33과 같이 서로 접하는 원들로 나타난다.

면에서 중앙에 있는 구는 같은 거리에 있는 6개의 구로 둘러싸여 있다. 이런 방법의 충전이 평면에서의 조밀 충전 방법이며 이때의 평면에서 배위수는 6이다. 따라서 이 {111} 면이 조밀 충전면이 된다. $h\,k\,l$ 과 $\overline{h}\,\overline{k}\,\overline{l}$ 을 같다고 생각하면 결정에는 4개의 {111} 면이 있고, 각 면은 3개의 조밀 충전 방향을 포함하고 있다. {111} 면 간격은 $a/\sqrt{3} = 2\sqrt{2/3}\,R$ 로 {111} 면 위에서 원자 간격의 $\sqrt{2/3}$ 배이다. 그림과 같이 원자의 중심이 (111) 면에서 A 와 같은 점을 차지하고 있다고 생각해 보자. 아래나 위에 있는 (111) 면의 원자 중심을 점 A 가 있는 (111) 면에 투사하면 그 원자 중심들은 점 B 나 C 를 차지하게 된다. 그림에서 점 B 가 중심인 구를 점선으로 표시하였다. 면심 입방 결정은 이와 같은 (111) 면이 [111] 방향으로 적층 순서 $ABCABCABC\cdots$ 를 만들면서 조밀 충전으로 적층되어 있다. 적층 순서가 $ACBACBACB\cdots$ 로 되어 있어도 같은 면심 입방 결정 구조를 만든다.

면심 입방 결정에서 모든 원자는 거리 $a/\sqrt{2} = 2R$ 에 12개의 첫 번째 최인접 원자를 가지고 있다. 두 번째 최인접 원자는 거리 $a = 2\sqrt{2}$ 에 6개가 있고, 세 번째 최인접 원자는 거리 $\sqrt{3/2}\,a = 2\sqrt{3}\,R$ 에 24개가 있으며, 네 번째 최인접 원자는 거리 $\sqrt{2}\,a = 2\sqrt{4}\,R$ 에 12개가 있다.

다수의 결정 구조에서 한 종류의 원자는 면심 입방 배열을, 나머지 원자는 공극 (interstice)에 들어가는 배열을 하기 때문에 원자 구조가 구의 충전으로 이루어져 있다고 생각하면 구 사이에 만들어지는 공극의 크기가 매우 중요하다. 이 크기는 면심 입방 원자 사이로 침입형 원자(interstitial atom)가 확산할 때 큰 영향을 미치기도 한다.

제일 큰 공극은 단위포에서 좌표 (1/2, 1/2, 1/2)과 동등 위치인 (0, 1/2, 0), (0, 0, 1/2), (1/2, 0, 0)에 위치한다(그림 5.1(a)). 이 공극은 단위포당 4개가 있고 따라서 격자당 하나씩 있는 셈이 된다. 격자에 있는 반경 R 인 구의 배열을 흐트리지 않고 공극에 들어갈 수 있는 구의 최대 반경은 $r = (\sqrt{2} - 1)R$ 이다. 이 공극에 있는 구는 주위에 6개의 최인접 구를 가지고 있어, 주위의 구가 8면체의 배열을 하고 있기 때문에 이 공극 위치

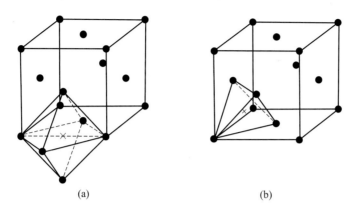

그림 5.1   (a) 면심 입방 구조에서 가장 큰 침입형 자리, (b) 면심 입방 구조에서 두 번째로 큰 침입형 자리.

를 팔면체 자리(octahedral site)라 한다. 제일 큰 공극의 위치인 팔면체 자리는 면심 입방 격자를 이룬다.

두 번째로 큰 공극은 좌표 (1/4, 1/4, 1/4)과 동등한 위치에 있다(그림 5.1(b)). 이 공극에 들어갈 수 있는 최대 구의 반경은 $r = (\sqrt{3/2} - 1)R = 0.225R$이고, 공극 주위에 4개의 구가 있다. 이 4개의 구는 사면체 배열을 이루기 때문에 이 위치를 사면체 자리 (tetrahedral site)라 한다. 단위포당 사면체 자리가 8개 있고 격자당 2개가 있는 셈이 된다. 이 사면체 자리는 단순 입방 격자를 이룬다.

면심 입방 구조를 갖는 결정들로는 귀금속류인 Cu, Ag, Au이고 원자가 금속인 Al, Pb, 전이 금속인 Co, Ni, Rh, Pt, Pd, Ir과 불활성 원소인 Ne, Ar, Kr, Xe 등이 있다.

2) 육방 조밀 충전 구조

육방 조밀 충전 구조(그림 2.34)의 브라배 격자는 단순 육방정이고, 각 격자점당 2개의 원자가 좌표 (0, 0, 0)과 (2/3, 1/3, 1/2)에 있다. 공간군 기호는 $P6_3/mmc$이고 점군은 $6/mmm$이다.

나사축 6_3은 단위포에서 위치 $\frac{1}{3} \frac{2}{3} z$에 있다. 6_3는 c축 방향으로 60° 회전 대칭과 $\vec{r}/2$ 병진 대칭 작동이 결합한 대칭을 나타낸다. 그림 5.2에서 (a)는 6_3 나사축을 보여주고, (b)는 세 원자층을 c축에 수직한 (0001) 면에 투사한 그림으로 여기서 숫자는 원자의 높이를 나타낸다.

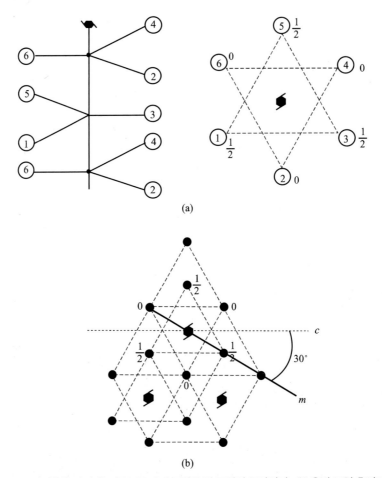

그림 5.2 (a) 6_3 나사축을 나타낸 그림으로 아래 그림은 위 그림의 투사이다. (b) 육방 조밀 충전의 세 원자층 을 (0001) 면에 투사한 그림.

그림에서 보면 6_3 나사축이 있음을 알 수 있다. 또한 $6_3/m$에서 나사축에 수직한 (0001) 면이 경영 대칭면으로 되어 있다. a축 방향에 수직한 경영 대칭면이 있고, a축 과 30°를 이루는 방향에 수직한 c 미끄럼면이 있다.

육방 조밀 충전 구조를 같은 크기의 구가 충전되어 이루어졌다고 생각하면 각 구는 12개의 최인접 구을 가진다. 그리고 축비 c/a는 $\sqrt{8/3} = 1.633$이 된다. 채움률은 면심 입방과 같이 0.74이다. (0001) 면의 적층 순서는 앞에서 나온 바와 같이 $ABABAB\cdots$ 또는 $ACACAC\cdots$가 된다. 축비 c/a가 조밀 충전 때의 이상적인 값을 가질 경우 {0001} 면에서 <$11\bar{2}0$>이 조밀 충전 방향이다.

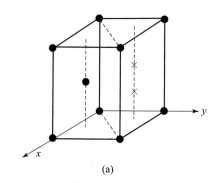 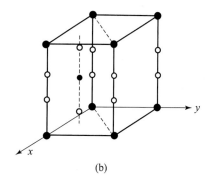

(a)   (b)

그림 5.3   육방 조밀 충전에서 침입형 자리.
가장 큰 침입형 자리는 ×로 표시하고 두 번째 큰 침입형 자리는 흰 원으로 표시하였다.

제일 큰 공극의 좌표는 그림 5.3(a)와 같이 (1/3, 2/3, 1/4)와 (1/3, 2/3, 3/4)이고, 이 공극에 들어갈 수 있는 최대 구의 반경은 $r = (\sqrt{2}-1)R = 0.414R$이다. 이 공극 주위에는 6개의 원자가 있어 팔면체를 이루기 때문에 팔면체 자리라 하며, 단위포당 2개의 자리가 있다. 두 번째로 큰 공극은 사면체 위치인 좌표 (0, 0, 3/8), (0, 0, 5/8), (2/3, 1/3, 1/8) , (2/3, 1/3, 7/8)로 단위포당 4개가 있다(그림 5.3(b)). 이 공극 위치에 들어갈 수 있는 다른 구의 최대 반경은 $(\sqrt{3/2}-1)R = 0.225R$이다.

육방 조밀 충전 구조를 가진 금속으로는 2가 금속인 Be, Mg, Zn, Cd과 희토류 금속 및 전이 금속인 Sc, Ti, Y, Zr 등이 있다. 이들 금속의 축비 c/a는 이상적인 축비인 $\sqrt{8/3} = 1.633$과는 대개 약간 다르다. 코발트(Co)가 이상적인 축비에 제일 가까운 값을 지닌다.

3) 체심 입방 구조

체심 입방의 공간군 기호는 $Im3m$이며 완전한 기호 표기는 $I4/m\bar{3}\,2/m$이다. 점군은 $m3m$으로 기호의 가운데 3-중 축이 있으므로 결정계가 입방정임을 말해 주고, 공간군 기호에서 I가 있으므로 브라배 격자는 체심 입방이다. 면심 입방과 같이 <100>으로 4-중 축과 이 축에 수직한 경영 대칭면이 있다. <111> 방향으로는 $\bar{3}$ 대칭축이 있고 <110> 방향으로는 2-중 대칭축과 이 축에 수직한 경영 대칭면이 있다.

그림 5.4는 격자상수가 a인 체심 입방의 단위포를 보여 주는데, 격자점은 좌표 (0, 0, 0), (1/2, 1/2, 1/2)의 위치에 있어 단위포당 2개의 격자점을 가진다. 각 격자점당 1개의 원

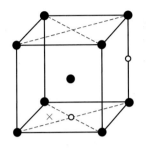

그림 5.4   체심 입방 구조에서 가장 큰 침입형 자리(×)와 두 번째로 큰 침입형 자리(흰 원).

자가 있다. 이 구조가 같은 크기의 구로 이루어졌다면 이 구의 반경은 $R = (\sqrt{3}/4)a$이다. <111> 방향이 최조밀 방향이고 8개의 방향이 있다. 채움률은 $\pi(\sqrt{3}/8) = 0.68$이다.

최인접 원자는 거리 $(\sqrt{3}/2)a = 2R$에 8개가 있고, 두 번째 최인접 원자는 거리 $a = (4/\sqrt{3})R = 2.309R$에 6개가 있다. 두 번째 최인접 원자간의 거리는 면심 입방 구조의 두 번째 최인접 원자간의 거리 $2\sqrt{2}R = 2.828R$보다 가깝다. 그리고 세 번째 최인접 원자는 거리 $\sqrt{2}a = 4\sqrt{2/3}R$에 12개가 있다. 이 구조에서 조밀 충전면은 없고 {110} 면의 충전 밀도가 가장 높다.

이 구조가 구로 이루어져 있을 때 제일 큰 공극은 그림 5.4에 나와 있는 좌표 (1/2, 1/4, 0)과 이와 동등한 위치에 있다. 단위포당 12개가 있으므로 격자당 6개가 있는 셈이 된다. 이 공극에 들어갈 수 있는 최대 구의 반경은 $r = (\sqrt{5/3} - 1)R = 0.288R$이다. 이 공극의 크기는 면심 입방 구조에서 제일 큰 공극의 크기($r = (\sqrt{2} - 1)R = 0.414R$)보다 작다. 공극 주위에 4개의 원자가 있어 사면체 자리를 만드나 이 사면체가 정사면체는 아니다.

두 번째로 큰 공극은 그림 5.4에 있는 좌표 (1/2, 1/2, 0)과 이와 동등한 위치에 있다. 면의 중심에 $6 \times 1/2$개, 모서리에 $12 \times 1/4$개가 있어 단위포당 6개가 있고 격자점당 3개가 있는 셈이 된다. 이 공극에 들어갈 수 있는 제일 큰 구의 반경은 $r = (2/\sqrt{3} - 1)R = 0.15R$이고 주위에 원자가 6개가 있어 팔면체가 되나, 공극의 중심에서 원자까지의 거리가 두 가지가 있으므로 찌그러진 팔면체가 된다.

체심 입방 구조를 갖는 금속으로는 알칼리 금속인 Li, Na, K, Rb, Cs과 전이 금속인 V, Cr, Nb, Mo, W, Ta, Fe, Ti, Zr 등이 있다.

4) 다른 원소의 구조

(1) 다이아몬드 구조

공간군 기호는 $Fd3m$이고 브라배 격자는 면심 입방이며 격자점당 기저로 좌표 (0, 0, 0), (1/4, 1/4, 1/4)에 각각 한 원자가 있다(그림 2.13). 최인접 원자까지의 거리가 $(\sqrt{3}/4)a$이며 주위의 원자는 정사면체를 이루고 있어 배위수는 4이다.

그림 5.5는 다이아몬드 구조의 $(11\bar{2})$면 위에 투사로 (111) 면의 적층 순서는 $CAABBCCAABBC\cdots$이다. {111} 면을 보면 {111}에는 원자의 중심이 정삼각형 망의 꼭지점에 자리하게 된다. 원자 채움률은 $\sqrt{3}\pi/16=0.34$로 빈 공간이 비교적 많은 구조이다. 이 채움률은 체심 입방의 채움률 0.68의 절반값이다.

다이아몬드 구조를 갖는 원자로는 다이아몬드 외에 Si, Ge, Sn 등이 있다.

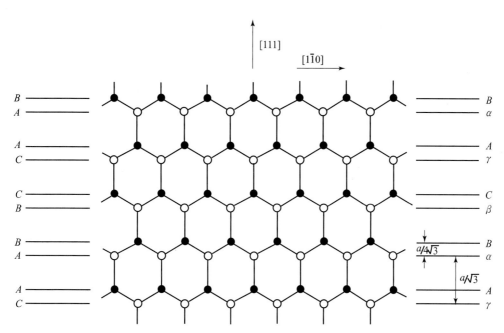

그림 5.5　다이아몬드와 스팔러라이트(α-ZnS) 구조에서의 (111) 면들의 적층.
원자 위치는 $(11\bar{2})$ 면 위에 투사되어 있다. 다이아몬드 구조에서 검은 원과 흰 원은 각각 같은 원자를 나타낸다. 정삼각형 망의 적층 순서가 다이아몬드 구조에 대해서는 왼쪽에, 스팔러라이트 구조에 대해서는 오른쪽에 표시되어 있다.

(2) 흑연 구조

흑연 구조는 육방 조밀 충전과 같은 공간군 194번인 $P6_3/mmc$를 가진다. 육방 조밀 충전에서는 $2c$ 위치인 1/3, 2/3, 1/4과 2/3, 1/3, 3/4 위치에 원자가 들어가 단위포당 2개의 원자가 있고, 흑연에서는 $2b$ 위치인 0, 0, 1/4과 0, 0, 3/4에 그리고 $2c$ 위치인 1/3, 2/3, 1/4와 2/3, 1/3, 3/4에 원자가 들어가 단위포당 4개의 원자가 있다. 또는 흑연 구조의 브라배 격자는 단순 육방정이고 격자점당 좌표 (0, 0, 0), (0, 0, 1/2), (1/3, 2/3, 0)과 (2/3, 1/3, 1/2)에 하나씩 모두 4개의 원자를 지닌다(그림 5.6(a))라고 생각해도 된다.

(0001) 면에서 원자들의 배열을 그린 것이 그림 3.1이고, 여기에서 원자들은 정육각형의 꼭지점을 차지한다. 그림 5.6(a)와 같이 한 층 육각형 꼭지점의 반이 아래와 위에 있는 층의 육각형 가운데에 오도록 쌓여 전체 구조를 이룬다. (0001) 면의 적층 순서는 $ABABAB\cdots$또는 $ACACAC\cdots$를 이룬다. 여기서 알파벳 A, B, C는 육각형의 꼭지점에 원자가 있는 층을 나타낸다.

각 층에서 원자는 거리 $a/\sqrt{3}$에 3개의 최인접 원자를 가지고 있다. 최인접 원자간 거리는 0.142 nm이고, 층간의 거리는 0.335 nm로 격자상수 c의 반이다. 그러므로 흑연은 한 층 내의 원자들끼리는 강한 결합으로, 층과 층 사이의 원자들 사이에는 약한 결합을 이루고 있는 층상 구조이다. 이런 구조로 인해 흑연은 마찰계수가 작고, 전기 전

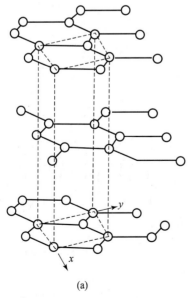

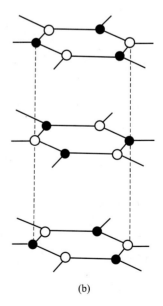

(a)   (b)

그림 5.6   (a) 흑연 구조, (b) 질화보론(BN) 구조.

도성이 있으며 검은 색을 띠고 있다.

이 육방정 흑연 결정은 낮은 온도에서 변형이 일어나 육각형 층의 적층 순서가 $ABCABC\cdots$ 또는 $CBACBACBA\cdots$로 바뀌면 찌그러뜨린 면심 입방 구조의 적층 순서를 가진 공간군 $R\bar{3}m$인 삼방정 흑연 결정이 된다.

육방정 질화보론(BN)의 결정 구조(그림 5.6(b))는 흑연과 유사하며 같은 공간군 194번으로 2c 위치인 1/2, 2/3, 1/4과 2/3, 1/3, 3/4에 B 원자가, $2d$ 위치인 1/3, 2/3, 3/4와 2/3, 1/3, 1/4에 N 원자가 들어가 단위포당 4개의 원자를 지니고 있다. 그림에서와 같이 원자들은 육각형으로 이루어진 층에서 꼭지점의 반을 B 원자가, 나머지 반을 N 원자가 차지한다. [0001] 축을 따라 다른 원자가 서로 교대로 배열되면서 적층 순서는 $AAAAAAA\cdots$가 된다.

이와 같이 육방정 질화보론은 구조적으로 흑연과 상당히 유사하여 백색 흑연이라고도 하며 윤활제로 쓰인다.

(3) 기타 원소

수은은 공간군이 $R\bar{3}m$이고 브라배 격자는 단순 삼방정이며 각 격자점당 원자가 하나씩 있다. 수은의 결정 구조는 면심 입방 구조를 체심 대각선 방향으로 찌그러뜨린 구조이다(그림 5.7(a)). (111) 면에 있는 원자의 배열은 정삼각형 망을 형성하나 이 면에서 조밀 충전을 이루지는 않는다. 최인접 원자는 (111) 면에 있는 원자가 아니고 (111) 면의 아래나 위 면에 있는 원자이다. 최조밀 방향은 단순 삼방정의 <100> 방향이다.

비소(As), 안티몬(Sb), 비스무스(Bi)의 공간군은 $R\bar{3}m$이고 브라배 격자는 단순 삼방정이며 각 격자점당 2개의 원자가 배열되어 있다(그림 5.7(b)). 원자의 좌표는 $\pm(u, u, u)$이다. 여기서 u는 1/4보다 약간 작다. 그림에서와 같이 [111] 방향에 수직한 면을 생각하면 이 면의 적층 순서는 $BA\ CB\ AC\ BA\cdots$가 되고 각 층은 정삼각형 망으로 되어 있고 꼭지점에 원자가 들어있다.

인듐(In)의 결정 구조는 면심 입방 구조와 유사하다. 공간군은 $I4/mmm$이고 브라배 격자는 체심 정방정으로 c/a가 1.52이다. 또한 이 구조를 가상의 공간군 $F4/mmm$인 면심 정방정으로 생각하면 축비 c/a가 1.08이다. 폴로니움(Po)은 원자가 정육면체의 꼭지점을 차지하고 있는 단순 입방 구조를 지니고 있다.

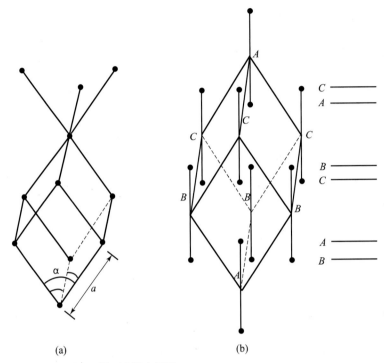

(a)   (b)

그림 5.7   (a) 수은(Hg) 구조, (b) 비소(As) 구조.

2 화합물의 구조

1) 염화나트륨(NaCl) 구조

공간군은 면심 입방 구조와 같은 225번인 $Fm3m(= F4/m\bar{3}\,2m)$이다. 면심 입방 구조에서는 $4a$ 위치인 0, 0, 0과 그 면심 병진(face-centered translation) 자리에 원자가 있는 반면에, 염화나트륨 구조에서는 $4a$인 0, 0, 0과 그 면심 병진 자리에 Na가 그리고 $4b$ 위치인 1/2, 1/2, 1/2과 그 면심 병진 자리에 Cl이 들어 있다. 또는 면심 입방 브라배 격자에 격자점당 Na 원자가 좌표 (0, 0, 0)에, Cl 원자가 좌표 (0, 0, 1/2)에 위치한 기저가 들어가 구조를 만든다고 생각해도 된다. 한 종류의 원자가 면심 입방 격자에 위치하고 다른 한 종류의 원자가 제일 큰 공극인 팔면체 자리에 위치하여 면심 입방 부격자를 만든다(그림 2.56). 각 원자의 배위수는 6이고 주위의 원자는 정팔면체의 꼭지점에 있게 된다. 단위포당 각 원자가 4개씩 들어있다.

각 {111} 격자면에서 각 원자는 정삼각형 망을 형성한다. 두 종류의 원자 층이 있으므로 각 종류의 원자 층을 그리스 문자와 로마 문자로 각각 나타내면 [111] 방향으로의 적층 순서는 $A\gamma\,B\alpha\,C\beta\,A\gamma\,B\alpha\,C\beta\cdots$가 된다. 같은 알파벳으로 표시된 글자 사이의 면 간격인 {111} 면 간격은 $a/\sqrt{3}$이다.

AB형 화합물의 약 1/3이 염화나트륨 구조를 갖는다. CsCl, CsBr, CsI를 제외한 대부분의 알칼리 할로겐화물과 Mg, Ca, Sr, Ba, Pb, Mn의 황화물, 셀렌화물(selenide), 텔루륨화물(telluride)의 대부분은 염화나트륨 구조를 지닌다. 또한 Mg, Ca, Sr, Ba, Cd, Ti, Zr, Mn, Fe, Co, Ni, U의 산화물 AO와 TiC, TiN, TaC, ZrC, ZrN, UN, UC와 같은 전이 금속의 탄화물과 질화물도 염화나트륨 구조를 갖는다.

2) 염화세슘(CsCl) 구조

공간군은 $Pm3m$이며 단순 입방 격자에 각 격자점당 한 원자가 좌표 (0, 0, 0)에, 다른 한 원자가 좌표 (1/2, 1/2, 1/2)에 들어가는 구조이다(그림 2.60). 각 원자의 배위수는 8이며 최인접 원자까지의 거리는 $\sqrt{3}\,a/2$이다.

같은 구조의 화합물로는 CsBr, CsI와 금속간 화합물 CoBr, NiAl, CuBe, CuZn, FeAl, AgCd, AgMg, β-황동(brass) 등이 있다.

이들 CsBr, CsI, CoBr, NiAl, CuBe, CuZn, FeAl, AgCd, AgMg, β-황동과 같이 구성 원소는 다르나 같은 결정 구조를 가지고 있는 것을 동형(isomorphism)이라 한다.

3) 스팔러라이트(sphalerite, α-ZnS) 구조

이 구조는 징크블렌드(zinc blende) 구조라고도 한다. 공간군은 $F\bar{4}3m$이고 면심 입방 격자의 격자점당 한 종류의 원자는 (0, 0, 0)에, 다른 한 종류의 원자는 (1/4, 1/4, 1/4)에 위치한다(그림 2.50). 스팔러라이트 구조에서 두 종류의 원자가 한 종류로 대치되었을 때 만들어지는 구조가 앞에서 살펴본 다이아몬드 구조이다. 스팔러라이트 구조에서 각각의 원자는 면심 입방 격자를 지니고 면심 입방 구조의 두 번째 큰 공극인 사면체 자리의 반에 다른 원자가 자리한다. 각 원자의 배위수는 4이고 최인접 원자는 거리 $\sqrt{3}\,a/4$에서 정사면체의 꼭지점 위치에 자리한다.

(111) 면의 적층은 다이아몬드와 같은 모양으로 배열되어 있으나 다이아몬드 구조와

달리 다른 원소로 된 원자층이 교대로 배열되어 있다. 다이아몬드 구조에서는 $AABBCCAABBCC\cdots$로 나타내었으나, 스팔러라이트 구조에서는 그림 5.5의 오른쪽에 나타낸 바와 같이 $\gamma A\alpha B\beta C\gamma A\alpha B\beta C\cdots$로 (111) 면의 적층을 나타낸다.

GaAs, InP, InAs, GaP, CdTe, ZnO, AgI와 Be, Zn, Cd, Hg의 황화물, 셀렌화물(selenide), 텔루륨화물(telluride)의 대부분과 Cu의 할로겐화물 등이 이 구조를 갖는다.

4) 우르짜이트(wurzite, β-ZnS) 구조

공간군은 $P6_3mc$이며 브라배 격자는 단순 육방정으로 한 종류의 원자는 (0, 0, 0)과 (2/3, 1/3, 1/2)에 있고 다른 한 종류의 원자는 (0, 0, u)와 (2/3, 1/3, 1/2 $+u$)에 있다. u의 값은 3/8에 매우 가깝다. 이 구조는 그림 5.8과 같이 육방 조밀 충전 배열을 지닌 S와 두 번째 큰 공극인 사면체 공극의 반을 Zn으로 채우면 $\beta-ZnS$, 즉 우르짜이트 구조가 된다. 각 원자는 사면체를 이루는 다른 종류의 원자로 둘러싸여 있다. 앞에서 사용한 것과 같은 방법으로 (0001) 면에 평행한 원자의 적층을 표시하면 $A\alpha B\beta A\alpha B\beta\cdots$ 또는 $A\alpha C\gamma A\alpha C\gamma\cdots$로 나타낼 수 있다.

2장에서 크리스토발라이트, 트리디마이트, 석영과 같이 모두 SiO_2로 성분은 꼭 같으나 여러 가지 결정 구조를 갖는 것을 동질이상이라고 하였다. 이 동질이상의 특별한 경우로 적층되는 층은 같으나 층의 적층 순서가 달라 다른 결정 구조가 만들어지는 것

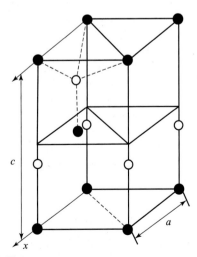

그림 5.8　우르짜이트(β-ZnS) 구조.

을 다형성(polytypism)이라고 한다. 예를 들어, ZnS의 스팔러라이트 구조와 우르짜이트 구조는 직층되는 층은 같으나 적층 순서만 다르기 때문에 다형성을 나타낸다. 이 다형성은 층 구조를 지닌 결정에서 많이 찾아볼 수 있다. SiC 결정은 최소한 74종의 다른 적층 순서를 가지고 있어 여러 종류의 다형(polytype)을 나타낸다.

β-ZnS, β-SiC, BeO, ZnO와 AlN은 우르짜이트 결정 구조를 가지고 있다.

5) 비소화니켈(nickel arsenide) 구조

이 구조의 공간군은 육방 조밀 충전 및 흑연과 같은 194번인 $P6_3/mmc$이고 $2a$ 위치인 0, 0, 0과 0, 0, 1/2에 Ni 원자가, $2c$ 위치인 1/3, 2/3, 1/4과 2/3, 1/3, 3/4에 As가 들어가 있다(그림 5.9). 염화나트륨 구조가 면심 입방 구조의 제일 큰 팔면체 공극에 다른 원자가 배열되어 만들어지듯이 비소화니켈 구조는 육방 조밀 충전 구조의 제일 큰 팔면체 공극에 다른 원자가 배열되어 이루어진다. As는 육방 조밀 충전 배열을 하고 있고, Ni은 단순 육방정 격자의 격자점 배열을 하고 있다. 두 종류의 원자 모두 배위수는 8이다.

NaCl 구조를 표시할 때와 같은 방법으로 [0001] 방향으로 원자의 적층 순서를 적으면 $A\beta A\gamma A\beta A\gamma \cdots$가 된다. 그리스문자로 나타낸 원자는 로마자로 나타낸 원자로 된 삼각형 프리즘의 중심에 있게 된다. 로마자로 표시한 원자는 팔면체 배위를 이룬 원자에 의해 둘러싸이게 된다.

이 구조를 지닌 다른 결정으로는 FeS, CoS, NiS와 CrS가 있다.

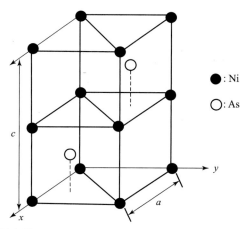

그림 5.9   비소화니켈(NiAs) 구조.

6) 불화칼슘 구조

공간군은 면심 입방 및 염화나트륨 구조와 같은 225번인 $Fm3m$으로 $4a$ 위치인 0, 0, 0와 그 면심 병진 자리에 한 종류의 원자, 예를 들면 Ca 원자가 그리고 $8c$ 위치인 1/4, 1/4, 1/4과 1/4, 1/4, 3/4와 그 면심 병진 자리에 다른 종류의 원자, 예를 들면 F 원자가 들어 있다. 그림 5.10과 같이 면심 입방 격자에 각 격자점당 기저로 (0, 0, 0)에 Ca 원자가 그리고 (1/4, 1/4, 1/4)과 (1/4, 1/4, 3/4)에 F 원자가 들어 있는 구조로 되어 있다고 생각할 수 있다. 면심 입방 구조에 사면체 공극 모두가 다른 종류의 원자로 채워지면 불화칼슘(calcium fluoride) 또는 형석(fluorite) 구조가 된다. 단위포당 Ca 원자가 4개, F가 8개 들어 있다. 칼슘 주위의 배위수는 8이고 불소가 입방체의 꼭지점에 위치한다. 불소 원자는 단순 입방 격자의 격자점에 자리한다. 불소는 4개의 칼슘에 의해 둘러싸여 불소 주위의 배위수가 4이다.

{111} 면에서 원자들은 정삼각형 망을 만들고 이 면 위에서 원자간 거리는 두 원자 모두 같다. [111] 방향으로 이 면의 적층 순서는 $\alpha B \gamma \beta C \alpha \gamma A \beta \alpha B \gamma \beta C \alpha \cdots$로 나타낼 수 있다. 로마자로 나타낸 면은 일정한 간격을 지니고 있고, 그리스문자로 나타낸 면도 일정한 간격을 지니고 있다.

Ca, Sr, Ba의 불화물과 Zr, Th, Hf, U의 산화물이 이 구조를 가진다. Na_2O, K_2O 등과 같은 알칼리 금속의 산화물과 황화물 등이 이 구조를 가질 때, 불화칼슘 구조의 양이온과 음이온 자리에 각각 음이온과 양이온이 들어가므로 역형석(antifluorite) 구조라 한다.

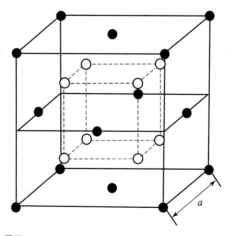

그림 5.10 **불화칼슘(CaF_2) 구조.**

7) 루틸 구조

루틸(rutile, TiO_2) 구조의 공간군은 $P4_2/mmm$이며 브라배 격자는 c/a가 0.65인 단순 정방정이다(그림 5.11). 기저로 Ti 원자가 (0, 0, 0)과 (1/2, 1/2, 1/2)에 O 원자가 $\pm(u, u, 0)$과 $\pm(1/2 + u, 1/2 - u, 1/2)$에 있다. 여기서 u는 대개 0.3에 가까운 값을 지닌다. 따라서 단위포당 2개의 Ti 원자와 4개의 O 원자가 들어있다. 각 Ti 원자는 6개의 O 원자에 의해 둘러싸여 있으나 O 원자로 된 팔면체가 정팔면체는 아니다.

Ti, Sn, Mn, V, Ru, Os, Ir, Ge, Pb, Nb와 Ta의 이산화물과 Mg, Zn, Mn, Co, Ni과 Fe의 불화물이 이 결정 구조를 지니고 있다. TiO_2는 부식방지용 재료, 유리의 적외선 반사 또는 개스 센서용 피막 재료, 전극 및 유전 재료로 쓰인다. SnO_2는 반도성 투명 재료와 개스 센서나 유리의 적외선 반사용 피막 재료로 쓰인다.

8) 코런덤 구조

코런덤(corundum) 또는 사파이어(sapphire, $\alpha\text{-}Al_2O_3$) 구조의 공간군은 $R\bar{3}c$로 단순 삼방정 격자이며 단격자 단위포 내에 화학식 단위의 Al_2O_3가 2개 들어있다. 산소 이온은 육방 조밀 충전 배열을 이루고 알루미늄 이온은 팔면체 공극에 배열된다. 화학식이 Al_2O_3이므로 팔면체 공극 중 2/3만 차지하게 된다. 이 구조는 알루미늄 이온이 빠진 자리를 표시하여 그림 5.12와 같이 나타낼 수 있다.

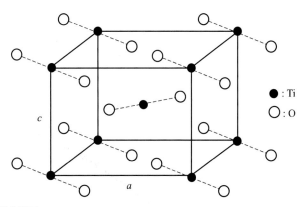

● : Ti
○ : O

그림 5.11 **루틸(TiO_2) 구조.**

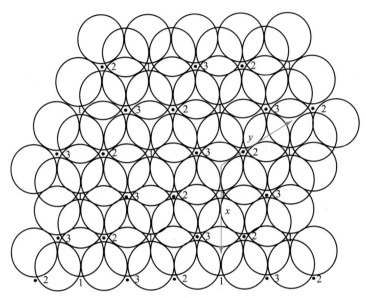

그림 5.12 **코런덤(α-Al$_2$O$_3$) 구조.**

산소 이온의 위치를 로마자로, Al이 비어 있는 위치를 그리스문자로 나타내어, 모든 원자의 위치를 육방정의 (0001) 면에 투사하여 나타내면 그 적층 순서는 $A\gamma_1 B\gamma_2 A\gamma_3 B\gamma_1 A\gamma_2 B\gamma_3 A\gamma_1 \cdots$가 된다. 육방정 단위포는 높이가 6 산소층이고 화학식 Al$_2$O$_3$ 6개를 포함하고 있다. 육방정에서 (0001) 면에 있는 격자 병진이 그림 5.12에 화살표로 표시되어 있다.

α-Fe$_2$O$_3$, Cr$_2$O$_3$, Ti$_2$O$_3$와 V$_2$O$_3$ 등이 이 구조를 갖고 있다. 코런덤은 α-Al$_2$O$_3$의 광물명이고, 사파이어는 α – Al$_2$O$_3$와 Ti$_2$O$_3$ 또는 Fe$_2$O$_3$의 고용체로 청색 또는 보라색을 지니고 있다. SOS(사파이어 위에 규소, silicon on sapphire)와 같이 고순도의 무색 단결정 α-Al$_2$O$_3$를 사파이어라고도 한다. 순수 α-Al$_2$O$_3$는 강하고 부식에 잘 견디며 전기는 잘 전도하지 않으나 열은 잘 전도하며 내열성이 좋고 빛을 잘 투과한다. 이런 특성으로 인해 집적회로 기판, 베어링, 절삭 공구 등으로 이용된다.

9) 페로브스카이트(perovskite, CaTiO$_3$) 구조

공간군은 $Pm3m$이며 단순 입방 격자에 기저로 칼슘 원자가 (1/2, 1/2, 1/2)에, Ti 원자가 (0, 0, 0)에, 산소 원자가 (0, 0, 1/2), (0, 1/2, 0)와 (1/2, 0, 0)에 들어있다(그림 2.73).

화학식이 MM′X_3인 화합물에서 대단히 흔한 구조이다. 칼슘 이온과 산소 이온이 합쳐서 면심 입방 배열을 하고 팔면체 공극에 Ti 이온이 들어간다. Ca와 Ti 주위에 O가 각각 12, 6개 있고, O 주위에 Ca가 4개, Ti가 2개 있다.

　$BaTiO_3$, $CaTiO_3$, $SrTiO_3$, $PbTiO_3$, $SrSnO_3$, $SrZrO_3$와 $PbZrO_3$ 등이 이 구조를 가진다. 이들 중에서 $BaTiO_3$를 보면 120℃ 이상에서는 입방정이나, 이 구조에서 전위에 의한 상변태로 5℃에서 120℃ 사이에서는 정방정, −80℃와 5℃ 사이에서는 사방정, −80℃ 이하에서는 삼방정이다. 이들 중 정방정은 자발분극(spontaneous polarization) 특성을 지니고 있어 응력이나 열을 가하면 압전성(piezoelectric)과 가열전기성(pyroelectric)을 나타낸다.

10) 스피넬(spinel) 구조

공간군은 다이아몬드 구조와 같은 227번 $Fd3m$이며 $MgAl_2O_4$와 같이 2가와 3가 금속의 혼합 산화물이다. 공간군 227번에서 $8a$ 위치인 (0, 0, 0), (3/4, 1/4, 3/4)과 그 면심 병진 자리에 Mg가, $16d$ 위치인 (5/8, 5/8, 5/8), (3/8, 7/8, 1/8), (7/8, 1/8, 3/8), (1/8, 3/8, 7/8)과 면심 병진 자리에 Al이 그리고 32개의 $32e$ 위치에 산소가 들어가 있다. 산소 이온이 면심 입방 배열을 하고 단위포 내에 32개의 산소 이온을 포함하고 있다. 단위포 내에 32개의 팔면체 공극과 64개의 사면체 공극이 있다. 64개의 사면체 공극 가운데 8개는 2가의 Mg 이온이 차지하고 32개의 팔면체 공극 중 16개는 3가의 Al 이온이 차지하고 있다. Mg 이온은 다이아몬드 형태의 구조를 이룬다. 그림 5.13에 면심 입방 격자를 지닌 스피넬 구조 단위포의 1/8이 그려져 있다.

　$ZnFe_2O_4$, $CdFe_2O_4$, $MgAl_2O_4$, $FeAl_2O_4$, $CoAl_2O_4$, $NiAl_2O_4$, $MnAl_2O_4$, $MnAl_2O_4$와 $ZnAl_2O_4$가 스피넬 구조를 갖는다. 스피넬 구조의 사면체 자리와 팔면체 자리에서 반만 찬 d 전자를 지닌 양이온들은 자기 모멘트를 가지고 있으므로 이들 스피넬 결정들은 자성 재료로 많이 사용된다.

　이와 같은 정상(normal) 스피넬과 달리 $MgFe_2O_4$의 결정 구조는 역스피넬(inverse spinel) 구조이다. 역스피넬 구조에서는 산소 이온이 면심 입방 배열을 하고 철 이온의 반이 8개의 사면체 공극을 차지하고, 16개의 팔면체 공극을 나머지 Fe와 Mg 이온이 차지한다. 채워진 팔면체 공극은 Fe와 Mg 이온이 무작위로 채워져 있다. 이와 같이 역스피넬이 정상 스피넬과 다르게 배열되어 있는 것을 나타내기 위해 Fe(MgFe)O_4 또는

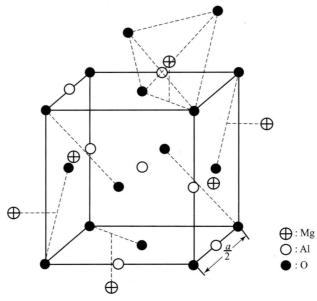

: Mg
: Al
: O

그림 5.13 **스피넬 구조.**

$M'(MM')O_4$로 표시하기도 한다. 실제로 $MgFe_2O_4$의 구조는 이상적인 것과 약간 차이가 난다. 사면체 공극 자리에 있는 Fe 이온수와 팔면체 공극 자리에 있는 Fe 이온수가 꼭 같지는 않다.

$Fe(MgFe)O_4$, Fe_3O_4, $Zn(SnZn)O_4$와 $Fe(NiFe)O_4$ 등이 역스피넬 구조를 갖는다. 이들은 입방 구조를 가지고 있으므로 자화 에너지가 결정 방향에 의존하지 않는다. Fe_3O_4는 자기 마당을 조금만 가해도 쉽게 자화가 일어나기 때문에 자화 방향을 쉽게 바꿀 수 있다. 이런 특성을 이용하여 고주파 변압기의 자기심이나 기억 소자 등에 사용한다.

3 고용체

많은 순수 금속은 다른 원소를 고용하여 고용체를 형성한다. 녹아 들어가는 용질 원소도 금속이면 용질 원자는 그림 5.14와 같이 용매 원자를 치환한다. 이런 경우 이 고용체를 치환형 고용체(substitutional solid solution)라 한다(그림 5.14(a)). 이와는 달리 용질 원소가 용매 원자들 사이에 들어가서 존재하면 이를 침입형 고용체(interstitial solid solution)라 한다(그림 5.14(b)).

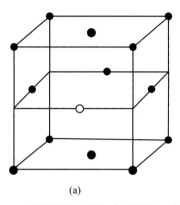 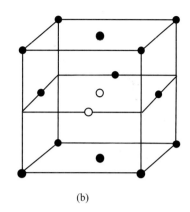

(a)   (b)

그림 5.14   (a) 치환형 고용체, (b) 침입형 고용체.

고용체의 여러 성분 원소들은 그 원소가 들어갈 수 있는 자리에 대개 무작위로 들어 간다. 그러나 어떤 온도 이하에서는 그 분포가 불규칙적이지 않고 규칙화(ordering)가 일어난다. 규칙화는 금속 고용체인 경우 쉽게 설명된다.

그림 5.15는 25 원자 %의 금을 함유하고 있는 구리 합금의 규칙화를 나타낸다. 그림 5.15(a)는 불규칙 합금의 (111) 면을 나타내고, 그림 5.15(b)는 규칙 합금의 (111) 면을 나타낸다. 약 390℃ 이상에서 구리와 금 원자는 불규칙 합금을 만들어 면심 입방 격자 의 격자점에 아무 위치나 차지하게 된다. 아무 위치나 무작위로 차지하게 되어 어떤 격자점에서나 금이나 구리 원자를 발견할 확률이 모두 동일하게 된다. 따라서 이 구조 는 면심 입방 구조로 생각한다.

그러나 375℃ 이하에서는 원자가 아무 자리나 차지하는 것이 아니라 원자의 종류에 따라 차지하는 자리가 그림 5.15(c)와 같이 정해지게 된다. 차지하는 자리가 정해진 규 칙 합금에서는 그림 5.15(b)와 같이 (111) 면에서 금 원자가 구리 원자에 의해 둘러싸이 게 된다. 이렇게 이루어진 고용체를 규칙 고용체라 한다.

그림 5.15(c)는 규칙화된 단위포로 금 원자 하나가 (0, 0, 0)에 구리 원자 3개가 면심 에 있는 것을 보여 준다. 규칙화가 일어난 단위포에서는 꼭지점에 있는 원자가 면심에 있는 원자와 다르므로 꼭지점과 면심이 동시에 격자점이 될 수 없고, 꼭지점만이 격자 점인 단순 입방 격자가 된다. 이 단격자 단위포의 크기는 규칙화가 일어나기 전의 단격 자 단위포보다 대개 훨씬 더 크기 때문에 초격자(superlattice)의 단격자 단위포라 한다. 규칙-불규칙 변태는 여러 고용체에서 일어난다. 완전 규칙화된 경우는 불규칙화된 경 우보다 항상 낮은 대칭을 나타내고, 초격자라 하는 큰 단위포를 지니게 되어 전자나

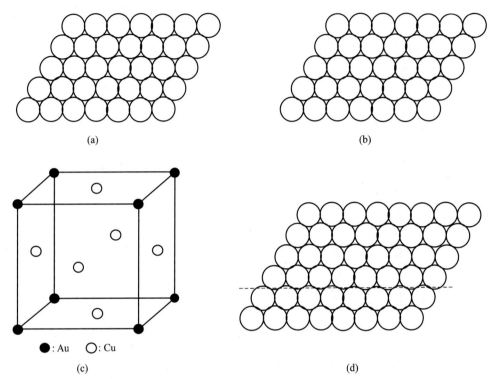

그림 5.15 25원자%의 금을 함유하는 구리 합금의 규칙화를 나타내는 그림
(a) 규칙화가 일어나지 않은 (111) 면, (b) 규칙화가 일어난 (111) 면, (c) 규칙화가 일어난 단위포,
(d) 분역 경계.

x-선 회절 시 추가로 회절점이 만들어지게 된다.

그림 5.15(d)와 같이 하나의 금 원자가 구리 원자로 둘러싸여 규칙화된 경우, 규칙화된 영역을 분역(domain)이라고 한다. 이 분역과 분역이 그림에서와 같이 만나게 되면 만난 경계선에서는 금 원자가 구리 원자로 둘러싸여야 한다는 규칙을 만족할 수 없게 된다. 이와 같은 분역과 분역 사이의 경계를 분역 경계(domain boundary)라 하며, 그림에서 분역 경계를 점선으로 표시하였다.

분역 내에서는 위치에 따라 원자의 종류가 정해지기 때문에, 이와 같은 규칙성을 장범위 규칙성(long range order)이라 한다. 장범위 규칙성이 없는 다수의 고용체에서도 진정한 의미에서 원자의 배열이 완전히 무작위로 배열되어 있는 것이 아니다. 예를 들면, 다른 종류의 원자가 최인접 원자의 자리를 차지할 확률이 완전히 무작위로 차지할 확률보다 약간 더 높아진다. 이와 같은 규칙성을 단범위 규칙성(short range order)이라 한다. 단범위 규칙성은 흔한 현상이며 규칙화 온도 이상으로 가열되었을 때 나타난다.

화학식이 AB인 화합물이 불규칙 상태에서는 체심 입방 구조를 지니고, 규칙화가 일어나 단위포의 꼭지점과 체심에 각각 다른 원자가 들어가게 되면 그림 5.16(a)와 같은 CsCl 구조인 단순 입방 격자로 $L2_0$형 초격자가 된다. CuZn, FeCo, NiAl, CoAl, FeAl, AgMg 등이 이 초격자 구조를 갖는다.

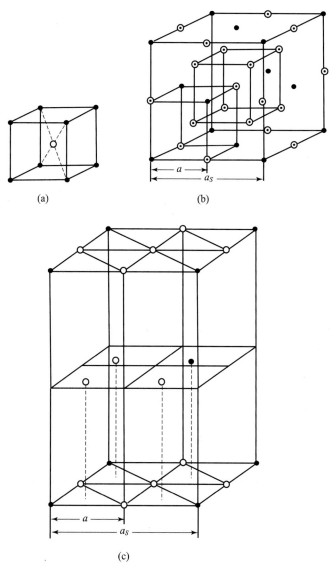

그림 5.16 (a) $L2_0$형 초격자, (b) DO_3형 초격자, (c) DO_{19}형 초격자.

화학식이 AB_3인 화합물이 불규칙 상태에서 체심 입방 구조를 지니고 그림 5.16(b)와 같이 규칙화가 일어나면 DO_3형의 초격자가 만들어진다. Fe_3Al, Cu_3Sb, Mg_3Al, Fe_3Si, Cu_3Al 등이 이 초격자 구조를 갖는다.

또 화합물 AB_3가 불규칙 상태에서 면심 입방 구조를 지니고 규칙화가 일어나면 앞의 그림 5.15(c)와 같이 단위포의 꼭지점에 원자 A가, 면심에 B가 자리하는 $L1_2$형 초격자가 만들어질 수 있다. Cu_3Au, Ni_3Mn, Ni_3Fe, Ni_3Al, Pt_3Fe 등이 이러한 초격자 구조를 갖고 있다.

화학식 AB_3인 화합물이 불규칙 상태에서 육방 조밀 충전 구조를 지니고 규칙화가 일어나면 그림 5.16(c)와 같은 DO_{19}형 초격자가 될 수 있다. 초격자에서 a축의 길이는 불규칙 합금의 a축의 배가 되고, c축의 길이는 불규칙 합금과 같다. 이 초격자 구조를 가지는 화합물로는 Mg_3Cd, Cd_3Mg, Ti_3Al, Ni_3Sn, Ag_3In 등이 있다.

1   면심 입방 구조에서 제일 큰 공극과 그 다음 큰 공극의 수와 크기를 계산하시오. Fe_4N에서 Fe가 면심 입방 배열을 하고 있으면 어떤 구조가 예상되는지 답하시오.

2   면심 입방 구조와 체심 입방 구조의 채움률을 계산하시오. 순철(Fe)로 된 막대를 가열하면서 길이 변화를 관찰하였다. 상온에서 1000℃로 가열시키는 동안 길이가 늘어나다가 910℃에서 갑자기 길이가 줄어들었다. 그리고 온도를 높이자 다시 늘어나기 시작하였다. 910℃에서 생기는 체적 변화를 계산하시오.

3   육방 조밀 충전에서 팔면체 공극과 사면체 공극의 수와 크기를 계산하시오. 이온 결합 화합물 AB가 비소화니켈 구조보다는 염화나트륨 구조를 더 많이 가지는 이유를 설명하시오.

4   체심 입방 구조에서 충전 밀도가 제일 높은 면과 방향을 그림에 표시하시오. 원자를 강구로 가정하고, 그 면에서의 면 밀도를 계산하여 면심 입방 구조의 조밀 충전면에서의 면 밀도와 비교하시오.

5   체심 입방 구조에서 팔면체 자리와 사면체 자리의 반경을 계산하시오.

   (a) 팔면체 자리와 사면체 자리에 있는 원자는 몇 개의 원자를 접하고 있는지 설명하시오.

   (b) 다른 한 원소가 팔면체 자리를 모두 차지하면 그 화학식은 무엇이 되는가?

   (c) 사면체 자리에 다른 원소가 모두 차지하면 그 화학식은 무엇이 되는가?

6   Fe는 상온에서 체심 입방 구조를 지니고 있다. C는 Fe의 팔면체 자리를 차지한다. Fe가 상당한 양의 C을 포함하고 있으면 정방정으로 바뀐다. 그 이유를 설명하시오.

7   다음의 결정 구조를 지닌 재료의 예를 세 가지씩 드시오. i) hcp, ii) fcc, iii) bcc, iv) 다이아몬드 구조, v) 스팔러라이트 구조, vi) 염화나트륨 구조, vii) 스피넬 구조.

8   다이아몬드 구조의 단위포 하나를 (110) 면에 투사하여 그리고, 주요 방향과 사면체 결합을 표시하시오.

   (a) 이 단위포를 좌우 상하로 연장하여 그린 다음 {111}에 평행한 면의 적층을 설명하시오.

   (b) Al의 원자량과 격자 상수가 26.96, 0.404 nm이고, Si의 원자량과 격자 상수가 28.09, 0.543 nm일 때 각각의 밀도를 계산하시오.

(c) Si이 낮은 채움률을 가지고 있어도, 조밀 충전이 되어 있는 Al과 비슷한 밀도를 가지는 요인을 설명하시오.

9 염화나트륨 구조의 단위포 하나를 (110) 면에 투사하여 그리고, 주요 방향을 표시하시오.

(a) 이 단위포를 좌우 상하로 연장하여 그린 다음, 조밀 충전면을 표시하고 그 적층을 설명하시오.

(b) Na와 Cl 층 사이의 거리를 격자상수로 표시하시오.

10 스팔러라이트 구조의 단위포 하나를 (110) 면에 투사하여 그리고, 이 단위포를 좌우 상하로 연장하여 그린 다음 {111}에 평행한 면의 적층을 설명하시오.

11 우르짜이트 구조의 단위포 하나를 [$\bar{1}\bar{1}20$] 방향으로 투사하여 그리고, 이 단위포를 좌우 상하로 연장하여 그린 다음 (0001) 면에 평행한 면의 적층을 설명하시오. 스팔러라이트 구조와 적층에서의 차이점을 설명하시오.

12 비소화니켈 구조의 단위포 하나를 [$\bar{1}\bar{1}20$] 방향으로 투사하여 그리고, 이 단위포를 좌우 상하로 연장하여 그린 다음 (0001) 면에 평행한 면의 적층을 설명하시오.

13 불화칼슘 구조의 단위포 하나를 (110) 면에 투사하여 그리시오.

(a) 이 단위포를 좌우 상하로 연장하여 그린 다음 {111}에 평행한 면의 적층을 설명하시오.

(b) 격자상수를 두 이온의 이온 반경으로 표시하시오.

(c) Ca와 F 자리에서 점군을 구하시오.

14 그림 5.11의 루틸 구조에서 격자상수가 $a = 0.458$ nm, $c = 0.295$ nm이고 u를 0.31이라고 할 때

(a) (110)에 투사하여 그리시오.

(b) 중심에 있는 Ti와 산소 사이의 거리를 계산하시오.

(c) Ti 주위에 산소의 수를 계산하고 배위 다면체의 대략 모양을 그리시오.

(d) 배위 다면체가 어떻게 충전이 되어 있는지 설명하고 각 산소 원자가 몇 개의 다면체와 무엇을 공유하는지 조사하시오.

15 그림 5.11의 루틸 구조에서 격자상수가 $a = 0.458$ nm, $c = 0.295$ nm이고 u를 0.31이라고 할 때

   (a) 결정계와 브라배 격자를 쓰시오.

   (b) 기저를 쓰시오.

   (c) 점군과 공간군을 쓰시오.

   (d) $\bar{4}$ 대칭을 지닌 위치의 좌표를 쓰시오.

   (e) 반영 대칭을 지닌 위치의 좌표를 쓰고 그 점의 점군을 구하시오.

16 이성분계 합금에 규칙화가 일어나면 대칭 요소가 증가하는지 감소하는지 답하고 설명하시오.

17 규칙합금 CuAu의 구조과 불규칙 합금 CuAu의 구조를 그리시오.

   (a) 각각의 브라배 격자는 무엇인가?

   (b) $a \neq c$이면 브라배 격자는 각각 무엇인가?

   (c) 각각의 점군은 무엇인가?

18 어떤 합금이 낮은 온도에서 규칙 합금으로 바뀌어 염화세슘(B2)가 되었다.

   (a) 규칙 합금과 불규칙 합금의 브라배 격자를 쓰시오.

   (b) 두 합금에서 완전 전위의 버거스 벡터를 쓰시오.

   (c) 어느 합금에 역위상 경계가 생기는지 답하시오.

   (d) 대칭이 어떻게 바뀌는지 설명하시오.

   (e) 두 합금의 점군을 쓰시오.

   (f) 공간군이 어떻게 바뀌었는지 답하시오.

19 규칙합금 Cu_3Au의 초격자 구조와 불규칙 합금 Cu_3Au의 구조를 그리시오. 두 구조의 공간군과 점군을 구하시오.

20 Ni_3Al은 규칙 금속간 화합물이고, 공간군은 $Pm3m$이고 $1a$ 위치인 0, 0, 0에 Fe가, $3c$ 위치인 0, 1/2, 1/2; 1/2, 0, 1/2; 1/2, 1/2, 0에 Ni이 차지하고 있다.

   (a) 단위포를 그리시오.

   (b) 브라배 격자를 쓰시오.

   (c) 기저를 원자의 종류와 단위포의 좌표로 표시하시오.

   (d) Ni과 Fe의 배위수를 구하시오.

   (e) 불규칙화가 일어났을 때 공간군과 브라배 격자가 무엇인지 답하시오.

CHAPTER 06

결정 결함

결정은 격자와 기저로 이루어져 있다는 것을 앞장에서 공부하였다. 그러나 실제 결정에서 모든 원자들이 격자와 기저의 완전한 형태로 존재하는 경우는 드물다. 이와 같이 결정 내에서 완전 결정으로부터 벗어난 것을 결함이라 한다. 규소나 GaAs 단결정 성장 시 우리는 가능한 한 결함이 없는 큰 단결정을 성장시키고자 노력한다.

결정 내에 존재하는 결함은 차원에 따라 0차원 결함인 점 결함(point defect), 1차원 결함인 선 결함(line defect), 2차원 결함인 면 결함(planar defect), 3차원 결함인 부피 결함(volume defect) 등으로 나눌 수 있다. 원자 주위의 전자에서 생기는 결함은 여기에서는 다루지 않았다.

1 점 결함

완전 결정은 격자로 구성되어 있고 이 격자점에 기저를 구성하는 원자로 이루어져 있다. 이 격자나 기저에서 규칙성이 깨진 결함을 점 결함이라 한다. 점 결함은 완전 결정에서 있어야 할 원자가 없어지거나, 불순물 원자가 존재하거나 또는 잘못된 자리에 원자가 있기 때문에 만들어진다. 순수 원소로 이루어진 결정에서 자주 관찰되는 점 결함을 그림 6.1에 나타내었다. 여기에 있는 어떤 결함들은 그림 6.2에서 알 수 있듯이 이온 결정에서도 관찰된다.

완전 결정에서 자기 자리를 차지하던 원자가 없어진 것을 공공(vacancy)이라 하고, 본래 원자가 있던 자리에 들어와 있는 외부 원자를 치환형 불순물 원자(substitutional impurity atom)라 한다. 또한 기저

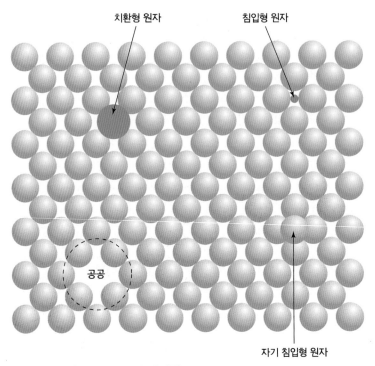

그림 6.1   단순 결정에서 가능한 여러 가지 점 결함.

의 원자와 원자 사이의 공극에 들어 있는 외부 원자를 침입형 불순물 원자(interstitial impurity atom)라 하고, 공극에 들어 있는 기지의 원자를 자기 침입형 원자(self interstitial atom)라 한다. 점 결함들이 모여 복잡한 결함을 만들기도 하는데 공공이 두 개 모여 만들어진 결함을 두공공(divacancy), 세 개 모여 만들어진 결함을 세공공(trivacancy)이라 한다. 결정에서 한 원자가 자기 자리를 떠나면서 공공을 만들고, 이 원자가 다른 공극의 자리로 들어가 침입형 원자가 되기도 한다. 이렇게 만들어진 공공과 침입형 원자의 쌍을 프렌켈 결함(Frenkel defect)이라 한다(그림 6.2).

양이온과 음이온으로 구성된 이온 결정에서도 여러 점 결함이 만들어진다. 순수 원소로 된 결정에서와 마찬가지로 공공, 치환형 불순물 원자, 침입형 불순물 원자, 자기 침입형 원자, 두공공, 세공공 등이 관찰된다. 이온 결정에서는 또한 양이온 공공과 침입형 양이온이 동시에 생기는 프렌켈 결함, 음이온 공공과 침입형 음이온이 동시에 생기는 반프렌켈 결함(anti-Frenkel defect) 등도 있다. 대개 양이온의 크기가 음이온보다 작으므로 반프렌켈 결함보다 프렌켈 결함이 생길 가능성이 크다.

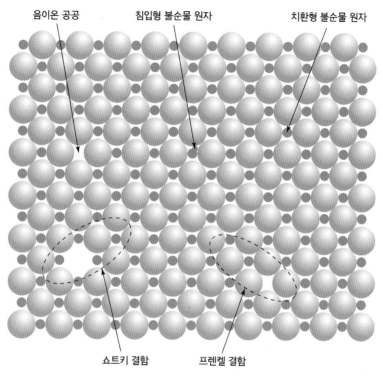

음이온 공공　　　침입형 불순물 원자　　　치환형 불순물 원자

쇼트키 결함　　　프렌켈 결함

그림 6.2　이온 결합 결정에서 볼 수 있는 여러 가지 점 결함.
양이온은 작은 구, 음이온은 큰 구로 표시.

　양이온 공공과 음이온 공공의 쌍을 쇼트키 결함(Schottky defect)이라 한다(그림 6.2). 대개 침입형 양이온이 변형 없이 들어갈 만큼 큰 공극을 지닌 결정이 드물기 때문에 프렌켈 결함보다 쇼트키 결함이 더 잘 생긴다. 형석(CaF_2) 구조와 같이 틈이 큰 구조에서는 공극이 크므로 여기에 침입형 양이온이 들어가서 프렌켈 결함을 만들 가능성이 커진다. 그리고 이온 결정에서는 양전하와 음전하 사이의 전기 중성도가 유지되어야 하므로, 점 결함이 생성되기 위해서는 이러한 전기 중성도 조건도 만족해야 한다. 따라서 두 개의 점 결함이 동시에 생긴다. 둘 이상의 원소로 만들어진 결정에서 본래 완전 결정에서의 자리를 서로 바꾸는 결함이 만들어지기도 하는데, 이들을 반자리(antisite) 결함이라 한다.

　점 결함은 보통 크뢰거-빈크 표시법으로 나타낸다. 결정 MX에서 M_i는 침입형 원자 M, X_i는 침입형 원자 X, V_M은 M 자리의 공공, V_X는 X 자리의 공공, F_M은 M 자리의 불순물 원자 F, M_X는 X 자리에 있는 M, 즉 반자리 결함을 나타낸다. 프렌켈 결함과 쇼트키 결함이 생기는 반응은 크뢰거-빈크 표시법으로 다음과 같이 나타낼 수 있다.

$$0 \rightarrow V_M + M_i \text{ (프렌켈 결함)} \tag{6-1}$$

$$0 \rightarrow V_M + V_X \text{ (쇼트키 결함)}$$

점 결함은 다른 선, 면, 부피 결함과 달리 온도가 $0\,^\circ K$가 아닌 이상 평형 상태에서도 항상 일정한 농도로 존재한다. 그러나 선, 면, 부피 결함은 평형 상태에서는 없어진다. 점 결함이 항상 존재하는 이유를 알아보기 위해 제일 간단한 공공에 대해 생각해 보자. 예를 들어, 한 원소로 구성된 N개의 자리를 가지고 있는 완전 결정에서 n개의 공공이 생긴다고 하자.

우선 공공 하나를 만드는데 필요한 내부 에너지 변화를 ΔE_i라 하자. 그러면 n개의 공공이 생기므로 공공 사이의 상호작용이 없다면 내부 에너지 변화는 $n\Delta E_i$일 것이다. 이들 공공 n을 N개의 자리에 배열하는 방법의 수 ω는 다음과 같다.

$$\omega = \frac{N!}{n!(N-n)!} \tag{6-2}$$

열역학에서 배열 방법의 수는 배열 엔트로피 변화 ΔS와 다음의 식으로 연관된다.

$$\Delta S = k \ln \omega = k \ln \frac{N!}{n!(N-n)!} \tag{6-3}$$

여기서 k는 볼츠만상수이다. 공공 생성 시 부피 변화는 거의 무시할 수 있으므로 깁스 (Gibbs) 자유 에너지 변화 ΔG는 다음 식으로 쓸 수 있다.

$$\Delta G = \Delta E - T\Delta S + P\Delta V \cong \Delta E - T\Delta S \tag{6-4}$$
$$= n\Delta E_i - kT \ln \frac{N!}{n!(N-n)!}$$

N이 아주 큰 경우 $\ln N! = N\ln N - N$의 스털링(Stirling) 근사를 이용할 수 있다. 그러면 위의 식은 아래와 같이 전개할 수 있다.

$$\Delta G = n\Delta E_i - kT\{N\ln N - N - n\ln n + n - (N-n)\ln(N-n) + (N-n)\} \tag{6-5}$$
$$= n\Delta E_i - kT\{N\ln N - n\ln n - (N-n)\ln(N-n)\}$$

여기서 n의 증가에 따른 반응 평형의 조건은 $\partial(\Delta G)/\partial n = 0$이므로 위 식을 n으로 미분하여 0이 되는 조건은 다음과 같다.

$$\frac{\partial(\Delta G)}{\partial n} = \Delta E_i - kT\{-\ln n - 1 + \ln(N-n) + 1\} \tag{6-6}$$

$$= \Delta E_i - kT\ln\frac{N-n}{n} = 0$$

공공의 수 n이 원자의 자리수 N보다 훨씬 작으면 $(N-n) \gg 0$ 이므로 $(N-n) \cong N$이다. 따라서 위의 식에서 공공의 평형 농도 n에 대해 풀면 다음의 식이 얻어진다.

$$n_{equil.} = N\exp\left(-\frac{\Delta E_i}{kT}\right) \tag{6-7}$$

이 식은 공공의 농도가 공공 생성 에너지와 온도의 함수임을 보여 준다. 위 식에서 온도가 0 °K가 아닌 이상 항상 공공 농도는 0이 아니므로 공공은 언제나 존재함을 확인할 수 있다. 위 식을 공공이 아닌 침입형 원자나 치환형 원자에 적용해도 역시 일정한 온도에서는 일정한 농도의 불순물 원자가 항상 존재함을 알 수 있다. 상태도에서 항상 온도에 따른 고용 한계(solubility limit)가 있는 것도 이러한 이유에서이다.

일반적으로 온도를 올리면 평형 상태의 공공 농도가 증가한다. 공공의 농도를 증가시킨 뒤 온도를 낮추면 평형 공공 농도는 다시 감소하게 된다. 이때 농도 감소를 위해 공공 응집(vacancy condensation)이 일어나면서, 잉여 공공(excess vacancy)의 농도가 줄어들게 된다. 두 개의 공공이 만나 두공공을 만들면 깨어진 결합수를 줄일 수 있으므로 에너지를 낮출 수 있게 된다. 때로는 여러 개의 공공이 모여 환을 형성할 수도 있는데, 공공환은 종종 전위 생성의 원인이 되기도 한다.

2 선 결함

결정에 힘을 가했을 때 결정 내의 어떤 면에 평행하게 작용하는 힘의 성분을 전단 응력(shear stress)이라 한다. 이 전단 응력에 의해 결정에 변형이 일어난다. 그런데 결정에 응력을 가할 경우 완전 결정이라 가정하여 구한 이론적인 항복 강도(yield strength)값보다 훨씬 낮은 응력에서 소성 변형이 일어난다. 이러한 실험적인 결과를 설명하기 위하여 도입된 것이 전위(dislocation)의 개념이다.

전위의 존재는 1934년에 테일러(Taylor), 오로완(Orowan), 폴라니(Polanyi) 등이 처음으로 제안하였으며, 실험적으로는 1950년에 헤지(Hedge)와 미첼(Mitchell)이 AgCl 결정에서 장식법(decoration technique)으로 전위를 발견하였다. 허스(Hirsh)와 볼만(Ballman)이 1956년에 투과전자현미경으로 전위를 관찰함으로써 결정 내 전위의 존재가 하나의 정설로 자리잡게 되었다.

결정에서 어떤 면 아래의 원자는 그대로 있고 이 면 위의 원자가 모두 한 자리씩만 오른쪽 옆으로 움직이기 시작하여 결정의 오른쪽 끝에 있는 원자까지 다 움직이면 결정 표면에는 계단이 만들어지지만 결정 내부에는 아무런 변화가 나타나지 않는다(그림 6.3(a)). 이와 같이 위 결정이 움직이는 것을 슬립(slip)이라 하고, 슬립이 일어난 위 결정과 아래 결정의 경계면을 슬립면(slip plane)이라 한다.

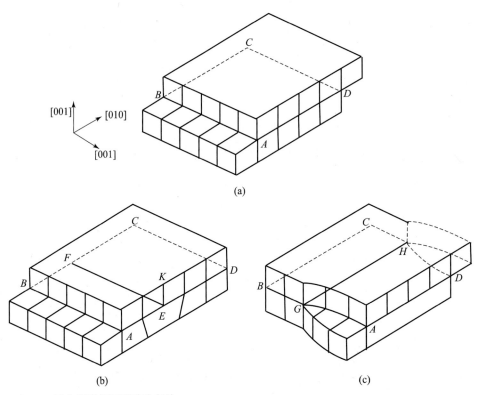

그림 6.3   단순 입방 격자에서의 슬립.
(a) 슬립면은 (001), 슬립 방향은 [010]일 때의 격자 변형, (b) 전위선이 버거스 벡터 [010]에 수직인 칼날 전위, (c) 전위선이 버거스 벡터 [010]에 평행인 나사 전위.

어떤 면 이상의 원자 중에서 한쪽 부분의 원자는 아래 면의 원자에 대해 새로운 원자 위치로 이동하고 다른 한쪽 부분의 원자는 그대로 있게 되면, 두 면의 경계에서 이 양쪽 부분을 구분하는 선이 생기게 된다. 이 선 주위에는 완전한 격자에서 벗어난 결함이 만들어지는 데 이를 전위라 한다.

간단한 경우인 단순 입방 격자에 격자점당 한 원자가 들어 있는 결정에서 슬립을 생각해 보자. 그림 6.3은 결정을 {100} 면에 평행한 면으로 자른 모양을 보여 준다. 슬립 면은 (001) 면인 $ABCD$이고, 슬립이 [010] 방향으로 영역 $ABFE$에서 일어났다고 생각해 보자. 그러면 전위선 EF를 따라 결정 격자의 변형이 일어난 부분이 생긴다. 이러한 변형은 $ABFE$에서 일어나며 슬립의 양이 감소하면 변형량도 감소한다. $ABFE$에서 변위 방향은 [010]으로 이 결정 구조에서 적층 결함을 만들지 않는 제일 작은 변위이다. 이 변위는 전위선 EF에서 몇 개 원자 거리에 있는 원자를 제외한 $ABFE$ 전 영역에 걸친 일정한 벡터량으로 전위의 특징을 나타내는 양이다. 이 양을 전위의 버거스(Burgers) 벡터라 하고 보통 $\vec{b}$로 표시한다. 이 경우 전위선 EF는 버거스 벡터 [010]에 수직인데, 이와 같이 전위선과 버거스 벡터가 수직인 전위를 칼날 전위(edge dislocation)라 한다(그림 6.3(b)).

그림 6.3(a)에서 전위가 왼쪽에서 오른쪽으로 움직이면 결정에서 슬립이 일어난 영역이 증가하고, 전위가 CD에서 표면에 도달하면 슬립면 위에 있는 전체 결정이 아래 결정에 대해 [010] 만큼 움직인 것이 된다. 버거스 벡터는 그대로 있으면서 전위선만 새로운 방향으로 바뀔 수 있다. 그림 6.3(c)는 슬립면에 있는 전위선이 90° 회전하여 만들어진 전위이다. 이 새 전위선 GH는 같은 [010] 변위를 가지고 있으나, 여기서는 슬립이 면 $ABFE$에서 일어나지 않고 면 $AGHD$에서 일어났다. 이때 전위선은 버거스 벡터의 방향과 평행한데, 이러한 전위를 나사 전위(screw dislocation)라 한다(그림 6.3(c)).

일반적으로 전위선과 버거스 벡터는 임의의 각을 이룰 수 있고, 그림 6.4와 같이 전위선은 곡선이 될 수 있다. I에 있는 전위는 칼날 전위이고, J에 있는 전위는 나사 전위이며, 그 중간에 있는 전위는 칼날 전위 성분과 나사 전위 성분을 모두 가지고 있어 혼합 전위(mixed dislocation)라 한다.

전위의 종류가 칼날 전위인지, 나사 전위인지는 전위 주위에 있는 원자의 위치를 보면 알 수 있다. 그림 6.5는 그림 6.3(b)에 있는 칼날 전위 EF에 수직한 면에 있는 원자 배열을 나타낸다. 슬립면 위에 여분의(extra) 불완전한 원자면 KE가 있다. 이 잉여 반면(extra half plane)의 끝(edge)이 전위와 일치하여 이 전위를 칼날(edge) 전위라 한다.

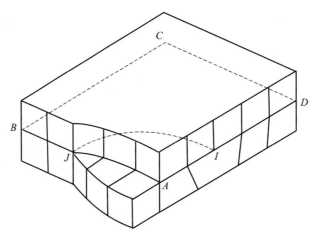

그림 6.4   전위선과 버거스 벡터가 임의의 각을 이루는 혼합 전위.
I는 칼날 전위, J는 나사 전위이며, 그 중간에 있는 전위는 두 성분을 모두 가지고 있다.

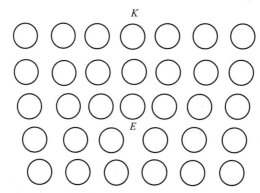

그림 6.5   칼날 전위에 수직한 면에서의 원자 배열.
잉여 반면 KE의 끝이 전위와 일치한다.

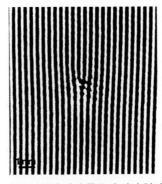

그림 6.6   CdTe 박막 성장 시 생긴 칼날 전위의 격자 줄무늬 전자 현미경 사진.

그림 6.6은 CdTe 박막 속에 있는 칼날 전위의 격자 줄무늬 전자 현미경 사진이다. 사진은 칼날 전위의 잉여 반면을 잘 보여 주고 있다.

그림 6.7(a)와 같이 나사 전위에 수직한 면에서 원자 배열을 살펴보면 변위가 이 면에 수직이기 때문에 격자 변위가 잘 보이지 않는다. 그러나 그림 6.7(b)와 같이 전위에 수직한 방향에서 보면 슬립면의 아래와 위에 있는 원자의 변위를 볼 수 있다. 자세히 보면 전위의 존재로 인해 전위에 수직한 원자면이 나사면 또는 나선형 계단과 같은 모양으로 변해 있다. 따라서 이 전위를 나사 전위라 한다. 그림 6.7(b)에서 원자의 위치는 O, 1, 2, O', 3, 4, O, …에 있어 마치 원자들이 나사면 위에 있는 것처럼 보인다.

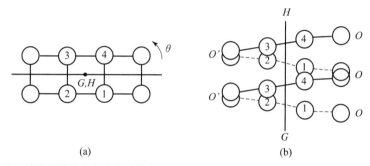

(a)   (b)

그림 6.7   단순 입방 결정에서의 나사 전위.
(a) 나사 전위에 수직한 면의 원자 배열. 변위는 이 면에 수직 방향으로 일어난다. (b) 전위에 수직한 방향에서 볼 때 슬립면의 아래와 위에 있는 원자 변위. 전위에 수직한 원자면이 나사면 또는 나선형 계단과 같은 모양으로 변해 있다.

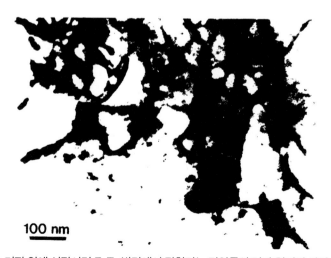

100 nm

그림 6.8   GaAs 기판 위에 성장시킨 ZnTe 박막에서 관찰되는 전위들의 전자 현미경 사진.

결정은 보통 소성 변형을 하지 않아도 많은 수의 전위를 포함하고 있다. 1 cm³ 체적의 결정에 존재하는 전위의 길이는 결정이나 여러 조건에 따라 변화가 심하지만 대략 10^6 cm이다. 결정의 성장 시에는 많은 전위가 생성된다. 그림 6.8은 GaAs 기판 위에 성장시킨 ZnTe 박막에서 나타난 전위들의 전자 현미경 사진이다.

결정 내에서 전위의 존재 유무는 그림 6.9에서와 같이 한 격자점을 중심으로 격자 병진을 각 방향으로 같은 길이만큼 행할 때 끝점이 시작점과 일치하는지를 보고 알 수 있다. 한 격자점에서 옆에 있는 격자점으로 연결을 계속하여 처음 출발점까지 이어진 회로를 버거스 회로(Burgers circuit)라 한다. 변형이 조금 있어도 이를 무시하고, 이와 같은 각 연결을 같은 구조의 완전 결정에서 회로로 만들어 주었을 때, 끝점이 시작점과 일치하면 전위가 없는 것이고, 끝점이 시작점과 일치하지 않으면 전위가 존재하는 것이다.

전위가 있는 실제 결정에서 17번의 연속적인 연결로 만든 회로는 그림 6.9(b)에 나타낸 것과 같이 이상적인 결정에서 연결해보면 회로를 닫지 못한다. 이상적인 결정에서 [010] 벡터를 더해주면 회로를 완전히 닫을 수 있다. [010] 벡터와 같이 회로를 닫아주는 벡터를 버거스 벡터라 한다. 즉, 시작점과 끝점이 일치하지 않을 때 이상적인 결정에서 회로를 완전히 채워주는 격자 벡터가 그 전위의 버거스 벡터이다. 회로를 만든 방향을

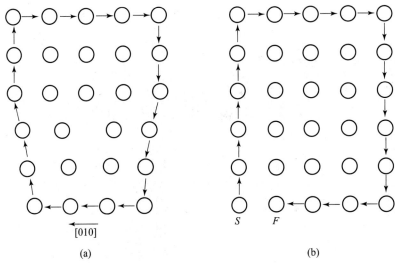

(a)　　　　　　　　(b)

그림 6.9　칼날 전위의 버거스 회로(FS/RH 관습).
(a) 실제 결정에서 오른손 나사 방향으로 버거스 회로를 그린다. (b) 이상적인 결정으로 (a)의 버거스 회로를 옮긴다.

그림 6.9(a)와 같이 오른손 나사(right-hand screw, RH screw) 방향으로 하고, 버거스 벡터의 방향을 그림 6.9(b)의 이상적인 결정에서 F에서 S로 하는 것과 같이 경로의 끝점에서 시작점(from the finish to the start, FS)으로 잡아준 관습(convention)을 FS/RH 관습이라 한다.

전위의 버거스 벡터가 브라배 격자의 병진 벡터와 같은 전위를 완전 전위(perfect dislocation)라 한다. 그리고 버거스 벡터가 브라배 격자의 병진 벡터와 같지 않는 전위는 부분 전위(partial dislocation)라 한다.

버거스 벡터 보존 법칙에서 전위선은 결코 결정 내부에서 끝나지 않는다. 전위는 자유 표면(free surface)에서 끝나거나, 결정 내부에서 환(loop)의 형태로 존재하거나 또는 다른 전위와 만나서 가지를 형성한다. 전위선이 만나는 점을 마디(node)라 한다. 이 경우 버거스 벡터의 보존 법칙을 다음과 같이 생각할 수 있다. 모든 전위선의 방향을 마디에서 나오는 방향으로 잡으면 모든 전위의 버거스 벡터의 합은 0이 된다. 이것은 전기 회로망에서 전류 보존 법칙인 키르히호프(Kirchhoff)의 법칙과 유사하다.

다음은 전위선이 환을 이루고 있을 때를 생각해 보자. 전위환은 전위환이 이루는 면과 원자 이동 방향에 따라서 일반 전위환(general dislocation loop)과 프리즘형 전위환(prismatic dislocation loop)으로 나눌 수 있다. 환이 만드는 면이 원자 이동 방향과 평행한 환을 일반 전위환이라 하고, 수학적으로는 버거스 벡터와 전위환이 만드는 면의 법선 벡터의 내적, 즉 $\vec{b} \cdot \vec{n}$이 0이 된다. 또 다른 전위환으로 전위환면에 원자의 이동 방향이 포함되지 않은 환을 프리즘형 전위환이라 한다.

먼저 일반 전위환으로 그림 6.10과 같이 슬립면에 있는 전위환을 생각해 보자. 그림 6.10(a)는 사각형의 전위환이 만들어지는 경우를 나타낸 그림이다. 이 그림에서 안쪽에 있는 직육면체로 된 결정이 [010] 방향으로 아래 결정에 대해 화살표와 같이 움직였다고 가정하자. 그러면 그림에서 (001) 면인 $LMNQ$ 면에 있는 점 E_1, E_2에 있는 칼날 전위는 그림 6.10(b)와 같이 나타낼 수 있다.

전위의 분류를 더 자세히 하기 위하여 전위의 부호를 구별하는 경우도 있다. 칼날 전위의 경우 그림에서 E_2와 같이 잉여 반면이 슬립면의 위에 있으면 양 칼날 전위(positive edge dislocation)라 하고, 반대로 E_1과 같이 잉여 반면이 슬립면 아래에 있을 때는 음 칼날 전위(negative edge dislocation)라 한다. E_1과 E_2에 있는 칼날 전위는 두 전위가 합쳐져 잉여 반면이 결합되면 전위가 사라지기 때문에, 두 칼날 전위는 서로 반대 부호를 지닌 전위로 생각한다. 여기서 원자 이동 방향과 수직인 NQ 선 상에는 양 칼날 전위가, LM 선 상에는 음 칼날 전위가 생성된다.

나사 전위의 경우에는 전위선을 내려 보면서 시계 방향으로 회로를 만들었을 때, 나선(helix)이 한 면 전진하면 오른손 나사 전위(right-handed screw dislocation)라 하고, 그 반대 방향이면 왼손 나사 전위(left-handed screw dislocation)라 한다. 그림 6.10(a)에서

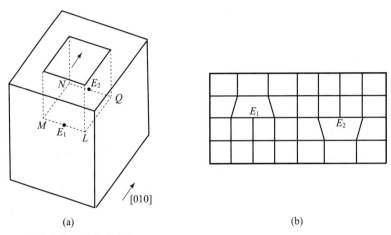

(a)   (b)

그림 6.10 결정 내에서의 일반 전위환.
버거스 벡터와 전위환이 만드는 면의 법선 벡터의 내적, 즉 $\vec{b} \cdot \vec{n} = 0$이다. (a) 사각형의 일반 전위환($LMNQ$)의 생성. 직육면체로 된 결정의 위쪽 반이 [010] 방향으로 이동. (b) E_1, E_2에 있는 칼날 전위.

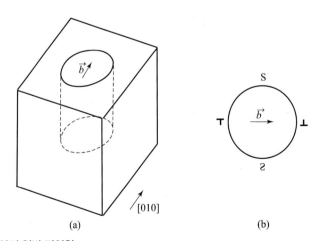

(a)   (b)

그림 6.11 원 모양의 일반 전위환.
(a) 육면체 결정 속의 원통을 [010] 방향으로 이동하여 생기는 원형의 전위환. (b) (a)의 방법으로 만들어진 전위환을 관찰했을 때의 전위 성분.

원자 이동 방향과 평행인 MN 선 상에는 오른손 나사 전위가, QL 선 상에는 왼손 나사 전위가 만들어진다.

이번에는 전위환이 그림 6.11(a)에서처럼 원일 때를 살펴보자. 여기서 속에 있는 원통 모양의 결정을 [010] 쪽으로 이동한다고 생각한다. 이렇게 해서 만들어진 둥그런 전위환을 관찰했을 때의 전위 성분을 그림 6.11(b)에 원통 모양 결정의 이동 방향과 함께 표시하였다. 면심 입방체의 경우 이러한 전위환을 이루는 원은 가장 조밀한 면인 {111} 에 있게 된다.

다음으로는 프리즘형 전위환에 대하여 알아보자. 그림 6.12(a)에 프리즘형 전위환의 생성 모형을 나타내었다. 프리즘형 전위환에서는 전위환의 면에 원자의 이동 방향, 즉 버거스 벡터가 있지 않다. 따라서 $\vec{b}$와 $\vec{n}$ 사이의 각도는 90°가 아니고 따라서 $\vec{b} \cdot \vec{n} \neq 0$ 이다. 프리즘형 전위환 중에서 특별한 경우가 그림 6.12와 같이 순수 칼날 전위이다. 그림과 같이 펀칭(punching)에 의해 환이 있는 면에 동전 모양으로 여분의 원자가 들어 있는 구조가 된다. 버거스 벡터의 방향이 반대로 되면 원자가 없어져 비어 있는 곳이 동전 모양의 원판이 된다. 공공들이 집합하여 원판의 형태를 가지게 되는 경우에도 이 전위환이 형성된다.

다음으로는 전위의 움직임에 대하여 알아보자. 그림 6.5에서 칼날 전위가 슬립면의 위로 움직이면 원자는 아래에서 위로 움직여 빈 공간(void)을 형성하게 되고, 아래로 움직이면 여분의 원자가 추가되어야 한다. 전위의 운동은 위로 움직일 때는 빈 공간을

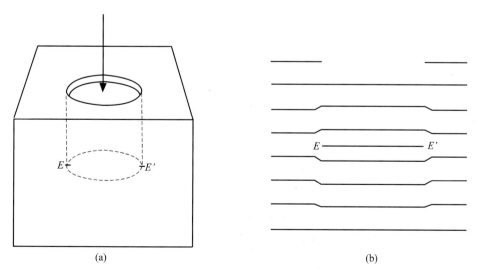

(a)   (b)

그림 6.12 (a) 펀칭에 의한 프리즘형 전위환의 생성 모델, (b) E와 E'을 지나면서 전위환 면에 수직인 단면.

채우는 과정을, 아래로 움직일 때는 여분의 원자가 추가되어야 하는 확산 과정을 동반하게 된다. 이러한 전위의 움직임을 상승(climb)이라 한다. 그림 6.5에서 잉여 반면의 끝에 있는 원자가 없어지면 칼날 전위가 슬립면에서 위로 올라가게 된다. 따라서 이 움직임을 상승이라 한다. 아래로의 상승은 잉여 반면의 끝에 원자를 추가하여 이루어진다.

이와는 달리 원자의 추가나 제거가 없는 전위의 움직임을 슬립이라 한다. 슬립이 일어나는 슬립면은 전위선과 버거스 벡터가 이루는 면이다. 따라서 슬립면의 법선은 버거스 벡터에 수직이다. 칼날 전위에서는 직선으로 된 전위와 그 버거스 벡터가 만드는 슬립면은 하나로 정해지므로 단일 평면이 된다. 그러나 나사 전위에서는 버거스 벡터와 전위가 평행하므로 버거스 벡터와 전위가 이루는 슬립면은 단일 평면이 아닌 여러 개의 면이다.

닫힌 환으로 된 전위에서는 전위선 위의 모든 점에서 버거스 벡터에 평행한 선들로 만들어지는 슬립면은 원통의 표면이 된다(그림 6.13(a)). 전위환의 슬립은 원통 표면에만 한정되는 것이 아니다. 나사 전위 성분이 있을 때 슬립면은 나사 전위를 포함하는 어떤 면이든지 가능하므로 그림 6.13(b)와 같은 슬립면이 될 수 있다. 그러나 원통축에 수직한 면에 투영한 전위환의 면적은 항상 일정하다.

전위가 슬립을 할 때에는 여분의 원자가 만들어지거나 없어져야 할 필요가 없다. 그

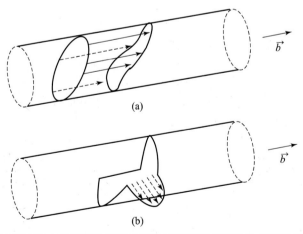

그림 6.13 (a) 버거스 벡터에 수직인 면에 투사한 전위환의 면적은 일정하고, 전위환은 원통의 표면을 따라 움직인다. (b) 나사 전위 성분이 있을 때 슬립면은 나사 전위를 포함하는 어떤 면도 될 수 있으나 투사 전위환의 면적은 변하지 않는다.

러나 상승의 경우에는 여분의 원자가 더해지거나 없어져야 하기 때문에 슬립이 상승보다 훨씬 빨리 움직인다. 슬립의 경우에 결정면에 따라서 슬립이 얼마나 쉽게 일어나는지가 달라진다. 어떤 결정면에서 슬립이 제일 쉽게 일어나면 슬립의 대부분은 주로 그 결정면에서 일어난다.

주요 결정에서의 슬립계(slip system)에 대하여 살펴보자. 슬립계를 결정하는 데 있어 우선 알아야 할 것은 슬립은 금속의 경우 원자 밀도가 가장 높은 면에서 일어난다는 것이다. 그 이유는 원자 밀도가 가장 높은 면들 사이의 면간 거리가 가장 커서 슬립이 쉽게 일어나기 때문이다. 전체 원자수는 단위 면적당 원자 개수에 해당 면적을 곱하면 되는데, 단위 면적당 원자 개수는 원자 밀도이므로 원자 밀도가 가장 큰 면의 면간 거리가 가장 크다. 원자 밀도가 가장 높은 면 사이의 면간 거리가 크기 때문에 이런 면들 사이의 결합력이 가장 약하다. 원자 밀도가 가장 높은 면 내에서는 원자간의 결합력이 가장 세지만, 이 면들 사이의 원자간 결합은 약하기 때문에 슬립이 여기에서 일어난다.

슬립계를 결정하는데 있어 두 번째로 살펴볼 것은 슬립의 방향인데, 금속의 경우 이 방향은 원자들이 가장 조밀하게 배열한 방향이 된다. 전위가 결정 내에 존재할 경우 전위의 탄성 에너지로 인해 자유 에너지가 증가한다. 이때 에너지의 크기는 버거스 벡터 크기의 제곱에 비례한다. 따라서 버거스 벡터의 크기가 작을수록 안정하므로 전위는 최대 조밀 방향으로 이동하는 것이다. 원자들이 조밀하게 배열되어 있는 방향일수록 원자 사이의 거리가 짧아서 원자 변위 벡터, 즉 버거스 벡터를 최소로 할 수 있기 때문이다. 따라서 완전 전위의 버거스 벡터는 격자 병진 벡터 중에서 제일 짧은 벡터가 된다.

구체적으로 면심 입방 구조의 슬립계를 살펴보자. 면심 입방에서 원자 배열이 가장 조밀한 면은 {111}이며, 따라서 슬립은 {111} 면에서 일어난다. 면심 입방 구조에서 에너지가 제일 작은 완전 전위의 버거스 벡터는 제일 짧은 격자 병진 벡터인 1/2<110>이다. 이 <110> 방향은 {111} 면에 속하면서 원자 배열이 가장 조밀한 방향이므로 슬립 방향이 되어 슬립계는 {111}<1$\bar{1}$0>이 된다.

면심 입방 구조에서의 이러한 슬립면과 방향은 하나의 정사면체로 모두 나타낼 수 있는데, 이를 톰슨(Thompson) 사면체라 하며 그림 6.14에 나타내었다. 이 사면체에서 네 면은 면심 입방 구조에서 가장 조밀한 슬립면들을 나타내며, 각 면에 속한 모서리는 가장 조밀한 방향으로 슬립 방향을 나타낸다. 각 모서리는 완전 전위의 버거스 벡터 1/2<110>을 나타낸다. 톰슨 사면체에서 면의 수는 4개이고 이 면에 속한 모서리의 수는

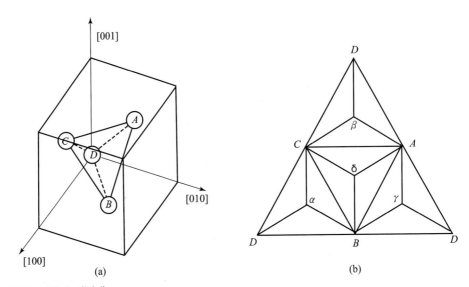

그림 6.14 **톰슨 사면체.**
네 면은 면심 입방 구조에서 슬립면인 {111} 면을, 각 면에 속한 모서리는 슬립 방향인
1/2<110>을 나타낸다.

3개이므로 면심 입방에서의 주요 슬립계는 12개이다.

다음에는 체심 입방 구조의 슬립계를 살펴보자. 체심 입방에서 원자 배열이 가장 조밀한 면은 {110}이다. 그러나 체심 입방에서는 {110} 면 이외에도 {112}, {123} 면의 원자 밀도가 {110}과 거의 비슷하다. 따라서 체심 입방에서의 주요 슬립계는 이 3개의 면에 대하여 생각한다.

우선 {110}을 조밀면으로 하는 슬립계를 살펴보자. 체심 입방에서 {110}에 속하는 면은 6개가 있으며, 이 면에 속하는 가장 조밀한 방향은 <$\bar{1}$11>로 면당 2개가 있다. 따라서 슬립면이 {110}이고 슬립 방향이 <$\bar{1}$11>인 슬립계는 12개가 된다. 그림 6.15(a)에 이 슬립계를 나타내었다.

두 번째로 슬립면이 {112}이며 슬립 방향이 <11$\bar{1}$>인 슬립계를 구해보면, {112}가 12개, 이 면 위에 <11$\bar{1}$>가 1개이므로 이 슬립계는 12개가 된다. 그림 6.15(b)에 이 슬립계를 나타내었다. 세 번째로 슬립면이 {123}이며 슬립 방향은 <11$\bar{1}$>인 슬립계를 구해보면 {123}이 24개, 이 면 위에 <11$\bar{1}$>가 1개이므로 이 슬립계는 24개가 된다. 그림 6.15(c)에 이 슬립계를 나타내었다.

앞에서 살펴본 바와 같이 체심 입방에서 주요 슬립계의 총수는 세 가지 면에 대해 구한 결과를 모두 합하여 48개가 된다.

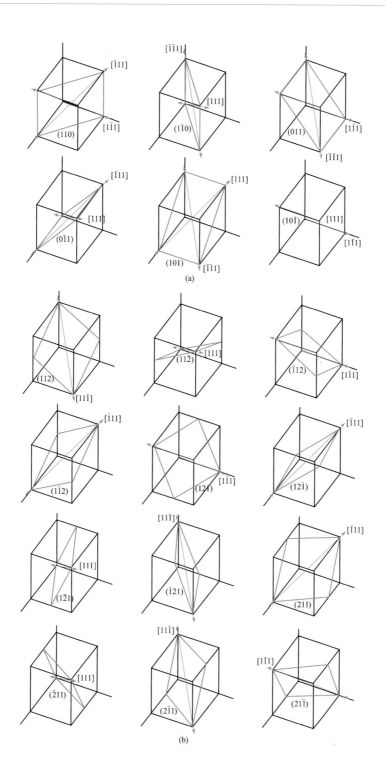

(a)

(b)

(계속)

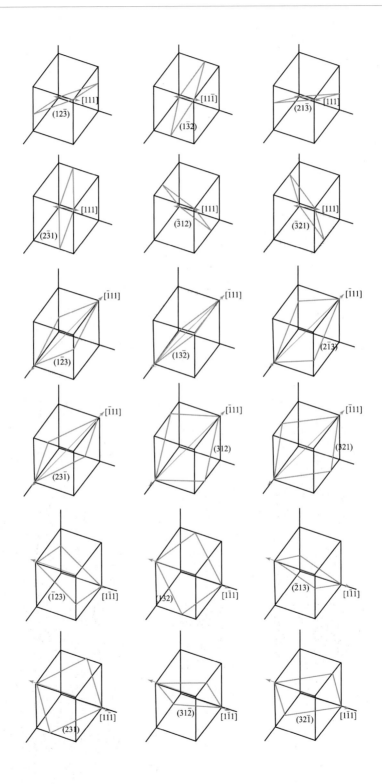

(계속)

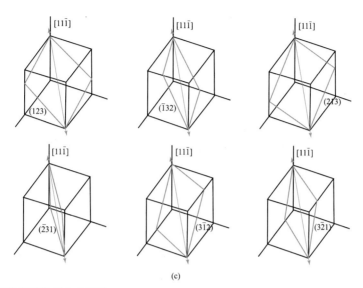

그림 6.15 **체심 입방의 주요 슬립계**

(a) 슬립면이 {110}, 슬립 방향이 <$\bar{1}$11>인 12개의 슬립계, (b) 슬립면이 {112}, 슬립 방향이 <11$\bar{1}$>인 12개의 슬립계, (c) 슬립면이 {123}, 슬립 방향이 <11$\bar{1}$>인 24개의 슬립계.

마지막으로 육방 조밀 충전의 슬립계를 알아보자. 육방 조밀 충전의 최대 원자 조밀면은 {0001}과 {10$\bar{1}$0}이다. {0001}에 속하는 면은 (0001) 1개이며 이 면에 속하는 원자 조밀 방향은 <1$\bar{2}$10>이다. 육방 조밀 충전에서 {0001} 면당 <1$\bar{2}$10>는 3개이다. 따라서 슬립면이 {0001}, 슬립 방향이 <11$\bar{2}$0>인 슬립계는 3개이다.

두 번째로 슬립면이 {10$\bar{1}$0}인 경우를 살펴보자. 이 면에 속하는 슬립 방향은 역시 <1$\bar{2}$10>로 1개이며 {10$\bar{1}$0}에 속하는 면은 3개이므로 슬립면이 {10$\bar{1}$0}이고 슬립 방향이 <1$\bar{2}$10>인 슬립계는 3개이다. 그림 6.16에 육방 조밀 충전에서의 슬립계를 나타내었다.

대부분의 금속은 앞의 세 가지, 즉 면심 입방과 체심 입방, 육방 조밀 충전에 속하여 위와 같은 슬립계를 갖는다. 육방 조밀 충전의 슬립계는 면심 입방에 비해 그 수가 적으므로 육방 조밀 충전의 금속들은 면심 입방 금속들에 비해 변형이 일어나기가 상대적으로 더 어렵다.

금속 이외의 결정에 대해서 슬립계를 따질 때에는 원자 충전뿐만 아니라 그 밖의 다른 요소들도 함께 고려하여야 한다. 예를 들면, 이온 결합 결정에서는 전위가 움직일 때 이온이 지니고 있는 전하도 함께 움직이므로 이온의 전하도 고려해야 한다.

NaCl의 경우 면심 입방 격자로 조밀면은 {100}이고 조밀 방향은 <100>이어서 슬립이 {100} 면에서 <100> 방향으로 일어날 것 같지만 실제 그렇지 않다. {100} 면에서

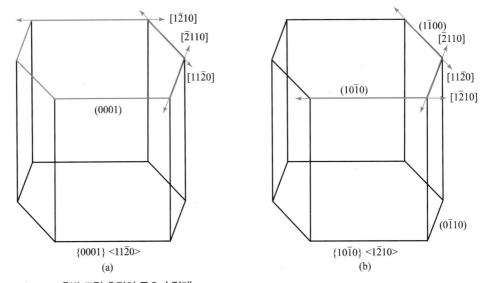

그림 6.16 **육방 조밀 충전의 주요 슬립계.**
(a) 슬립면이 {0001}, 슬립 방향이 <11$\bar{2}$0>인 3개의 슬립계, (b) 슬립면이 {10$\bar{1}$0}, 슬립 방향이 <1$\bar{2}$10>인 3개의 슬립계.

<100> 방향으로 슬립이 만일 일어나면 한 층에 있는 Na 이온이 아래나 윗층에 있는 Na 이온에 가까이 움직여야 하고, Cl 이온에 대해서도 마찬가지가 된다. 이것은 에너지적으로 일어날 수 없으며, 실제로도 일어나지 않는다. 따라서 같은 전하로 구성되어 있는 이온 줄에 평행한 방향 중에서 지수가 가장 낮은 방향은 <110>이므로 이 방향으로 슬립이 일어나고 슬립계는 {110}<1$\bar{1}$0>이 된다.

기타 결정들의 슬립계를 살펴보면 다이아몬드 구조의 슬립계는 {111}<1$\bar{1}$0>이고, 흑연 같은 층상 구조 결정은 층 사이의 결합이 약하므로 {0001}에 속하는 임의의 방향으로 슬립이 일어난다.

3 면 결함

1) 적층 결함

이제까지 어떤 결정의 제일 짧은 버거스 벡터는 제일 짧은 격자 병진 벡터라 생각하였다. 제일 짧은 격자 병진 벡터를 갖는 이 전위가 더 작은 버거스 벡터를 갖는 부분 전위로 분해하면 탄성 변형 에너지(elastic strain energy)를 줄일 수 있다. 이와 같이 부분 전위로 분해가 되면 부분 전위 사이에 일반적으로 높은 에너지를 갖는 면 결함으로 적층 결함이 생긴다. 적층 결함(stacking fault) 생성으로 인한 에너지의 증가가, 부분 전위로 분해될 때의 탄성 변형 에너지 감소보다 더 작으면 완전 전위는 부분 전위로 분해하며 부분 전위 사이에는 면 결함이 만들어진다.

어떤 면심 입방 구조에서 1/2<110> 전위는 {111} 슬립면에서 부분 전위로 분해한다. 이때 부분 전위 사이에서 생기는 결함은 {111} 면의 적층 순서가 완전 결정과 다른 결함이다.

면심 입방 구조에서 {111} 적층면의 원자들은 세 가지 형태의 위치로 구분할 수 있는데, 앞에서 나온 바와 같이 이들을 각각 A, B, C로 표시한다. 그림 6.17에서 각 원들은 면심 입방 구조에서 {111} 면의 원자를 나타내고, B와 C는 각각 면심 입방 구조에서 {111} 면의 B와 C 위치에 있는 원자를 나타낸다. 층 B에 있는 원자가, 버거스 벡터가 1/2[01$\bar{1}$]인 완전 전위에 의해 이동하면 원자의 위치가 B에서 B로 이동하였기 때문에 적층 순서에는 아무런 변화를 나타내지 않는다. 아랫층의 원자에 대해 층 B에 있는 원자가 부분 전위에 의해 1/6[11$\bar{2}$]로 이동하면 그림의 중간 부분과 같이 원자의

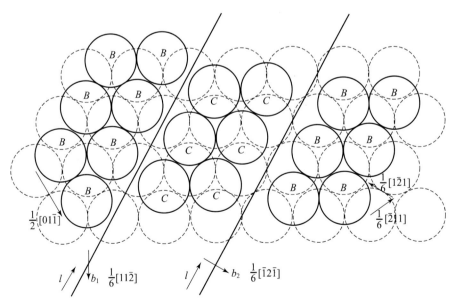

그림 6.17　면심 입방 구조의 (111) 면 위에서 버거스 벡터가 1/2[01$\bar{1}$]인 완전 전위가 두 개의 쇼클리 부분 전위, 1/6[11$\bar{2}$]와 1/6[$\bar{1}$2$\bar{1}$]로 분해되는 것을 보여 주는 그림.

적층 순서는 C가 된다. 따라서 왼쪽 부분에서는 적층 순서가 $ABCAB\cdots$로 완전 결정의 적층 순서와 같으나, 가운데 부분의 적층 순서는 $ABCAC\cdots$가 되므로 적층 순서에 오류가 생긴다. 완전 결정과 달리 이처럼 적층 순서의 차이에 의해 생기는 면 결함을 적층 결함이라 한다.

그림에서 위치 C에 있는 원자가 부분 전위에 의해 $1/6[12\bar{1}]$만큼 이동하면, 오른쪽 부분과 같이 위치 B로 이동하게 되어 완전 결정의 적층 순서와 같아지므로 적층 결함은 사라진다. 따라서 적층 결함은 가운데 부분인 $1/6[11\bar{2}]$ 부분 전위와 $1/6[\bar{1}2\bar{1}]$ 부분 전위 사이에서 만들어진다. 이와 같이 $1/2\langle110\rangle$ 전위가 2개의 $1/6\langle112\rangle$ 전위로 분해되는 반응은

$$1/2[01\bar{1}] \rightarrow 1/6[11\bar{2}] + 1/6[\bar{1}2\bar{1}] \tag{6-8}$$

로 나타낼 수 있다. 그리고 이 $1/6\langle112\rangle$ 부분 전위를 쇼클리(Shockley) 부분 전위라 한다.

일반적으로 완전 전위가 부분 전위로 분해되기 위해서는 부분 전위의 버거스 벡터의 합이 완전 전위의 버거스 벡터와 일치해야 하며, 완전 전위의 탄성 에너지보다 부분 전위들의 탄성 에너지와 적층 결함 에너지의 합이 작아야 한다.

완전 전위와 부분 전위의 탄성 에너지를 비교하기 위해서는 전위의 탄성 에너지가 버거스 벡터의 제곱에 비례한다는 프랭크 법칙(Frank's rule)을 사용한다. 식 (6-8)에서 두 부분 전위의 버거스 벡터의 합은 완전 전위의 버거스 벡터가 된다. 그리고 완전 전위의 버거스 벡터의 제곱이 부분 전위의 버거스 벡터의 제곱의 합보다 크므로 완전 전위의 탄성 에너지가 두 부분 전위의 탄성 에너지 합보다 크다는 것을 알 수 있다.

톰슨 사면체에서 쇼클리 부분 전위의 버거스 벡터는 꼭지점에서 그 꼭지점을 공유하고 있는 각 면의 중심까지의 거리와 방향으로 나타낸다. 그림 6.14(b)에서 쇼클리 부분 전위의 버거스 벡터는 $A\beta$, $C\beta$, $D\beta$, $A\delta$, $B\delta$ $\cdots$ 등이다. 톰슨 사면체 중 면 ABC를 생각해 보자. 여기서 면 ABC에서

$$AB = A\delta + \delta B \tag{6-9}$$

의 관계가 성립한다. 이때 AB는 완전 전위를 $A\delta$, δB는 두 쇼클리 부분 전위를 나타낸다.

면심 입방 구조에서는 적층 순서가 $ABCABCAB\cdots$인데 이 층들 사이의 거리는 $\frac{1}{3}\langle111\rangle$이다. 어떤 면심 입방 구조에서는 공공이나 여분 원자의 집합 등으로 인해 버거

스 벡터가 $\frac{1}{3}$<111>인 부분 전위도 관찰된다. 이러한 $\frac{1}{3}$<111>부분 전위에 의해 적층면의 윗층이 바로 아래층으로 내려와 적층 순서가 바뀌어서 적층 결함이 생기기도 한다. 버거스 벡터가 1/3⟨111⟩인 이와 같은 부분 전위를 프랭크(Frank) 부분 전위라 한다. 톰슨 사면체에서 프랭크 부분 전위의 버거스 벡터는 꼭지점에서 꼭지점을 공유하고 있지 않은 면의 중점까지의 거리와 방향으로 나타낸다. 그림 6.14(b)에서 프랭크 전위의 버거스 벡터는 $A\alpha$, $B\beta$, $C\gamma$, $D\delta$이다.

적층 결함에서 새로운 원자 층이 원래의 적층에 들어가서 생기는 결함을 외부 적층 결함 (extrinsic stacking fault)이라 하고, 원자 층이 원래의 적층에서 하나 빠져 생기는 결함을 내부 적층 결함(intrinsic stacking fault)이라 한다. 그림 6.18에 면심 입방의 두 가지 적층 결함 형태를 나타내었다. 그림 6.18(a)는 A면이 B면과 C면 사이에 들어가서 생기는 외부 적층 결함이고, (b)는 A와 B면 사이의 C면이 빠져서 생기는 내부 적층 결함이다.

그림 6.19는 CdTe 박막의 고분해능 전자 현미경 사진으로 {111} 면의 적층이 위에서부터 $\cdots ABCACBCABC\cdots$로 되어 있어 외부 적층 결함임을 잘 나타낸다. 또한 그림 6.20은 CdTe 박막의 고분해능 전자 현미경 사진으로 {111} 면의 적층이 위에서부터 $\cdots ABCACABC\cdots$로 B가 없어져 생긴 내부 적층 결함임을 보여 주고 있다.

적층 결함은 결정이 성장하는 도중에 적층 순서의 오류, 외부의 힘에 의한 전단 변형, 또는 공공의 응축이나 침입 원자의 응축 등에 의해 생성된다. 결정의 전단 변형 시에 전위의 버거스 벡터가 격자 병진 벡터와 같은 완전 전위인 경우, 슬립 후에도 결정은 완전 결정 구조로 남아 적층 결함은 생기지 않는다. 그러나 전위의 버거스 벡터가 격자 병진 벡터가 아닌 부분 전위일 경우에는 전위의 슬립 후에 적층 결함이 생성된다.

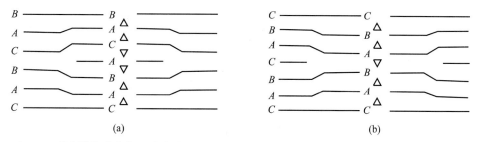

그림 6.18 **면심 입방 결정의 두 가지 적층 결함 형태.**
(a) A면이 B면과 C면 사이에 들어가서 생기는 외부 적층 결함, (b) A와 B면 사이의 C면이 빠져서 생기는 내부 적층 결함.

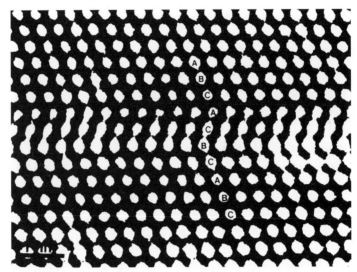

그림 6.19 CdTe 박막에 존재하는 외부 적층 결함의 고분해능 전자 현미경 사진.

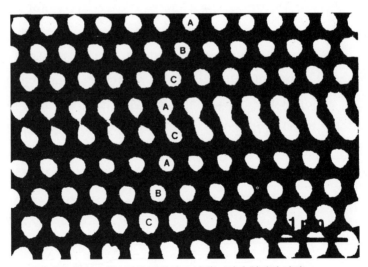

그림 6.20 CdTe 박막에 존재하는 내부 적층 결함의 고분해능 전자 현미경 사진.

2) 쌍정

한 결정의 어떤 부분이 결정의 다른 부분과 서로 대칭 관계에 있을 때, 결정은 쌍정
(twinning)으로 되어 있다고 한다. 쌍정으로 되어 있는 것 중에서 제일 많이 관찰되는

것은 한 부분의 결정 구조가 다른 부분의 결정 구조와 경영 대칭으로 되어 있는 경우이다. 이때 이 경영 대칭면을 쌍정면(twinning plane)이라 한다. 또한 두 부분의 경계면을 합성면(composition plane)이라 하는데, 이것은 대개 슬립면과 일치한다.

쌍정으로 된 결정은 기상, 액상 또는 고상에서 성장할 때 자주 만들어진다. 또한 단결정도 기계적으로 변형하면 쌍정이 만들어지기도 한다. 자연적인 광물질에서도 쌍정이 많이 관찰되나 쌍정이 성장시 만들어졌는지, 기계적인 변형에 의해 만들어졌는지는 분명하지 않다.

면심 입방 구조 금속에서의 쌍정을 알아보자. 이 경우 (111) 면이 슬립면이며, 여기에서 결정의 한 부분이 다른 부분과 경영 대칭을 이룬다. 두 부분 사이의 경계를 이루는 면이 또한 (111) 면이기 때문에 쌍정의 구조는 그림 6.21과 같이 이 면이 경영 대칭면이 되도록 그릴 수 있다. 경계에 있는 원자의 최인접 원자수는 완전 결정에서와 같으나, (111) 적층 순서에서 착오가 생겨난다. 완전 결정에서 $ABCABC$인 적층 순서가 쌍정이 있는 경우에 $ABCBA$로 바뀌었다.

그림 6.22는 CdTe 박막층의 고분해능 전자 현미경 사진이다. 결정의 아래 부분이 (111) 쌍정면을 경계로 하여 위 부분과 경영 대칭을 이루고 있어 쌍정이 있음을 잘 보여 주고 있다. 결정이 면심 입방 구조를 가진 경우 액상에서 성장시킨 결정이나, 기상으로 증착시킨 박막 또는 전기 도금한 박막, 냉간 가공 후 열처리한 다결정 등과 같은

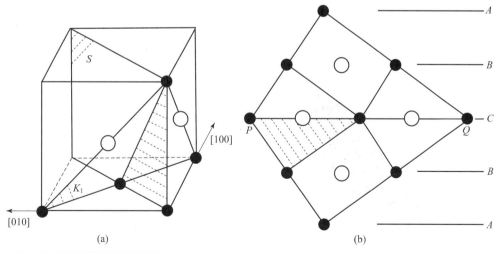

그림 6.21 면심 입방 결정의 쌍정.
(a)의 S면을 (b)에 나타내었다. (a)와 (b)에서 빗금친 삼각형은 동일한 것이다.

그림 6.22   CdTe 박막에 존재하는 (111) 쌍정의 고분해능 전자 현미경 사진.

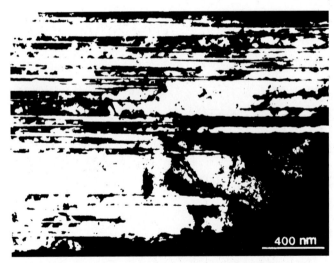

그림 6.23   GaAs 기판 위에 성장시킨CdTe 박막 내에 생긴 쌍정의 전자 현미경 사진.

경우에 이러한 (111) 쌍정이 잘 발생한다. 쌍정은 이와 같이 결정 성장 중의 착오로 생성되기도 하고, 또한 기계적 변형으로도 만들어진다. 그림 6.23은 GaAs 기판 위에 성장시킨 CdTe 박막 내에 생긴 쌍정들을 보여 주는 전자 현미경 사진이다.

그림 6.24는 단결정의 한 부분이 (111) 면을 경계로 균일하게 전단 변형되어 쌍정이 만들어지는 것을 나타낸다. 이와 같이 쌍정 형성이 소성 변형의 한 방법으로 생각되기도 한다. 면심 입방 구조에서는 슬립이 워낙 잘 일어나기 때문에 쌍정이 일어나기가

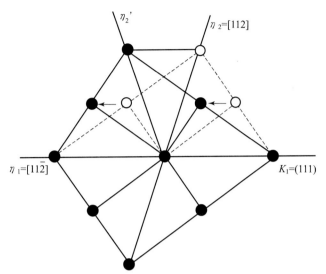

그림 6.24 단결정의 한 부분이 (111) 면을 경계로 균일하게 전단 변형되어 만들어지는 쌍정.
점선은 변형이 일어나기 전의 구조를 나타낸다.

그리 쉽지는 않다. 그러나 Cu, Ag, Au와 같은 면심 입방 구조 결정에서는 낮은 온도에서 인장 시험의 후반기에 쌍정이 일어나기도 한다.

그림 6.24에서와 같이 쌍정이 일어나기 위해 먼저 원자가 1/6<112>만큼 아래 부분의 결정에 대해 변위되어야 한다. 이렇게 되면 적층 결함이 만들어진다. 쌍정이 되기 위해서는 이러한 원자의 이동이, 위에 있는 (111) 층에서 연속되어야 한다. 이것은 합성면 위에 있는 각 (111) 면에 1/6<112> 버거스 벡터를 가진 부분 전위가 지나가는 것과 같다.

3) 결정 계면

한 결정 구조를 지니면서 원자들의 배열이 같은 방향성을 갖는 결정을 일컬어 단결정이라 한다. 그러나 일반적으로 결정질 고체는 결정립(grain)이라고 하는 여러 방향을 지닌 단결정이 모여서 이루어진 다결정으로 되어 있다. 또한 단결정에서도 때로는 원자 배열 방향이 다른 영역과 약간 다른 부결정립(sub-grain)이라 하는 영역을 포함하고 있는 경우도 있다.

다결정에서 결정립 사이의 계면 중 제일 간단한 계면은 같은 상으로 된 결정립 사이의 계면으로 결정립계 또는 입계(grain boundary)라 한다. 그리고 다른 상으로 이루어진 결정립 사이의 계면을 상간 계면(interphase interface)이라 한다.

(1) 결정립계

결정립은 일반적으로 서로 다른 여러 방향을 가지고 있어 입계의 종류에도 여러 가지가 있을 수 있다. 입계의 특성은 서로 접하고 있는 두 결정립의 방향 관계와 그 경계면에 따라 결정된다. 두 결정립 중 한 결정립을 단일 축으로 적당한 각도로 회전하면 두 결정립의 격자가 서로 일치하게 된다. 일반적으로 이 회전축은 결정립이나 입계면 (grain boundary plane)과 복잡한 관계를 가지고 있다.

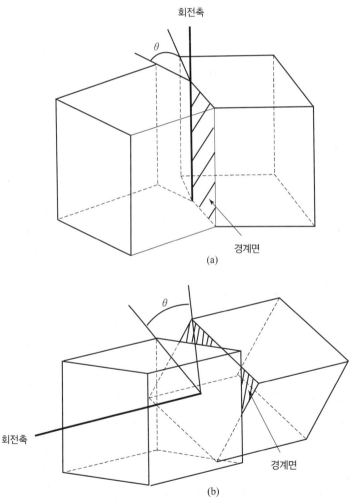

그림 6.25 (a) 순수 경각 경계. 회전축이 입계면에 포함되어 있다. (b) 순수 뒤틀림 경계. 회전축이 입계면에 수직이다.

제일 간단한 관계를 갖는 경우는 그림 6.25에 그린 것과 같이 순수 경각 경계(tilt boundary)와 순수 뒤틀림 경계(twist boundary)의 두 가지이다, 그림 6.25(a)와 같이 회전축이 입계면에 포함되어 있으면 이를 경각 경계라 하고, 그림 6.25(b)와 같이 회전축이 입계면에 수직이면 뒤틀림 경계라 한다.

경각 경계 중에서 제일 간단한 경우는 그림 6.26과 같이 두 결정립이 경계를 중심으로 서로 대칭으로 되어 있으며, 회전각이 작은 저각 대칭 경각 경계(low-angle symmetrical

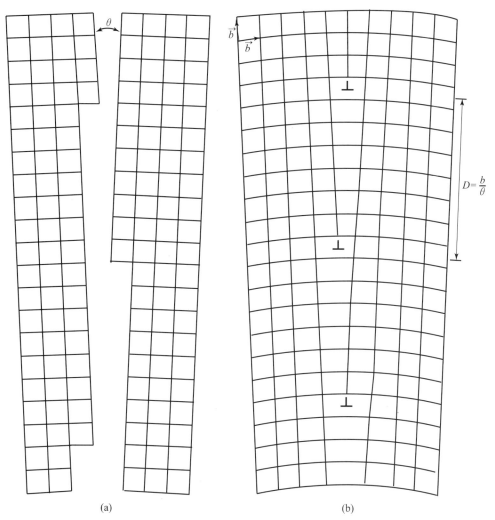

(a)   (b)

그림 6.26 단순 입방 격자에서 대칭인 저각 대칭 경각 경계.
이 경계는 (b)와 같이 평행한 칼날 전위군으로 이루어져 있다고 생각할 수 있다.

tilt boundary)이다. 이 경계는 그림 6.26(b)와 같이 평행한 칼날 전위군으로 이루어져 있다고 생각한다. 이에 비해 뒤틀림 경계는 그물망 모양으로 된 2종의 나사 전위로 이루어져 있다. 경계에서 전위 중심(dislocation core)이 있는 곳은 결정 구조의 뒤틀림이 심하고, 전위와 전위 사이의 중간에 있는 원자는 뒤틀림이 거의 없다.

경계는 대칭적이 아닐 수도 있다. 그림 6.27에서 보면 경계가 대칭이 아니며, 다른 버거스 벡터를 가진 두 가지 전위로 이루어져 있다. 일반적인 경계는 경각 경계 형태와 뒤틀림 경계 형태가 혼합된 형태로 되어 있어 몇 가지의 다른 칼날 전위와 나사 전위로 구성되어 있다.

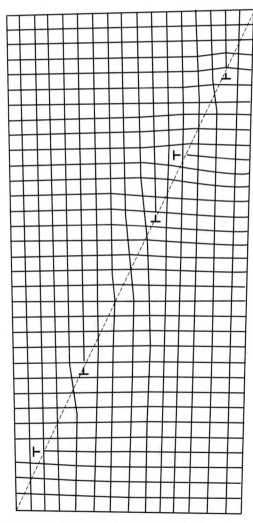

그림 6.27 비대칭 경각 경계. 버거스 벡터가 다른 두 전위가 존재한다.

저각 입계의 에너지는 입계의 단위 면적당 전위의 전체 에너지와 같다. 따라서 입계의 에너지는 입계를 이루고 있는 전위의 밀도에 따라 달라진다. 그림 6.26과 같은 저각 대칭 경각 경계에서 $\vec{b}$가 전위의 버거스 벡터이고, θ가 두 결정립 사이의 회전각일 때 D를 전위 사이의 거리라고 하면

$$b = 2D\sin\frac{\theta}{2} \tag{6-10}$$

이 된다. 회전각 θ가 작을 경우 경계의 단위 길이당 전위의 수는

$$\frac{1}{D} \cong \frac{\theta}{b} \tag{6-11}$$

로, 회전각이 커지면 길이당 전위의 수도 많아진다. 따라서 입계의 에너지 γ는

$$\gamma \propto \theta \tag{6-12}$$

로, 회전각에 따라 비례하게 되어 경계에 있는 전위 밀도에 비례하게 된다.

회전각이 점점 커지면 에너지도 따라서 증가하지만, 전위 사이의 변위장이 점점 서로 상쇄되어 증가율은 그림 6.28과 같이 감소하게 된다. 일반적으로 회전각이 10°∼15°를 넘으면 전위 간격이 너무 작아 전위 중심이 중첩되어 개개의 전위를 물리적으로 구분하기 어렵다.

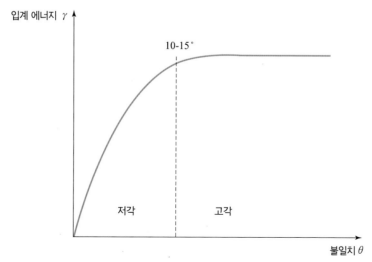

그림 6.28 회전각의 변화에 따른 결정 입계 에너지의 변화.

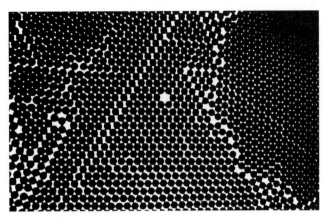

그림 6.29 베어링을 원자로 생각하여 만든 고각 경계의 모형을 찍은 사진.

회전각이 10°∼15°보다 큰 일반적인 경계를 무작위 고각 입계(random high-angle grain boundary)라 한다. 그림 6.29는 베어링을 원자로 생각하여 만든 고각 경계의 모형을 찍은 사진이다. 고각 경계는 서로 잘 들어맞지 않는 부분이 많고, 비교적 틈이 많은 구조(open structure)로 되어 있다. 경계에 있는 원자 사이의 결합은 깨어져 있거나 뒤틀려 있는 것이 많기 때문에 고각 경계는 비교적 높은 에너지를 지닌다.

한편 저각 경계는 경계에 있는 원자 대부분이 두 결정립의 격자와 잘 맞아 들어가 있기 때문에 빈 틈이 적고 원자간 결합도 약간만 뒤틀려 있다. 다만 잘 들어 맞지 않는 영역은 전위 중심이 있는 영역으로 무작위 고각 경계와 유사하게 비교적 높은 에너지를 갖는다.

(2) 특수 고각 입계

모든 고각 입계가 높은 에너지를 가지는 것은 아니다. 무작위 고각 입계보다 훨씬 낮은 에너지를 가지는 고각 입계를 특수 고각 입계(special high-angle grain boundary)라 한다. 특수 고각 입계를 보면 특수한 회전각을 지니고 그 경계면도 두 결정립의 격자가 일치하는 면을 따라 만들어져 원자간 결합의 뒤틀림이 최소화되도록 되어 있다.

그림 6.30은 단순 입방 구조의 특수 고각 입계를 보여 주고 있다. 그림은 회전각이 약 53°인 고각 대칭 경각 경계로, 입계면은 두 결정립의 {210} 면이고, 두 결정립은 쌍정 관계에 있다. 단순 입방 구조를 [100] 축을 회전축으로 53° 회전하여 {210} 면을 경계면으로 하면 그림과 같은 쌍정이 만들어진다. 그림에서 두 결정립의 격자점을 연장하면 격자점은 검은 점으로 표시한 점에서 서로 겹치게 된다. 이와 같이 두 격자를 중첩하였

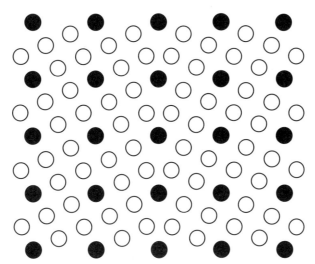

그림 6.30 단순 입방 구조의 특수 고각 입계.
회전각이 약 53°인 고각 대칭 경계로, 입계면은 두 결정립의 {210} 면이고, 두 결정립은 쌍정 관계
에 있다. 검은 원은 두 격자에 공통으로 있는 동일 위치 격자이다.

을 때 서로 일치하는 격자를 동일 위치 격자(coincidence site lattice, CSL)라 한다.

그림에서와 같이 경계면이 동일 위치 격자점을 따라 만들어지면 동일 위치 격자점에
서는 두 결정립의 격자점이 같아 여기에 있는 원자는 뒤틀림이 거의 없게 된다. 특수
고각 입계는 회전각이 특수한 값을 가져 두 결정립의 격자에서 동일 위치 격자가 만들
어질 때 생성되며, 회전각은 비록 크지만 낮은 에너지를 지닌 입계가 된다.

(3) 상간 계면

서로 다른 상 사이의 계면을 상간 계면이라 한다. 여기서는 고체 내에서 서로 다른
상 사이의 계면만을 생각하기로 하자. 고체 내 상간 계면은 상이 다르기 때문에 결정
구조와(또는) 조성이 다른 두 결정립이 만나서 이루어진 계면이다. 고체의 상간 계면은
계면에서의 원자 구조에 따라 정합(coherent), 반정합(semicoherent), 부정합(incoherent)
의 세 가지 계면으로 구분할 수 있다.

• 정합 계면

정합 계면은 그림 6.31에서처럼 두 격자가 계면에서 격자의 연속성이 유지되도록 하
는 것으로, 두 결정이 계면에서 완전히 서로 짝을 이룰 때 형성된다. 원소의 종류를 무
시하고서 계면에 있는 두 상의 면이 꼭 같은 원자 배열을 가지고 있을 때 정합 계면이

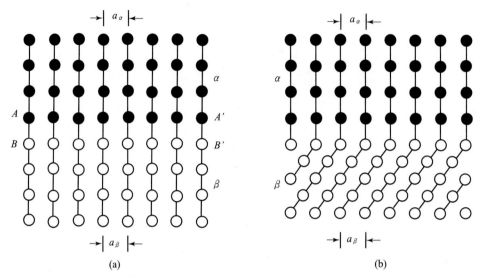

그림 6.31 **응력이 없는 정합 계면.**
(a) 각 결정은 다른 화학 조성을 갖지만 결정 구조는 같다. (b) 두 상이 다른 결정 구조이다.

만들어진다. 이렇게 될 경우 두 결정은 서로 특별한 방향 관계를 갖게 된다.

예를 들면, Al-Ag 합금의 경우 면심 입방 구조의 Al을 많이 함유한 α 고용체에서 Ag를 더 많이 함유한 G.P. 영역(Guinier-Prestone zone)이 형성될 때 육방 조밀 충전 구조의 γ' 상이 만들어지는데, 이때 기지와 γ' 상의 조밀 충전면인 (111)과 (0001) 면이 상간 계면이 되면서 정합 계면을 이룬다. Al과 Ag의 원자 반경 차이가 0.7% 밖에 되지 않고, 두 상은 조밀 충전을 이루고 있어 원자의 종류를 무시하면 그림 6.32와 같이 각 상의 계면인 조밀 충전면 (111), (0001)의 원자 배열과 원자간 거리는 거의 같다.

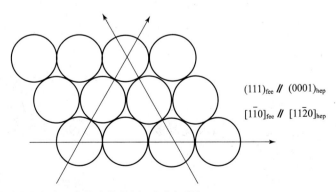

$(111)_{fcc}$ // $(0001)_{hep}$

$[1\bar{1}0]_{fcc}$ // $[11\bar{2}0]_{hep}$

그림 6.32 **면심 입방과 육방 조밀 충전에서의 조밀면과 방향.**

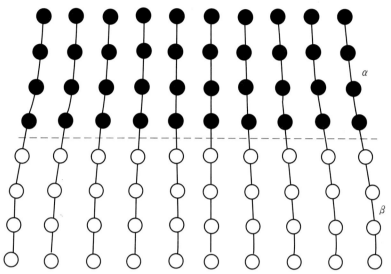

그림 6.33　두 결정이 같은 결정 구조를 가지면서 격자상수의 차이가 작을 때 발생하는 정합 변형과 이때 생기는 정합 계면.

그리고 두 결정이 결합할 때 조밀 충전면이 계면이 되면서, 이 면 위에 있는 조밀 충전 방향이 서로 평행하게 결합하면, 두 결정 사이의 계면은 정합 계면을 이루게 된다.

두 조밀 충전면이 평행하고, 조밀 충전 방향이 평행한 두 상의 방향 관계는 다음과 같이 표시할 수 있다.

$$(111)_\alpha \, / \, / \, (0001)_{\gamma'} \tag{6-13}$$
$$[1\bar{1}0]_\alpha \, / \, / \, [11\bar{2}0]_{\gamma'}$$

위 식에서와 같이 두 결정 사이의 결정 방위 관계는 평행한 두 면과 이 면에 있는 평행한 두 방향으로 나타낼 수 있다.

두 결정이 같은 결정 구조를 가지면서 격자 상수의 차가 아주 작을 경우 그림 6.33과 같이 동일한 격자면을 갖게 된다. 이 경우 계면에서 원자간 거리는 동일하지 않으나 두 격자에 약간의 변형을 줌으로써 정합성을 유지할 수 있다. 이 때 생기는 격자 변형을 정합 변형(coherency strain)이라 한다.

• 반정합 계면

정합 계면에서 격자상수의 차가 점점 증가하면 정합성을 유지하기 위한 정합 변형 에너지가 점점 더 증가한다. 격자상수 차가 큰 경우 무리해서 모든 격자면의 정합성을

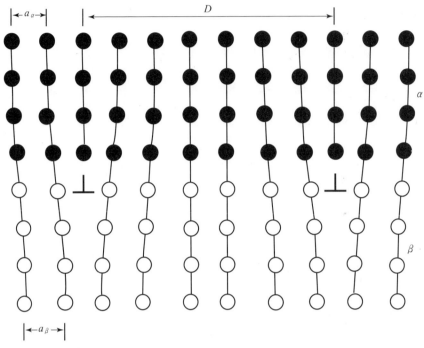

그림 6.34 반정합 계면.
격자 불일치가 계면에 평행하게 존재하는데, 이는 칼날 전위의 도입으로 완화된다.

유지하는 것보다는, 그림 6.34와 같이 계면에서 전위를 주기적으로 중간에 하나씩 끼워 넣고서 나머지 격자면에서 정합성을 유지하는 것이 에너지 측면에서 유리하다. 물론 이 경우 전위가 생기면 전위에 의한 에너지가 증가하지만, 대신에 정합 변형에 의한 에너지를 감소시킬 수 있다. 이와 같이 계면에서 격자 변형을 줄이기 위해 생긴 전위를 불일치 전위(misfit dislocation)라 한다. 그리고 불일치 전위들로써 정합성을 유지하고 있는 계면을 반정합 계면이라 한다.

α_α와 α_β가 응력을 받지 않은 α상과 β상의 격자상수라면 두 격자 사이의 불일치도 (misfit) δ는 다음과 같다.

$$\delta = \frac{a_\beta - a_\alpha}{a_\alpha} \tag{6-14}$$

이때 간격 D의 칼날 전위를 주기적으로 삽입함으로써 1차원에서 격자 불일치에 의한 정합 변형을 상당히 감소시킬 수 있다. 전위 간격 D는

$$D = \frac{a_\beta}{\delta} \tag{6-15}$$

로 주어지고, 불일치도가 작은 경우

$$D = \frac{b}{\delta} \tag{6-16}$$

이다. 여기서 b는 전위의 버거스 벡터 크기로

$$b = \frac{a_\alpha + a_\beta}{2} \tag{6-17}$$

로 주어진다.

  이렇게 전위가 있을 때의 결정 구조는 변위가 많이 일어난 불연속적인 전위 중심을 제외하고, 나머지 부분에서는 격자면들이 계면을 지나면서 연속적이다. 실제 계면은 2차원이므로 계면에 있는 평행하지 않은 두 종류의 전위망으로 정합 변형을 감소시킬 수 있다.

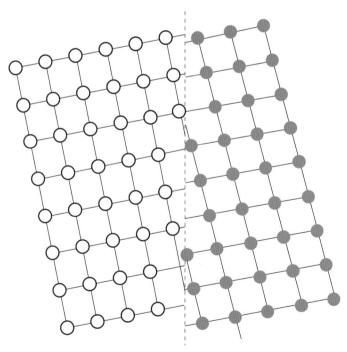

그림 6.35 격자 불일치가 아주 클 때 만들어지는 부정합 계면.

• 부정합 계면

　불일치도가 0.25 이상이 되면 두 면 간격마다 전위가 하나씩 끼워져야 하고, 전위 중심 주위의 원자 정합성이 유지되지 못하는 영역이 중첩이 되면서 계면이 더 이상 정합성을 유지하지 못하게 된다. 이와 같이 정합성이 유지되지 못한 계면을 비정합 계면이라 한다. 2개 상 사이의 인접하는 두 면이 완전히 다른 원자 배열을 지니면 계면을 가로질러 정합성을 유지하기가 불가능하다.

　이러한 비정합 계면에서는 두 상에서의 원자 배열이 완전히 다르고, 비슷한 경우에도 원자간 거리의 차가 25% 이상이다. 일반적으로 비정합 계면은 임의의 방향으로 향하고 있는 두 개의 결정이 서로 결합할 때 만들어지는 계면으로 그림 6.35에 이를 나타내었다.

1 금속에서 격자를 이루는 원자보다 큰 반경을 지닌 용질 원자는 거의 대부분 침입형 자리를 차지한다. 그 이유를 설명하시오.

2 탄소 원자는 철에서는 침입형 자리를, 니켈에서는 치환형 자리를 차지한다. 그 이유를 설명하시오.

3 Si에서 공공은 반도체의 전기전도도에 큰 영향을 미친다. 증착 후 Si에서 공공의 농도는 10^{15}개/cm^{3}으로 매우 높다. 이 농도를 줄이기 위해 녹는점 아래로 가열했다가 평형 공공 농도 10^{12}개/cm^{3}에 도달할 때까지 천천히 냉각을 한다.

  (a) 이 평형 농도에 도달하는 온도를 계산하시오. Si에서 공공의 생성 에너지는 2.3 eV이다.

  (b) 이 온도에 도달한 후에는 급냉을 하여도 괜찮은 이유를 설명하시오.

4 프렌켈 결함과 쇼트키 결함을 그림으로 그려 설명하시오.

5 금속 결정에서 공공 주위의 원자는 공공쪽으로 쏠리고, 이온 결합 결정에서 공공에 제일 가까운 이온들은 바깥쪽으로 쏠리는 이유를 그림을 그려 설명하시오.

6 평형 상태에서 고체는 항상 일정한 공공을 지니고 있는 이유를 설명하시오.

7 고체에서 공공을 만들어 낼 수 있는 방법들을 설명하시오.

8 한 개의 두공공이 두 개의 한공공보다 에너지적으로 안정한 이유를 그림으로 설명하시오.

9 고체에서 불순물 원자의 싱크(sink)로 작용하는 것의 3가지 예를 드시오.

10 (a) 크뢰거–빙크 표시법으로 화학량론적 Cu_2O에서 쇼트키 결함이 생기는 반응을 쓰시오.

  (b) x가 1보다 아주 작을 때 비화학량론적 $Cu_{2-x}O$가 되기 위한 두 가지 기구를 크뢰거–빙크 표시법으로 쓰시오. 여기서 한 기구에서는 반도성을 나타내게 되고, 다른 기구는 2가의 구리 이온을 포함하게 된다. 1가와 2가의 구리 이온을 각각 Cu(I)와 Cu(II)로 표시하시오.

11   ThO_2는 형석 구조를 가지고 있다. Ca^{2+}로 도핑하면 이 이온은 Th^{4+}를 자리로 들어가고 전기 중성도를 유지하기 위해 O^{2-} 공공과 결합을 한다. 이 Ca^{2+}/O^{2-} 공공쌍이 만드는 방향은 몇 가지인가? 그림으로 설명하시오.

12   다음 그림과 같은 2차원 NaCl 완전 결정이 있다. 가장 짧은 이온간 거리는 a이다.

(a) 이 결정의 정전기적 마델룽 에너지를 e^2/a의 단위로 표시하시오.

(b) E_{int}을 안쪽에 있는 4개의 이온과 다른 이온과의 쿨롱 상호작용으로 정의하고, E_{ext}를 바깥쪽의 8개 이온과 다른 이온들과의 상호작용으로 정의할 때, 앞에서의 마델룽 에너지를 이 두 가지 항으로 표시하시오.

(c) (b)의 그림과 같이 결정이 양이온 공공을 가져 − 1 전하를 가질 때 결정 전체의 정전기 에너지를 계산하시오.

(d) 그림 (c)와 같이 중성으로 결함을 지니고 있는 결정의 전체 정전기 에너지를 계산하시오.

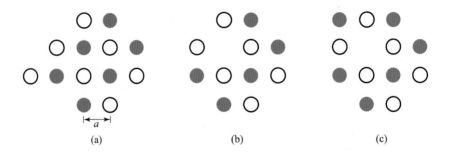

(a)   (b)   (c)

13   버거스 벡터와 전위선의 방향과의 관계를 이용하여 칼날 전위와 나사 전위를 정의하시오.

14   칼날 전위 주위의 원자 배열을 전위에 수직인 단면으로 그리고, 용질 원자가 고체 용매 원자보다 클 때 차지할 가능성이 제일 큰 위치를 표시하고 그 이유를 설명하시오.

15   정사각형 격자를 이루고 있는 원자를 그리시오.

(a) 여기에 잉여 반열(half-row)의 원자를 삽입한 후 원자를 재배열하여 버거스 벡터가 $\vec{a}$인 칼날 전위가 만들어진 그림을 그리시오.

(b) 버거스 회로를 그리고 버거스 벡터를 표시하시오.

16 면심 입방 구조의 단위포를 (110) 면에 투사하여 그리고, 또 이 단위포를 좌우 상하로 평행 이동하여 여러 단위포를 그리시오. 여기에 잉여 반면을 삽입한 다음 원자가 재배열하여 버거스 벡터가 $a/2<110>$인 전위가 만들어진 그림을 그리시오.

17 체심 입방 구조의 단위포를 (110) 면에 투사하여 그리고, 또 이 단위포를 좌우 상하로 평행 이동하여 여러 단위포를 그리시오. 여기에 잉여 반면을 삽입한 다음 원자가 재배열하여 버거스 벡터가 $a/2<111>$인 전위가 만들어진 그림을 그리시오.

18 염화나트륨 구조의 단위포를 (100) 면에 투사하여 그리고, 또 이 단위포를 좌우 상하로 평행 이동하여 여러 단위포를 그리시오. 여기에 잉여 반면을 삽입한 다음 원자가 재배열하여 전위가 만들어진 그림을 그리시오.

19 Cu에서 (111)면에 $\vec{b}= a/2[10\bar{1}]$의 전위가 움직이는 도중 장애물을 만났다. 전위선의 방향이 $[0\bar{1}1]$이면 다른 슬립면으로 이동이 가능한지 답하시오.

20 Cu에서 (111)면에 $\vec{b}= a/2[10\bar{1}]$의 전위가 쇼클리 부분 전위로 분해된다.

(a) 한 부분 전위가 칼날 전위이면 다른 부분 전위의 버거스 벡터는 얼마인가?

(b) 이 분해 반응의 에너지는 증가 또는 감소하는가?

21 Al에서 $(1\bar{1}1)$면 하나에 공공 응집이 일어나서 전위환을 만들었다.

(a) 공공 원판이 $(1\bar{1}1)$면에 수직으로 무너져 있으면 버거스 벡터는 무엇인가?

(b) 이 전위가 둘러싸고 있는 적층 결함의 종류는 무엇인가?

22 전위환과 환이 만드는 면에 수직인 버거스 벡터가 있을 때 전위환과 버거스 벡터가 만들 수 있는 면을 그리시오. 면심 입방 구조에서 전위가 이 면을 따라 움직이기 쉬운지 어려운지 답하고 설명하시오.

23 전위 상승이 무엇이며 왜 온도가 영향을 주는지 답하시오.

24 전위환 면에 버거스 벡터가 있는 전위환과 전위환 면에 수직인 버거스 벡터를 지닌 전위환을 각각 그리시오. 공공이 과포화 상태에 있고 확산이 일어나기 위한 충분한 열적 활성이 있을 때 상당한 시간이 경과한 다음 두 전위환이 어떻게 변하겠는지를 그림으로 그리고 설명하시오.

25 전위선의 방향이 [011]이고 버거스 벡터가 1/2[110]인 완전 전위를 지니고 있는 면심 입방 결정이 있다.

   (a) 이 전위의 슬립면의 밀러 지수를 구하시오.

   (b) 이 전위가 두 개의 쇼클리 부분 전위로 분해된다면 어떤 버거스 벡터를 지닌 부분 전위로 분해될 것인지 답하시오.

   (c) 두 쇼클리 전위의 버거스 벡터 사이의 각도를 구하시오.

   (d) 프랭크의 법칙을 이용하여 완전 전위와 분해된 부분 전위의 에너지를 비교하시오.

   (e) 일단 두 개의 부분 전위로 분해되고 나면 두 전위는 서로 반발력을 가지고 있어 서로 떨어지려고 할 것이다. 그러나 실제 일정한 거리를 유지하고 있다. 이와 같이 일정한 거리가 유지되는 이유는 무엇인가?

26 두 칼날 전위가 평행한 면 위에서 슬립으로 한 줄로 된 공공을 만드는 과정을 그림으로 그리시오.

27 면심 입방 구조에서 (111) 면에 $\vec{b} = a/[011]$이의 전위가 있고, $(11\bar{1})$면 위에 $\vec{b} = a/2[10\bar{1}]$인 전위가 있다. 쇼클리 부분 전위로 분해한 다음 각 슬립면 위에 있는 부분 전위가 교차선에서 다음과 같은 반응으로 또 하나의 전위를 만든다.

$$a/6[\bar{1}\,2\,\bar{1}] \;+\; a/6[2\,\bar{1}\,1] \;\rightarrow\; a/6[1\,1\,0]$$

   (a) 완전 전위에서 부분 전위로 분해하는 반응과 위의 반응이 에너지가 감소하는 방향이라는 것을 보이시오.

   (b) 본래의 완전 전위에서 다음과 같은 반응이 일어날 가능성에 대해 설명하시오.

$$a/2[0\,1\,\bar{1}] \;+\; a/2[1\,0\,1] \;\rightarrow\; a/2[1\,1\,0]$$

   (c) $a/6[110]$ 전위는 스테어 로드(stair rod) 전위이고, $a/2[110]$은 스테어 로드 전위가 아닌 이유를 설명하시오.

28 면심 입방 구조의 적층 $ABCABCABC\cdots$의 아랫층에 쇼클리 부분 전위가 지나 가면 적층 순서가 $BCABCABCA\cdots$로 바뀐다. 면심 입방의 적층이 육방 조밀 충전의 적층으로 바뀌기 위해서 쇼클리 부분 전위가 어떻게 지나가야 하는지 설명하시오.

29 내부 적층 결함은 결정 성장(적층면의 생략)이나 슬립면에 전위가 지나감으로써 만들어진다. 외부 적층 결함이 결정 성장(적층면의 추가)이나 슬립면에 전위가 지나가서 만들어질 수 있는지 그림으로 설명하시오.

30 면심 입방 구조에서 $a/2[10\bar{1}]$의 버거스 벡터를 지닌 전위가 분해되어 적층 결함이 만들어진 다면 어느 면 위에서 분해가 일어나는가?

(a) 부분 전위의 버거스 벡터는 무엇인가?

(b) 에너지적으로 분해가 일어나는 반응을 기대할 수 있는가?

(c) 쌍정이 전위의 분해로 만들어질 수 있는가? 없다면 부분 전위가 어떤 방법으로 쌍정을 만들어낼 수 있는가?

31 톰슨 사면체를 그리고 면과 방향을 모두 표시하시오.

32 내부 적층 결함과 외부 적층 결함의 차이를 설명하시오.

33 면심 입방 구조의 단위포를 (110) 면에 투사하여 그리고, 주요 방향을 표시하시오.

(a) 이 단위포를 좌우 상하로 평행 이동하여 여러 단위포를 그린 다음 {111} 면을 표시하시오.

(b) 내부 적층 결함과 외부 적층 결함을 갖도록 {111} 면에 있는 원자를 <112> 방향으로 이동하는 과정을 각각 그림으로 그리시오. 이동 전후의 적층 순서를 그림에 표시하시오.

34 육방 조밀 충전의 단위포를 $[2\bar{1}\bar{1}0]$ 방향으로 투사하여 그리고 주요 방향을 표시하시오. 또 이 단위포를 좌우 상하로 평행 이동하여 여러 단위포를 그린 다음 적층 결함을 갖도록 (0001) 면에 있는 원자를 이동하는 과정을 그림으로 그리시오. 이동 전후의 적층 순서를 그림에 표시하시오.

35 체심 입방 구조에서 적층 결함이 거의 없는 이유를 설명하시오.

36 다이아몬드 구조와 스팔러라이트 구조의 단위포 하나를 각각 (110) 면에 투사하여 그리고, 주요 방향과 사면체 결합을 표시하시오.

(a) 이 단위포를 좌우 상하로 연장하여 그리고, 배위수 4가 유지되면서 {111} 면에서 적층 결함이 생기는 과정을 그림으로 그려 설명하시오.

(b) 다이아몬드 구조에서 쌍정이 만들어지는 적층 과정을 그리고 설명하시오.

(c) 스팔러라이트 구조에서 쌍정이 만들어지도록 할 경우 완전한 경영면이 존재하는지 설명하시오.

(d) 잉여 반면을 하나 또는 두 개를 삽입하여 전위가 만들어진 그림을 그리고 설명하시오.

37 쌍정이란 무엇인가?

38 면심 입방 구조의 단위포를 (110) 면에 투사하여 그리고, 주요 방향을 표시하시오.

(a) 이 단위포를 좌우 상하로 평행 이동하여 여러 단위포를 그린 다음 {111} 면을 표시하시오.

(b) 중간 정도에 있는 {111} 면에서 경영면을 갖도록 {111} 면에 있는 원자를 <112> 방향으로 이동하는 과정을 그림으로 그리시오. 이동 전후의 적층 순서를 그림에 표시하시오.

39 체심 입방 구조의 단위포를 (110) 면에 투사하여 그리고, 주요 방향을 표시하시오.

(a) 이 단위포를 좌우 상하로 평행 이동하여 여러 단위포를 그린 다음 {211} 면을 표시하시오.

(b) 중간 정도에 있는 {211} 면에서 경영면을 갖도록 {211} 면에 있는 원자를 <111> 방향으로 이동하는 과정을 그림으로 그리시오. 이동 전후의 적층 순서를 그림에 표시하시오.

40 육방 조밀 충전에서도 위와 같은 방법으로 쌍정 형성이 가능한지 설명하시오.

41 그림 6.22에서

(a) 결함이 있는 면은 무슨 면인가?

(b) 적층 $ABCABCABC\cdots$에서 이런 쌍정이 만들어지기 위해 어떤 방법으로 전위가 지나가야 하는가?

(c) 이 결함이 만들어지는 방법을 두 가지 드시오.

42 면심 입방 구조의 (001) 투사를 투명지 위에 두 장 그리시오. 두 투명지를 포갠 후 위의 투명지를 회전하여 어떤 각도에서 동일 위치 격자가 만들어지는지 답하시오. 만들어진 동일 위치 격자를 그리시오.

43 면심 입방 구조의 (110) 투사를 투명지 위에 두 장 그리시오. 두 투명지를 포갠 후 위의 투명지를 회전하여 동일 위치 격자를 만든 다음 동일 위치 격자의 밀도가 높은 선을 따라 가위로 자르시오. 잘라진 두 투명지의 절반을 맞대어 붙여 쌍정을 만드시오.

44 면심 입방 구조의 (111) 투사를 투명지 위에 두 장 그리시오. 두 투명지를 포갠 후 위의 투명지를 회전하여 동일 위치 격자를 만든 다음 동일 위치 격자의 밀도가 높은 선을 따라 가위로 자르시오. 잘라진 두 투명지의 절반을 맞대어 붙여 쌍정을 만드시오.

45 동일 위치 격자를 지닌 쌍정을 그리고, 동일 위치 격자와 쌍정면을 그림에 표시하시오.

46 면심 입방과 육방 조밀 충전의 조밀 충전면에서 원자 배열을 투명지 위에 각각 그리시오. 두 구조에서 원자의 크기는 같다고 가정하시오. 두 투명지에서 원자 배열이 일치될 때의 결정 방향 관계를 표시하시오.

47 면심 입방 구조의 (111) 면과 체심 입방 구조의 (110) 면에서의 원자 배열을 그리되, 같은 크기의 원자로 두 투명지 위에 각각 그리시오. 두 투명지를 포갠 후 회전하여 서로 제일 잘 맞아 들어가는 방향 관계를 알아내시오.

48 육방 조밀 충전의 (0001) 면과 체심 입방 구조의 (110) 면에서의 원자 배열을 그리되, 같은 크기의 원자로 투명지 위에 각각 그리시오. 두 투명지를 포갠 후 회전하여 서로 제일 잘 맞아 들어가는 방향 관계를 알아내시오.

CHAPTER 07

파와 회절

1 파와 푸리에 변환

1) 파

앞에서 배운 결정의 원자 배열과 결정 결함은 그 크기가 수 1/10 nm 단위이므로, x-선이나 전자빔을 이용한 회절 실험으로 얻어지는 회절 상에서 결정의 원자 배열과 결함을 알아낼 수 있다. 회절은 파와 결정의 상호작용으로 일어나므로 먼저 파에 대해서 알아보자.

양끝이 고정되어 있는 바이올린 선의 진동을 나타내는 파는 간단히 정현(sin)파로

$$y = A \sin \frac{2\pi}{\lambda} x = \Psi(x) \qquad (7\text{-}1)$$

로 나타낼 수 있으며, 이 파는 x만의 함수이다. 그러나 일반적인 파는 시간 또는 공간 속에서 진행되는 어떤 변화이다. 이 변화를 함수 $\Psi(x, t)$로 나타낼 수 있는데, 여기서 x는 어떤 공간 좌표, t는 시간 좌표이다.

먼저 생각할 수 있는 제일 간단한 파는 일정한 속도 v를 가지고 한 방향으로 움직이면서 그 형태를 그대로 유지하는 파이다. 즉, 조금 전에 있었던 파가 현재 그대로 있는 것이다. 이것을 수식으로 표시하면, 어떤 위치 x에 대해

$$\Psi(x, t) = \Psi(x - vt, 0) \qquad (7\text{-}2)$$

이다. 물론 반대 방향으로 진행하는 파는

$$\Psi(x, t) = \Psi(x + vt, 0) \tag{7-3}$$

이고 따라서 1차원에서 임의의 방향으로 진행하는 파는

$$\Psi(x, t) = \Psi(x \pm vt, 0) \tag{7-4}$$

으로 표시할 수 있다.

이 식을 공간 x와 시간 t에 대해 미분하면

$$\frac{\partial \Psi}{\partial x} = \frac{\partial \Psi}{\partial (x \pm vt)}, \quad \frac{\partial \Psi}{\partial t} = \pm v \frac{\partial \Psi}{\partial (x \pm vt)} \tag{7-5}$$

가 되고 미분을 한 번 더 하면

$$\frac{\partial^2 \Psi}{\partial x^2} = \frac{\partial^2 \Psi}{\partial (x \pm vt)^2}, \quad \frac{\partial^2 \Psi}{\partial t^2} = v^2 \frac{\partial^2 \Psi}{\partial (x \pm vt)^2} \tag{7-6}$$

가 되어 위 식에서 다음과 같은 하나의 미분 방정식을 얻을 수 있다.

$$\frac{\partial^2 \Psi}{\partial x^2} = \frac{1}{v^2} \frac{\partial^2 \Psi}{\partial t^2} \tag{7-7}$$

이 식이 1차원 파동 방정식이고 이 식의 일반해는 바로

$$\Psi(x, t) = \Psi(x \pm vt, 0) \tag{7-8}$$

이다. 또한 3차원으로 확장하면

$$\frac{\partial^2 \Psi}{\partial x^2} + \frac{\partial^2 \Psi}{\partial y^2} + \frac{\partial^2 \Psi}{\partial z^2} = \frac{1}{v^2} \frac{\partial^2 \Psi}{\partial t^2} \tag{7-9}$$

$$\nabla^2 \Psi = \frac{1}{v^2} \frac{\partial^2 \Psi}{\partial t^2}$$

이고 여기서 ∇^2는 라플라스의 작동자로

$$\nabla^2 = \frac{\partial^2}{\partial x^2} + \frac{\partial^2}{\partial y^2} + \frac{\partial^2}{\partial z^2} \tag{7-10}$$

이다. 식 (7-7)의 특별해 중의 하나는 단순 조화파인

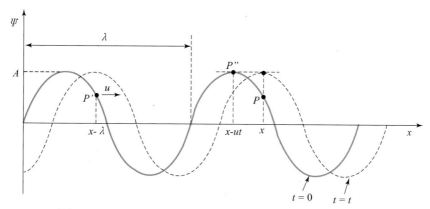

그림 7.1 $+x$ 방향으로 속도 v로 진행하는 단순 정현파.
파장이 λ일 때 x에 있는 변위와 $(x-\lambda)$에 있는 변위는 같다. 그리고 어떤 시간 t가 경과한 후 원점에서 x만큼 떨어진 한 입자의 변위 $\Psi(x,t)$는 $t=0$일 때 위치 $(x-vt)$에 있는점 P''에서의 변위와 같다.

$$\Psi(x,t)=A\sin 2\pi k(x\pm vt) \qquad (7\text{-}11)$$

이다. 여기서 A는 파동의 진폭(amplitude)이고 $2\pi k(x\pm vt)$는 파동의 위상(phase)이다.

그림 7.1과 같이 $+x$ 방향으로 진행하는 단순 정현파를 사용하여 상수 k가 어떤 중요한 역할을 하는지 알아보자. 여기서 Ψ를 x축에서부터 어떤 입자의 변위(displacement)를 나타낸다고 하자. 원점에서 x만큼 떨어진 한 입자 P의 운동을 생각해 보자. 이 입자는 x축에 수직하게 아래 위로 최대 진폭 A만큼 진동한다. 시간 t가 0일 때 변위는

$$\Psi(x,0)=A\sin 2\pi kx \qquad (7\text{-}12)$$

이다. λ가 파동의 파장일 때 변위 Ψ의 값은 위치 $(x-\lambda)$에 있는 입자 P'에 대해서도 똑같은 값을 지닌다.

$$\Psi(x,0)=A\sin 2\pi kx \equiv A\sin 2\pi k(x-\lambda)=\Psi(x-\lambda,0) \qquad (7\text{-}13)$$
$$=A\sin 2\pi kx\cos 2\pi k\lambda - A\cos 2\pi x\sin 2\pi\lambda$$

식 (7-13)은 모든 x에 대해 $k=n/\lambda$이면 만족한다. 여기서 n은 정수이다. 물론 $k=1/\lambda$도 만족한다.

어떤 시간 t가 경과한 후 x에서의 변위 $\Psi(x,\ t)$는 $t=0$일 때 위치 $(x-vt)$에 있는 점 P''에서의 변위와 같다. 즉,

$$\Psi(x,t) = A\sin 2\pi k(x - vt) = \Psi(x - vt, 0) = A\sin 2\pi k\{(x - vt) - 0\}. \quad (7\text{-}14)$$

특히 입자가 완전한 한 번의 진동을 한 후 다시 P로 되돌아 오는데 걸리는 시간이 t'이면,

$$vt' = \lambda \qquad (7\text{-}15)$$

이다. 시간 t' 동안 진행한 거리는 λ이고, 파동의 주파수 ν는 $1/t'$이므로

$$v = v\lambda = \frac{\omega}{2\pi}\lambda \qquad (7\text{-}16)$$

이다. 여기서 ω는 각 주파수(angular frequency)이고 단위는 rad/sec이다. 그러므로

$$\Psi(x,t) = A\sin 2\pi k(x - vt) \qquad (7\text{-}17)$$
$$= A\sin\left(2\pi kx - 2\pi k\frac{\omega}{2\pi}\lambda t\right)$$

이다.

양의 x방향으로 진행하는 파에 대해서는

$$\Psi(x,t) = A\sin(2\pi kx - \omega t) \qquad (7\text{-}18)$$

이다. 여기서 항 $(2\pi kx - \omega t)$은 파동의 위상이다. 위상에 포함되어 있는 k 대신에 파동의 진행 방향까지 표시할 수 있도록 벡터 $\vec{k}$로 나타낸다. 벡터 $\vec{k}$를 파동 벡터라 하는데, $\vec{k}$의 크기는 $1/\lambda$이고 방향은 파동의 진행 방향이다.

3차원에서의 파동을 나타내기 위해서 이 결과를 일반화시키면,

$$\Psi(\vec{r}, t) = A\sin(2\pi \vec{k} \cdot \vec{r} - \omega t) \qquad (7\text{-}19)$$

가 된다. 여기서 $\vec{r}$은 원점으로부터의 위치를 나타내는 벡터이고, $\vec{k} \cdot \vec{r}$은 $\vec{k}$를 $\vec{r}$ 위에 투사한 것이다. 식 (7-11)에서 한 해를 sin 함수로 사용하였는데, cos 함수 역시 식 (7-6)의 해로 생각할 수 있다. 그러므로 파동 방정식의 또 하나의 해는

$$\Psi(\vec{r}, t) = A\cos(2\pi \vec{k} \cdot \vec{r} - \omega t) \qquad (7\text{-}20)$$

이다.

한편 미분 방정식의 해의 선형 조합(linear combination)도 그 방정식의 해가 되므로

$$\exp i\theta = \cos\theta + i\sin\theta \qquad (7\text{-}21)$$

을 이용하여 식 (7-19)와 식 (7-20)을 선형 조합하여 나타내면 파동은

$$\Psi(\vec{r}, t) = A\cos(2\pi\vec{k}\cdot\vec{r} - \omega t) + iA\sin(2\pi\vec{k}\cdot\vec{r} - \omega t) \qquad (7\text{-}22)$$
$$= A\exp i(2\pi\vec{k}\cdot\vec{r} - \omega t)$$

로 나타낼 수 있고 이것 역시 미분 방정식의 해이다. 수학적인 측면에서 파동을 복소 지수 형식으로 나타내면 미분이나 적분을 할 때 sin이나 cos으로 나타낼 때보다 훨씬 편리하므로, 이제부터 단순 조화파를 복소 지수 형식으로 나타내기로 하자. 3차원에서 는 파동을

$$\Psi(\vec{r}, t) = A\exp i(2\pi\vec{k}\cdot\vec{r} - \omega t) \qquad (7\text{-}23)$$

으로 표시하기로 하자. 이 식은 위상이 일정한 면이 평면인 평면파를 나타내고 있다. 즉, 그림 7.2와 같이 $\vec{k}\cdot\vec{r}$이 일정하므로 파동의 진행 방향 $\vec{k}$에 수직인 면 위에서는 $(2\pi\vec{k}\cdot\vec{r} - \omega t)$로 표시되는 파의 위상이 어디서나 일정하다. 1차원에서 간단히 표시하면

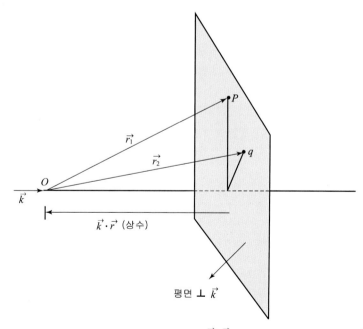

그림 7.2　평면파는 파동의 진행 방향에 수직인 면 위에서 $\vec{k}\cdot\vec{r}$이 일정하므로, 파의 위상 $(2\pi\vec{k}\cdot\vec{r} - \omega t)$이 항상 일정하다.

$$\Psi(x, t) = A \exp i(2\pi kx - \omega t) \tag{7-24}$$

이다.

만일 어떤 파동이 원점을 중심으로 하여 퍼져 나가는 점원으로부터 나온다면, 그 파는 위상이 일정한 면이 평면이 아닌 반경이 r인 구면 위에서 위상이 일정하게 된다. 이런 파동을 구면파라 하고 다음과 같이 표시한다.

$$\Psi(\vec{r}, t) = \frac{A}{|\vec{r}|} \exp i(2\pi \vec{k} \cdot \vec{r} - \omega t) \tag{7-25}$$

그리고 구면파에서는 $\vec{k}$의 방향과 $\vec{r}$의 방향이 같으므로

$$\Psi(\vec{r}, t) = \frac{A}{|\vec{r}|} \exp i(2\pi kr - \omega t) \tag{7-26}$$

으로도 나타낸다. 이 경우 파의 강도는

$$\begin{aligned} I = \Psi\Psi^* &= \frac{A}{|\vec{r}|} \exp i(2\pi \vec{k} \cdot \vec{r} - \omega t) \frac{A}{|\vec{r}|} \exp\{-i(2\pi \vec{k} \cdot \vec{r} - \omega t)\} \\ &= \frac{A^2}{r^2} \end{aligned} \tag{7-27}$$

로 표시하는데 거리의 제곱에 따라 파의 강도는 반비례한다. 공액 복소수 Ψ^*는 함수 Ψ에서 i가 나타날 때마다 i 대신 $-i$를 대입하여 얻는다.

한편 평면파의 강도는

$$\begin{aligned} I = \Psi\Psi^* &= A \exp i(2\pi \vec{k} \cdot \vec{r} - \omega t) A \exp\{-i(2\pi \vec{k} \cdot \vec{r} - \omega t)\} \\ &= A^2 \end{aligned} \tag{7-28}$$

로 거리에 무관하게 일정하다.

2) 푸리에 변환

주어진 함수 $f(x)$가 적분

$$f(x) = \int_{-\infty}^{\infty} a(k) \exp(2\pi i kx) \, dk \tag{7-29}$$

로 표시할 수 있도록 어떤 함수 $a(k)$가 존재한다면 $a(k)$를 $f(x)$의 푸리에 변환이라 하고 $\tilde{f}(x)$로 나타낸다. 수학적으로 표시하면 다음과 같다.

$$\tilde{f}(k) = \int_{-\infty}^{\infty} f(x) \exp(-2\pi i k x)\, dx = \Im[f(x)] \qquad (7\text{-}30)$$

더 상세한 푸리에 변환에 대해서는 다른 참고서를 참고하기 바란다.

참고로 저자에 따라서 푸리에 변환의 정의를 약간 달리 하는 경우가 있다. $k = 2\pi/\lambda$ 를 k'으로 정의하면 지수 속에 2π를 계속 쓸 필요가 없다. 이 경우

$$f(x) = \int_{-\infty}^{\infty} a(k') \exp(i k' x)\, dk' \qquad (7\text{-}31)$$

이고,

$$\tilde{f}(k) = a(k') = \frac{1}{2\pi} \int_{-\infty}^{\infty} f(x) \exp(-i k i x)\, dx = \Im[f(x)] \qquad (7\text{-}32)$$

가 된다.

그러면 몇 개의 간단한 함수의 푸리에 변환을 해 보고 그것의 의미를 살펴보자. 그림 7.3(a)와 같이 높이가 A이고 폭이 a인 중절모 함수인 방형의 함수를 생각해 보자. 우함 수로 이 함수를 나타내기 위해 다음과 같이 구간을 잡아보자.

$$f(x) \begin{cases} A, & -\dfrac{a}{2} \le x \le \dfrac{a}{2} \\[2mm] 0, & x > \dfrac{a}{2}, \ x - \dfrac{a}{2}. \end{cases} \qquad (7\text{-}33)$$

그러면 이것의 푸리에 변환은

$$\tilde{f}(k) = \int_{-x}^{x} f(x) \exp(-2\pi i k x)\, dx \qquad (7\text{-}34)$$

$$= \int_{-x}^{\frac{a}{2}} 0\, dx + \int_{-\frac{a}{2}}^{\frac{a}{2}} A \exp(-2\pi i k x)\, dx + \int_{\frac{a}{2}}^{\infty} 0\, dx$$

$$= \frac{A}{-2\pi i k} \exp(-2\pi i k x) \Big|_{-\frac{a}{2}}^{\frac{a}{2}}$$

$$= \frac{A}{-2\pi i k} \{\exp(-\pi i k a) - \exp(\pi i k a)\}$$

(계속)

$$= \frac{A}{-2\pi ik} \{\cos \pi ka - i \sin \pi ka - \cos \pi ka - i \sin \pi ka\}$$

$$= \frac{A}{-2\pi ik}(-2i \sin \pi ka) = \frac{A}{\pi k} \sin \pi ka$$

$$= Aa \frac{\sin \pi ka}{\pi ka}$$

이고 또,

$$\lim_{k \to 0} \tilde{f}(k) = \lim_{k \to 0} Aa \frac{\sin(\pi ka)}{(\pi ka)} = Aa \tag{7-35}$$

이다. $k = n/a$, 즉 $k = \pm 1/a, \pm 2/a, \pm 3/a, \cdots$일 때 변환값이 0이 된다. 이 변환은 그림 7.3(b)에 그려져 있고 최대 높이는 사각형의 넓이인 Aa와 같고 $f(x)$를 우함수로 만들어 주었기 때문에 변환 $\tilde{f}(x)$는 실수가 나왔다.

이 방형의 함수는 조리개(aperture)를 통한 파의 투과를 수학적으로 표현할 때 사용되거나, 유한한 크기를 갖는 시편에서의 회절, 편차 변수(deviation parameter)로 인한 회절점의 강도 변화 등의 현상을 나타내는 데 사용된다. 또한 푸리에 변환과 이 푸리에 변환의 공액 복소수의 곱은

$$I = \tilde{f}(k) \cdot \tilde{f}^*(k) \tag{7-36}$$

$$= Aa \frac{\sin(\pi ka)}{(\pi ka)} \cdot Aa \frac{\sin(\pi ka)}{(\pi ka)}$$

$$= A^2 a^2 \frac{\sin^2(\pi ka)}{(\pi ka)^2}$$

이고, 이것은 조리개를 통한 빛, x-선 또는 전자의 회절 강도를 나타낼 때도 사용된다. 그림 7.3(c)는 조리개를 투과한 레이저빔의 회절 강도를 나타낸 사진이다. 사진에서 보면 가운데 밴드가 제일 밝고 중심에서 멀어질수록 약해지며 $k = \pm 1/a, \pm 2/a, \pm 3/a, \cdots$일 때 빔의 밝기가 0이 되어, 식에서 계산한 회절 강도와 서로 잘 일치하는 것을 볼 수 있다.

그림 7.3(a)에 나타낸 중절모 함수를 그림 7.3(b)와 같이 면적 $Aa = 1$로 일정 면적을 유지한 채로 폭 a는 줄이면서 높이를 늘리면 푸리에 변환한 값이 0이 되는 k의 값 ($\pm 1/a, \pm 2/a, \pm 3/a, \cdots$)이 점점 증가한다. 그리고 연속 0이 되는 k값 사이의 간격도 점점 증가한다. 극한적으로 폭을 줄여 $a \to 0$으로 하면 어떻게 되는지 알아보자. 극한

적으로 $a \rightarrow 0$인 경우 이 함수를 디락 델타함수(Dirac delta function)라 한다. 원점에서의 델타함수는 다음과 같이

$$\delta(x) = \begin{cases} \infty, & x = 0 \\ 0, & x \neq 0 \end{cases} \tag{7-37}$$

이고 음의 무한대에서 양의 무한대까지의 적분값이 1인 함수로 정의한다. 즉,

$$\int_{-\infty}^{\infty} \delta(x)dx = 1. \tag{7-38}$$

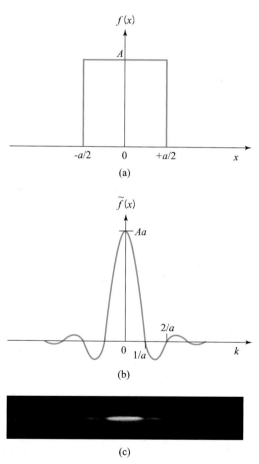

(a)

(b)

(c)

그림 7.3   (a) 높이가 A이고 폭이 a인 중절모함수인 방형의 함수 $f(x)$, (b) (a)에 나타낸 중절모함수의 푸리에 변환. 최대 높이는 사각형의 넓이인 Aa와 같고 $k = n/a$, 즉 $\pm 1/a, \pm 2/a, \pm 3/a, \cdots$일 때 변환값은 0이 된다. $f(x)$를 우함수로 만들어 주었기 때문에 변환 $\tilde{f}(x)$은 실수가 된다. (c) 작은 조리개에서 일어난 빛의 회절 강도 변화 사진.

폭이 a이고 높이가 a^{-1}인, 즉 면적이 $aa^{-1}=1$인 중절모함수에서 폭 a를 점점 줄여보자. 이 푸리에 변환은

$$\tilde{f}(k) = \lim_{a \to 0} a^{-1} a \frac{\sin(\pi ka)}{(\pi ka)} = 1 \tag{7-39}$$

가 된다. 원점에 있는 델타함수의 푸리에 변환은 모든 k에 대해 1이 된다.

$x = a$에 위치한 델타함수는 $\delta(x-a)$로 쓴다. 이 함수의 푸리에 변환은

$$\begin{aligned}
\tilde{f}(k) &= \int_{-\infty}^{\infty} \delta(x-a)\exp(-2\pi ikx)\,dx \\
&= \int_{-\infty}^{\infty} \delta(x')\exp\{-2\pi ik(x'+a)\}\,dx' \\
&= \exp(-2\pi ika)\int_{-\infty}^{\infty} \delta(x')\exp(-2\pi ikx)\,dx' \\
&= \exp(-2\pi ika)
\end{aligned} \tag{7-40}$$

이 된다.

마찬가지로 여러 위치 x_n에 있는 델타함수군은

$$f(x) = \sum_n \delta(x-x_n) \tag{7-41}$$

로 표시한다. 이것의 변환은

$$\begin{aligned}
\tilde{f}(k) &= \int_{-\infty}^{\infty} \sum_n \delta(x-x_n)\exp(-2\pi ikx)\,dx \\
&= \int_{-\infty}^{\infty} \sum_n \delta(x-x_n)\exp\{-2\pi ik(x-x_n)\}\exp(-2\pi ikx_n)\,d(x-x_n) \\
&= \sum_n \exp(-2\pi ikx_n)\int_{-\infty}^{\infty} \delta(x')\exp(-2\pi ikx')\,dx' \\
&= \sum_n \exp(-2\pi ikx_n)
\end{aligned} \tag{7-42}$$

이다.

한 예로 그림 7.4(a)와 같이 $x = a/2$와 $x = -a/2$에 위치한 두 개의 델타함수,

$$f(x) = \sum_n \delta(x-x_n) = \delta\left(x+\frac{a}{2}\right) + \delta\left(x-\frac{a}{2}\right) \tag{7-43}$$

의 푸리에 변환은

$$\tilde{f}(k) = \exp\left\{-2\pi i k\left(-\frac{a}{2}\right)\right\} \pm \exp\left\{-2\pi i k\left(\frac{a}{2}\right)\right\} \qquad (7\text{-}44)$$

$$= \exp(\pi i k a) + \exp(-\pi i k a)$$

$$= \cos(\pi k a) + i\sin(\pi k a) + \cos(\pi k a) - i\sin(\pi k a)$$

$$= 2\cos(\pi k a)$$

이다. 이 변환은 그림 7.4(b)에 나타나 있다. 이 변환은 본래 함수가 우함수이므로 실수

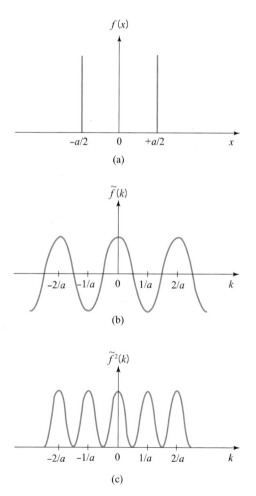

그림 7.4　(a) $x = a/2$와 $x = -a/2$에 위치한 두 개의 델타함수, (b) (a)에 나타낸 두 개의 델타함수의 푸리에 변환, (c) 푸리에 변환의 제곱.
이것은 영의 이중 슬릿 실험에서 간격이 a인 슬릿에서의 회절 강도를 나타낸다.

의 결과가 나왔고 거리 a만큼 떨어져 있는 두 개의 매우 작은 슬릿(slit)에서의 회절, 즉 영(Young)의 이중 슬릿 실험 결과를 해석할 때 이용된다.

이 변환의 공액 복소수와의 곱은 $\tilde{f}(k)\tilde{f}^*(k) = 4\cos^2(\pi ka)$이고 이것은 그림 7.4(c)에 나타나 있다. 그림 7.4(c)는 영의 이중 슬릿 실험에서 얻을 수 있는 간격이 a인 슬릿에서의 회절 강도의 분포를 나타낸다.

간격 a만큼 규칙적으로 떨어져 있는 델타함수는

$$f(x) = \sum_n \delta(x - na) \tag{7-45}$$

이고 이것은 그림 7.5(a)와 같이 1차원에서 a만큼 떨어져 있는 격자를 나타낸다. 이것의 푸리에 변환은

$$\tilde{f}(k) = \int_{-\infty}^{\infty} \sum_{-\infty}^{\infty} \delta(x - na) \exp(-2\pi i kx) dx \tag{7-46}$$

$$= \int_{-\infty}^{\infty} \sum_{-\infty}^{\infty} \delta(x - na) \exp\{-2\pi i k(x - na)\} \exp(-2\pi i kna) \, d(x - na)$$

$$= \sum_{-\infty}^{\infty} \exp(-2\pi i kna) \int_{-\infty}^{\infty} \delta(x') \exp(-2\pi i kx') dx'$$

$$= \sum_{-\infty}^{\infty} \exp(-2\pi i kna)$$

$$= \cdots + 1 + \exp(-2\pi i ka) + \exp\{-2\pi i k(2a)\} + \exp\{-2\pi i k(3a)\}$$

$$+ \exp\{-2\pi i k(4a)\} + \cong \frac{1}{1 - \exp(-2\pi i ka)}$$

이다.

위 식의 분모 속에 있는 $\exp(-2\pi i ka) = \cos 2\pi ka - i \sin 2\pi ka = 1$을 만족하는 k의 조건을 구해보면 $ka = n$, 즉 $k = n/a$일 때이다. 이 경우 $\tilde{f}(k) \to \infty$가 되고 나머지 경우에는 $\tilde{f}(k)$가 어떤 값을 지니나 무한대보다는 작은 값들을 지니므로, 이들을 무시하면 이 변환 자체를 k 공간에서 $1/a$ 간격으로 규칙적으로 위치하고 있는 델타함수군으로 나타낼 수 있다. 즉,

$$\tilde{f}(k) = \frac{1}{1 - \exp(-2\pi i ka)} \cong \sum_{-\infty}^{\infty} \delta\left(k - \frac{n}{a}\right) = \sum_{-\infty}^{\infty} \delta(k - n|\vec{a}^*|) \tag{7-47}$$

이다. 여기서 h는 정수이고 $\vec{a}^{*}$는 역격자 벡터이다. 그리고 이 푸리에 변환에서는 $k=0$ 인 곳에 항상 델타함수가 만들어진다. 이 변환은 그림 7.5(b)에 나타나 있다. 이 푸리에 변환은 결정에서 격자상수 a로써 규칙적으로 배열된 격자에서의 회절 시 $1/a$ 간격으로 역격자(reciprocal lattice)가 만들어지는 회절 현상을 해석하는 데 이용된다.

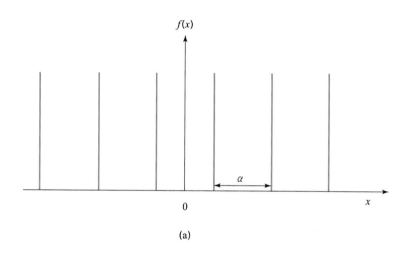

(a)

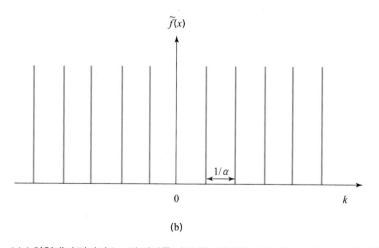

(b)

그림 7.5   (a) 1차원에서 격자상수 a인 격자를 나타내는 델타함수군, (b) (a)에 나타낸 델타함수군을 푸리에 변환하면 k 공간에서 원점을 포함하여 $1/a$ 간격으로 규칙적으로 위치하고 있는 델타함수군이 된다.

3) 콘볼루션

콘볼루션(convolution)은 푸리에 변환과 마찬가지로 결정의 회절 현상을 해석할 때 이용되는 수학적인 개념이다. 두 함수 $f(x,\ y)$와 $\phi(x,\ y)$의 콘볼루션은 2차원에서 수학적으로 다음과 같이 표시한다.

$$f(x,\ y) * \phi(x,\ y) = \int_{-\infty}^{\infty} \int_{-\infty}^{\infty} f(x',\ y') * \phi(x-x',\ y-y') dx' dy' \qquad (7\text{-}48)$$

$$= \phi(x,\ y) * f(x,\ y)$$

또한 1차원에서 콘볼루션은

$$f(x) * \phi(x) = \int_{-\infty}^{\infty} f(x) \phi(x-x') dx' = \phi(x) * f(x) \qquad (7\text{-}49)$$

로 표시한다. 콘볼루션 계산은 계산 순서의 전후를 교환하더라도 상관없고, 즉 $f(x) * \phi(x) = \phi(x) * f(x)$이고, x'과 y'은 단순한 가짜 변수(dummy variable) 역할을 한다.

결정의 회절 현상을 해석하는데 유용한 콘볼루션은 델타함수와 어떤 함수를 콘볼루션한 것이다. 이것은 퍼지는 것을 나타내는 함수 $\phi(x)$가 극단적으로 전혀 퍼지지 않은 함수인 델타함수로 된 경우이다. 수학적으로 계산하면

$$f(x) * \phi(x) = \int_{-\infty}^{\infty} f(x-x') \delta(x') dx' \qquad (7\text{-}50)$$

$$= \int_{-\infty}^{\infty} f(x) \delta(x') dx'$$

$$= f(x) \int_{-\infty}^{\infty} \delta(x') dx'$$

$$= f(x)$$

이 된다. 이것은 적분이 $x'=0$에서만 값이 있고, 이 점에서는 $f(x-x')=f(x)$로 x'의 함수가 아니며, $\int_{-\infty}^{\infty} \delta(x') dx'$은 정의에 의해 1이기 때문에 적분은 $f(x)$이다. 즉, 원점에 위치한 델타함수와 어떤 함수와의 콘볼루션은 그 함수 자신이 된다. 이 과정은 그림 7.6에 나타나 있다.

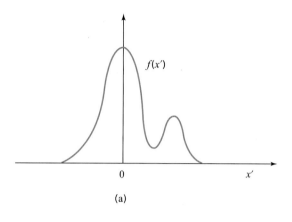

(a)

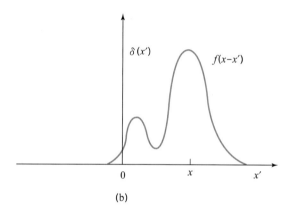

(b)

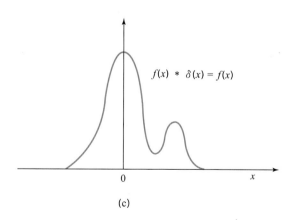

(c)

그림 7.6   임의의 함수 $f(x)$와 원점에 위치한 델타 함수와의 콘볼루션 과정.
(a) 임의의 함수 $f(x')$, (b) $f(x-x')$과 원점에 위치한 델타 함수 $\delta(x')$, (c) 임의의 함수 $f(x)$
와 원점에 위치한 델타 함수와의 콘볼루션은 원래의 함수 $f(x)$ 자신이 된다.

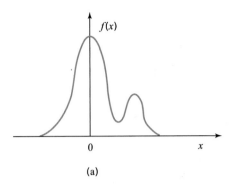

(a)

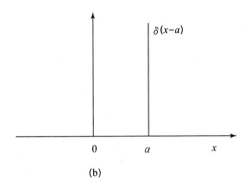

(b)

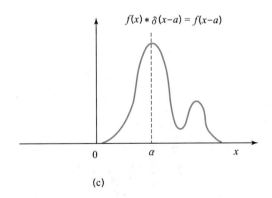

(c)

그림 7.7   (a) 임의의 함수 $f(x)$와 원점에 위치하지 않은 델타함수의 콘볼루션, (b) $x = a$에 위치한 델타함수, (c) 임의의 함수 $f(x)$와 어떤 델타 함수와의 콘볼루션은 함수 $f(x)$를 델타함수가 있었던 위치로 옮겨주는 역할을 한다.

원점에 위치하지 않은 델타 함수와 어떤 함수와의 콘볼루션은 그 함수를 델타 함수가 있던 위치로 옮겨주는 역할을 한다. 즉,

$$f(x) * \phi(x-a) = \delta(x-a) * f(x) \tag{7-51}$$

$$= \int_{-\infty}^{\infty} f(x-x')\delta(x'-a)\,dx'$$

$$= f(x-a) \int_{-\infty}^{\infty} \delta(x-a')\,d(x'-a)$$

$$= f(x-a)$$

이며, 여기서 적분은 $x' = a$에서만 값이 있다. 이는 그림 7.7에서 보듯이 임의의 함수 $f(x)$와 델타함수와의 콘볼루션은 델타함수가 있었던 위치로 그 함수를 옮겨주는 역할을 한다. 이것은 나중에 결정을 수학적으로 표시하는 데 매우 편리하게 이용할 수 있다.

결정 내에서는 원자들이 규칙적으로 배열되어 있고 주위 환경이 똑같은 점들이 있다. 이 점들을 격자라 한다. 이 각각의 격자점에 어떤 일정한 원자군을 배열함으로써 전체 결정을 구성할 수 있다. 이 일정한 원자군을 기저라 한다.

1차원 결정에서 일정한 거리 a 만큼 각 격자가 떨어져 있고 이 격자에 기저로 원자군이 들어 있다고 하자. 그러면 이 격자를 수학적으로는 델타함수군인 $\sum_{n}\delta(x-na)$로 나타낼 수 있다. 여기서 n은 정수이다. 델타함수가 있는 점을 원점으로 하고 원자군 기저를 나타내는 함수를 $m(x)$라 하면, 1차원 결정은 수식으로 격자를 나타내는 델타함수와 기저를 나타내는 함수 $m(x)$를 콘볼루션함으로써 나타낼 수 있다.

$$m(x) * \sum_{n}\delta(x-na) = \sum_{n}\delta(x-na) * m(x) \tag{7-52}$$

$$= \sum_{n}\delta(x'-na)\,m(x-x')\,dx'$$

$$= \sum_{n}m(x-na)$$

즉, $m(x)$와 델타함수를 콘볼루션하면 이 함수를 델타함수가 있었던 곳에 옮겨주는 역할을 하기 때문에 결과적으로 그림 7.8과 같이 각각의 격자에 기저를 옮겨주어 전체 결정을 구성하게 하는 것이다.

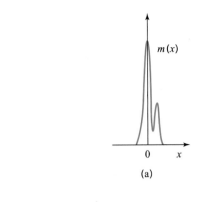

(a)

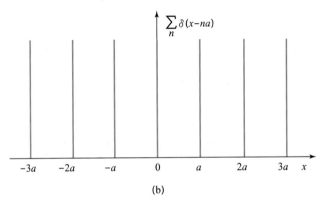

(b)

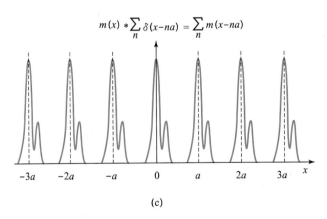

(c)

그림 7.8   (a) 원자군 기저를 나타내는 함수 $m(x)$, (b) 1차원 결정에서 일정한 거리 a만큼 떨어져 있는 격자를 수학적으로 나타낸 델타함수군, (c) 1차원 결정은 수식으로 격자를 나타내는 델타함수와 기저를 나타내는 함수 $m(x)$를 콘볼루션함으로써 나타낼 수 있다. 즉, $m(x)$와 델타함수를 콘볼루션하면 이 함수를 델타함수가 있었던 곳에 옮겨주는 역할을 하기 때문에 결과적으로 그림과 같이 각각의 격자에 기저를 옮겨주어 전체 결정을 구성한다.

3차원에서의 격자는 델타함수로 다음과 같이 표시한다.

$$D(x, y, z) = \sum_{h,k,l} \delta(x - ha, \ y - kb, \ z - lc) \qquad (7\text{-}53)$$

여기서 h, k, l은 정수이며, 이 함수는 $x = ha$, $y = kb$와 $z = lc$를 동시에 만족할 때, 즉 각각의 격자에서 0이 아닌 값을 지닌다.

3차원에서 기저의 원자 배열을 표시하는 함수를 $m(x, y, z)$라 하고 이 함수의 원점을 델타함수라 하면 결정은

$$F(x, y, z) = \int_{-\infty}^{\infty} \int_{-\infty}^{\infty} \int_{-\infty}^{\infty} D(x', y', z') m(x - x', \ y - y', \ z - z') dx' \, dy' \, dz'$$

$$= D(x, y, z) * m(x, y, z) \qquad (7\text{-}54)$$

로 표시된다.

다음 장에서 언급하겠지만 회절 현상은 수학적으로 푸리에 변환으로 표현되고, 결정은 수학적으로 격자를 나타내는 함수와 기저를 나타내는 함수의 콘볼루션으로 표시되기 때문에 결정의 회절 현상은 콘볼루션을 푸리에 변환하여 표현할 수 있다.

3차원에서 콘볼루션의 푸리에 변환을 계산하는 것은 너무 복잡하므로 간단한 1차원에서 변환해 보면,

$$\int_{-\infty}^{\infty} D(x) * m(x) \exp(-2\pi ikx) \, dx \qquad (7\text{-}55)$$

$$= \int_{-\infty}^{\infty} \int_{-\infty}^{\infty} D(x') m(x - x') dx' \exp(-2\pi ikx) \, dx$$

$$= \int_{-\infty}^{\infty} \int_{-\infty}^{\infty} D(x') m(x - x') \exp(-2\pi ikx) \, dx' \, dx$$

이다. 여기서 $x - x' = \xi$로 치환하면 $x = x' + \xi$이고 $dx = d\xi$이다. 따라서 콘볼루션한 두 함수의 푸리에 변환은

$$\int_{-\infty}^{\infty} D(x) * m(x) \exp(-2\pi ikx) \, dx \qquad (7\text{-}56)$$

$$= \int_{-\infty}^{\infty} \int_{-\infty}^{\infty} D(x') m(\xi) \exp\{-2\pi ik(x' + \xi)\} dx' d\xi$$

$$= \int_{-\infty}^{\infty} D(x') \exp(-2\pi ikx') \, dx' \int_{-\infty}^{\infty} m(\xi) \exp(-2\pi ik\xi) \, d\xi$$

$$= \mathcal{F}[D(x)] \cdot \mathcal{F}[m(x)]$$

$$= \tilde{D}(k) \cdot \tilde{m}(k)$$

이다. 즉, 콘볼루션한 두 함수의 푸리에 변환은 각 함수의 푸리에 변환을 곱한 것이다.

격자를 나타내는 델타함수의 푸리에 변환은 앞에서 이미 알고 있으므로, 결정의 푸리에 변환을 구하기 위해서는 기저의 원자 배열을 나타내는 함수만 푸리에 변환하여 앞의 변환에 곱해주면 된다.

2 회절

1) 투과 함수와 회절 적분

파가 진행할 때 도중에 물체(object)가 있으면 이 물체가 파의 진폭 및 위상을 변화시키게 한다. 물체상의 각 점 x, y가 파동의 진폭 및 위상을 어떻게 변화시키는지를 나타내는 함수를 투과함수(transmission function)라 하고 $\phi(x, y)$로 표시한다. 물체 왼쪽에서 파동 $A \exp i\beta$로 표시되는 평면파가 입사하여 물체를 지나면서 물체와 상호작용을 한 후 파동 $A' \exp i\beta'$으로 표시되는 평면파로 변하면 투과함수는 $\{A' \exp i\beta\}/\{A \exp i\beta'\}$이 된다.

그림 7.9는 여러 종류의 투과함수를 갖는 물체의 예를 나타내고 있다. 그림 7.9(a)와 같이 $A \exp 2\pi ikz$로 표시되는 평면파가 입사해 물체를 지나서 나오는 파가 $A \exp \{-\mu(x, y)\} \exp 2\pi ikz$로 변하면 투과함수는 $\phi(x, y) = \exp \{-\mu(x, y)\}$이고, 이 물체는 파의 진폭만 변화시켰으므로 진폭체(amplitude object)라 한다. 그림 7.9(b)와 같이 입사파가 $A \exp 2\pi ikz$이고 물체를 지난 후 파가 $A \exp i \{2\pi ikz + \beta(x, y)\}$로 변하면 이 물체의 투과함수는 $\phi(x, y) = \exp \{i\beta(x, y)\}$이고 물체가 파의 위상만을 변화시켰으므로 위상체(phase object)라 한다. 만일 그림 7.9(c)와 같이 입사파가 $A \exp 2\pi ikz$이고 물체를 지난 파가 0이면 이 물체는 불투명체(opaque object)로 투과함수 $\phi(x, y)$는 0이다. 그림 7.9(d)와 같이 $A \exp 2\pi ikz$로 표시되는 평면파가 입사해 물체를 지나 $A \exp \{-\mu(x, y)\} \exp i \{2\pi ikz + \beta(x, y)\}$로 변하면 이 물체는 파의 진폭과 위상을 동시에

변화시켜 투과함수가 $\phi(x,\ y)=\exp\ \{-\mu(x,\ y)\}\ \exp\ \{i\beta(x,\ y)\}$이 되고 이 물체를 일반체(general object)라 한다.

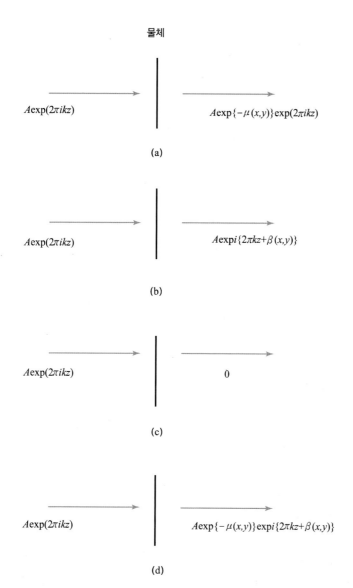

물체

$A\exp(2\pi ikz)$　$A\exp\{-\mu(x,y)\}\exp(2\pi ikz)$

(a)

$A\exp(2\pi ikz)$　$A\exp i\{2\pi kz+\beta(x,y)\}$

(b)

$A\exp(2\pi ikz)$　0

(c)

$A\exp(2\pi ikz)$　$A\exp\{-\mu(x,y)\}\exp i\{2\pi kz+\beta(x,y)\}$

(d)

그림 7.9　여러 종류의 투과함수를 갖는 물체의 예.
(a) 입사파의 진폭만 변화시키는 진폭체, (b) 입사파의 위상만 변화시키는 위상체, (c) 입사파를 통과시키지 않는 불투명체, (d) 입사파의 진폭과 위상을 동시에 변화시키는 일반체.

2) 물체의 회절

이제까지 우리가 공부한 푸리에 변환을 이용하여 여러 가지 물체에서의 회절을 계산할 수 있는데, 우선 간단한 1차원 물체에서의 회절에 대해 알아보자. 그림 7.10(a)에서와 같이 1차원의 조리개 또는 슬릿의 양쪽 방향으로 무한대까지 막혀있는 폭 a의 조리개에서의 회절을 생각해 보자.

그러면 이 조리개의 투과함수는

$$\phi(x) = \begin{cases} 1, & -\dfrac{a}{2} \leq x \leq \dfrac{a}{2} \\ 0, & x < -\dfrac{a}{2}, \ x > \dfrac{a}{2} \end{cases} \tag{7-57}$$

이다. 그리고 조리개를 투과한 파의 진폭이 항상 단위 진폭이 되도록 입사 평면파의 진폭을 조절했다고 생각해 보자. 입사파가 수직으로 입사한다고($\phi=0$) 가정하고 경사 인자를 무시하면 프라운호퍼 회절파의 진폭은

$$\Psi(\Delta k_x) = \int_{-x}^{\infty} \phi(x) \exp(-2\pi i \Delta k_x x) \, dx \tag{7-58}$$

$$= \int_{-\frac{a}{2}}^{\frac{a}{2}} 1 \exp(-2\pi i \Delta k_x x) \, dx$$

$$= \frac{1}{-2\pi i \Delta k_x} \exp(-2\pi i \Delta k_x x) \Big|_{-\frac{a}{2}}^{\frac{a}{2}}$$

$$= \frac{1}{-2\pi i \Delta k_x} \{\exp(-\pi i \Delta k_x a) - \exp(+\pi i \Delta k_x a)\}$$

$$= \frac{1}{-2\pi i \Delta k_x} (-2i) \sin(\pi \Delta k_x a)$$

$$= \frac{\sin(\pi \Delta k_x a)}{\pi \Delta k_x}$$

$$= a \frac{\sin(\pi \Delta k_x a)}{\pi \Delta k_x a}$$

이고, 여기서 $\Delta k_x = k \sin\theta = (\sin\theta/\lambda)$이다. 그리고 여기서 Δk에 대해 푸리에 변환을 하면 그림 7.10(a)의 반경 $|\vec{k}|$의 원주 위에서의 진폭이 나오나, Δk_x에 대해 푸리에 변환을 하여 $\vec{k}$에 수직인 선을 따른 진폭 변화가 나오도록 하였다. 이 결과는 앞에서 높이가 1인 방형파(square wave) 펄스(pulse)를 푸리에 변환한 것과 같은 변환의 형태를 가진다.

그림 7.10(b)에서는 Δk_x의 변화에 따른 파의 진폭 변화를 보여 주고, 그림 7.10(c)에서 와 같이 회절각의 정현값 $\sin\theta$의 변화에 따른 진폭 변화를 보여 줄 수도 있다.

$$\lim_{\Delta k_x \to 0} = a\frac{\sin(\pi\Delta k_x a)}{\pi\Delta k_x a} = a \tag{7-59}$$

이므로, 최대 진폭은 회절각이 0일 때 a이고, 이때 $\Delta k_x = k\sin\theta = 0$이다.

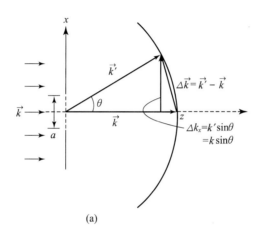

(a)

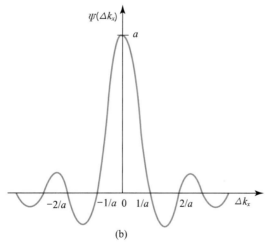

(b)

그림 7.10　(a) 폭이 a인 1차원 조리개에서의 파의 회절, (b) 폭이 a인 1차원 조리개에서 회절파의 진폭 변화를 의 함수로 나타낸 그림.

회절 진폭은 $\Delta k_x = 0$에서 최대값 a를 가지며, $\Delta k_x = \pm 1/a, \pm 2/a, \cdots$에서 회절 진폭은 0이 된다.

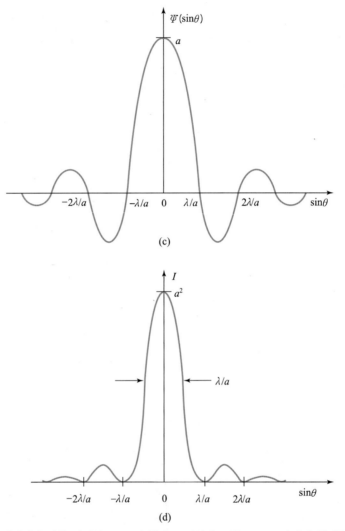

그림 7.11 (c) 회절파의 진폭 변화를 $\sin\theta$의 함수로 나타낸 그림. $\sin\theta = 0$에서 최대값 a를 가지며, $\sin\theta = \pm\lambda/a$, $\pm 2\lambda/a$, $\cdots$에서 회절 진폭은 0이 된다. (d) $I = \Psi\Psi^*$로 나타낸 회절파의 강도 분포, 즉 회절상. 강도가 0이 되는 점들은 $\sin\theta = n\lambda/a$가 되는 점이고, 가운데 피크의 반폭은 대략 λ/a이다.

파의 세기는 $I = \Psi(\Delta k_x)\Psi^*(\Delta k_x)$이고 식 (7-58)의 결과는 실수이므로 식의 제곱이 바로 그림 7.11(d)에 나타나 있는 관측되는 강도 분포, 즉 회절상이다. 이 회절상에서도 강도가 0이 되는 점들은 $\sin\theta = n\lambda/a$가 되는 점들이고 양쪽 곁에 있는 최대치들의 강도는 $1/(\Delta k_x)^2 = \lambda^2/\sin^2\theta$에 따라 감소한다. 제일 중요한 가운데 피크는 그림

7.11(d)에서 보듯이 그 폭이 대략 $\sin\theta = n\lambda/a$ 또는 $\Delta k_x = 1/a$이다.

3) 결정에서의 회절

앞에서 임의의 물체를 통과한 회절파의 회절 진폭은 그 물체의 투과함수를 푸리에 변환하여 얻을 수 있고, 원자 하나에서의 회절 진폭은 원자의 투과함수의 푸리에 변환으로 나타남을 알았다. 이를 바탕으로 결정 전체의 회절은 어떻게 되는지 또 결정 전체의 회절을 결정하는 투과함수는 어떻게 표시할 수 있는지 알아보기로 하자.

보통 결정은 격자와 기저로 구성할 수 있다. 기저는 원자 한 개 또는 그 이상으로 이루어진 것이므로 기저 자체의 투과함수를 가지고 있다. 그러므로 결정의 투과함수는 격자와 기저의 투과함수로 나타낼 수 있다. 앞에서 언급했던 콘볼루션의 개념을 이용하면 결정 전체의 투과함수는 격자를 나타내는 투과함수인 델타함수와 기저의 투과함수의 콘볼루션으로 표시할 수 있다. 단위포의 원점 격자를 나타내는 투과함수인 델타함수를 $D(\vec{r})$, 기저를 단위포로 잡아 단위포를 나타내는 투과 함수를 $m(\vec{r})$이라 하면 결정 전체의 투과함수는

$$\phi_{\mathrm{crystal}} = D(\vec{r}) * m(\vec{r}) \tag{7-60}$$

로 나타낼 수 있다.

따라서 회절파의 진폭은

$$\Psi(\Delta\vec{k}) = \widetilde{D}(\Delta\vec{k})\widetilde{m}(\Delta\vec{k}) \tag{7-61}$$

가 된다. 여기서 $\widetilde{D}(\Delta\vec{k})$는 역격자를 나타내고 $\widetilde{m}(\Delta\vec{k})$는 단위포의 투과함수를 푸리에 변환한 것이다. 단위포의 투과함수를 푸리에 변환한 것을 $F(\Delta\vec{k})$로 정의하여 구조 인자(structure factor)라 한다. 따라서 결정에서 회절된 파의 진폭은

$$\Psi(\Delta\vec{k}) = \widetilde{D}(\Delta\vec{k})F(\Delta\vec{k}) \tag{7-62}$$

이다. 여기서 역격자를 나타내는 $\widetilde{D}(\Delta k)$는 격자를 나타내는 투과함수 $\sum_n \delta(\vec{r} - \vec{r}_n)$의 푸리에 변환인 $\sum_n \exp(-2\pi i\Delta\vec{k}\cdot\vec{r}_n)$이다. 따라서 위 식을 다시 쓰면

$$\Psi(\Delta\vec{k}) = \sum_n \exp(-2\pi i\Delta\vec{k}\cdot\vec{r}_n)F(\Delta\vec{k}) \qquad (7\text{-}63)$$

이 된다. 회절파가 구면파라는 것을 나타내기 위하여 전파 인자 $\dfrac{\exp(2\pi i k r_P)}{r_P}$ 을 앞에 붙여주면

$$\Psi(\Delta\vec{k}) = \frac{\exp(2\pi i k r_P)}{r_P}\widetilde{D}(\Delta\vec{k})F(\Delta\vec{k}) \qquad (7\text{-}64)$$

가 된다.

구조 인자 $F(\Delta\vec{k})$는 단위포의 투과함수를 푸리에 변환한 것이므로 단위포를 구성하고 있는 각 원자들의 위치와 각 원자들의 투과함수를 알면 구할 수 있다. 단위포에서 원자들, 1, 2, 3, …, j, …의 위치를 r_j라 하고 그것의 투과함수를 ϕ_j라 하자. 델타함수와 어떤 함수와의 콘볼루션은 그 함수를 델타함수의 위치에 옮겨주는 역할을 하므로, 단위포의 투과함수는 원자의 위치를 표시하는 델타함수와 그곳에 있는 원자의 투과함수를 콘볼루션하여,

$$\phi_{unitcell}(\vec{r}) = \sum_j \phi_j * \delta(\vec{r}-\vec{r}_j) \qquad (7\text{-}65)$$

과 같이 표시한다.

단위포에서 프라운호퍼 회절파의 진폭은 투과함수의 푸리에 변환이므로,

$$F(\Delta\vec{k}) = \widetilde{\phi}_{unitcell} \qquad (7\text{-}66)$$

또는

$$F(\Delta\vec{k}) = \sum_j \widetilde{\phi}_j(\Delta\vec{k})\exp(-2\pi i\Delta\vec{k}\cdot\vec{r}_j). \qquad (7\text{-}67)$$

여기서 $\widetilde{\phi}_j(\Delta\vec{k})$는 한 원자에서 회절된 파의 진폭인데 전자의 경우 $f_j^{el}(\Delta\vec{k})$로, x-선의 경우 x-선 산란 계수와 전자 하나에 대한 회절 진폭을 곱하여 $f_j^x(\Delta\vec{k})$로 표시한다. 원자 하나에서 회절된 파의 진폭 $\widetilde{\phi}_j(\Delta\vec{k})$를 $f_j(\Delta\vec{k})$라 하면 단위포에서의 회절파의 진폭, 즉 구조 인자는

$$F(\Delta\vec{k}) = \sum_j f_j(\Delta\vec{k})\exp(-2\pi i\Delta\vec{k}\cdot\vec{r}_j) \qquad (7\text{-}68)$$

이 된다.

전파 인자를 무시하고 식 (7-63)을 다시 쓰면 결정에서 회절파의 진폭은

$$\Psi(\Delta k) = F(\Delta k)\sum_n \exp(-2\pi i \Delta \vec{k} \cdot \vec{r}_n) \tag{7-69}$$

$$= \sum_j f_j(\Delta k)\exp(-2\pi i \Delta \vec{k} \cdot \vec{r}_n)\sum_n \exp(-2\pi i \Delta \vec{k} \cdot \vec{r}_n)$$

이 된다. 위 식에서 맨 뒤에 있는 $\vec{r}_n$은 단위포의 원점들로 이루어진 격자 배열을 나타내는 격자 병진 벡터로

$$\vec{r}_n = u\vec{a} + v\vec{b} + w\vec{c} \tag{7-70}$$

로 표시한다. 여기서 u, v, w는 정수이다. 이 3차원 격자를 델타함수로 표시하면 $\sum_n \delta(\vec{r} - \vec{r}_n)$이고, 이 3차원 격자에서 회절된 파의 진폭은 델타함수의 푸리에 변환이므로,

$$\sum_n \exp(-2\pi i \Delta \vec{k} \cdot \vec{r}_n) = \sum_{nvw} \exp\{-2\pi i \Delta \vec{k} \cdot (u\vec{a} + v\vec{b} + w\vec{c})\} \tag{7-71}$$

$$= \sum_n \exp(-2\pi i u \Delta \vec{k} \cdot \vec{a})\sum_v \exp(-2\pi i v \Delta \vec{k} \cdot \vec{b})\sum_w \exp(-2\pi i w \Delta \vec{k} \cdot \vec{c})$$

이다.

위 식에서 각 합계는 격자가 무한대로 배열되어 있으므로 u, v, $w \rightarrow \infty$라 생각하면 각각

$$\sum_n \exp(-2\pi i u \Delta \vec{k} \cdot \vec{a}) \cong \frac{1}{1 - \exp(-2\pi i \Delta \vec{k} \cdot \vec{a})} \tag{7-72}$$

의 형식으로 표시할 수 있다. 따라서 단위포가 무한대로 배열되어 있는 결정인 경우,

$$\sum_n \exp(-2\pi i \Delta \vec{k} \cdot \vec{r}_n) \tag{7-73}$$

$$\cong \frac{1}{1 - \exp(-2\pi i \Delta \vec{k} \cdot \vec{a})} \frac{1}{1 - \exp(-2\pi i \Delta \vec{k} \cdot \vec{b})} \frac{1}{1 - \exp(-2\pi i \Delta \vec{k} \cdot \vec{c})}$$

이다.

n_1, n_2와 n_3가 정수일 때

$$\Delta \vec{k} \cdot \vec{a} = n_1, \ \Delta \vec{k} \cdot \vec{b} = n_2, \ \Delta \vec{k} \cdot \vec{c} = n_3 \tag{7-74}$$

이면,

$$\exp(-2\pi i \Delta \vec{k} \cdot \vec{a}) = \exp(-2\pi i \Delta \vec{k} \cdot \vec{b}) \tag{7-75}$$
$$= \exp(-2\pi i \Delta \vec{k} \cdot \vec{c}) = 1$$

이 되어 식 (7-73)에서 $1/\{1 - \exp(-2\pi i \Delta \vec{k} \cdot \vec{a})\}$의 값 등이 무한대로 올라가고, 나머지 부분에서의 작은 값을 무시하면 $\Delta \vec{k}$ 공간에서 델타함수가 배열되어 있는 것으로 생각할 수 있다. 즉, 식 (7-73)은

$$\sum_n \exp(-2\pi i \Delta \vec{k} \cdot \vec{r}_n) = \sum_h \delta\left(\Delta \vec{k} - \frac{h}{a}\right) \sum_k \delta\left(\Delta \vec{k} - \frac{h}{b}\right) \sum_j \delta\left(\Delta \vec{k} - \frac{h}{c}\right) \tag{7-76}$$
$$= \sum_h \delta(\Delta \vec{k} - h\vec{a}^*) \sum_k \delta(\Delta \vec{k} - h\vec{b}^*) \sum_l \delta(\Delta \vec{k} - l\vec{c}^*)$$
$$= \sum_{h,k,l} \delta(\Delta \vec{k} - \vec{g}^*)$$

로 표시된다.

$\Delta \vec{k} \cdot \vec{a} = n_1, \ \Delta \vec{k} \cdot \vec{b} = n_2, \ \Delta \vec{k} \cdot \vec{c} = n_3$이 성립하면

$$\Delta \vec{k} \cdot (u\vec{a} + v\vec{b} + w\vec{c}) = N \tag{7-77}$$

도 성립한다. 여기서 N은 정수이다. 위 식은 다시 쓰면

$$\Delta \vec{k} \cdot \vec{r}_n = N \tag{7-78}$$

이라 표시할 수 있는데, 이 조건을 라우에(Laue) 조건이라 한다. 이 라우에 조건은 $\Delta \vec{k}$ 가 역격자 벡터일 때,

$$\Delta \vec{k} = \vec{g}_{hkl}^* = h\vec{a}^* + k\vec{b}^* + l\vec{c}^* \tag{7-79}$$

이므로

$$\vec{g}^* \cdot \vec{r}_n = (h\vec{a}^* + k\vec{b}^* + l\vec{c}^*) \cdot (u\vec{a} + v\vec{b} + w\vec{c}) \tag{7-80}$$
$$= hu + kv + lw$$
$$= N$$

또한 만족한다. 위 식 (7-76)과 (7-79), (7-80)에서 $\Delta \vec{k} = \vec{g}^*$이면, 역격자 공간에서 회절파의 진폭이 항상 무한대로 되어 회절파의 강도가 강한 회절이 일어난다.

그림 7.12(a)는 규칙적으로 같은 크기의 구멍이 뚫여져 있는 그리드의 사진으로 이것의 광학회절 사진이 그림 7.12(b)이다. 규칙적인 격자가 있을 때 여기에 파를 비추어 이라는 조건을 만족시키면 강한 회절이 일어나 그림과 같은 광학회절상을 만든다. 이 사진에서는 파를 광학 레이저빔을 사용하였으나, x-선이나 전자를 사용하여도 이와 같은 회절상이 나타난다. 즉, 결정의 전자 회절상은 그리드의 구멍 대신 원자가 규칙적으로 배열되어 있는 것이고, 여기에 전자빔을 비추어 광학 회절 대신 전자 회절이 일어나도록 하는 것으로, 이때 생기는 전자 회절상의 모습은 겉보기에는 광학 회절상과 꼭 같다.

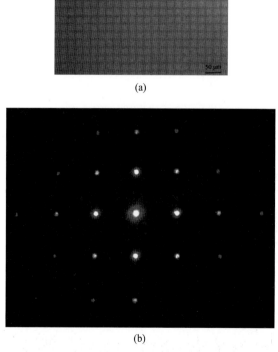

(a)

(b)

그림 7.12 (a) 작은 구멍이 규칙적으로 뚫여져 있는 그리드로 결정에서는 이 구멍 대신 원자가 규칙적으로 되어있다. (b) 작은 구멍이 규칙적으로 배열되어 있는 그리드에서 얻은 광학 회절상.

앞에서 1차원 격자의 푸리에 변환이 역격자가 되듯이 3차원 격자도 푸리에 변환시 역격자가 된다.

$$|\Delta \vec{k}| = 2k' \sin \frac{\theta}{2} \tag{7-81}$$

이므로,

$$|\Delta \vec{k}| = 2\frac{1}{\lambda} \sin \frac{\theta}{2} \tag{7-82}$$

또는

$$|\Delta \vec{k}| = 2\frac{1}{\lambda} \sin \theta_B \tag{7-83}$$

로 쓴다. 역격자 벡터의 크기는 면간 거리의 역수이므로,

$$|\vec{g}^*| = \frac{1}{d_{hkl}} \tag{7-84}$$

이고 $\Delta \vec{k} = \vec{g}^*$이면 회절파의 진폭이 무한대로 되어 회절이 일어나므로 이것을 식 (7-83)에 대입하여 정리하면,

$$2\frac{1}{\lambda} \sin \theta_B = \frac{1}{d_{hkl}} \tag{7-85}$$

또는

$$2d_{hkl} \sin \theta_B = \lambda \tag{7-86}$$

이라 할 수 있는데, 이 식이 바로 브래그(Bragg)의 법칙이다. 이 관계식은 1912년 결정학을 연구한 영국의 브래그(W.H. Bragg, 1862~1942)와 그 아들 브래그(W.L. Bragg, 1890~1971)에 의해 유도되었다. 이 식에 의하면 입사파 벡터 방향과 브래그 법칙을 만족하는 어떤 각도 θ_B에서 강한 회절빔이 만들어지는데 이 빔을 브래그빔이라 한다.

일반 역격자 벡터 $\vec{g}_{hkl}$은 실격자의 격자면 $(h\ k\ l)$에 항상 수직이므로, 그림 7.13에 나타낸 것과 같이 그릴 수 있다. 이 그림에서 브래그 법칙을 만족시키는 어떤 특별한 각도를 브래그 각 θ_B라 하고, 그림에서 왼쪽에서 입사하는 파가 격자면 $(h\ k\ l)$에서 마치 브래그 각도로 반사되고 있는 것과 같이 보인다.

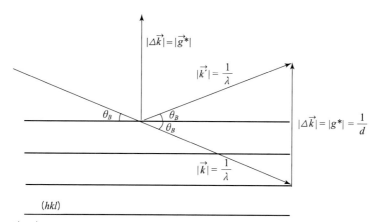

그림 7.13 　$\Delta \vec{k} = \vec{g}^{*}$ 를 만족하여 브래그 법칙을 만족하는 회절빔.
　　　　　왼쪽에서 입사하는 파가 격자면 $(h\ k\ l)$에서 브래그각 θ_B로 반사된다고 생각한다.

앞의 식을 다시 쓰면,

$$2k' \sin \theta_B = \frac{1}{d_{hkl}} = \left| \vec{g}^{*}_{hkl} \right| \qquad (7\text{-}87)$$

이고, 이 식에서 보면 입사파 벡터 $\vec{k}$가 격자면과 각도 θ_B를 이루면 결정에서 강한 회절이 일어나고, 회절이 최대가 되는 방향은 $\vec{k}'$으로 $\vec{k}$와의 각도가 $\theta = 2\theta_B$인 방향이다. 그림 7.13과 같이 회절빔이 마치 반사되는 것처럼 보이므로 회절빔을 반사빔이라고도 한다.

　브래그 법칙을 3차원 공간에서 역격자와 관련시켜 기하학적으로 이월드(P.P. Ewald, 1888~1963)가 1913년 처음 만들어낸 것이 이월드 구의 개념이다. 이월드 구의 개념을 소개하면 다음과 같다. 먼저 결정의 방향을 정확히 결정한 후 여기에서 역격자를 만들고 역격자의 원점을 정한다. 다음은 입사파와 같은 방향으로 하고 끝나는 점을 역격자의 원점이 되도록 하며, 크기는 파장의 역수(1/λ)인 입사파의 벡터 $\vec{k}$를 정한다. 파동 벡터 $\vec{k}$의 시작점을 구의 중심으로 하고, 반경이 파동 벡터의 크기 $k = 1/\lambda$인 구가 바로 이월드 구이다. 그림 7.14에 점선으로 이월드 구를 나타내었다.

　그림 7.14에 나타낸 것과 같이 반경 $k = 1/\lambda$의 구가 역격자점과 만나면 구의 중심에서 만난 역격자점까지의 벡터를 $\vec{k}'$이라 하고 $\vec{k}'$과 $\vec{k}$ 사이의 각도를 $\theta(=2\theta_B)$라 하면, 역격자의 원점에서 구와 만난 역격자점까지는 일반 역격자 벡터 $\vec{g}^{*}_{hkl}$이고

$$\lambda = 2 d_{hkl} \sin \theta_B \qquad (7\text{-}88)$$

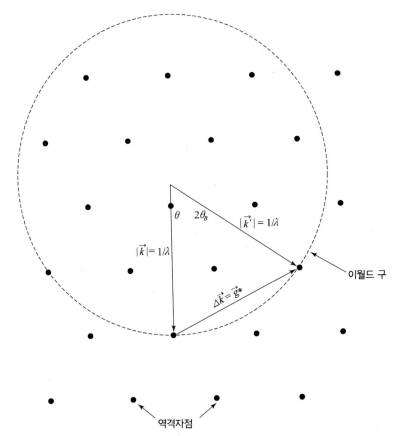

그림 7.14 **이월드 구와 역격자와의 만남.**
이월드 구는 입사파 $\vec{k}$의 시작점을 구의 중심으로 하고 끝나는 점을 역격자의 원점이 되도록 하며, 반경이 파장의 역수 $1/\lambda = |\vec{k}|$인 구이다. 이월드 구와 역격자가 만나면 $\Delta\vec{k} = \vec{g}^*$가 되어 브래그 조건에 따라 강한 회절이 일어난다.

와 $\Delta\vec{k} = \vec{g}_{hkl}^*$의 브래그 법칙과 라우에 조건을 만족하게 되어 브래그 각 θ_B로 회절파 벡터 $\vec{k}'$을 따라 강한 회절이 일어난다. 그러므로 이월드 구와 역격자가 만나면 브래그 조건에 따라 강한 회절이 일어난다. 즉, 강한 회절이 일어나는 것은 이월드 구와 역격자가 만남에 따라 결정된다.

그림 7.15에서 이월드 구에서 회절이 일어나는 것을 살펴보자. 회절이 일어나는 시편은 이월드 구의 중심에 위치한다. 시편의 위치는 역격자의 원점이 아니고 이월드 구의 중심이다. 이 시편을 향해 입사빔이 들어오면 투과빔은 그대로 직진하고 $\Delta\vec{k} = \vec{g}_{hkl}^*$의 브래그 법칙을 만족시키면 회절빔 방향으로 강한 회절이 일어난다. $\Delta\vec{k} = \vec{g}_{hkl}^*$의 방향

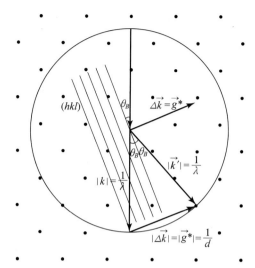

그림 7.15 **이월드 구와 회절이 되는 시편의 위치.**
        회절은 이월드 구의 중심에서 일어난다.

은 그림에서와 같이 회절면 (hkl) 면에 항상 수직이다.

입사파의 방향은 고정하고 결정을 회전하는 경우를 생각해 보자. 결정이 회전함에 따라 역격자점도 회전하게 되어 이월드 구와 역격자가 만날 가능성이 훨씬 커지고, 구의 중심과 이월드 구가 만난 점을 따라 브래그 각도로 강한 회절파가 만들어진다.

이월드 구의 크기는 파의 파장 λ에 반비례한다. 역격자의 크기는 격자 크기의 역수이다. 격자상수가 보통 재료의 경우 대부분 $a = 0.1 \sim 0.5$ nm이므로 역격자의 크기는 대략 $a^* = 2 \sim 10$ nm^{-1}이다. x-선이나 열중성자의 경우 파장 $\lambda = 0.1$ nm이므로, 구의 반경 $r = 1/0.1$ nm $= 10$ nm^{-1}가 되어 그림 7.16(a)에서 보는 것과 같이 구의 반경과 역격자의 크기가 비슷하다. 그러나 빠른 전자의 경우 파장 $\lambda = 10^{-3}$ nm이므로 구의 반경 $r = 1/10^{-3}$ nm $= 1000$ nm^{-1}이어서 x-선의 경우보다 약 100배나 크다. 그림 7.16(b)와 같이 역격자의 크기보다 전자의 이월드 구의 반경이 훨씬 크므로, 실제로 관심이 있는 역격자 원점 근처의 역격자 크기를 기준으로 생각하면 이월드 구는 역격자 원점 부근에서 거의 평평하다고 생각할 수 있다.

4) 구조 인자

앞에서 라우에 조건인 $\Delta \vec{k} = \vec{g}^*_{hkl} = h\vec{a}^* + k\vec{b}^* + l\vec{c}^*$를 만족하는 경우 회절이 일어나

는 것을 알았다. 그러면 결정 구조에 따라서 어떻게 회절이 일어나는지 라우에 조건을 이용하여 알아보기로 하자. 식 (7-68)에서 구조 인자를

$$F(\Delta \vec{k}) = \sum_{j} f_{j}(\Delta \vec{k}) \exp(-2\pi i \Delta \vec{k} \cdot \vec{r}_{j})$$

로 나타내었다. 여기서 기저인 단위포 내의 원자 위치를 나타내는 $\vec{r}_{j}$를

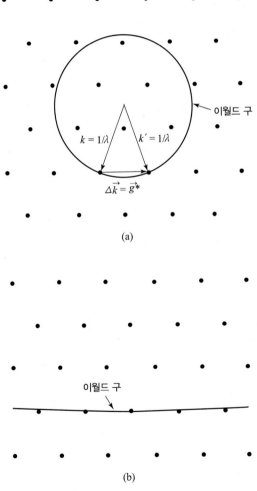

(a)

(b)

그림 7.16 **파장에 따른 이월드 구의 크기.**
(a) x-선의 경우 구의 반경과 역격자의 크기가 비슷하다. (b) 빠른 전자의 경우 구의 반경이 x-선의 경우보다 약 100배나 커서 역격자의 원점에서는 거의 평평하여 많은 수의 역격자점과 만난다.

$$\vec{r}_j = u\vec{a} + v\vec{b} + w\vec{c}, \quad (u, v, w, < 1) \tag{7-89}$$

로 표시하고, 회절이 일어나기 위한 라우에 조건, $\Delta\vec{k} = \vec{g}^*_{hkl} = h\vec{a}^* + k\vec{b}^* + l\vec{c}^*$를 대입하면

$$F = \sum_j f_j \exp\{-2\pi i(hu + kv + lw)\} \tag{7-90}$$

로 나타낼 수 있다.

$\Delta\vec{k} = \vec{g}^*_{hkl}$을 만족하더라도 구조 인자 $F(\Delta\vec{k}) = 0$이 되어 회절파의 진폭이 0이 되는 경우가 있다. 결정에서 격자와 기저를 잡아줄 때, 단위포당 격자점이 하나만 들어 있는 단격자 단위포이면 이 단위포의 푸리에 변환, 즉 구조 인자가 0이 되는 경우가 생기지 않는다. 그러나 단위포 내에 격자점이 둘 이상 포함되어 있는 다격자 단위포의 경우에는 이 단위포의 푸리에 변환, 즉 구조 인자는 단위포 내의 격자끼리의 상호 간섭으로 인해 구조 인자가 0이 되는 경우가 생긴다.

예를 들어, 그림 7.17에서 세 줄의 원자층이 있다고 하자. 먼저 단순 입방에서와 같이 가운데 층의 원자가 없을 경우 제일 위쪽파와 제일 아래쪽 파가 입사하여 반사하게 되면 그림에서 두 파 사이의 경로차는 한 파장 차이이므로, 보강 간섭이 일어나 강한 회절이 일어난다. 그러나 체심 입방에서와 같이 가운데 원자층이 있을 경우 제일 위쪽파와 가운데 파가 입사하여 반사하게 되면 두 파 사이의 경로차는 그림과 같이 반파장

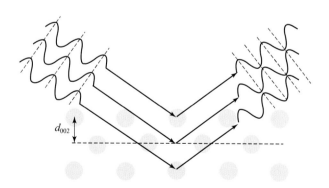

그림 7.17 단위포에 원자가 2개 이상 들어있을 경우 두 원자에서 나온 파의 간섭으로 강도가 0인 되는 경우가 생긴다.

차이므로 소멸 간섭이 일어나 회절 강도가 0이 된다. 즉, 가운데 층으로 인하여 구조 인자가 0이 된다. 이것이 간단하게 설명한 구조 인자의 원리이다.

먼저 간단한 결정 구조에 대해 구조 인자를 알아보기로 하자. 단순 입방의 경우 기저는 000 위치에 있는 원자 하나이다. 따라서 구조 인자를 나타내는 식 (7-90)에서 u, v, w에 각각 0, 0, 0을 대입하면

$$F = \sum_j f_j \exp\{-2\pi i(hu + kv + lw)\} \tag{7-91}$$
$$= f_A \exp\{-2\pi i(0 + 0 + 0)\}$$
$$= f_A$$

을 얻을 수 있다. 회절 강도는 구조 인자의 공액 복소수곱에 비례하므로

$$I = F^2 = f_A^2 \tag{7-92}$$

가 되어 $h\,k\,l$에 상관없이 모든 $h\,k\,l$ 면에 대해 회절 강도를 지닌다.

체심 입방의 결정 구조는 기저가 0 0 0, 1/2 1/2 1/2에 있는 두 개의 원자로 구성되므로 식 (7-90)의 u, v, w 대신에 각각 0 0 0, 1/2 1/2 1/2을 대입하면,

$$F = \sum_j f_j \exp\{-2\pi i(hu + kv + lw)\} \tag{7-93}$$
$$= f_A[\exp\{-2\pi i(0 + 0 + 0)\} + \exp\{-2\pi i(\frac{h}{2} + \frac{k}{2} + \frac{l}{2})\}]$$
$$= f_A[1 + \exp\{-\pi i(h + k + l)\}]$$

이 된다. $(h + k + l) =$ (짝수)일 경우,

$$F = f_A[1 + \exp\{-\pi i(2n)\}] \tag{7-94}$$
$$= f_A(1 + 1)$$
$$= 2f_A$$

이 되어 회절 강도가 있게 된다. 이때 회절 강도는

$$I = F^2 = (2f_A)^2 \tag{7-95}$$
$$= 4f_A^2$$

가 된다. 만약 $(h + k + l) =$ (홀수)라면 구조 인자 F는

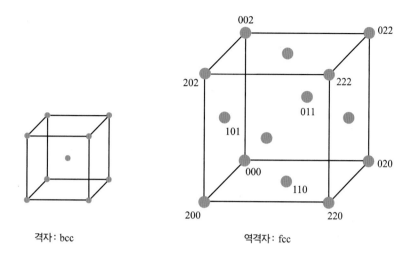

격자: bcc

역격자: fcc

그림 7.18 역격자를 그리고 구조 인자가 0인 점을 제거하면 역격자에서 면심 입방 격자가 만들어진다.

$$F= f_A[1+\exp\{-\pi i(2n+1)\}] \qquad (7\text{-}96)$$
$$= f_A(1-1)$$
$$= 0$$
$$I = F^2 = 0 \qquad (7\text{-}97)$$

가 되어 회절 강도가 0이 된다. $h+k+l=$(홀수)인 경우 회절 강도가 0이 된다.

그림 7.18에서 단순입방격자의 역격자를 그리고 위에서 체심 입방에서 계산한 구조 인자를 이용하여 회절 강도가 0인 역격자점을 제거하면 그 역격자의 배열이 면심 입방 격자가 만들어진다.

면심 입방의 결정 구조일 때 기저는 0 0 0, 1/2 1/2 0, 1/2 0 1/2, 그리고 0 1/2 1/2에 있는 네 개의 원자로 구성되므로 식 (7-90)의 u, v, w 대신에 각각을 대입하면,

$$F= \sum_j f_j\exp\{-2\pi i(hu+kv+lw)\} \qquad (7\text{-}98)$$
$$= f_A[\exp\{-2\pi i(0+0+0)\}+\exp\{-2\pi i(\frac{h}{2}+\frac{k}{2}+0)\}$$
$$+\exp\{-2\pi i(\frac{h}{2}+0+\frac{l}{2})\}+\exp\{-2\pi i(0+\frac{k}{2}+\frac{l}{2})\}]$$
$$= f_A[1+\exp\{-\pi i(h+k)\}+\exp\{-\pi i(h+l)\}+\exp\{-\pi i(k+l)\}]$$

가 된다. 만약 h, k, l이 모두 짝수거나 모두 홀수라면 이들의 세 가지 합인 $(h + k)$, $(h + l)$, $(k + l)$이 모두 짝수가 되어 앞의 식의 모든 항의 값이 1이 된다. 따라서 구조 인자 F는

$$F = 4f_A \tag{7-99}$$

이 된다. 따라서 회절 강도는

$$\begin{aligned} I &= F^2 = (4f_A)^2 \\ &= 16f_A^2 \end{aligned} \tag{7-100}$$

이 되어 회절 강도가 있게 된다. 만약 h, k, l이 두 개가 짝수이고 하나가 홀수이거나, 한 개가 짝수이고 두 개가 홀수로 짝수와 홀수가 섞여 있다면 모든 항의 합은 0이 된다. 예를 들어, h와 l이 홀수이고 k가 짝수인 112라 하면

$$F = 0 \tag{7-101}$$
$$I = F^2 = 0 \tag{7-102}$$

가 되어 회절 강도가 0이 된다. 즉, 홀수와 짝수가 섞여 있으면 회절 강도가 0이 된다.

그림 7.19에서 단순 입방 격자의 역격자를 그리고 위에서 면심 입방에서 계산한 구조 인자를 이용하여 회절 강도가 0인 역격자점을 제거하면 그 역격자의 배열이 체심 입방 격자가 만들어진다.

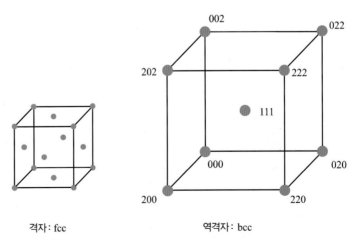

격자: fcc   역격자: bcc

그림 7.19 **역격자를 그리고 구조 인자가 0인 점을 제거하면 역격자에서 체심 입방 격자가 만들어진다.**

다이아몬드 입방(diamond cubic, dc)의 결정 구조일 경우 단위포는 면심 입방 격자에 기저로 4개의 원자와 그 원자들에 1/4 1/4 1/4의 위치를 더하여 얻은 4개의 원자를 합하여 총 8개의 원자로 구성된다. 따라서 식 (7-90)의 u, v, w 대신에 0 0 0, 1/2 1/2 0, 1/2 0 1/2, 0 1/2 1/2, 1/4 1/4 1/4, 3/4 3/4 1/4, 3/4 1/4 3/4, 1/4 3/4 /3/4을 대입하면,

$$F = \sum_j f_j \exp\{-2\pi i(hu + kv + lw)\} \qquad (7\text{-}103)$$

$$= f_A[\exp\{-2\pi i(0+0+0)\} + \exp\{-2\pi i(\frac{h}{2} + \frac{k}{2} + 0)\} + \exp\{-2\pi i(\frac{h}{2} + 0 + \frac{l}{2})\}$$

$$+ \exp\{-2\pi i(0 + \frac{k}{2} + \frac{l}{2})\} + \exp\{-2\pi i(\frac{h}{4} + \frac{k}{4} + \frac{l}{4})\} + \exp\{-2\pi i(\frac{3h}{4} + \frac{3k}{4} + \frac{l}{4})\}$$

$$+ \exp\{-2\pi i(\frac{3h}{4} + \frac{k}{4} + \frac{3l}{4})\} + \exp\{-2\pi i(\frac{h}{4} + \frac{3k}{4} + \frac{3l}{4})\}]$$

$$= f_A[1 + \exp\{-\pi i(h+k)\} + \exp\{-\pi i(h+l)\} + \exp\{-\pi i(k+l)\} + \exp\{-\frac{\pi i}{2}(h+k+l)\}$$

$$+ \exp\{-\frac{\pi i}{2}(3h + 3k + l)\} + \exp\{-\frac{\pi i}{2}(3h + k + 3l)\} + \exp\{-\frac{\pi i}{2}(h + 3k + 3l)\}]$$

$$= f_A\left[1 + \exp\left\{-\frac{\pi i}{2}(h+k+l)\right\}\right]$$

$$\times [1 + \exp\{-\pi i(h+k)\} + \exp\{-\pi i(h+l)\} + \exp\{-\pi i(k+l)\}]$$

으로 첫 번째 대괄호 항만 없으면 면심 입방 결정 구조의 구조 인자식과 똑같다. 만약 h, k, l이 홀수와 짝수로 섞여 있다면 면심 입방의 경우와 마찬가지로 위 식의 마지막 대괄호 안이 0이 된다. 따라서 구조 인자는

$$F = f_A\left[1 + \exp\left\{-\frac{\pi i}{2}(h+k+l)\right\}\right] \times 0 \qquad (7\text{-}104)$$
$$= 0$$

이 되어 회절 강도가 0이 된다. 만약 h, k, l이 홀수로만 이루어져 있다면 구조 인자는

$$F = f_A\left[1 + \exp\left\{-\frac{\pi i}{2}(3)\right\}\right] \times 4 \qquad (7\text{-}105)$$
$$= 4f_A(1 - i)$$

가 되고 회절 강도는

$$I = FF^* \qquad (7\text{-}106)$$
$$= \{4f_A(1-i)\} \times \{4f_A(1+i)\}$$
$$= 32f_A^2$$

이 되어 회절 강도가 0이 된다. h, k, l이 짝수로만 이루어져 있을 경우는 식 (7-103)의 첫 번째 대괄호 안의 값에 따라 다음의 두 가지로 나눠진다. h, k, l이 짝수이고 $(h+k+l)=4n$(n은 정수)일 경우, 구조 인자는

$$F = f_A\left[1+\exp\left\{-\frac{\pi i}{2}(4n)\right\}\right]\times 4 = 8f_A \qquad (7\text{-}107)$$

가 되고 따라서 회절 강도는

$$I = F^2 = 64f_A^2 \qquad (7\text{-}108)$$

가 되어 회절 강도가 일정값을 갖게 된다. 만약 h, k, l이 짝수이고 $(h+k+l)=4(n+1/2)$ (n은 정수)일 경우, 구조 인자는

$$\begin{aligned} F &= f_A[1+\exp\{-\pi i(2n+1)\}]\times 4 \qquad (7\text{-}109)\\ &= f_A\{1+(-1)\}\times 4 \\ &= 0 \end{aligned}$$

$$I = F^2 = 0 \qquad (7\text{-}110)$$

이 되어 회절 강도가 0이 된다. h, k, l이 서로 섞여 있을 때 회절이 일어나지 않으며 $h+k+l=4n+2$일 경우에도 회절 강도가 0이 된다.

단위포 내에 한 종류 이상의 원자가 포함되어 있을 경우 구조 인자의 크기는 회절점에 따라 변한다. 단위포에 두 종류의 원자가 들어 있는 NaCl 원자 구조를 생각해 보자. 각각의 원자의 산란 진폭을 f_{Na}와 f_{Cl}이라 하자. NaCl의 격자는 면심 입방이고 기저는 0 0 0에 있는 Na 하나와 1/2 1/2 1/2에 있는 Cl 원자 하나이고, 공간군은 $Fm3m$이고 단위포 내에 4개의 NaCl이 들어 있다. 따라서 구조 인자는

$$\begin{aligned} F &= \sum_j f_j \exp\{-2\pi i(hu+kv+lw)\} \qquad (7\text{-}111)\\ &= f_{\text{Na}}[1+\exp\{-\pi i(h+k)\}+\exp\{-\pi i(h+l)\}+\exp\{-\pi i(k+l)\}]\\ &\quad + f_{\text{Cl}}[\exp\{-\pi i(h+k+l)\}+\exp(-\pi il)+\exp(-\pi ik)+\exp(-\pi ih)]\\ &= f_{\text{Na}}[1+\exp\{-\pi i(h+k)\}+\exp\{-\pi i(h+l)\}+\exp\{-\pi i(k+l)\}]\\ &\quad + f_{\text{Cl}}\exp\{-\pi i(h+k+l)\}[1+\exp\{\pi i(h+k)\}+\exp\{\pi i(h+l)\}+\exp\{\pi i(k+l)\}]\\ &= f_{\text{Na}}[1+\exp\{-\pi i(h+k)\}+\exp\{-\pi i(h+l)\}+\exp\{-\pi i(k+l)\}]\\ &\quad + f_{\text{Cl}}\exp\{-\pi i(h+k+l)\}[1+\exp\{-\pi i(h+k)\}+\exp\{-\pi i(h+l)\}+\exp\{-\pi i(k+l)\}] \end{aligned}$$

$$F = [f_{\mathrm{Na}} + f_{\mathrm{Cl}}\exp\{-\pi i(h+k+l)\}]$$
$$\times [1 + \exp\{-\pi i(h+k)\} + \exp\{-\pi i(h+l)\} + \exp\{-\pi i(k+l)\}]$$

이고 각 hkl에 따라 구조 인자를 분류하면 다음과 같다.

h, k, l이 짝수와 홀수가 섞여 있으면 면심 입방 구조의 경우와 유사하게

$$F = [f_{\mathrm{Na}} + f_{\mathrm{Cl}}\exp\{-\pi i(h+k+l)\}]\times 0 = 0 \qquad (7\text{-}112)$$
$$I = F^2 = 0 \qquad (7\text{-}113)$$

이 되어 회절 강도가 0이 된다.

h, k, l이 모두 짝수이거나 홀수일 경우는 $(h+k+l)$이 짝수일 경우와 홀수일 경우, 두 경우로 나누어 생각할 수 있다. $(h+k+l)=($짝수$)$일 경우에 구조 인자는

$$F = 4(f_{\mathrm{Na}} + f_{\mathrm{Cl}}) \qquad (7\text{-}114)$$

이 되고 회절 강도는

$$I = F^2 = 16(f_{\mathrm{Na}} + f_{\mathrm{Cl}})^2 \qquad (7\text{-}115)$$

가 되어 강한 회절이 일어나고 $(h+k+l)=($홀수$)$일 경우에 구조 인자는

$$F = (f_{\mathrm{Na}} - f_{\mathrm{Cl}})\times 4 = 4(f_{\mathrm{Na}} - f_{\mathrm{Cl}}) \qquad (7\text{-}116)$$

이 되고 회절 강도는

$$I = F^2 = 16(f_{\mathrm{Na}} - f_{\mathrm{Cl}})^2 \qquad (7\text{-}117)$$

가 되어 약한 회절이 일어난다. 면심 입방 구조의 경우와 마찬가지로 NaCl에 대해 회절점의 존재 여부는 꼭 같으나, NaCl의 경우 $h\,k\,l$이 모두 홀수인 경우 회절점의 강도가 더 약해진다.

어떤 특수한 경우에는 더욱 약해져서 거의 사라지게 된다. 예를 들면, NaCl과 같은 원자 구조를 갖는 KCl의 경우 이 화합물은 이온 결합 화합물이므로 원자들은 이온 K^+와 Cl^-로 존재하며 이 두 이온의 전자수는 꼭 같고 원자 번호만 K는 19, Cl은 17로 다르다. 두 원자의 전자 밀도 분포는 거의 같으므로 $\rho_{K^+} = \rho_{Cl^-}$라 할 수 있다. 다만 Cl^-의 경우 원자핵의 전하가 K^+보다 더 작기 때문에 K^+의 전자 구름이 밀도가 약간 더

높고 약간 작게 보일 것이다. x-선의 경우 원자 산란 진폭(atomic scattering amplitude)은 전자 밀도를 푸리에 변환한 것과 밀접한 관계가 있으므로 $f^x_{K^+} \cong f^x_{Cl^-}$이고 h, k, l이 모두 홀수이면서 $F = 4(f^x_{K^+} - f^x_{Cl^-}) = 0$이므로 회절점 111, 311 등은 x-선 회절의 경우 거의 사라질 것이다. 전자의 경우 원자 산란 진폭 $f^{el} = Z - f^x$이므로 회절점이 사라지지는 않고 약한 강도를 나타낼 것이다.

5) 형상 인자

결정에 결함이 없고 크기가 무한대로 연장된다면 무한대 결정의 투과함수는

$$\phi_{\mathrm{infinite\,crystal}} = \phi_{\mathrm{unit\,cell}} * D(\vec{r}) \tag{7-118}$$
$$= \phi_{\mathrm{unit\,cell}} * \sum_{n=-\infty}^{\infty} \delta(\vec{r} - \vec{r}_n)$$

이고 이 무한대 결정에서의 회절파의 진폭은

$$\Psi_{\mathrm{infinite\,crystal}} = F(\Delta\vec{k}) \sum_{-\infty}^{\infty} \exp(-2\pi i \Delta\vec{k} \cdot \vec{r}_n) \tag{7-119}$$
$$= F(\Delta\vec{k}) \sum_{h} \delta(\Delta\vec{k} - h\vec{a}^*) \sum_{k} \delta(\Delta\vec{k} - k\vec{b}^*) \sum_{l} \delta(\Delta\vec{k} - l\vec{c}^*)$$
$$= F(\Delta\vec{k}) \sum_{h,k,l} \delta(\Delta\vec{k} - \vec{g}^*)$$

이다. 위 식에서 역격자점은 역격자 공간에서 무한대로 뾰족한 델타함수가 된다. 또한 브래그 법칙에서 어떤 특정한 각도들에서 무한대로 좁은 각도 범위를 지닌 빔이 만들어진다고 생각할 수 있다.

우선 간단하면서 무한대 크기의 결정이 아닌 실제 실험에서 쓰이는 유한한 크기의 결정의 회절을 생각해 보자. 무한대 크기의 결정 격자를 델타함수로 표시하면 합의 범위를 무한대로 해야 하기 때문에

$$D(\vec{r}) = \sum_{n=-\infty}^{\infty} \delta(\vec{r} - \vec{r}_n) \tag{7-120}$$

이고, 여기에서 일정한 크기의 결정인 경우 그 합을 무한대로 하지 않고 일정 범위로 해야 한다. 따라서 결정의 크기를 한정시키는 형상 인자(shape factor)를 사용하여 일정

크기의 결정을 나타내 보자. 형상 인자를

$$S(\vec{r}) = \begin{cases} 1 & \text{결정 내부} \\ 0 & \text{결정 외부} \end{cases} \tag{7-121}$$

로 표시하면, 유한 크기의 결정의 투과함수는

$$\phi_{\text{finite crystal}} = \phi_{\text{unit cell}} * \{D(\vec{r}) \times S(\vec{r})\} \tag{7-122}$$

가 된다.

회절파의 진폭은 이 투과함수를 푸리에 변환한 것이고, 콘볼루션의 성질 중 두 함수의 콘볼루션의 푸리에 변환은 각 함수의 푸리에 변환의 곱이라는 일반적 사실을 이용하면,

$$\Psi_{\text{finite crystal}}(\Delta\vec{k}) = \int_{-x}^{\infty} \phi_{\text{unit cell}} * \{D(\vec{r}) \times S(\vec{r})\} \exp(-2\pi i \Delta\vec{k} \cdot \vec{r}_n) d\vec{r} \tag{7-123}$$

$$= F(\Delta\vec{k}) \int_{-x}^{\infty} \{D(\vec{r}) \times S(\vec{r})\} \exp(-2\pi i \Delta\vec{k} \cdot \vec{r}_n) d\vec{r}$$

이다. 여기서 구조 인자 $F(\Delta\vec{k})$는 단위포의 투과함수를 푸리에 변환한 것으로 그림 7.20(a)에 나타내었다. 위 식의 두 번째 항은 $D(\vec{r}) \times S(\vec{r})$를 푸리에 변환한 것이다.

위 식에서 두 함수들의 곱의 푸리에 변환은 각 함수의 푸리에 변환의 콘볼루션이라는 푸리에 변환의 한 성질을 사용하여 식 (7-123)을 다시 쓰면

$$\Psi_{\text{finite crystal}}(\Delta\vec{k}) = F(\Delta\vec{k})\{\widetilde{D}(\Delta\vec{k}) * \widetilde{S}(\Delta\vec{k})\} \tag{7-124}$$

$$= F(\Delta\vec{k}) \sum \exp(-2\pi i \Delta\vec{k} \cdot \vec{r}_n) * \widetilde{S}(\Delta\vec{k})$$

$$= F(\Delta\vec{k}) \sum \delta(\vec{k} - \vec{g}^*) * \widetilde{S}(\Delta\vec{k})$$

이 된다. 위 식의 콘볼루션의 $\sum \delta(\vec{k} - \vec{g}^*) * \widetilde{S}(\Delta\vec{k})$에서 $\sum \delta(\vec{k} - \vec{g}^*)$는 역격자점을 나타낸다. 이 식은 유한한 크기를 갖는 물체의 모양에 의한 영향이 각각의 역격자점에 미치고 있는 것을 설명하는 것이다. 즉, $\widetilde{S}(\Delta\vec{k})$가 역격자점을 나타내는 델타함수와 콘볼루션이 되어 각 역격자점에 들어가 있는 모양이 되며, 이를 그림 7.20(e)에 나타내었다. 그리고 회절파의 강도는 다음과 같이 나타낼 수 있다.

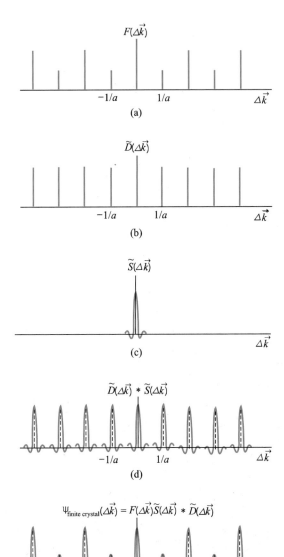

그림 7.20 형상 인자의 영향을 나타낸 그림.
(a) 단위포의 투과함수를 푸리에 변환한 구조 인자, (b) 무한의 결정 격자를 푸리에 변환한 역격자,
(c) 형상 인자의 푸리에 변환, (d) 형상 인자의 푸리에 변환과 역격자의 콘볼루션, (e) 일정 크기의
결정에서 회절파의 진폭. 역격자점을 나타내는 델타함수와 구조 인자의 곱에 형상 인자의 푸리에
변환이 콘볼루션되어 각 역격자점에 형상 인자의 푸리에 변환이 들어가 있다.

$$I = \Psi \Psi^*$$ (7-125)

$$= \left\{ F(\Delta \vec{k}) \sum \delta(\Delta \vec{k} - \vec{g}^*) * \tilde{S}(\Delta \vec{k}) \right\} \times \left\{ F(\Delta \vec{k}) \sum \delta(\Delta \vec{k} - \vec{g}^*) * \tilde{S}(\Delta \vec{k}) \right\}^*.$$

간단한 예로 한 변이 A인 정육면체의 결정을 생각해 보자. 이 결정의 형상 인자는

$$S(x, y, z) = \begin{cases} 1, & |x| \le \dfrac{A}{2}, |y| \le \dfrac{A}{2}, |z| \le \dfrac{A}{2} \\ 0, & \text{나머지} \end{cases}$$ (7-126)

이고, 이것은

$$S(x, y, z) = S(x)S(y)S(z)$$ (7-127)

$$S(x) = \begin{cases} 1, & |x| \le \dfrac{A}{2} \\ 0, & \text{나머지} \end{cases}$$ (7-128)

$$S(y) = \begin{cases} 1, & |y| \le \dfrac{A}{2} \\ 0, & \text{나머지} \end{cases}$$ (7-129)

$$S(z) = \begin{cases} 1, & |z| \le \dfrac{A}{2} \\ 0, & \text{나머지} \end{cases}$$ (7-130)

로 쓸 수 있다. 1차원에서 x 방향으로 $S(x)$의 푸리에 변환은 식 (7-58)에서

$$\tilde{S}(\Delta k_x) = A \frac{\sin(\pi \Delta k_x A)}{\pi \Delta k_x A}$$ (7-131)

이고

$$\tilde{S}(\Delta k_x, \Delta k_y, \Delta k_z)$$ (7-132)

$$= \iiint S(x, y, z) \exp\left\{ -2\pi i (\Delta k_x x + \Delta k_y y + \Delta k_z z) \right\} dx\, dy\, dz$$

$$= \int S(x) \exp(-2\pi i \Delta k_x x)\, dx \int S(y) \exp(-2\pi i \Delta k_y y)\, dy \int S(z) \exp(-2\pi i \Delta k_z z)\, dz$$

이므로, 이 변환은

$$\tilde{S}(\Delta k_x, \Delta k_y, \Delta k_z) = \tilde{S}(\Delta k_x)\tilde{S}(\Delta k_y)\tilde{S}(\Delta k_z) \tag{7-133}$$

$$= A\frac{\sin(\pi\Delta k_x A)}{\pi\Delta k_x A} A\frac{\sin(\pi\Delta k_y A)}{\pi\Delta k_y A} A\frac{\sin(\pi\Delta k_z A)}{\pi\Delta k_z A}$$

이다. 유한의 결정에서는 형상함수(shape function)의 변환이 각 역격자점에 나타나므로 각 역격자점은 3차원에서 $\tilde{S}(\Delta k)$에 따라 점의 형태가 변화하게 된다.

아주 미세한 분말 결정이나 미세한 입자의 다결정과 같이 입자가 작을 경우나 나노입자의 경우, 입자의 크기 때문에 생기는 형상 인자의 영향을 쉽게 볼 수 있다. 우리 생활의 현장에서도 이런 형상 인자의 영향을 볼 수 있다. 예를 들어, 비오는 날 자동차의 앞 유리창을 유리창 닦개로 닦게 되면 가는 줄들이 생기게 된다. 마주 오는 차의 불빛이나 가로등에서 비치는 불빛을 앞 유리창을 통해 보게 되면 유리창의 가는 줄에 수직으로 불빛이 길게 늘어나 길다란 줄(streak)이 나타나게 되는데, 이것이 바로 가는 줄의 형상 인자로 인해 회절을 하게 되면 본래의 줄에 수직으로 긴 줄로 변하기 때문이다. 역격자 공간에서는 실격자 공간과 역이 되므로, 분말이나 결정의 크기가 작아지면 작아질수록 해당되는 역격자점이 점점 더 퍼지게 된다. 이 경우 임의의 방향에 대해서 길이가 늘어난 역격자점과 이월드 구가 교차하여 회절상을 형성할 때 회절 피크가 어떤 일정한 각도값에서만 생기는 것이 아니고, 작은 각도 범위에 걸쳐서 생기게 된다. 이것을 브래그 피크가 확장되었다고 한다.

역격자점이 늘어난 것을 몇 가지 방법으로 알 수 있다. 우선 입사파와 회절파 사이의 각도 $\theta = 2\theta_B$를 고정시키고 $\vec{k}$와 $\vec{k}'$을 포함하는 면에 수직하면서 $\vec{g}^*_{hkl}$에 수직한 방향을 따라 결정을 흔들어준다. 그러면 $\vec{g}^*_{hkl}$에 거의 수직한 방향으로 역격자점이 늘어난 것을 알 수 있다. 그리고 결정과 입사파 사이의 각도로 만들어지는 입사각 θ_B를 고정시키고, 고정된 입사빔에 대해 어떤 범위 내에서 각도, $\theta = 2\theta_B$를 변화시켜 회절빔을 조사하면 대략 $\vec{g}^*_{hkl}$의 방향을 따라 역격자점이 어떻게 늘어났는지를 알 수 있다. 또한 $\vec{k}$와 $\vec{k}'$을 포함하는 면에서 $\vec{g}^*_{hkl}$에 수직한 축을 따라 결정을 회전시키면 처음 두 방향에 대략 수직인 제 3의 방향으로 역격자점이 어떻게 늘어났는지를 알 수 있다.

역격자점이 늘어나면 역격자 크기와 비교하여 이월드 구와 늘어난 역격자점이 만날 확률이 달라지므로 이월드 구 크기가 매우 중요하다. x-선이나 중성자의 경우 이월드 구의 크기와 $\vec{g}^*_{hkl}$의 크기가 모두 대략 $10\,\mathrm{nm}^{-1}$ 정도로 비슷하여 이월드 구가 한 번에 역격자점을 1개 이상 교차하기가 상당히 힘들다.

6) 편차 변수

유한한 크기를 갖는 결정에서 회절이 일어날 때 브래그 회절 조건을 만족하는 정확한 회절점에서 약간 벗어나더라도 회절 강도가 0으로 되지 않고 강도를 지니게 되는데, 정확한 회절점에서 벗어나는 정도에 따라 그 회절 피크의 강도 변화를 계산할 수 있다. 이때 회절점에서 벗어난 정도를 표시하는 척도로 편차 변수(deviation parameter)를 사용한다. 먼저 역격자에서 늘어나지 않은 한 개의 역격자점이 이월드 구와 만나 그림 7.21(a)와 같이 브래그 조건을 정확하게 만족한다고 하자. 브래그 조건을 정확히 만족하여 이월드 구 위에 있었던 역격자점이 빔의 방향이 바뀌어 이월드 구가 회전하든지 또는 결정이 회전하면, 그림 7.21(b)와 같이 역격자점이 이월드 구를 약간 벗어나게 된다. 편차 변수 $\vec{s}$는 브래그 조건을 정확히 만족하면서 이월드 구상에 있었던 역격자점과 브래그 조건을 벗어나 이월드 구상에 있지 않는 역격자점까지의 거리를 크기로 하고, 전자빔이 입사하는 방향이 양의 방향인 벡터로 정의된다.

그림 7.21(b)에 나타낸 것과 같이 편차 변수 $\vec{s}$는

$$\Delta \vec{k} = \vec{g}^* + \vec{s} \tag{7-134}$$

의 관계를 갖는다. 식 (7-119)에서 대신 위 식을 대입하면,

$$\Psi(\Delta \vec{k}) = F(\Delta \vec{k}) \sum \exp(-2\pi i \Delta \vec{k} \cdot \vec{r}_n) \tag{7-135}$$

$$\Psi(\vec{g}^* + \vec{s}) = F(\vec{g}^* + \vec{s}) \sum \exp\left\{-2\pi i(\vec{g}^* + \vec{s}) \cdot \vec{r}_n\right\}$$

이다. 위 식에서 구조 인자 $F(\vec{g}^* + \vec{s})$는 단위포 내의 원자들의 투과함수를 푸리에 변환한 것으로, 이 값은 예를 들어 1차원에서 2개의 원자만 있으면 cos 함수로 표시되고, 원자의 수를 점점 증가할수록 피크가 점점 뾰족해지고, 이론상 원자의 개수가 무한대가 되면 델타함수로 변한다. 그러나 실제 단위포 내에 원자의 수가 주로 수개 밖에 되지 않으므로 $F(\vec{g}^* + \vec{s})$의 값은 피크가 그렇게 뾰족해지지 않는다. 그러므로 $F(\vec{g}^* + \vec{s})$의 값은 급격하게 변하지 않고, 편차 변수의 크기는 $\vec{g}^*$의 크기에 비해 아주 작으므로, $F(\vec{g}^* + \vec{s}) \cong F(\vec{g}^*) = F_{hkl}$이라 할 수 있다. $\vec{g}^*$는 일반 역격자 벡터이고, $\vec{r}_n$은 실격자 벡터이므로,

$$\vec{g}^* = h\vec{a}^* + k\vec{b}^* + l\vec{c}^* \tag{7-136}$$

$$\vec{r}_n = u\vec{a}^* + v\vec{b}^* + w\vec{c}^*$$

$$\vec{g}^* \cdot \vec{r}_n = hu + kv + lw$$

이기 때문에, $\exp(-2\pi i \vec{s} \cdot \vec{r}_n) = 1$이므로, 식 (7-135)에서 회절파의 진폭은

$$\Psi(\vec{g}^* + \vec{s}) = F(\vec{g}^*) \sum \exp(-2\pi i \vec{s} \cdot \vec{r}_n) \qquad (7\text{-}137)$$

이다.

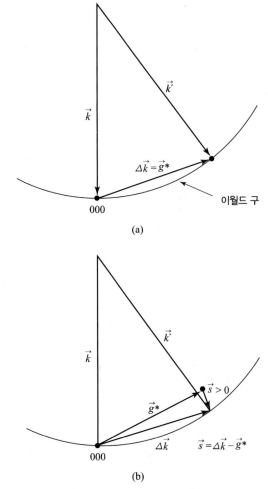

그림 7.21 (a) 역격자점이 이월드 구와 만나 브래그 조건을 정확히 만족하는 경우, (b) 역격자점이 브래그 조건에서 약간 벗어난 경우.

단위포의 수 N이 매우 크고, $\exp(-2\pi i \vec{s} \cdot \vec{r}_n)$이 한 단위포에서 옆 단위포로 바뀜에 따라 심하게 변하지 않을 정도로 편차 변수 $\vec{s}$가 작다면, 앞식의 합을 근사적으로 다음과 같이

$$\sum_n^N \exp(-2\pi i \vec{s} \cdot \vec{r}_n) \rightarrow \int_{\text{crystal}} \exp(-2\pi i \vec{s} \cdot \vec{r}_n) d\vec{r} \qquad (7\text{-}138)$$

적분으로 바꿀 수 있다. $\vec{r}_n = u\vec{a} + v\vec{b} + w\vec{c}$로 단위포의 이동 벡터 $\vec{a}$, $\vec{b}$와 $\vec{c}$의 단위로 되어 있어 합에서 불연속 변수 $\vec{r}_n$을 적분에서는 연속 변수 $\vec{r}$로 바꿔야 하고, 전체값을 맞추어 주기 위해 적분값을 단위포의 체적 $\Omega = \vec{a} \cdot (\vec{b} \times \vec{c})$로 나누어 주어야 한다.

적분으로 고쳐 다시 쓰면

$$\Psi_g(\vec{s}) = F_g \frac{1}{\Omega} \int_{\text{crystal}} \exp(-2\pi i \vec{s} \cdot \vec{r}) d\vec{r} \qquad (7\text{-}139)$$

이고, 결정의 크기를 $A \times B \times C$라 하고 여기서 $\vec{r} = x\vec{i} + y\vec{j} + z\vec{k}$이고, $\vec{s} = s_x\vec{i} + s_y\vec{j} + s_z\vec{k}$로 $\vec{r}$과 $\vec{s}$을 표시하여 내적을 하면

$$\vec{s} \cdot \vec{r} = s_x x + s_y y + s_z z \qquad (7\text{-}140)$$

이고 이것을 이용하여 회절파의 진폭을 계산하면,

$$\Psi_g(s_s, s_y, s_z) = \frac{F_g}{\Omega} \int_{-\frac{A}{2}}^{\frac{A}{2}} \exp(-2\pi i s_x x) dx \int_{-\frac{B}{2}}^{\frac{B}{2}} \exp(-2\pi i s_y y) dy \qquad (7\text{-}141)$$

$$\int_{-\frac{C}{2}}^{\frac{C}{2}} \exp(-2\pi i s_z z) dz$$

$$= \frac{F_g}{\Omega} \frac{\sin(\pi s_x A)}{\pi s_x} \frac{\sin(\pi s_y B)}{\pi s_y} \frac{\sin(\pi s_z C)}{\pi s_z}$$

이 되어, 우리에게 친숙한 중절모함수의 푸리에 변환 형태가 된다. 여기서는 역격자 공간의 변수인 k 대신 s를 변수로 하였으나, 폭이 가로, 세로, 높이가 각각 A, B, C 인 3차원 조리개의 푸리에 변환 형태이다. 다시 쓰면,

$$\Psi_g(s_s, s_y, s_z) = \frac{F_g}{\Omega} \, ABC \, \frac{\sin(\pi s_x A)}{\pi s_x A} \frac{\sin(\pi s_y B)}{\pi s_y B} \frac{\sin(\pi s_z C)}{\pi s_z C} \tag{7-141}$$

이고 $\dfrac{ABC}{\Omega} = \dfrac{ABC}{\vec{a} \cdot (\vec{b} \times \vec{c})} = N$이므로

$$\Psi_g(s_s, s_y, s_z) = NF_g \frac{\sin(\pi s_x A)}{\pi s_x A} \frac{\sin(\pi s_y B)}{\pi s_y B} \frac{\sin(\pi s_z C)}{\pi s_z C} \tag{7-142}$$

이다.

적분을 하기 위해 변수를 연속 변수로 바꾸었기 때문에 여기서 $\vec{s}$도 연속 변수로 되어 있으나, 우리에게 더 친숙한 역격자 이동 벡터의 단위로 표시하도록 하자. $\vec{s}$는 역격자 공간의 벡터이므로,

$$\begin{aligned} \vec{s} &= s_1 \vec{a^*} + s_2 \vec{b^*} + s_3 \vec{c^*} \\ &= s_x \vec{i^*} + s_y \vec{j^*} + s_z \vec{k^*} \end{aligned} \tag{7-143}$$

로 표시할 수 있다. 여기서 각 성분 s_1, s_2, s_3는 그 크기가 1보다는 작은 숫자이다. $\vec{A}$, $\vec{B}$와 $\vec{C}$는 실격자의 벡터이므로,

$$\begin{aligned} \vec{A} &= N_1 \vec{a} = A \vec{i} \\ \vec{B} &= N_2 \vec{b} = B \vec{j} \\ \vec{C} &= N_3 \vec{c} = C \vec{k} \end{aligned} \tag{7-144}$$

로 표시할 수 있다. 여기서 N_1, N_2와 N_3는 정수로 각 방향으로의 단위포의 개수이다. 그러므로

$$\begin{aligned} \vec{s} \cdot \vec{A} &= s_x A = s_1 N_1 \\ \vec{s} \cdot \vec{B} &= s_y B = s_2 N_2 \\ \vec{s} \cdot \vec{C} &= s_z C = s_3 N_3 \end{aligned} \tag{7-145}$$

이므로, 위 식을 식 (7-141)에 대입하여 정리하면

$$\Psi_g(s_1, s_2, s_3) = NF_g \frac{\sin(\pi s_1 N_1)}{\pi s_1 N_1} \frac{\sin(\pi s_2 N_2)}{\pi s_2 N_2} \frac{\sin(\pi s_3 N_3)}{\pi s_3 N_3} \tag{7-146}$$

이고, $N_1 N_2 N_3 = N$이므로

$$\Psi_g(s_1, s_2, s_3) = F_g \frac{\sin(\pi s_1 N_1)}{\pi s_1} \frac{\sin(\pi s_2 N_2)}{\pi s_2} \frac{\sin(\pi s_3 N_3)}{\pi s_3} \qquad (7\text{-}147)$$

이다.

이 회절파의 강도를 운동학적 강도(kinematical intensity)라 하고, 그 강도는

$$I_g = \Psi_g \Psi_g^* \qquad (7\text{-}148)$$

인데 다시 쓰면

$$I_g = F_g F_g^* \frac{\sin^2(\pi s_1 N_1)}{(\pi s_1)^2} \frac{\sin^2(\pi s_2 N_2)}{(\pi s_2)^2} \frac{\sin^2(\pi s_3 N_3)}{(\pi s_3)^2} \qquad (7\text{-}149)$$

이다. 회절파의 진폭을 나타내는 식에 회절파가 구면파이므로 전파 인자를 표시해 주면

$$\Psi_g(s_1, s_2, s_3) = F_g \frac{\sin(\pi s_1 N_1)}{\pi s_1} \frac{\sin(\pi s_2 N_2)}{\pi s_2} \frac{\sin(\pi s_3 N_3)}{\pi s_3} \frac{\exp(2\pi i k' r_p)}{r_p} \qquad (7\text{-}150)$$

이다. 그러므로, 회절파의 강도는

$$I_g = F_g F_g^* \frac{\sin^2(\pi s_1 N_1)}{(\pi s_1)^2} \frac{\sin^2(\pi s_2 N_2)}{(\pi s_2)^2} \frac{\sin^2(\pi s_3 N_3)}{(\pi s_3)^2} \frac{1}{r_p^2} \qquad (7\text{-}151)$$

가 된다. I_g의 최대치는 $s_1 = s_2 = s_3 = 0$에서 만들어지고, 이때 $\Delta \vec{k} = \vec{g}^*$로 브래그 조건을 만족한다. 회절 강도가 브래그 피크의 정점에서 최대로 되고 그 값은

$$I_{\max} = \frac{1}{r_p^2} N^2 F_g F_g^* \qquad (7\text{-}152)$$

이다. 그림 7.22에 s_1에 대한 강도의 변화가 나타나 있다. 첫 번째로 최소가 되는 곳은 단위포의 개수 N_1의 역수인 $s_1 = \pm 1/N_1$ 곳이다.

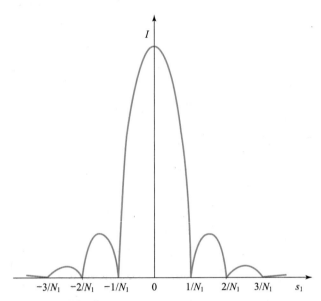

그림 7.22 s_1에 대한 회절파의 강도 변화.

$s_1 = 0$에서 최대가 되고 $\pm 1/N_1$, $\pm 2/N_1$, …에서 강도가 0이 된다.

1   강도를 1에서 0.25로 줄이는 반투명 1차원 조리개가 있다. 조리개의 폭이 2a일 때,

   (a) 투과함수를 구하시오.
   (b) 회절면에서 회절파의 진폭을 계산으로 구하시오.
   (c) 회절파의 강도를 구하고 그림으로 그리시오.

2    $x = -a,\ 0,\ +a$에 3개의 아주 작은 구멍이 있다.

   (a) 이 구멍 3개를 3개의 1차원 델타함수로 가정하고 투과함수를 나타내시오.
   (b) 회절파의 진폭을 계산하고 그리시오.
   (c) 회절파의 강도를 구하고 그림으로 그리시오.

3   파장이 λ인 파와 10λ인 파를 각각 사용하여 회절로 단결정의 구조를 알아보려고 한다. 이월
   드 구와 역격자를 두 파장에 대해 각각 그리고, 파장이 긴 파와 짧은 파를 사용할 경우 장점
   과 단점을 설명하시오.

4   다음 각 경우의 이월드 구와 역격자의 관계를 나타내는 그림을 그리시오.

   (a) 단결정에 단색 파장의 방사가 입사
   (b) 한 결정 구조를 지닌 다결정에 단색 파장의 방사가 입사
   (c) 단결정에 다색 파장의 방사가 입사
   (d) 한 결정 구조를 지닌 다결정에 다색 파장의 방사가 입사
   (e) 라우에 법

5   결정의 크기가 작아지면 회절점의 강도에 어떤 영향을 미치는지 설명하시오.

6   정육면체 단위포의 꼭지점에 원자 A가 체심에 원자 B가 차지하고 있다. 이 단위포의 구조
   인자를 계산하고, $h,\ k,\ l$에 따라 강도가 어떻게 변하는지 설명하시오.

7   단결정에서 얻은 회절상 사진 한 장으로 그 결정 구조를 완전히 알 수 없는 이유를 설명하
   시오.

8   계산과 그림으로 bcc 실격자의 역격자는 fcc가 되고, fcc 실격자의 역격자는 bcc가 됨을 보이
   시오.

9   다이아몬드 구조를 지닌 Si 결정의 구조 인자를 계산하고, h, k, l에 따라 회절점의 강도가 어떻게 변하는지 계산하시오.

10 염화나트륨 구조에서

(a) 브라배 격자를 그리시오.

(b) [110]에 수직한 역격자면에 있는 역격자를 그리고 지수를 매기시오.

(c) 구조 인자를 계산하시오.

(d) [110]에 수직한 역격자면에서의 강도를 그리시오.

11 스팔러라이트 구조의 ZnS의 구조 인자를 계산하고, h, k, l에 따라 회절점의 강도가 어떻게 변하는지 계산하시오. 회절점에서 다이아몬드 구조와 스팔러라이트 구조를 어떻게 구분할 수 있는지 설명하시오.

12 규칙 Cu_3Au는 입방 구조로 Au가 0, 0, 0에 Cu가 면심에 있다.

(a) 구조 인자를 구하고 강도가 h, k, l에 따라 어떻게 변하는 계산하시오.

(b) 이 합금이 불규칙 합금으로 되면 구조 인자와 강도가 어떻게 변하는 계산하시오.

13 전자빔이 체심 입방 결정의 [100] 방향으로 입사할 때 생기는 전자 회절상을 그리고, 4차 회절점까지 지수를 매기시오.

14 어떤 입방 결정의 전자 회절상에서 회절점이 2차원 중심 직사각형 격자를 지니고 직사각형의 두 변의 비가 $\sqrt{2}$ 이다.

(a) 전자 회절상의 지수를 매기고 정대축을 구하시오.

(b) 결정의 격자는 단순, 면심, 체심 입방 중 어느 것인지 답하시오.

15 $a = 0.1$ nm, $b = 0.2$ nm인 중심 직사각형 2차원 격자에서 만들어지는 전자 회절상을 그리고 지수를 매기시오.

16 단색 파장으로 다음의 결정에서 회절 실험을 하였을 때 어떤 차이를 만드는가?

(a) 무한대의 단결정   (b) 일정한 크기의 단결정

(c) 무한대의 다결정   (d) 일정한 크기의 다결정

17 다음과 같은 일정 크기의 1차원 결정에서 회절파의 진폭과 회절상을 계산하고 그림으로 그리
시오(단 그림에서 점을 델타함수로 가정하시오).

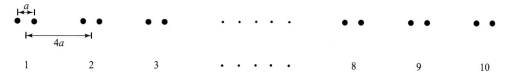

x-선과 고체의 상호작용

1 x-선과 특성 방사

1) x-선의 생성과 백색 방사

지금부터 약 120년 전인 1895년 음극선 실험용 진공관에서 고압 방전을 실험하던 독일 물리학자 뢴트겐(Röntgen, 1845~1923)은 눈에 보이지 않는 일종의 투과 방사선이 음극선 시험용 가스 방전관을 마분지로 감싸두었는데도 근처의 사진 필름을 검게 하는 것을 발견하였다. 뢴트겐은 이 방사선을 종래의 음극선과 구별하기 위해 x-선이라 명명하였다. 이후 x-선은 생명과 우주의 물질 구조를 해석하는 데 커다란 공헌을 했다. 우리가 현재 병원에서 많이 사용하는 x-선 사진이나 컴퓨터 단층촬영(computed tomography, CT), 재료공학이나 물리학 등에서 사용하는 x-선 회절기 등이 모두 이 x-선을 이용한 것이다. 뢴트겐은 1895년 12월 22일 처음으로 자기 부인의 반지를 낀 손을 x-선으로 촬영하여 최초의 x-선 사진을 촬영하였다. 뢴트겐의 1901년 제1회 노벨 물리학상 수상은 '20세기 과학기술의 시작'이라는 상징적인 의미도 담고 있다. 주목해야 할 점은 x-선 발견의 배경에는 진공기술과 사진기술의 기반이 있었다는 사실이다.

가스 방전관에서는 잔여 기체 분자가 이온화함에 따라 전자가 만들어지고 이 전자가 금속 양극으로 가속된다. 양으로 하전된 분자 이온은 음극으로 가속되어 이 음극에서 더 많은 자유 전자가 충격으로 나오게 되고 전자가 양극으로 가속된다. 이때 양극에서 나오는 방사선을 x-선이라 하는데 금속에 전자가 충돌하여 발생한다. 가스 방전관의 x-

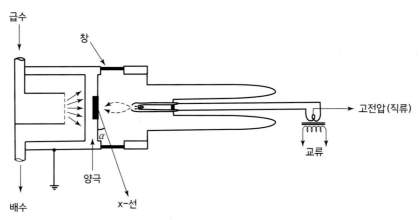

그림 8.1   간단한 x-선 발생 장치.

선 발생은 이온화율과 가스 압력에 의존한다. 그러나 일반적으로는 진공 속에서 가열된 텅스텐 필라멘트에서 열 이온적으로 만들어진 전자를 금속에 가속시킴으로써 x-선을 만든다. 그리고 냉각을 쉽게 하도록 금속을 접지 퍼텐셜로 유지한다. 전자를 금속에 가속시킬 때 진공 유지를 위해 될 수 있는 한 얇은 베릴리움(Be), 유리, 운모 등을 x-선의 투명창으로 사용한다(그림 8.1).

전자가 타깃(target) 금속과 만나면 금속 내의 원자와 빠르게 상호작용한다. 원자는 서로 반대 부호인 전자와 원자핵으로 구성되어 있으므로, 입사하는 전자와 이 원자 내의 핵과 전자들과의 상호작용은 탄성 충돌을 일으키는, 먼 거리에서도 작용하는 쿨롱 상호작용이다. 전자는 원자 내의 전자나 핵에 에너지를 주고서 운동 에너지 E_k를 잃는다. 전자의 밀도가 N_e일 때 에너지 손실률은

$$-\frac{dE_k(z)}{dz} = \frac{e^4 N_e Z}{8\pi\varepsilon^2}\frac{1}{E_k(z)}\ln\frac{E_k(z)}{\overline{E}_{ion}} \tag{8-1}$$

이고, 여기서 $E_k(z)$는 전자 궤적의 어떤 점 z에서 전자 에너지이고 $\overline{E}_{ion}$은 대략 원자의 이온화 문턱(ionization threshold)값에 해당하는 평균 에너지 전달값(약 10 ZeV)이다. 전자는 일정하게 운동 에너지를 잃고 있으므로 계속해서 감속된다. 50 keV 전자에서 평균 에너지 손실률 $-dE_k(z)/dz$는 10^9 eVm^{-1}이므로 전자는 평균 깊이 $\overline{z} = (5\times10^4$ eV)/$(10^9$ eVm$^{-1}) = 5\times10^{-5}$ m$= 50$ μm에서 정지하게 된다.

그림 8.2는 렌츠(Lenz)의 법칙을 나타낸 그림이다. 자석을 천천히 코일 속으로 움직

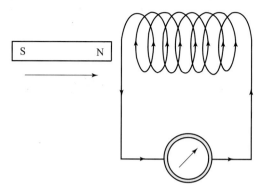

그림 8.2   렌츠의 법칙을 보여주는 그림.

이면 전류계의 바늘이 움직이기 시작하고, 자석을 움직이는 속도에 가속을 하게 되면 전류는 더 많이 흐른다. 그러나 자석의 움직임을 정지하면 전류는 흐르지 않게 된다. 즉, 코일의 자계를 변화시켜 주게 되면 전자가 흐르게 되고 변화가 심할수록 전자가 더 많이 흐르게 된다. 이러한 렌츠의 법칙에 따른 현상에 거꾸로 일어나는 현상으로, 운동하는 전자가 속도를 가속 또는 감속하게 되면 전자 주위에 전계와 자계의 변화를 일으켜 전자기 방사를 하게 되는데, 이것이 바로 x-선이다. 즉, 전자가 감속이나 가속을 하게 되면 x-선이 발생한다. 가속이나 감속 없이 일정한 속도로 움직이는 전자도 x-선을 발생하기는 하나 그 강도가 약하고 거리에 따라 강도가 급속하게 약해지므로 일반적으로 감속이나 가속하는 전자가 x-선을 발생한다고 생각한다.

앞에서 서술한 바와 같이 전자가 타깃 금속을 만나 감속을 하게 되면 이 감속하는 전자가 전자기 마당 방사를 발생한다. 이 감속하는 전자에 의한 전자기 마당 방사를 독일어로 브레이크를 거는 방사라 하는 뜻인 브렘스트라흘룽(Bremsstrahlung)이라 한다. 이 x-선에는 여러 파장들이 혼합되어 있으므로 다색(polychromatic)이고, 파장이 연속적이어서 백색 방사라고도 한다. 이렇게 발생한 백색 방사 x-선을 이용하여 사진을 촬영하는 것이 병원이나 치과병원에서 사용하는 x-선 사진이다.

감속 전자에 의해 방출된 전자기 마당 방사는 입사되는 빠른 전자가 상호작용하는 전자나 핵에 가까이 있는 시간 동안의 감속 시간에 걸쳐서 방출된다. 원자는 입자로 존재하므로 원자 하나 근처에서 방출되는 전자기 마당 방사는 하나의 펄스나 파단으로 구성되도록 한다. 양자 역학에서는 이를 양자라 한다. 각 양자의 에너지는 $E = h\nu = h\omega/2\pi$ 이므로

$$E = \frac{hc}{\lambda} \tag{8-2}$$

이다.

입사된 전자가 타깃 속의 전자나 원자핵과의 단 한 번의 상호작용 동안에 입사된 운동 에너지의 어떤 분율 f를 잃는다고 가정하자. 본래의 운동 에너지는 물론 퍼텐셜 V_0로 가속되어 얻은 에너지 eV_0이다. 위의 상호작용 시 방출된 x-선 양자의 에너지는

$$E = \frac{hc}{\lambda} = feV_0 \tag{8-3}$$

또는

$$\lambda = \frac{hc}{feV_0} \tag{8-4}$$

이다. 전자가 잃는 에너지의 최대 분율은 $f = 1$이므로 최소 파장은

$$\lambda_{\min} = \frac{hc}{eV_0} \tag{8-5}$$

이고 이 파장을 단파장단(short-wavelength limit)이라 한다. $h = 6.6 \times 10^{-34}$ Js, $c = 3 \times 10^8$ m/sec, $e = 1.6 \times 10^{-19}$ C을 대입하고, V_0를 볼트 단위로 나타내면

$$\lambda_{\min} = \frac{12.4 \times 10^{-7}}{V_0} \text{ m} = \frac{1240}{V_0} \text{ nm} \tag{8-6}$$

이다. 해당되는 최대 x-선 주파수는

$$v_{\max} = \frac{c}{\lambda} = 2 \times 10^{14} \, V_0 \text{ s}^{-1} \tag{8-7}$$

이다. $\lambda_{\min}$과 $v_{\max}$를 가속 전압(acceleration voltage)의 함수로 광속에 대한 전자 속도의 비와 함께 표 8.1에 나타내었다.

시편의 첫 10 nm 정도에서는 전자가 에너지를 전혀 잃지 않을 확률이 제일 크고, 에너지 전부를 잃어버릴 확률은 이보다는 작다. 전자가 타깃 속으로 더욱 들어감에 따라 에너지의 더 많은 분율을 잃어버릴 확률이 점점 증가한다. 식 (8-11)에 나타난 것처럼 추가 에너지 손실률 $-dE_k/dz$는 전자가 에너지를 잃어버림에 따라, 즉 E_k가 감소함에

따라 증가한다. 타깃에서 깊이가 점점 깊어짐에 따라 에너지 손실률 $-dE_k/dz$는 점점 증가한다. 따라서 에너지가 감소함에 따라 단파장단도 증가한다. 그러나 동시에 방출된 x-선이 타깃에 흡수되는 것도 가능하다. 타깃이 얇은 경우 x-선은 시편을 잘 투과하나 전자빔이 타깃에 들어가는 깊이가 깊을 때는 상당히 많은 흡수가 일어난다. 파장이 긴, 즉 에너지가 작은 x-선은 더 강하게 흡수되고 이 x-선은 더 깊은 곳에서 생성되기 때문에 시편 밖으로 나오기 위해서는 표면까지 더 긴 거리를 타깃 속에서 진행해야 한다. 결과적으로 파장에 따른 x-선 방출 강도는 그림 8.3에 나타낸 파장 분포 곡선이 되는데 이 연속 곡선은 모든 방출과 흡수 확률을 동시에 고려하여 그린 것이다. 그리고 그림에 나타낸 바와 같이 x-선 튜브의 전압을 높여주면 강도도 따라서 증가하고 단파장단도 감소한다.

단파장단에서 시작하여 반연속적인 이 스펙트럼을, 단파장단 이상의 여러 파장을 다 포함하고 있으므로 백색 방사(white radiation)라 한다. 백색 x-선 생성 효율은

표 8.1 **가속 전압에 따른 x-선의 단파장단(λ_{min}), 최대 주파수(ν_{max}), 광속에 대한 전자 속도의 비.**

가속 전압 (V)	λ_{min}(nm)	ν_{max}(s^{-1})	v/c
10	124	2×10^{15}	0.006
10^2	12.4	2×10^{16}	0.02
10^3	1.24	2×10^{17}	0.06
10^4	0.12	2×10^{18}	0.19
10^5	0.012	2×10^{19}	0.50
10^6	0.0012	2×10^{20}	0.94

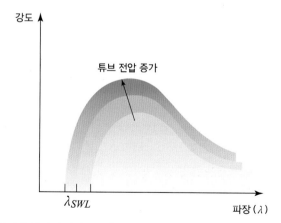

그림 8.3   에너지가 증가함에 따라 단파장단 λ_{min}도 감소하나 강도는 증가한다.

$$W = 1.4 \times 10^{-9} Z V_0 \tag{8-8}$$

이고 여기서 Z는 타깃의 원자 번호이고 V_0는 전자의 가속 전압(acceleration voltage)이다.

2) 특성 방사

백색 브렘스트라흘룽 스펙트럼은 하나의 파장을 가진 단색 방사가 아니기 때문에 어떤 특별한 파장에서 날카롭게 피크가 만들어지지 않고, $1.5\lambda_{\min}$ 근처에 넓게 퍼진 혹을 만든다. 우리가 공부한 모든 회절은 $k = 1/\lambda$, 즉 λ에 따라 크게 영향을 받는다. 파장이 하나가 아니고 여러 값이 있으면 여러 파장의 영향으로 회절상이 퍼져 보인다. 다행히 입사 전자는 감속될 때 방사선을 방출할 뿐 아니라 원자 내의 전자에 충분한 에너지를 전달한다. 어떤 경우에는 전달된 에너지가 원자에서 전자를 떼어낼 수도 있다. 원자에서 이와 같이 전자를 떼어내는 것을 이온화라 한다.

앞에서 식 (1-31)의 시간 독립 슈뢰딩거의 파동 방정식은

$$\left(-\frac{h^2 \nabla^2}{8\pi^2 m_e} + E_p \right)\Psi = E\Psi \tag{1-31}$$

이다. 한 예로 원자 번호가 Z이며 양전하로 되어 있는(전하 $+Ze$) 원자핵의 주위를 움직이는 전자(전하 $-e$) 하나에 대해 알아보자. 원자핵에서 거리 r만큼 떨어져 있는 전자의 퍼텐셜 에너지 E_p는

$$E_p = -\frac{Ze^2}{4\pi\varepsilon_o r} \tag{1-34}$$

이다. 그러므로, 질량 m_e인 전자의 운동을 나타내주는 시간 독립 슈뢰딩거 식은

$$\left(-\frac{h^2}{8\pi^2 m_e}\nabla^2 - \frac{1}{4\pi\varepsilon_o}\frac{Ze^2}{r} \right)\Psi = E\Psi \tag{8-9}$$

이다.

그리고 이 식의 해는

$$\Psi_n = A\exp i(2\pi k_n r) \tag{8-10}$$

이고 여기서 k_n은

$$k_n = \frac{e^2 m_e}{2\varepsilon_o h^2} \frac{Z}{n} \tag{8-11}$$

인데, 이 해를 원 식 (8-9)에 대입하면 이 해가 맞다는 것을 알 수 있다. 그리고 이 때 궤도 반경

$$r_n = \frac{h^2 \varepsilon_o}{\pi e^2 m_e} \frac{n^2}{Z} \tag{1-8}$$

에 대해 허용 에너지 고유값은 식 (8-9)의 슈뢰딩거 방정식에서

$$E_n \Psi_n = \left(-\frac{h^2}{8\pi^2 m_e} \nabla^2 - \frac{1}{4\pi\varepsilon_o} \frac{Ze^2}{r_n} \right) \Psi_n \tag{8-12}$$

이고 ∇는 $i2\pi k$로 쓸 수 있으므로

$$E_n \Psi_n = \left\{ -\frac{h^2}{8\pi^2 m_e} (i2\pi k_n)^2 - \frac{1}{4\pi\varepsilon_0} \frac{Ze^2}{r_n} \right\} \Psi_n \tag{8-13}$$

이고 식 (8-11)의 k_n과 식 (1-8)의 r_n을 대입하면

$$\begin{aligned} E_n \Psi_n &= \left\{ \frac{h^2}{2m_e} \left(\frac{e^2 m_e}{2\varepsilon_0 h^2} \frac{Z}{n} \right)^2 - \frac{1}{4\pi\varepsilon_0} Ze^2 \left(\frac{\pi e^2 m_e Z}{\varepsilon_0 h^2 n^2} \right) \right\} \Psi_n \\ &= \left\{ \frac{e^4 m_e}{8\varepsilon_0^2 h^2} \frac{Z^2}{n^2} - \frac{e^4 m_e}{4\varepsilon_0^2 h^2} \frac{Z^2}{n^2} \right\} \Psi_n \\ &= \left(-\frac{e^4 m_e}{8\varepsilon_0^2 h^2} \frac{Z^2}{n^2} \right) \Psi_n \end{aligned} \tag{8-14}$$

이므로

$$E_n = -\frac{e^4 m_e}{8^2 h \varepsilon_0^2} \frac{Z^2}{n^2} \tag{8-15}$$

로 앞에서 나온 식 (1-13)과 같은 식이 된다. 여기서 $n = 1,\ 2,\ 3,\ \cdots$인 정수이다.

여기서 음의 부호는 전자가 핵에 속박되어 있다는 것을 뜻하고 전자를 떼내기 위해서는 이온화 에너지 $|E_n|$을 공급하여야 한다. 그리고 $n = 1$일 때의 해에서 에너지값

$$E_1 = -13.6\,Z^2\,\text{eV} \tag{8-16}$$

을 얻는다. 제일 강하게 속박되어 있는 바닥 상태에 있는 전자를 원자에서 떼어내기 위해서는 바로 이 에너지만큼 공급하여야 한다. 1보다 더 큰 n에 대한 해에서 나오는 다른 에너지 상태에 있는 전자들은 덜 강하게 속박되어 있다. $Z=1$일 때 $n=1$인 에너지 $E = -13.6$ eV이고 수소 원자를 이온화하는 데 필요한 에너지로 리드베리(Rydberg, 1854~1919) 에너지라 한다.

식 (8-15)에서 에너지 준위의 그림을 그리면 그림 8.4가 된다. 각 준위의 전자의 수는 궤도 각 운동량과 전자 각 운동량의 양자화에 따라 달라진다. 이 양자화는 각각 양자수 l과 m_s로 표시한다. 궤도 각 운동량 l과 전자 스핀 m_s와의 상호작용을 스핀-궤도 (spin-orbit) 상호작용이라 하고 또 하나의 양자수 $j = l \pm m_s$로 표시한다. 파울리의 배타 원리에 의해 같은 상태에 2개의 전자가 있을 수 없으므로 3개의 양자수 n, l과 j로 전체 에너지 부준위를 표시할 수 있다. 각 에너지 부준위당 최대 $2j+1$개의 전자가 있을 수 있다.

입사 전자가 궤도 전자와 충돌하여 결합 에너지보다 더 큰 운동 에너지를 전달하면 궤도 전자는 원자핵을 떠나고 빈자리(hole)를 남긴다. 원자 내에 이렇게 빈자리가 있으면 불안정한 상태가 되어 원자 전자들 사이에 내부 재조정이 되어 빈자리를 채우게 된다. 그래서 높은 에너지 준위에 있던 전자가 아래로 내려와 더 강하게 속박된 상태의 에너지 준위의 빈자리를 채운다. 이를 천이라 하는데 $\Delta l = \pm 1$인 동시에 $\Delta j = 0$ 또는 ± 1이어야 한다는 선택 법칙(selection rule)에 따라 천이한다. 각 천이는 이온화된 에너지 준위에 따라 K, L, M 등의 이름이 있고, 각 부준위에 따라 α_1, α_2 등의 첨자로 표시한다.

높은 에너지 준위에서 낮은 에너지 준위로 천이하는 전자는 마치 낙하하는 물체처럼 위치 에너지를 잃으면서 가속을 한다. 식 (8-12)와 (8-13)에 의해 가속이나 감속하는 전자는 전자기 마당 방사를 하므로 가속 전자는 x-선을 발생시킨다. m 껍질과 n 껍질 사이의 에너지 차는

$$\Delta E = E_m - E_n = E_n \frac{m^2 - n^2}{m^2} \tag{8-17}$$

이고 식 (8-17)에 따라 이때 발생하는 x-선의 에너지는 주양자수가 m인 에너지 준위의 각에서 n인 각으로 천이가 일어날 때,

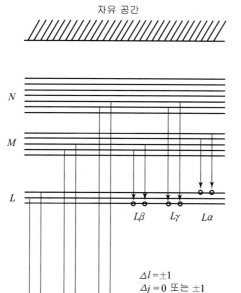

그림 8.4   원자의 에너지 준위.
선택 법칙에 의해 에너지 준위의 빈자리를 채우는 천이 과정에는 이온화된 에너지 준위에 따라 K, L, M 등의 이름이 있고, 각 부준위에 따라 α_1, α_2 등으로 첨자로 표시한다.

$$\Delta E = E_n \frac{m^2 - n^2}{m^2} = \left(\frac{e^4 m_e}{8h^2 \varepsilon_0^2} \frac{Z^2}{n^2} \right) \frac{m^2 - n^2}{m^2} = h \frac{c}{\lambda} \qquad (8\text{-}18)$$

이고, 이때 발생하는 x-선의 파장은

$$\lambda = \frac{hc}{\Delta E} = \frac{8ch^3 \varepsilon_0^2}{e^4 m_e} \frac{m^2 n^2}{m^2 - n^2} \frac{1}{Z^2} \qquad (8\text{-}19)$$

이다. K_α 선의 경우 에너지는

$$\Delta E = E_1 \frac{2^2 - 1^2}{2^2} = E_1 \frac{3}{4} = \left(\frac{e^4 m_e Z^2}{8h^2 \varepsilon_0^2} \right) \frac{3}{4} \qquad (8\text{-}20)$$

이고 파장은

$$\lambda = \frac{hc}{\Delta E} = \frac{8ch^3\varepsilon_0^2}{e^4m_e}\frac{2^2 1^2}{2^2-1^2}\frac{1}{Z^2}$$

$$= \frac{32ch^3\varepsilon_0^2}{3e^4m_e}\frac{1}{Z^2} \tag{8-21}$$

로 x-선의 에너지와 파장은 원소의 원자 번호 Z와 연관이 있다.

그림 8.5는 구리의 특성 x-선 방출 스펙트럼이다. 원자 번호가 29인 Cu의 K 껍질에 있는 전자의 이온화 에너지는 8.980 keV이고 Si에 대해 K 껍질과 L 껍질의 에너지 차는 $E_{L\rightarrow K}$=8.048 keV이다. Cu의 경우 L 껍질에서 K 껍질로 천이하는데 에너지 차가 8.048 keV이므로, 앞의 식 (8-18)에 대입하면 이 x-선의 파장은 0.154 nm이다. 각 에너지 준위는 몇 개의 부준위로 되어 있고, 그 부준위는 매우 인접해 있다. 예를 들어, Cu K_{α_1}의 파장은 0.154056 nm이고, Cu K_{α_2}는 0.154439 nm로 값이 비슷하여 분해능이 높지 않은 일반 스펙트럼 검출기에서는 두 선이 중첩되어 하나의 피크로 나타난다. M 껍질에서 K 껍질로 천이할 때 발생하는 CuK_β의 파장은 0.139 nm이다. 천이에서 생기는 특성 x-선의 파장이 단파장단보다 크면 그림과 같이 연속 브렘스트라흘룽 스펙트럼에 겹쳐져서 나타나게 된다.

앞에서 설명한 바와 같이 K 껍질에서 이온화가 일어나면 L, M, N 껍질에서 천이가 가능한데 L 껍질에서 천이 확률이 가장 높다. L 껍질에서 천이 확률이 M 껍질에서 천이 확률보다 약 5배 정도 더 높으므로 K_α의 강도가 K_β강도보다 약 5배 정도 더 세다.

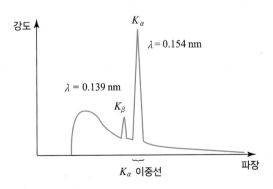

그림 8.5   Cu의 특성 x-선 방출 스펙트럼의 모식도.

K 껍질 전자의 이온화에 L 껍질 전자의 이온화보다 더 많은 에너지가 필요하므로 K 껍질 전자가 이온화되면 L, M, N 껍질 전자가 이온화될 수 있어, K 선이 발생하면 항상 L, M, N 선이 함께 발생할 수 있다.

모즐리(Mosley, 1887~1915)는 이 뾰족한 x-선 방출선을 연구하여 1913년 식 (8-21)에서와 같이 x-선의 파장은 시편의 원자 번호와 관련되어 원자의 특성을 나타낸다는 것을 처음 발견하였다. 이 선을 특성(characteristic) x-선 또는 이 방사를 특성 방사(characteristic radiation)라 한다. 이 특성 x-선은 하나의 파장을 지닌 단색 방사(monochromatic radiation)이므로 결정구조 분석, 원소 분석 등 여러 용도로 이용된다. 표 8.2에 여러 원소의 K_{α_1}, L_{α_1}, M_{α_1} 선의 파장과 에너지를 나타내었다.

특성 피크(characteristic peak)의 강도는 전류 i 와 퍼텐셜의 차 $(V_0 - V_{ion})^{3/2}$ 에 비례한다. 여기서 V_0는 가속 전압이고 $e V_{ion}$은 그 특성 피크가 만들어지는 이온화 에너지이다. 따라서 특성 방출선의 강도는

$$I_{charac.} \propto i\,(V_0 - V_{ion})^{3/2} \tag{8-22}$$

이고 배경 브렘스트라흘룽 방사의 강도는 실험적으로

$$I_{Brem.} \propto i Z V_0 \tag{8-23}$$

이므로 브렘스트라흘룽 배경 피크(background peak)와 특성 피크와의 강도 비율은

$$\frac{I_{charac.}}{I_{Brem.}} \propto \frac{(V_0 - V_{ion})^{3/2}}{Z V_0} \tag{8-24}$$

이고, $V_0 \gg V_{ion}$이면 이 비율은 $V_0^{1/2}/Z$가 된다.

표 8.2 **특성 x-선의 파장과 흡수단.**

원소	$K\alpha_1$ λ(Å)	$K\alpha_1$ E(keV)	K 단(edge) λ(Å)	K 단(edge) E(keV)	$L\alpha_1$ λ(Å)	$L\alpha_1$ E(keV)	L_3 단(edge) λ(Å)	L_3 단(edge) E(keV)	$M\alpha_1$ λ(Å)	$M\alpha_1$ E(keV)	M_5 단(edge) λ(Å)	M_5 단(edge) E(keV)
4 Be	114.0	0.109	110.0	0.111								
5 B	67.6	0.183	64.57	0.192								
6 C	44.7	0.277	43.68	0.284								

(계속)

원소	$K\alpha_1$		K 단(edge)		$L\alpha_1$		L_3 단(edge)		$M\alpha_1$		M_5 단(edge)	
	$\lambda(\text{Å})$	$E(\text{keV})$	$\lambda(\text{Å})$	$E(\text{keV})$	$\lambda(\text{Å})$	$E(\text{keV})$	$\lambda(\text{Å})$	$E(\text{keV})$	$\lambda(\text{Å})$	$E(\text{keV})$	$\lambda(\text{Å})$	$E(\text{keV})$
7 N	31.6	0.392	30.9	0.400								
8 O	23.62	0.525	23.32	0.532								
9 F	18.32	0.677	18.05	0.687								
10 Ne	14.61	0.849	14.30	0.867								
11 Na	11.91	1.041	11.57	1.072								
12 Mg	9.89	1.254	9.512	1.303								
13 Al	8.339	1.487	7.948	1.560								
14 Si	7.125	1.740	6.738	1.84								
15 P	6.157	2.014	5.784	2.144								
16 S	5.372	2.308	5.019	2.470								
17 Cl	4.728	2.622	4.397	2.820								
18 Ar	4.192	2.958	3.871	3.203								
19 K	3.741	3.314	3.437	3.608								
20 Ca	3.358	3.692	3.070	4.038	36.33	0.341	35.49	0.349				
21 Sc	3.031	4.091	2.762	4.489	31.35	0.395	30.54	0.406				
22 Ti	2.749	4.511	2.497	4.965	27.42	0.452	27.3	0.454				
23 V	2.504	4.952	2.269	5.464	24.25	0.511	24.2	0.512				
24 Cr	2.290	5.415	2.070	5.989	21.64	0.573	20.7	0.598				
25 Mn	2.102	5.899	1.896	6.538	19.45	0.637	19.4	0.639				
26 Fe	1.936	6.404	1.743	7.111	17.59	0.705	17.53	0.707				
27 Co	1.789	6.930	1.608	7.710	15.97	0.776	15.92	0.779				
28 Ni	1.658	7.478	1.483	8.332	14.56	0.852	14.52	0.854				
29 Cu	1.541	8.048	1.381	8.980	13.34	0.930	13.29	0.933				
30 Zn	1.435	8.639	1.283	9.661	12.25	1.012	12.31	1.022				
31 Ga	1.340	9.252	1.196	10.37	11.29	1.098	11.10	1.117				
32 Ge	1.254	9.886	1.17	11.10	10.44	1.188	10.19	1.217				
33 As	1.176	10.544	1.045	11.87	9.671	1.282	9.37	1.324				
34 Se	1.109	11.181	0.9797	12.65	8.99	1.379	8.65	1.434				
35 Br	1.040	11.924	0.9204	13.47	8.375	1.480	7.984	1.553				
36 Kr	0.980	12.649	0.8655	14.32	7.817	1.586	7.392	1.677				

(계속)

원소	$K\alpha_1$		K 단(edge)		$L\alpha_1$		L_3 단(edge)		$M\alpha_1$		M_5 단(edge)	
	$\lambda(\text{Å})$	$E(\text{keV})$	$\lambda(\text{Å})$	$E(\text{keV})$	$\lambda(\text{Å})$	$E(\text{keV})$	$\lambda(\text{Å})$	$E(\text{keV})$	$\lambda(\text{Å})$	$E(\text{keV})$	$\lambda(\text{Å})$	$E(\text{keV})$
37 Rb	0.926	13.395	0.8155	15.20	7.318	1.694	6.862	1.807				
38 Sr	0.875	14.165	0.7697	16.11	6.863	1.807	6.387	1.941				
39 Y	0.8288	14.958	0.7277	17.04	6.449	1.923	5.962	2.079				
40 Zr	0.7859	15.775	0.6888	17.999	6.071	2.042	5.579	2.223				
41 Nb	0.7462	16.615	0.6530	18.99	5.724	2.166	5.230	2.371				
42 Mo	0.7093	17.479	0.6198	20.00	5.407	2.293	4.913	2.523				
43 Te	0.6750	18.367	0.5891	21.05	5.115	2.424	4.630	2.678				
44 Ru	0.6431	19.279	0.5605	22.12	4.846	2.559	4.369	2.838				
45 Rh	0.6133	20.21	0.534	23.22	4.597	2.697	4.130	3.002				
46 Pd	0.5854	21.18	0.5092	24.34	4.368	2.839	3.907	3.173				
47 Ag	0.5594	22.16	0.4859	25.52	4.154	2.984	3.699	3.351				
48 Cd	0.5350	23.17	0.4641	26.72	3.956	3.134	3.505	3.538				
49 In	0.5121	24.21	0.4437	27.94	3.772	3.287	3.324	3.730				
50 Sn	0.4906	25.27	0.4247	29.19	3.600	3.414	3.156	3.929				
51 Sb	0.4704	26.36	0.4067	30.49	3.439	3.605	3.000	4.132				
52 Te	0.4513	27.47	0.3897	31.81	3.289	3.769	2.856	4.342				
53 I	0.4333	28.61	0.3738	33.17	3.149	3.938	2.720	4.559				
54 Xe	0.4163	29.78	0.3584	34.59	3.017	4.110	2.593	4.782				
55 Cs	0.4003	30.97	0.3445	35.99	2.892	4.287	2.474	5.011				
56 Ba	0.3851	32.19	0.3310	37.45	2.776	4.466	2.363	5.247				
57 La	0.3707	33.44	0.3184	38.93	2.666	4.651	2.261	5.484	14.88	0.833	14.90	0.832
58 Ce	0.3571	34.72	0.3065	40.45	2.562	4.840	2.166	5.723	14.04	0.883	14.04	0.883
59 Pr	0.3441	36.03	0.2952	42.00	2.463	5.034	2.079	5.963	13.34	0.929	13.32	0.931
60 Nd	0.3318	37.36	0.2845	43.57	2.370	5.230	1.997	6.209	12.68	0.978	12.68	0.978
61 Pm	0.3202	38.72	0.2743	45.20	2.282	5.433	1.919	6.461	12.00	1.033	12.07	1.027
62 Sm	0.3090	40.12	0.2646	46.85	2.200	5.636	1.846	6.717	11.47	1.081	11.48	1.080
63 Eu	0.2984	41.54	0.2555	48.52	2.121	5.846	1.776	6.981	10.96	1.131	10.97	1.130
64 Gd	0.2884	42.996	0.2468	50.23	2.047	6.057	1.712	7.243	10.46	1.185	10.46	1.185
65 Tb	0.2787	44.48	0.2384	52.00	1.977	6.273	1.650	7.515	10.00	1.240	9.99	1.241
66 Dy	0.2695	45.998	0.2305	53.79	1.909	6.495	1.592	7.790	9.59	1.293	9.57	1.295

(계속)

원소	$K\alpha_1$		K 단(edge)		$L\alpha_1$		L_3 단(edge)		$M\alpha_1$		M_5 단(edge)	
	$\lambda(Å)$	$E(keV)$	$\lambda(Å)$	$E(keV)$	$\lambda(Å)$	$E(keV)$	$\lambda(Å)$	$E(keV)$	$\lambda(Å)$	$E(keV)$	$\lambda(Å)$	$E(keV)$
67 Ho	0.2608	47.55	0.2229	55.62	1.845	6.720	1.537	8.068	9.20	1.348	9.177	1.351
68 Er	0.2524	49.13	0.2157	57.49	1.784	6.949	1.484	8.358	8.82	1.406	8.799	1.409
69 Tm	0.2443	50.74	0.2088	59.38	1.727	7.180	1.433	8.650	8.48	1.462	8.451	1.467
70 Yb	0.2367	52.39	0.2022	61.30	1.672	7.416	1.386	8.944	8.149	1.521	8.11	1.528
71 Lu	0.2293	54.07	0.1959	63.31	1.620	7.656	1.341	9.249	7.840	1.581	7.81	1.588
72 Hf	0.2270	54.61	0.1898	65.31	1.57	7.899	1.297	9.558	7.539	1.645	7.46	1.661
73 Ta	0.2155	57.53	0.1839	67.40	1.522	8.146	1.255	9.877	7.252	1.710	7.11	1.743
74 W	0.2090	59.32	0.1784	69.51	1.476	8.398	1.216	10.20	6.983	1.775	6.83	1.814
75 Re	0.2028	61.14	0.1730	71.66	1.433	8.653	1.177	10.53	6.729	1.843	6.56	1.89
76 Os	0.1968	63.00	0.1679	73.86	1.391	8.912	1.141	10.87	6.490	1.910	6.30	1.967
77 Ir	0.1910	64.90	0.1629	76.10	1.351	9.175	1.106	11.21	6.262	1.980	6.05	2.048
78 Pt	0.1855	66.83	0.1582	78.38	1.313	9.442	1.072	11.56	6.047	2.051	5.81	2.133
79 Au	0.1851	66.99	0.1536	80.72	1.276	9.713	1.040	11.92	5.840	2.123	5.58	2.220
80 Hg	0.1751	70.82	0.1492	83.11	1.241	9.989	1.009	12.29	5.645	2.196	5.36	2.313
81 Tl	0.1701	72.87	0.1450	85.53	1.207	10.27	0.979	12.66	5.460	2.271	5.153	2.406
82 Pb	0.1654	74.97	0.1409	88.00	1.175	10.55	0.951	13.04	5.286	2.346	4.955	2.502
83 Bi	0.1608	77.11	0.1369	90.53	1.144	10.84	0.923	13.43	5.118	2.423	4.764	2.603
84 Po	0.1546	79.29	0.1331	93.12	1.114	11.13	0.897	13.82				
85 At	0.1521	81.52	0.1294	95.74	1.085	11.43	0.872	14.22				
86 Rn	0.1480	83.78	0.1260	98.42	1.057	11.73	0.848	14.62				
87 Fr	0.1440	86.10	0.1226	101.15	1.030	12.03	0.825	15.03				
88 Ra	0.1401	88.47	0.1193	103.93	1.005	12.34	0.803	15.44				
89 Ac	0.1364	90.88	0.1161	106.76	0.980	12.65	0.781	15.87				
90 Th	0.1328	93.35	0.1131	109.65	0.956	12.97	0.761	16.30	4.138	2.996	3.729	3.325
91 Pa	0.1293	95.87	0.1101	112.58	0.933	13.29	0.741	16.73	4.022	3.082	3.602	3.442
92 U	0.1259	98.44	0.1072	115.62	0.911	13.61	0.722	17.17	3.910	3.171	3.497	3.545

3) 싱크로트론 방사

같은 원자 하나에 의해 산란된 산란 전자파의 진폭(Ψ_{atom}^{el})과 산란 x-선 파의 진폭(Ψ_{atom}^{x})을 비교해 보면

$$\frac{\Psi_{atom}^{el}}{\Psi_{atom}^{x}} = 10^4 \qquad (8\text{-}25)$$

로, 전자는 x-선보다 10^4배로 원자와 산란을 잘 일으키므로 공기와도 매우 심한 산란을 일으킨다. 한 원자에 의해 산란되는 강도의 비는

$$\frac{I_{atom}^{el}}{I_{atom}^{x}} = \frac{(\Psi_{atom}^{el})^2}{(\Psi_{atom}^{x})^2} = 10^8 \qquad (8\text{-}26)$$

로 전자가 x-선보다는 훨씬 더 강하게 산란된다.

입사하는 전자는 음의 전하를 띠고 있기 때문에 공기 중이나 시편 속에 들어 있는 양성자나 전자와 서로 상호작용을 심하게 한다. 따라서 전자는 공기 중을 투과할 수 없어 전자현미경의 경우 전자의 경로를 모두 진공으로 만들어주어야 한다. 전자의 시편과 심한 상호작용으로 x-선, 오제전자 등 여러 신호를 만들어낸다. 전자현미경에서 회절상을 촬영하는 시간은 1초 정도 밖에 걸리지 않는다. 전자의 경우 시편이 전자가 투과할 수 있도록 얇아야 하는 단점이 있으나, 아주 작은 영역에서도 회절이나 결상으로 정보를 얻을 수 있는 장점이 있다. 그러나 x-선의 경우 전하를 띠지 않으므로 공기나 서로와 조금밖에 상호작용을 하지 않는다. 따라서 x-선은 공기 중을 잘 투과하므로 x-선을 촬영하는 방을 진공으로 하지 않고 공기 중에서 촬영한다. 일반적으로 x-선 회절 실험을 하는 데 걸리는 시간은 보통 수시간에서 하루가 걸린다.

시료의 양이 매우 적은 경우나 x-선의 강도가 약하게 발생하는 시료나 나노재료에서와 같이 시료가 매우 작은 경우, 실험으로 발생하는 x-선의 강도가 매우 약하기 때문에 실험 결과를 얻기가 매우 힘들다. 그러나 강도가 아주 센 x-선 원(source)을 사용하게 되면 양이 매우 적은 시료 혹은 나노재료와 같이 아주 작은 시료에서도 x-선 실험을 할 수 있게 된다. 또한 매우 짧은 시간에서 x-선 실험 결과를 얻을 수 있게 되기 때문에 시료에서 실시간으로 일어나는 현상을 관찰할 수 있게 된다. 이러한 실험을 할 수 있게 아주 강한 x-선을 발생할 수 있는 장치가 싱크로트론(synchrotron)이다.

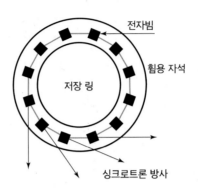

그림 8.6   싱크로트론 x-선의 발생 원리.

싱크로트론은 전자나 양성자와 같은 하전된 입자를 자기장으로 일정한 반지름의 원을 그리면서 환형 모양의 가속기 속에서 가속하도록 만든 장치인데, 전자의 에너지가 2 MeV가 되면 그 속도는 광속도의 97.9%가 된다. 일정한 속도로 가속된 전자나 양성자를 그림 8.6과 같이 휨용 자석(bending magnet)을 사용하여 자기장으로 원의 접선 방향으로 경로를 바꾸어주게 되면 감속을 하게 된다. 감속하는 전자나 양성자는 x-선을 발생하게 되는데 싱크로트론에서는 이 x-선을 이용하여 시료를 분석하게 된다. 싱크로트론에서 나오는 방사는 그림 8.7에 나타낸 바와 같이 x-선 관에서 나오는 x-선보다 빛의 세기가 매우 세고, 적외선에서부터 자외선까지 넓은 범위의 파장을 만들 수 있고,

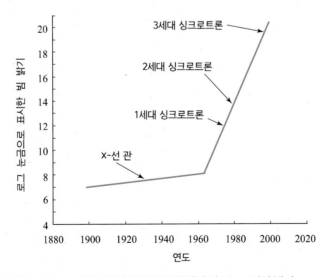

그림 8.7   x-선 관에서 나오는 x-선의 밝기와 싱크로트론에서 나오는 x-선의 밝기.

있고, 편광성이 있고 시간적으로 펄스의 형태를 지니는 특징이 있다. 그러나 이와 같이 장점이 많은 싱크로트론 x-선 원은 만들고 유지하는 데는 막대한 비용이 드는 단점이 있다. 이외에도 x-선을 만들 수 있는 방법들이 있는데, 2008년 UCLA의 연구팀은 스카치테이프를 단순히 빠르게 떼내는 것만으로 x-선을 발생시키는 데 성공했다.

2 x-선과 고체의 상호작용

전자에 의한 x-선의 산란을 생각할 때 각 원자의 전자는 모두 자유 전자라 가정하였다. 이 가정은 전자가 원자핵과의 결합하고 있는 힘이 입사 x-선 파가 전자에 가하는 힘보다 무척 작다고 하는 것과 같다. 원자가(valence) 전자나 전도(conduction) 전자와 같이 원자에서 내부 전자에 의해 차폐된 바깥 전자들은 원자핵에 의하여 약하게 속박되어 있어 원자핵과의 결합력이 작다고 가정할 수 있다. 그러나 내부에서 강하게 속박되어 있는 전자들의 결합 에너지는 수 10^4 eV로 x-선 양자 에너지와 거의 같은 값으로 결합력이 훨씬 작다고 가정할 수 없다.

여기에서 강하게 속박되어 있는 전자들이 정전기적 용수철(electrostatic spring)로 핵에 연결되어 있다고 가정하자. 그러면 전자와 핵은 자연 주파수(natural frequency) ω_n으로 진동하는 진동자처럼 행동할 것이다. 이 용수철의 힘 정수를 q_n이라 하면 비교적 다른 전자에 의해 차폐되지 않고 본래의 핵 전하 $+Ze$에 의해 강하게 속박되어 있는 전자와 핵 사이에 존재하는 정전기력은

$$F = \frac{q_1 q_2}{4\pi\varepsilon r_n^2} = \frac{-Ze^2}{4\pi\varepsilon r_n^2} \tag{8-27}$$

이다. 여기서 n은 각 전자 껍질의 주양자수를 말한다. 만일 전자의 위치를 작은 양 δr 만큼 변화시킨다면, 전자에 작용하는 새로운 힘은

$$F(r_n + \delta r) = \frac{-Ze^2}{4\pi\varepsilon(r_n + \delta r)^2} = \frac{-Ze^2}{4\pi\varepsilon}\frac{(r_n + \delta r)}{(r_n + \delta r)^3} \approx \frac{-Ze^2}{4\pi\varepsilon}\frac{(r_n + \delta r)}{r_n^3} \tag{8-28}$$

$$= \frac{-Ze^2}{4\pi\varepsilon}\left(1 + \frac{\delta r}{r_n}\right)$$

이다. 그러므로 작은 위치 변화 δr에 대해 복구하고자 하는 힘은

$$\delta F = \frac{-Ze^2}{4\pi\varepsilon r_n^2}\frac{\delta r}{r_n} \tag{8-29}$$

이고 훅(Hook, 1635~1702)의 법칙에 의해

$$\delta F = -q_n\,\delta r \tag{8-30}$$

이므로 용수철상수는

$$q_n = \frac{Ze^2}{4\pi\varepsilon r_n^3} \tag{8-31}$$

이다.

핵의 질량은 전자에 비해 무척 크다. 따라서 x-선의 전기 마당에 의한 전자의 변위 (displacement)는 핵의 변위보다 매우 클 것으로 예상되므로 핵의 변위는 무시하고 전자의 변위만 생각하자. 1차원에서 핵이 전자에 작용하는 힘은 $q_n x$이고 x-선의 전기 마당 E가 전자에 작용하는 힘은 $-eE$이고 두 힘의 합은

$$-q_n x - eE = F_x = m_e\frac{\partial^2 x}{\partial t^2} \tag{8-32}$$

이다. 전기 마당을 시간의 함수로 생각하여

$$E = E_0\exp(-i\omega_0 t) \tag{8-33}$$

이라 하여 대입하면

$$-q_n x - eE_0\exp(-i\omega_0 t) = F_x = m_e\frac{\partial^2 x}{\partial t^2} \tag{8-34}$$

로 2차 미분 방정식이 된다.

방정식의 해는

$$x = \frac{-eE_0/m_e}{(q_n/m_e) - \omega_0^2}\exp(-i\omega_0 t) \tag{8-35}$$

이다. $E_0 = 0$으로 x-선의 전기 마당이 없으면

$$\omega^2 = \frac{q_n}{m_e} \tag{8-36}$$

또는

$$\omega = \omega_n = \left(\frac{q_n}{m_e}\right)^{1/2} \tag{8-37}$$

이고, 여기서 ω_n은 핵과 전자 결합의 자연 진동 주파수(natural vibration frequency)이다. 식 (8-35)를 다시 쓰면

$$x = \frac{-eE_0/m_e}{\omega_n^2 - \omega_0^2} \exp(-i\omega_0 t) \tag{8-38}$$

이고 ω_0는 입사 x-선의 주파수이다.

위 식에서 $\omega_0 = \omega_n$이면 변위 x가 무한대로 되어, 즉 전자가 원자핵을 떠나게 되어 이온화를 하게 된다. 이를 양자역학적으로 광전 효과라 한다. 그래서 에너지 $E = hc/\lambda_n = h\omega_n/2\pi$를 지닌 x-선 양자가 그 에너지 전부를 전자 하나에 잃어버릴 수 있다. 양자역학적으로 이는 전자가 속박 상태에서 채워지지 않은 비속박 연속 상태로 천이되는 것을 뜻한다. $\omega_0 > \omega_n$, 즉 입사 x-선의 에너지가 n 껍질의 전자를 이온화하는 데 소요되는 에너지보다 크면 n 껍질의 전자가 이온화할 유한한 확률이 존재한다.

원자 번호 Z의 원자에서 K 껍질 전자를 제거하고자 할 때, 원자 번호 Z'이 Z보다 큰 원소에서 만들어진 선을 입사 x-선으로 사용하여야 한다(그림 8.8). 즉, 원자 번호 Z'의 $K\alpha$ x-선의 에너지가 원자 번호 Z의 K 흡수 에너지보다 커야 한다. 이온화 후 이온 상태에서 높은 준위에 있던 전자는 이미 만들어져 있던 빈 자리로 내려오고 x-선을 방사할 수 있는데, 이를 x-선 형광(fluorescence)이라 한다. 이러한 x-선 형광도 일종의 x-선이므로 원소의 원자 번호에 따라 달라지며 원소 분석에 사용된다. 예를 들어, 그림 8.8에서 Zn의 원자 번호는 30이고 $K\alpha$ x-선의 에너지는 8.639 keV이다, 이 에너지는 원자 번호가 Zn보다 하나 작은 Ni의 이온화 에너지 8.322 keV보다 커서 Ni의 K 껍질 전자를 이온화하게 된다. Ni에서 K 껍질 전자의 빈자리에 더 높은 에너지를 지닌 전자가 내려오게 되면 x-선이 발생하게 되는데, 이를 x-선 형광이라고 한다. 광전 효과에 대한 단면적은

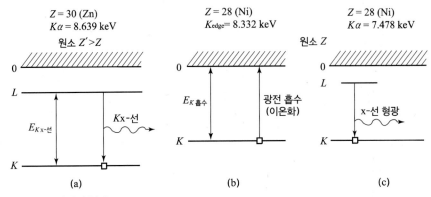

그림 8.8   x-선 형광의 원리.

$$\sigma_{\text{inel}} = \sigma_e\,(Z/137)^4\,(m_e c^2/E_0)^3 \qquad (8\text{-}39)$$
$$= \sigma_e\,(Z/137)^4\,(cm_e\lambda/h)^3$$

로 에너지가 광자에서 완전히 잃어버리기 때문에 σ_{inel} 은 비탄성 산란 단면적(inelastic scattering cross section)을 의미하고, σ_e 는 탄성 산란에 대한 전자당 산란 단면이고 E_0 는 입사 x-선의 에너지이다. $m_e c^2 = 0.5\,\text{MeV}$ 이고 원자당 탄성 산란은 $Z^2 \sigma_e$ 정도이므로 파장이 0.1 nm, 즉 에너지가 $10^4\,\text{eV}$ 일 때 비탄성 단면적과 탄성 단면적(σ_{el}) 비는

$$\frac{\sigma_{\text{inel}}}{\sigma_{\text{el}}} = \frac{1}{137}\left(\frac{5\times10^5}{137\cdot10^4}\right)Z^2 = 4\times10^{-4}\,Z^2 \qquad (8\text{-}40)$$

이고 원자 번호가 50이 되면 이 비는 약 1이 되어 x-선 광자가 산란 또는 흡수되는 확률이 반반이다. 이 광전 효과는 x-선이 에너지를 잃어버리는 가장 일반적인 방법이고, 위식에서 보면 원자 번호가 클수록 흡수되는 x-선이 증가하므로 형광에 대한 보정이 중요해진다.

x-선이 시편에 z 방향으로 입사할 때 어떤 깊이 z 에서 거리 dz 를 더 진행함에 따라 에너지 $I(z)$ 의 x-선에서 손실된 에너지는

$$-dI(z) = I(z)\sigma_{\text{inel}}N_{\text{atom}}\,dz \qquad (8\text{-}41)$$

이다. 여기서 N_{atom} 은 단위 체적당 원자수이다. 다시 정리하면

$$\frac{dI(z)}{I(z)} = -\sigma_{\text{inel}}N_{\text{atom}}\,dz \qquad (8\text{-}42)$$

$$d\ln I(z) = -\sigma_{\text{inel}} N_{\text{atom}}\, dz \tag{8-43}$$

이고

$$\ln I(z) - \ln I(0) = \int_0^e -\sigma_{\text{inel}} N_{\text{atom}}\, dz = -\sigma_{\text{inel}} N_{\text{atom}} z \tag{8-44}$$
$$\ln\{I(z)/I(0)\} = \ln(I/I_0) = -\sigma_{\text{inel}} N_{\text{atom}} z$$

이므로

$$I = I_0 \exp(-\sigma_{\text{inel}} N_{\text{atom}} z) \tag{8-45}$$

로 나타낼 수 있다. 여기서

$$\sigma_{\text{inel}} N_{\text{atom}} \equiv \mu \tag{8-46}$$

으로 정의하고 흡수 계수라 한다. 따라서 x-선의 에너지는

$$I = I_0 \exp(-\mu z) \tag{8-47}$$

로 깊이의 지수함수로 변한다.

원자량이 A인 원소에 대해 단위 체적당 원자수 N_{atom}은

$$N_{\text{atom}} = 6.02 \times 10^{26} \rho/A \tag{8-48}$$

이고, 6.02×10^{26}은 kg - 원자량에 있는 원자수인 아보가드로수이고, ρ는 kg·m^{-3} 단위로 밀도이다. $\mu/\rho = \sigma_{\text{inel}} N_{\text{atom}}/\rho = \sigma_{\text{inel}} \times (6.02 \times 10^{26})/A$는 물질의 상태에 무관한 값이며 원자 번호와 원자량에만 의존한다. 따라서 식 (8-47)을 다시 쓰면

$$I = I_0 \exp\left(-\frac{\mu}{\rho} \cdot \rho z\right) \tag{8-49}$$

이고 μ/ρ를 질량 흡수 계수(mass absorption coefficient)라 한다.

이 질량 흡수 계수가 파장의 함수로 어떻게 변하는지 알아보자. 식 (8-38)에서 $\omega_0 = \omega_n$이 되는 파장에서 흡수가 일어나서 μ/ρ의 값이 매우 크게 된다. 양자역학적으로 흡수는 입사 x-선의 에너지 E_0가 이온화 에너지 E_{ion}일 때 일어나고, 이때 μ/ρ 값이 급격하게 증가할 것이다(그림 8.9). 즉, 입사 x-선 에너지가 이온화 에너지보다 작으

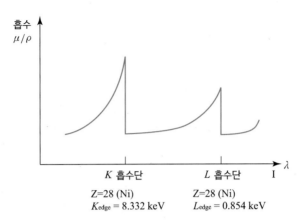

그림 8.9   파장의 함수로서 질량 흡수 계수를 보여 주는 그림.
여기서 질량 흡수 계수의 급격한 증가가 일어나는 영역이 흡수단이다.

면, 즉 파장이 이온화 에너지에 해당하는 파장보다 더 길면 전혀 흡수가 일어나지 않고, 입사 에너지가 이온화 에너지가 되면 이온화가 일어나 흡수가 급격하게 증가한다. 이온화 에너지에 해당하는 파장에서 이러한 흡수의 급격한 증가를 흡수단(absorption edge)이라 하고, 각 원소의 각 전자 껍질에 대한 흡수단을 K 단, L 단으로 표시하며, 특성 x-선의 파장, 에너지와 함께 표 8.2에 나타내었다. 입사 에너지가 흡수 에너지보다 크면($E > E_{edge}$ 또는 $\lambda < \lambda_{edge}$), 즉 $\omega_0 > \omega_n$이면 식 (8-38)에 따라 μ/ρ의 값은 다시 감소한다.

몇 종류의 원자 j를 포함하는 시편에 있어서는

$$I = I_0 \exp\left\{ -\sum_j (\mu/\rho)_j C_j \rho z \right\} \tag{8-50}$$

이고, 여기서 C_j는 각 원소의 질량 분율이다.

경금속인 Al과 중금속인 Pb 사이의 흡수를 비교해 보자. 파장이 0.154 nm인 Cu$K\alpha$선에 대해 Al의 ρ/μ는 4.86 m^2 kg^{-1}이고 ρ는 2.7×10^3 kg m^{-3}이다. x-선의 강도가 입사 강도의 1/10로 떨어지는 두께 z를 계산해 보자. 식 (8-49)에서

$$\frac{I}{I_0} = \frac{1}{10} = \exp(-2.3) = \exp\left\{ -4.86 \times (2.7 \times 10^{23}) \cdot z \right\} \tag{8-51}$$

즉,

$$z = 175\,\mu m = 0.175\,mm \tag{8-52}$$

이 된다.

Cu$K\alpha$선에 대해 Pb의 ρ/μ는 $23.2 \, \text{m}^2 \, \text{kg}^{-1}$이고 ρ는 $11.3 \times 10^3 \, \text{kg m}^{-3}$이므로 강도가 1/10로 감소하는 두께를 구하기 위해 식 (8-49)에서

$$\frac{I}{I_0} = \frac{1}{10} = \exp(-2.3) = \exp\left\{-23.2 \times (11.3 \times 10^{23}) \cdot z\right\} \tag{8-53}$$

즉,

$$z = 175 \, \mu m = 0.175 \, \text{mm} \tag{8-54}$$

이 된다. 그리고 1 mm 두께의 납은 식 (8-49)에서

$$\frac{I}{I_0} = \exp\left\{-23.2 \times (11.3 \times 10^{23}) \cdot 10^{-3}\right\} = \exp(-260) = 10^{-113} \tag{8-55}$$

로 되어 파장이 0.154 nm인 x-선의 좋은 차폐막이 되는 것을 알 수 있다.

광전 흡수 효과를 이용하면 x-선 스펙트럼 속에 포함된 몇 개의 특성 피크 중에서 단 하나의 특성 피크를 선택할 수 있다. 이와 같이 단 하나의 특성 피크를 지닌 x-선으로 만드는 것을 단색화(monochromization)라 한다. 그림 8.10에서와 같이 원자 번호가

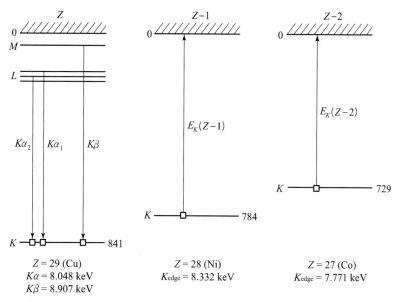

그림 8.10 원자 번호가 ($Z-1$)인 원소를 이용하여 원자 번호 Z인 원소의 $K\alpha$ 특성 x-선을 선택할 때의 에너지 준위 그림.

Z, $Z-1$, $Z-2$인 두 원소의 전자 에너지 준위를 생각해 보자. 원자 번호 Z인 원소의 의 에너지는 원자 번호 $Z-1$인 원소의 이온화 에너지보다 대개 크므로 원자 번호 $Z-$ 1인 원소를 이온화한다. 그러나 원자 번호 Z인 원소의 $K\alpha$의 에너지는 원자 번호 $Z-1$ 인 원소의 이온화 에너지보다 대개 작으므로 원자번호 $Z-1$인 원소를 이온화할 수 없 다. 그러나 원자 번호 Z인 원소의 $K\alpha$과 $K\beta$의 에너지는 원자 번호 $Z-2$인 원소를 이온화 에너지보다 크므로 원자 번호 $Z-2$인 원소를 이온화시킬 수 있다.

원소 Z를 x-선 관에서 타깃 재료로 삼으면 그림 8.11과 같이 스펙트럼에서 $L \rightarrow K$, $M \rightarrow K$의 천이에 각각 해당하는 $K\alpha$, $K\beta$의 특성 피크를 나타낸다. 원소 $Z-1$의 K 껍질 이온화 에너지 $E_K(Z-1)$은 이 원소의 어떤 특성 방사보다 더 높은 에너지, 즉 짧은 파장을 가지게 된다. 그러나 대개 원소 $Z-1$의 K 껍질 이온화 에너지 $E_K(Z-1)$ 은 원소 Z의 $K\alpha$와 $K\beta$ 에너지 사이에 자리하게 된다. 따라서 원소 $Z-1$의 K 단은 그림 8.11과 같이 원소 Z의 $K\alpha$와 $K\beta$ 사이에 있게 된다.

예를 들어, 원자 번호 29인 Cu의 $K\alpha$ x-선의 에너지는 8.048 keV이고 $K\beta$ x-선의 에 너지는 8.907 keV이다. Cu보다 원자 번호가 하나 작은 Ni K 껍질 전자의 이온화 에너 지는 8.332 keV로 $K\alpha$와 $K\beta$의 에너지 사이에 있다. 따라서 에너지가 큰 $K\beta$ x-선은 Ni을 이온화시키고 에너지가 작은 $K\alpha$ x-선은 Ni을 이온화시키지 못한다. 따라서 Ni을

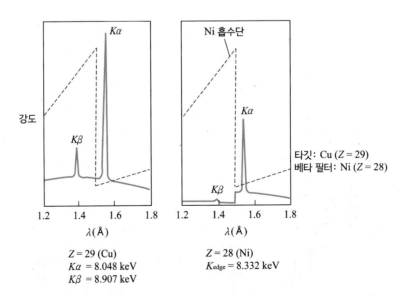

그림 8.11 원자 번호가 $(Z-1)$인 원소의 K 흡수단을 이용하여 원자 번호 Z인 원소의 $K\alpha$ 특성 x-선을 선택 한다.

Ni을 이온화하는 데는 $K\beta$ x-선만 이용되어 Cu에서 나온 x-선의 강도를 줄일 수 있게 된다.

원소 Z(예: Cu)로 된 타깃에서 나오는 x-선빔이 원소 $Z-1$(예: Ni)로 만든 얇은 샌드위치를 투과하도록 하면 그림 8.11에서와 같이 $K\alpha$의 강도는 약간 감소하고 $K\beta$의 피크는 대부분 흡수될 것이다. 따라서 $K\alpha$ 피크만 선택된다. 여전히 백색 배경을 지니고 있으나 상당히 많이 x-선빔을 단색화했다고 할 수 있다.

1   싱크로트론 저장링이라는 장치에서 전자가 가속이 되고 있다. 이 전자는 가해진 자기 마당 때문에 진공으로 된 알루미늄 통 속에서 광속의 0.4배인 일정 속도 v로 반경 r의 원형 궤도를 돌고 있다. 원형 궤도를 유지하기 위해 전자에 작용하는 구심력은 $m_e v^2/r$이다.

(a) 원형 궤도가 이루는 면 위에 있는 어떤 관측점에서 전자기 마당 방사가 관찰되었다. 그 이유를 설명하시오. 이 전자기 마당 방사는 편광이 되어 있는지 답하시오.

(b) 자기 마당을 가해 주지 않으면 전자는 밖으로 튀어나가려 하기 때문에 알루미늄 원통과 충돌하게 된다. 이때에도 전자기 마당 방사가 발생하는데 그 이유를 설명하시오.

(c) 원통과 충돌할 때 모든 운동 에너지가 방사 에너지로 다 바뀌었다면 방사의 최소 파장을 계산하시오.

(d) 알루미늄에서 발생되는 제일 강한 특성 x-선의 파장을 계산하시오.

(e) 강도를 10^{-6}으로 줄이기 위해 필요한 알루미늄의 두께를 계산하시오. 알루미늄의 질량 흡수 계수는 $4.86 \, \text{m}^2/\text{kg}$이고 밀도는 $2700 \, \text{kg/m}^3$이다.

2   원자의 산란 계수는 간단히 다음 식으로 나타낸다.

$$f^x(\theta) = Z\left(\frac{1+\cos\theta}{2}\right)^{1/2}$$

여기서 Z는 원자 번호이고, θ는 산란각이다.

(a) 흡수단에서 멀리 떨어져 있는 경우 편광이 안 된 입사 x-선의 강도가 I_0이면 전자 하나에 의해 탄성 산란된 강도를 계산하시오.

(b) x-선이 편광이 된 경우 전자 하나에 대한 탄성 산란 단면적을 이용하여 원자에 대한 전체 탄성 산란 단면적을 계산하시오.

(c) x-선이 편광이 안 된 경우 원자에 대한 전체 탄성 산란 단면적을 계산하시오.

(d) x-선이 편광이 된 경우 흡수를 무시하고 모든 양자가 한 번씩 산란되는 두께를 구리에 대해 구하시오.

(e) x-선이 편광이 안 된 경우 흡수를 무시하고 모든 양자가 한 번씩 산란되는 두께를 구리에 대해 구하시오.

(d) 위의 두께에서 흡수로 인해 전체 강도가 편광이 된 경우와 되지 않은 경우 각각 얼마로 줄겠는가? 구리의 $K\alpha$ 방사의 파장은 $0.15406 \, \text{nm}$이고, 질량 흡수 계수는 $5.15 \, \text{m}^2/\text{kg}$, 밀도는 $9000 \, \text{kg/m}^3$이다.

3   다음의 가속 전압에서 Si, Ag과 Au에서 발생하는 x-선의 강도를 에너지 및 파장의 함수로 그리시오. Si, Ag와 Au의 원자 번호는 각각 14, 47과 79이다.

(a) 35 kV

(b) 20 kV

(c) 10 kV

4   다음에 있는 전자에 의한 편광이 안된 x-선의 산란 단면적의 식을 유도하시오.

$$\sigma_e = \frac{e^4}{6\pi \varepsilon^2 m_e^2 c^4}$$

5   원자 산란 계수의 식을 유도하시오.

$$f^x = \int_{r=0}^{\infty} 4\pi r^2 \rho(r) \frac{\sin(2\pi kr)}{2\pi kr} dr$$

6   Cu 타깃에서 발생하는 x-선의 강도를 파장의 함수로 그리시오.

(a) 여기에 Ni 필터를 사용했을 경우 이 강도가 어떻게 변하는지 그리시오.

(b) 사진 필름에는 AgBr이 입혀져 있다. AgBr이 필터로써 작용하면 강도가 어떻게 변하는지 그리고, 강도에 어떤 영향을 주는지 설명하시오.

7   입사 x-선의 파장이 Ni의 K단 파장보다 작은 경우 NiAl의 형광 스펙트럼을 파장 및 에너지의 함수로 나타내시오. 입사 x-선의 단파장단이 Ni과 Al의 K단 파장 사이에 있으면 형광 스펙트럼이 어떻게 변하는지 답하시오.

8   0.001 cm 두께의 Ag 박판을 타깃과 창으로 동시에 사용하는 x-선 튜브가 있다. 전자빔이 창의 뒷면을 때리게 되어 있고, 전자의 가속 전압이 30 kV이다. 창의 두께를 0.0001 cm로 줄이면 백색 방사의 피크에 해당하는 파장(단파장단의 1.5배)에서 강도는 얼마나 증가하는지 답하시오.

9   30 cm 되는 x-선의 통로에서 공기에 의해 x-선이 흡수되는 것을 막고자 한다. 길 진공을 유지하면서 x-선을 투과시키기 위해, 길이 30 cm되는 원통을 이용하여 양쪽 끝은 양쪽에 0.01 mm 두께의 Be 창을 만들어서 x-선의 통로로 이용하고자 한다. 이렇게 만든 진공 원통을 사용하면 흡수 방지를 위한 이득이 있는지 답하시오. x-선은 Cu $K\alpha$로 가정하고 Be, N, O의 질량 흡수 계수는 각각 0.15, 0.75, 1.15 m^2/kg이고, Be의 밀도는 1800 kg/m^3이다.

CHAPTER 09

회절 분석

앞에서 본 바와 같이 결정에서 회절된 회절 강도의 분포는 역격자 공간에서 나타난다. 그러면 결정에 대한 정보를 얻기 위해 어떻게 하면 역격자 공간에서 회절 강도 분포를 알아낼 수 있는지 알아보자. 이 회절 강도 분포를 알아낼 수 있는 방법에는 두 가지가 있다. 첫 번째 방법은 입사 x-선의 빔은 고정시키고 결정을 움직여서 이월드 구와 역격자가 만나도록 하는 방법이다. 이 방법을 이용하는 분석법으로는 분말법(powder method)과 회절기법(diffractometer method)이 있다. 두번째 방법은 결정은 고정시키고 이월드 구의 크기를 변화시켜 이월드 구와 역격자가 만나도록 하는 방법이다. 이런 방법을 이용하는 분석법에는 라우에법(Laue method)이 있다.

1 라우에법

이 방법은 독일 물리학자 라우에(Max von Laue, 1879~1960)의 이름을 붙인 것으로 x-선 관에서 나오는 여러 파장의 전체 백색 스펙트럼을 포함하고 있는 다색 방사(polychromatic radiation)를 이용한다. 라우에는 원자가 실제 존재하게 되고 x-선이 파라면 x-선의 파장이 결정에서 원자간 거리 정도가 될 것이므로, x-선을 결정에 쪼이면 회절이 일어날 것으로 예상하고 1912년 처음 결정에서 회절상을 얻었고, 이 공로로 노벨 물리학상을 받았다. 라우에가 결정에서 회절상을 얻었을 당시에 기술 수준이 x-선관에서 나오는 파를 단색을 만들어내는 수준이 아니었고, 사용한 x-선은 다색 방사이었다. 다색 방사란 파동 백터

$|\vec{k}| = 1/\lambda$가 하나의 값을 지니지 않고 일정한 범위의 값을 지닌다는 것을 의미한다. 따라서 이월드 구의 크기가 하나로 정해지지 않고 일정한 범위의 크기를 지닌다. 이것을 이해하기 쉬운 방법은 일정한 범위의 크기를 지니는 이월드 구를 단위 반경의 이월드 구 하나로 바꾸어 주고, 대신 역격자점을 일정한 범위를 지니는 직선으로 바꿔 생각하는 것이다. 강한 회절이 일어나기 위해서는

$$\Delta \vec{k} = \vec{k}' - \vec{k} = \vec{g}^* \qquad\qquad (7\text{-}118)$$

이어야 한다. 단위 반경의 이월드 구를 만들기 위해 위 식에서 양변을 $\vec{k}$ 또는 $\vec{k}'$의 크기 $1/\lambda$로 나누어 주면

$$\frac{\vec{k}'}{|\vec{k}|} - \frac{\vec{k}}{|\vec{k}|} = \frac{(\vec{k}' - \vec{k})}{\frac{1}{\lambda}} = \frac{\vec{g}^*}{\frac{1}{\lambda}} \qquad\qquad (9\text{-}1)$$

또는

$$\frac{\vec{k}'}{|\vec{k}|} - \frac{\vec{k}}{|\vec{k}|} = \lambda \vec{g}^* \qquad\qquad (9\text{-}2)$$

가 된다. 백색 x-선 스펙트럼의 경우 파장 λ가 단파장단과 강도가 매우 작은 최대 파장 $\lambda_{\max}$ 사이에서 변하게 된다. 위 식에서 $\vec{g}^*$에 곱해져 있는 λ는 그림 9.1과 같이 모든 역격자점을 벡터 $\vec{g}^*$ 방향을 따라 최소 $\lambda_{\mathrm{SWL}}\vec{g}^*$와 최대 $\lambda_{\max}\vec{g}^*$ 사이로 확장하는 효과를 주게 된다. 단위 이월드 구가 이렇게 확장된 역격자점과 만나게 될 때마다 이월드 구의 원점과 만난 점을 따라 회절빔 $\vec{k}'$이 만들어지게 되며, 이 빔과 만난 확장된 역격자점은 또한 브래그 조건을 만족하게 된다.

역격자 원점을 지나면서 한 평면 위에 있는 모든 확장된 역격자점은 하나의 정대를 이룬다. 그림 9.1에서 역격자 공간에서 이 평면에 수직인 정대축을 표시하였다. 실공간에서 정대는 하나의 정대축에 평행한 모든 면을 나타낸다. 그림 9.1에서 정대축에 수직인 역격자면은 단위 이월드 구와 만나서 원을 만들고, 해당 회절빔은 그림에서 표시한 정대축을 축으로 하는 원추 위에 있게 된다. 기하학적인 관계를 그림으로 나타내면 그림 9.2와 같다.

그림 9.2에서 백색 x-선빔은 두 동심 조리개 1과 2를 사용하여 정렬된다. 세 번째 조리개 3은 최종 빔보다 약간 더 크게 만들어져 있고, 조리개 2의 가장자리 근처의 회

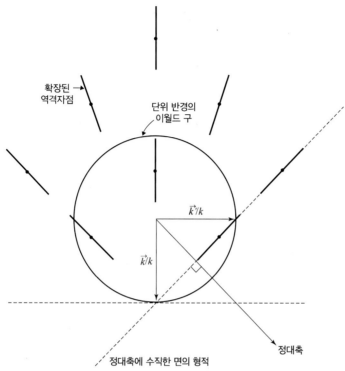

그림 9.1   라우에법에서 단위 반경 이월드 구와 확장된 역격자점.

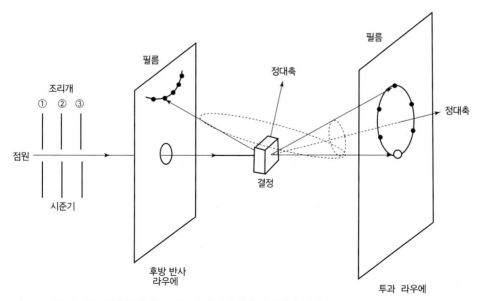

그림 9.2   투과 라우에 및 후방 반사 라우에 사진에서의 기하학적 관계.

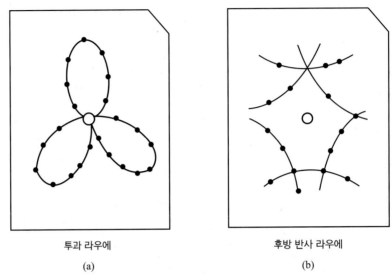

투과 라우에

(a)

후방 반사 라우에

(b)

그림 9.3   투과 라우에 및 후방 반사 라우에 사진.
투과 라우에 사진에서는 타원, 후방 반사 라우에 사진에서는 쌍곡선 모양을 나타낸다.

절빔을 제거하는 역할을 한다. 이렇게 정렬된 빔이 분석하고자 하는 단결정에 입사하여, 일부 빔은 그대로 투과하고 일부는 그림에서 표시된 원추 위에 있는 회절빔을 만들게 된다. 이 원추가 단결정의 전방에 있는 면과 만나면 이 교점은 그림 9.3(a)와 같이 타원을 만들고, 이 원추가 단결정의 후방에 있는 면과 만나면 이 교점은 그림 9.3(b)와 같이 쌍곡선으로 나타나게 된다.

회절빔은 주로 평면으로 된 사진 필름 위에 기록하는데, 사진 필름을 전방에 두고 찍은 사진을 투과 라우에(transmission Laue) 사진이라 하고, 후방에 두고 찍은 사진을 후방 반사 라우에(back-reflection Laue) 사진이라 한다.

라우에 회절상(Laue pattern)에서 우리는 단결정에 관한 두 종류의 정보를 얻을 수 있다. 첫 번째로, 입사빔의 방향이 단결정의 주요 대칭축과 일치하면 라우에 회절상은 그 축의 대칭을 나타낸다. 따라서 이런 방법으로 몇 개의 대칭축을 따라 라우에 회절상을 얻으면 단결정의 라우에 군을 알 수 있다. 앞에서 살펴본 바와 같이 라우에 군은 11개로 나누어진다. 실제 결정에서 격자는 역공간에서는 역격자가 되나, 실공간에서의 대칭은 역격자 공간에서도 그대로 나타난다. 다만 앞에서 살펴본 바와 같이 회절상에는 반영 대칭이 항상 더해져 나타난다.

두 번째로, 라우에 회절상은 결정 방향을 그대로 나타낸다. 입사빔이 대칭을 쉽게 알

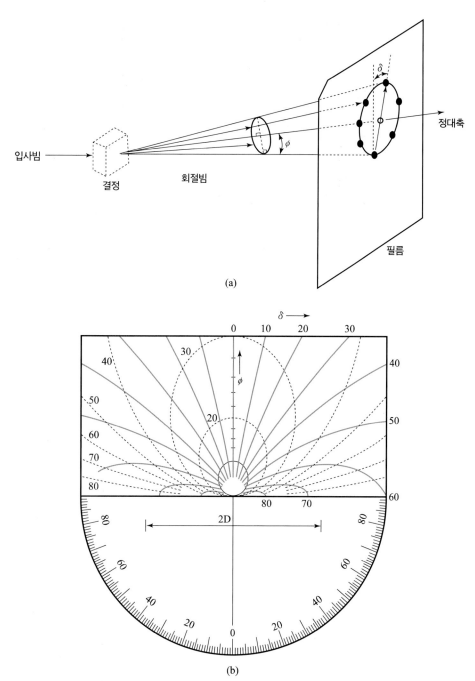

(a)

(b)

그림 9.4   (a) 투과 라우에법의 기하학적인 관계, (b) 레온하르트 차트.
D는 시편과 필름 사이의 거리이다. ϕ는 투과빔과 정대축 사이의 각이나 그림에서 타원에 ϕ로 표시하였다.

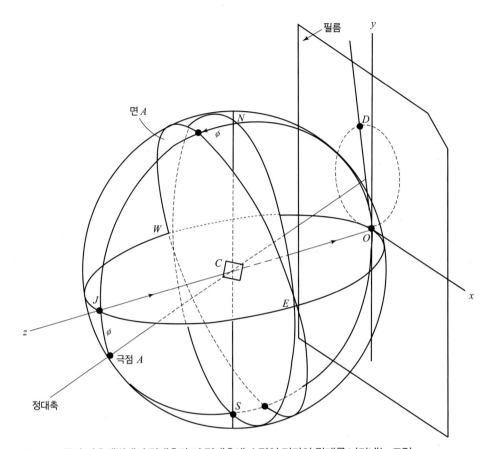

그림 9.5   투과 라우에법에서 정대축과 이 정대축에 수직인 면과의 관계를 나타내는 그림.

아낼 수 있는 주요 대칭축을 따라 입사하지 않아도 결정이 얼마나 주요 대칭축에서 기울어져 있는지를 비교적 쉽게 알아낼 수 있다. 결정 변형 실험에서 인장축 방향, 표면 방향에 따른 표면 성질 또는 결정 방향에 따른 성질 등을 연구할 때 이 라우에 회절상을 이용할 수 있다.

라우에 회절상에서 결정 방향을 알아내기 위해서는 평사 투영도를 이용하여야 한다. 그림 9.4와 같은 회절의 경우를 생각해 보자. 회절 원추와 평판 사진 필름과의 교점은 입사빔과 정대축 사이의 경사각 ϕ에 의해 정해진다. ϕ가 90°가 되면 일직선이 된다. 그림 9.5는 투과 라우에법에서 정대축과 이 정대축에 수직인 면과의 관계를 나타낸 그림이다. 정대축이 ϕ만큼 투과빔에서 기울어져 있다면 정대축에 수직인 면의 형적은 그림에서 N 극에서 ϕ만큼 기울어져 있게 된다. 따라서 그림 9.6의 투영도에서 정대축에 수직인 면의 형적은 그림과 같이 표시된다. 정대축을 중심으로 한 회절빔의 회전각 δ는

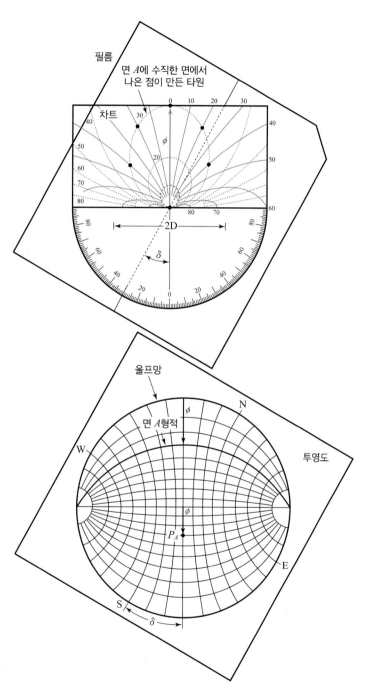

그림 9.6　전방 회절면의 정대축을 그리기 위해 레온하르트 차트를 이용한다. 차트를 이용하여 면 A에 수직한 면에서 나온 점이 만드는 타원을 평사 투영도에 그리면 면 A의 형적이 된다. 정대축은 정대의 형적으로부터 $90°$ 지점에 위치한다.

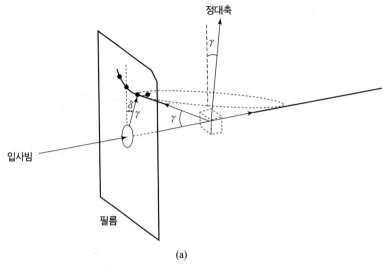

(a)

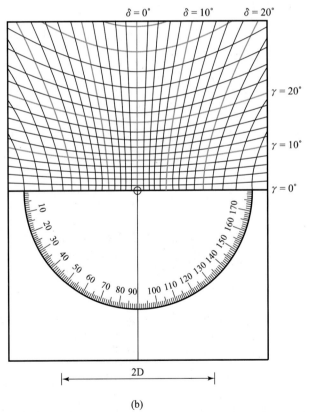

(b)

그림 9.7 (a) 후방 반사 라우에법에 대한 기하학적 관계, (b) 그레닝거 차트.
D는 시편과 필름 사이의 거리이다.

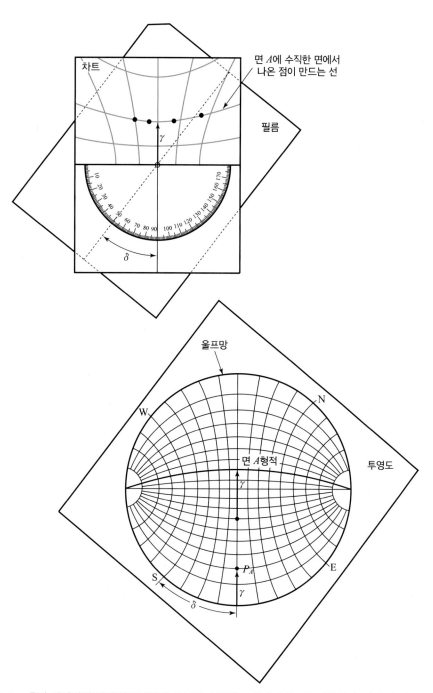

그림 9.8　후방 회절면의 정대 및 정대축을 도시하기 위해 그레닝거 차트를 이용한다. 정대 및 정대축 표시
방법은 레온하르트 차트를 이용하는 전방 회절의 경우와 유사하다.

이 경사각 ϕ 때문에 정확한 각도를 그대로 나타내지 못하고 약간의 차이가 있게 된다. 그림 9.4(b)에 있는 레온하르트(Leonhardt) 차트를 사용하여 평판 사진 필름에서 경사각 ϕ와 회전각 δ를 측정한다. 그리고 이 측정된 각을 입사빔 방향이 투사축인 평사 투영도 위에 그림 9.6과 같이 표시한다.

후방 반사 라우에 사진의 경우에는 그림 9.7에 있는 그레닝거(Greninger) 차트를 사용하여 경사각과 회전각을 측정한다. 이 측정된 각을 이용하여 빔 방향이 투사축인 평사 투영도에 정대축과 정대의 형적을 그림 9.8과 같이 표시한다.

이와 같이 정대축은 저지수의 고대칭축이기 때문에 이 정대축에서 90° 떨어져 있는 정대의 형적을 평사 투영도에 그리면, 그림 9.9와 같이 이 형적들이 저지수 고대칭축 방향인 점들에서 서로 교차하게 된다. 두 면의 교차 방향은 두 면의 정대축이므로 그림 9.8과 같이 평사 투영도에서 가능한 한 많은 수의 교차점 사이의 각도를 측정한다. 분석하고자 하는 단결정의 격자상수와 축 사이각을 알고 있으면 결정 방향 사이의 각도를 알 수 있으므로, 이를 이용하여 측정된 각도 관계에서 일관된 교차점의 지수를 정할 수 있다.

예를 들면, 입방계에서 저지수 고대칭축 사이의 각은 표 9.1과 같으므로 이 표를 이용하여 투영도에서 측정된 교차점 사이각을 비교하여 교차점의 지수를 그림 9.9와 같

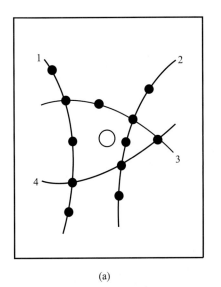
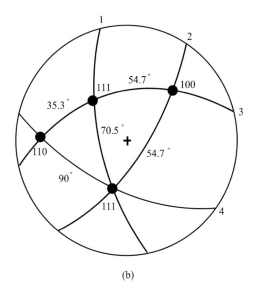

(a)   (b)

그림 9.9 (a) 정대 1~4를 나타내는 후방 반사 라우에 필름, (b) 평사 투영된 정대 1~4. 입방정으로 가정하여 교차점의 지수를 매겼다.

표 9.1 **결정면들의 사이각.**

HKL	*hkl*	*HKL*과 *hkl* 면의 사이각					
	100	0°	90°				
	110	45°	90°				
100	111	54°44′					
	210	26°34′	63°26′				
	211	35°16′	65°54′				
	110	0°	60°	90°			
	111	35°16′	90°				
110	210	18°26′	50°46′	71° 34′			
	211	30°	54°44′	73° 13′	90°		
	111	0°	70°32′				
111	210	39°14′	75°2′				
	211	19°28′	61°52′	90°			
	210	0°	35°52′	53°8′	66°25′	78°28′	90°
210	211	24°6′	43°5′	56°47′	79°29′	90°	
	221	24°34′	41°49′	53°24′	63°26′	72°39′	90°
211	211	0°	33°33′	48°11′	60°	70°32′	80°24′

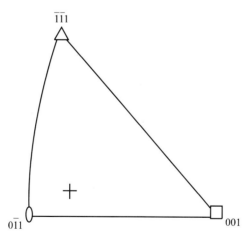

그림 9.10 **평사 투영 삼각형**
그림 9.9에서 입사빔 방향이 +로 표시되어 있다.

이 정해준다. 일반적으로 입방계의 단결정 방향을 나타내기 위해서는, <100> 축이 투영도의 중심에 오도록 하기 위해 그림 9.9(b)의 모든 극점을 회전한다. 그러면 그림 9.10과 같이 입사빔 방향으로 향하고 있는 결정 방향은 <100> 표준 평사 투영도의

<100>, <110>, <111> 평사 투영 삼각형(stereographic triangle) 내에서 어떤 곳에 자리하게 되어 그 결정의 방향을 표시할 수 있게 된다. 입방계가 아닌 다른 결정계에서도 이와 유사한 평사 투영 삼각형 내에 결정의 방향을 표시한다.

2 분말법

라우에법에서는 백색 x-선을 사용하여 $|\vec{k}|$가 변화하였으나, 분말법에서는 단색 x-선을 사용하여 $|\vec{k}|$를 고정시키고 결정이 회전되는 효과, 즉 역격자가 회전되는 효과가 나타나도록 한다. 역격자 공간에서 이월드 구가 많은 수의 역격자점과 만나도록 하기 위해서 결정을 회전하는 대신 분말법에서는 분말로 되어 있는 다결정을 사용한다. 결정이 분말로 되어 있어 많은 수의 다결정이 모든 방향을 가지고 있으며, 이는 결정의 회전과 같은 역할을 한다. 분말은 임의의 방향을 지니고 있는 많은 수의 결정으로 구성되어 있기 때문에, 분말 전체의 역격자점은 역격자 원점을 중심으로 단결정 역격자점을 회

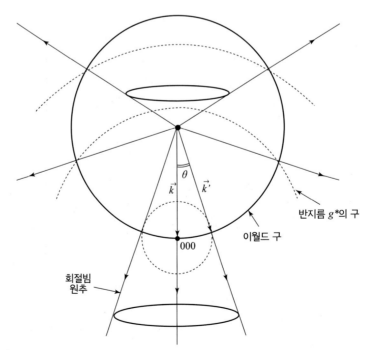

그림 9.11 **분말 회절법에서의 기하학적인 관계.**

전한 것과 같다. 따라서 그림 9.11에서 점선으로 표시한 것과 같이, 분말의 역격자점은 역격자 원점이 중심이면서 반경이 역격자점까지의 거리 g_{hkl}^*인 많은 동심구로 나타난다. 이월드 구와 이 동심구의 교차점은 그림 9.11과 같이 원을 그리게 된다. 그리고 회절빔은 이 원과 이월드 구의 중심이 만드는 원추 위에 있게 된다. 이 원추의 원추각 (apex angle)은 $\theta_{hkl} = 2\theta_B$이다.

1) 디바이-쉐러법

그림 9.12는 분말법에서 이월드 구와 역격자 구가 만나서 생기는 원추가 어떤 원추인지를 알아보기 위해 제일 많이 사용되는 방법인 디바이-쉐러(Debye-Scherrer)법의 모식도이다. 회절을 일으키는 분말 시편이 원통의 중심에 있고 원통의 원주를 따라 사진

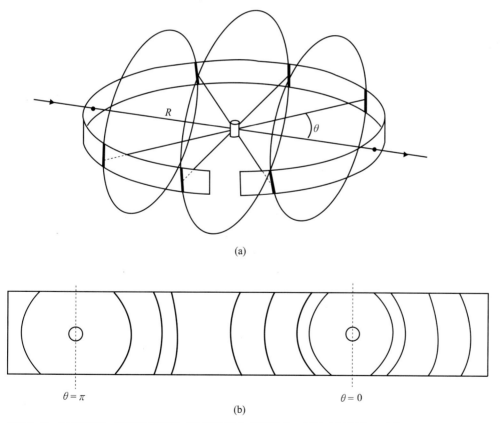

(a)

(b)

그림 9.12 (a) 디바이-쉐러법 모식도, (b) 회절 원추가 필름과 교차하여 원호를 그린다.

필름띠가 감겨 있다. 회절 원추는 이 사진 필름과 교차하여 원호를 그리게 된다. 사진 필름띠의 폭이 작으므로 실제 원호는 거의 직선에 가깝다. 그리고 디바이-쉐러법에서는 전체 원호에서 원의 반경을 측정하지 않고, 거의 직선으로 나타나는 사진 필름 길이 방향의 원호 사이의 거리를 측정하여 원호의 반경을 측정하므로, 간편하게 점초점이 된 빔 대신 선초점(line-focus)이 된 입사빔과 구형 시편 대신 막대 형태의 시편을 주로 사용한다.

막대형 시편은 보통 접착제를 입힌 유리 섬유 막대에 분말을 묻히거나 가는 유리관 속에 분말을 채워서 만든다. 이렇게 만든 시편은 더욱 더 균일한 여러 방향을 가지도록 하기 위해 원통의 축을 중심으로 회전되도록 한다. 사진 필름띠에서 입사빔은 원호 쌍들의 가운데에 있게 되어 입사빔의 위치를 알 수 있고, 이 입사빔을 중심으로 같은 거리에 있는 원호쌍 사이의 거리를 측정하여 원추각 θ_{hkl}을 측정한다. 필름이 들어 있는 원통 카메라의 직경이 57.27 mm가 되도록 하여 1°가 1 mm에 상응하도록 하면 원호 사이의 길이를 측정하여 직접 각도를 알 수 있다. 분말법에 입사빔으로 사용하는 파장이 일정한 x-선을 얻기 위해서는 앞에서 살펴본 흡수단을 이용하여 여과시킨 단일 특성 x-선을 사용한다. 그리고 원호 차단의 가능성이 있으므로 형광이 일어나는 파장의 입사 x-선은 사용하지 않도록 한다.

결정에 대한 정보를 얻기 위해서는 우선 사진 필름에 나타난 원호를 만드는데 기여한 각 $\vec{g}^*_{hkl}$의 $h\,k\,l$ 지수를 각 원호에 매긴다. 원호 사이의 거리는 $\vec{g}^*_{hkl}$에 따라 달라진다. $\vec{g}^*_{hkl}$은 각 결정계마다 달라지고 각 결정계에서도 축간 거리와 축간 각도에 따라 달라진다. 따라서 $h\,k\,l$ 지수를 매길 때 이것을 고려하여야 한다.

먼저 브래그 법칙에서

$$\lambda = 2d_{hkl}\sin\frac{\theta}{2} \tag{7-24}$$

또는

$$d_{hkl} = \frac{\lambda}{2\sin\dfrac{\theta}{2}} \tag{9-3}$$

이다. 여기서 d_{hkl}은 $(h\,k\,l)$ 면의 면간 거리이다.

입방정계에서

$$d_{hkl} = \frac{a}{\sqrt{h^2 + k^2 + l^2}} \qquad (3\text{-}68)$$

이므로

$$\sin^2 \frac{\theta}{2} \propto h^2 + k^2 + l^2 \qquad (9\text{-}4)$$

이다. 표 9.2에서 7, 15, 23, 28, 31, ⋯ 등은 h, k, l 자승의 합이 이 값을 갖지 못하므로 빠져 있다. (221)과 (300) 같은 것은 다른 면지수를 지니나 두 면들의 면간 거리는 같다.

그림 9.13과 같이 단순 입방, 면심 입방, 체심 입방의 구조 인자는 h, k, l에 따라 0이 되는 곳이 있어 차이가 난다. 이 차이로부터 입방정에서 이들 세 브라배 격자를 구분할 수 있다. 면심 입방에서는 h, k, l이 모두 짝수 또는 모두 홀수일 때만 회절

표 9.2 **입방 결정의 $h^2 + k^2 + l^2$ 값.**

격자면	$h^2 + k^2 + l^2$			
$h\,k\,l$	단순 입방	면심 입방	체심 입방	다이아몬드 입방
0 0 0	0	0	0	0
1 0 0	1			
1 1 0	2		2	
1 1 1	3	3		3
2 0 0	4	4	4	
2 1 0	5			
2 1 1	6		6	
2 2 0	8	8	8	8
2 2 1, 3 0 0	9			
3 1 0	10		10	
3 1 1	11	11		11
2 2 2	12	12	12	
3 2 0	13			
3 2 1	14		14	
4 0 0	16	16	16	16
4 1 0	17			
4 1 1	18		18	
3 3 1	19	19		19
4 2 0	20	20	20	
4 2 1	21			
3 3 2	22		22	
4 2 2	24	24	24	24

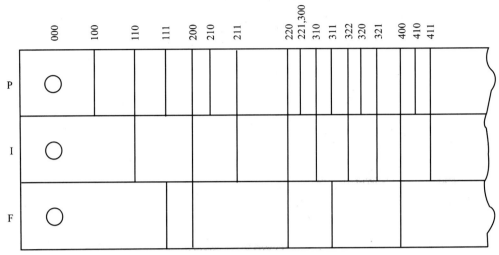

그림 9.13 **단순, 면심, 체심 입방 브라배 격자에 대해 지수를 매긴 분말법 필름.**

강도가 있다. 그리고 체심 입방에서는 $h+k+l$이 짝수일 때 강도가 있다. $h+k+l$이 짝수이면

$$(h+k+l)(h+k+l) = (짝수) = h^2 + k^2 + l^2 + 2(hk+kl+lh) \qquad (9\text{-}5)$$

이므로 $h^2 + k^2 + l^2$이 짝수가 되어야 한다. 즉, $2(hk+kl+lh)$가 짝수이기 때문에 $h^2 + k^2 + l^2$은 반드시 짝수가 되어야 한다.

입방정에서

$$|\vec{g}^{\,*}_{hkl}|^2 = \frac{1}{d^2_{hkl}} = \frac{1}{a^2}(h^2 + k^2 + l^2) \qquad (3\text{-}67)$$

이므로

$$d_{hkl} = \frac{a}{\sqrt{h^2 + k^2 + l^2}} \qquad (3\text{-}68)$$

이다. 여기서 면간 거리 d에 대해 격자상수 a를 그리면 그림 9.14와 같이 지수 $h\,k\,l$에 따라 일련의 직선들이 얻어진다. 회절각과 면간 거리 관계식

$$d_{hkl} = \frac{\lambda}{2\sin\dfrac{\theta}{2}} \qquad (9\text{-}3)$$

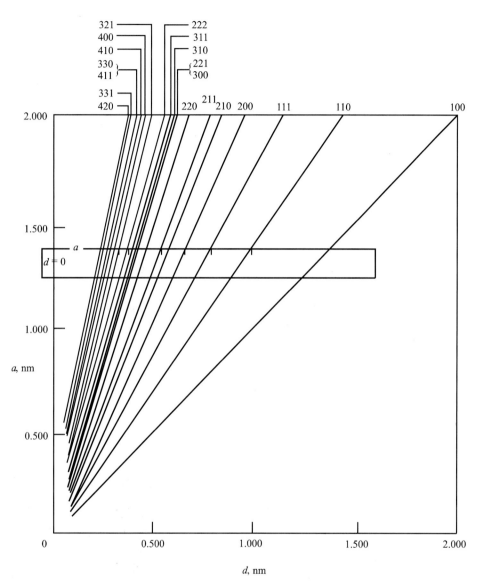

그림 9.14　**입방계에서 면간 거리 d로부터 회절면의 지수를 매기는 데 사용되는 차트.**

에서 계산된 d값을 띠에 표시를 하여 이 띠에 표시된 눈금이 모든 직선과 만날 때까지 띠를 상하 좌우로 움직인다. 이렇게 하여 모두 만나는 곳이 있으면 띠에 있는 눈금의 h, k, l과 y축에 있는 격자상수 a를 직접 알아낼 수 있다.

　정방정계에서는 식 (3-72)에서

$$\left|\vec{g}_{hkl}^{*}\right|^{2} = \frac{1}{d_{hkl}^{2}} = \frac{h^{2}+k^{2}+\dfrac{l^{2}}{(c/a)^{2}}}{a^{2}} \tag{3-72}$$

이므로

$$d_{hkl}^{2} = \frac{a^{2}}{h^{2}+k^{2}+\dfrac{l^{2}}{(c/a)^{2}}} \tag{3-73}$$

이다. 여기서 c/a비는 1이 될 수도 있지만, 반대로 비가 1이더라도 반드시 입방 정계가 되지는 않는다. 위 식에는 세 변수 d, a, c/a가 들어 있다. 이들 세 변수를 두 개로 줄이면 이 두 변수를 x, y축에 그릴 수 있다. 위 식에 로그를 취하면

$$2\ln d_{hkl} = 2\ln a - \ln\left\{h^{2}+k^{2}+\frac{l^{2}}{(c/a)^{2}}\right\} \tag{9-6}$$

이 된다. 먼저 두 변수로 줄여 c/a를 정하기 위해 $a=1$이라 하자. 그러면 위 식은

$$2\ln d_{hkl} = -\ln\left\{h^{2}+k^{2}+\frac{l^{2}}{(c/a)^{2}}\right\} \tag{9-7}$$

이 되고 이 식에서 c/a를 x축에, $\ln d_{hkl}$을 y축에 $h\,k\,l$의 함수로 하여 그린다. 이와 같이 그린 차트를 헐-데비(Hull-Davey) 차트라 하고 그림 9.15에 나와 있다. 종이띠에 $\ln d_{hkl}$ 값을 순서대로 눈금으로 표시한다. 이 종이띠를 차트에서 상하 좌우로 움직여 띠의 눈금이 차트의 곡선과 동시에 만나는 곳을 찾는다. 동시에 만나는 곳이 생기면 그곳에서 c/a의 값과 $h\,k\,l$의 값을 읽을 수 있다. 그리고 이 값을 이용하여 사진 필름 원본에서 측정한 d_{hkl}값과 식 (3-73)에서 격자상수 a와 c 값을 계산할 수 있다.

　육방정계에서 면간 거리의 식은 식 (3-84)에서

$$d_{hkl}^{2} = \frac{a^{2}}{\left\{\dfrac{4}{3}(h^{2}+hk+k^{2})+\dfrac{l^{2}}{(c/a)^{2}}\right\}} \tag{3-84}$$

이다. 이 식에 정방정계 때와 마찬가지로 로그를 취하면

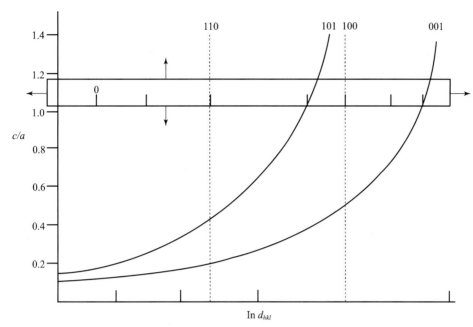

그림 9.15　육방정과 삼방정에서 사용되는 단순화된 헐-데비 차트.

$$2 \ln d_{hkl} = 2 \ln a - \ln \left\{ \frac{4}{3}(h^2 + hk + k^2) + \frac{l^2}{(c/a)^2} \right\} \tag{9-8}$$

이 되어 육방정계에서도 정방정계 때와 유사한 헐-데비 차트를 만들 수 있고, 이를 이용하여 c/a, a, c값을 측정할 수 있다.

　사방 정계에서 면간 거리는 식 (3-78)에서

$$d_{hkl} = \frac{1}{\left(\dfrac{h^2}{a^2} + \dfrac{k^2}{b^2} + \dfrac{l^2}{c^2} \right)^{1/2}} \tag{3-70}$$

이다. 이때에는 변수가 너무 많아 헐-데비 차트를 사용할 수 없다. 그러므로 시행착오를 계속 되풀이해서 알아내는 수밖에 없다. 단사정계나 삼사정계는 이 방법으로도 분석이 불가능하다. 따라서 정사정계, 단사정계, 삼사정계 결정은 단결정으로 성장시켜 결정 이동 방법(moving crystal technique)이나 필름 이동 방법(moving film technique)을 사용하여 결정 구조를 분석한다.

2) 정확한 격자상수의 측정

앞에서 분말법으로 $h\,k\,l$ 지수를 매기고 결정계와 브라배 격자를 구분하고, h, k, l 과 d_{hkl} 에 관계되는 격자상수 a, b, c 를 구하였다. 이와 같이 격자상수를 구하는 것을 격자상수 분석이라 한다. 그러나 정확한 격자상수의 결정에는 몇 가지 어려움이 있다.

격자상수 결정에 영향을 미치는 것 중의 하나는 우리가 사용하는 실제 파장이 한 가

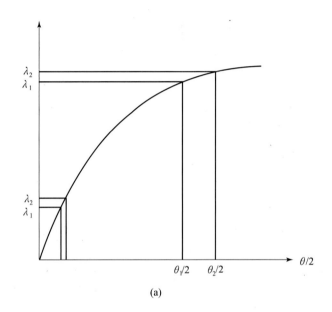

(a)

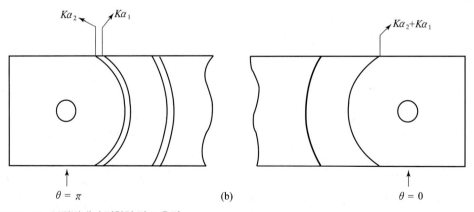

(b)

그림 9.16 **분말법에서 정확한 각도 측정.**
θ 가 클수록 격자상수를 더 정확히 측정할 수 있다. (a) 큰 각도 영역에서 $K\alpha_1$ 과 $K\alpha_2$ 피크가 분명히 구분된다. (b) 분말 필름에서 보면 큰 각도 영역에서 더 분명히 구분된다.

지 값을 갖지 않기 때문에 생기는 것이다. 단색 x-선을 사용하기 위해 여과시킨 x-선을 사용하지만, 보통 흡수단을 이용하여 여과시킨 경우, 서로 가까이 있는 두 특성 x-선, 즉 $K\alpha_1$, $K\alpha_2$선 중의 하나를 완전히 제거하기는 거의 불가능하다. 브래그 법칙에서

$$\frac{1}{d_{hkl}} = \frac{2}{\lambda}\sin\left(\frac{\theta}{2}\right) \tag{9-9}$$

이고, 이 식에서 $1/d_{hkl}$은 $\theta/2$의 정현함수에 따라 변한다. 따라서 주어진 d_{hkl}에서 $K\alpha_1$, $K\alpha_2$에 해당하는 두 원호는 그림 9.16에 나와 있는 정현함수의 그래프에서 보면 작은 각도보다는 큰 각도에서 더 분명하게 구분된다. 그러므로 격자상수값은 큰 각도 영역에서 측정하는 것이 더 정확하다.

　필름에 두 세트의 선이 나타나서 분석에 어려움이 있으면 또 다른 단색화의 한 방법인 결정 단색기(crystal monochrometer)를 사용한다. 이 방법은 보통 LiF, 석영, Si, Ge,

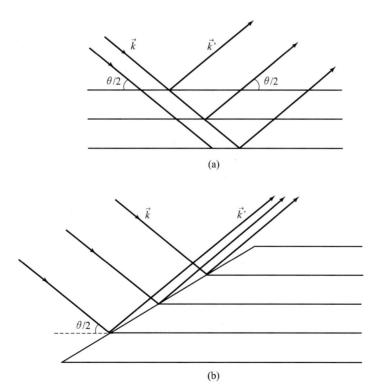

그림 9.17　(a) 단결정 단색기의 원리, (b) 빔 폭이 일정한 경우 결정을 비스듬히 자른 면에서 회절이 일어나게 하여 회절된 빔의 흡수를 줄여 준다.

흑연과 같은 격자상수가 일정한 양질의 단결정을 사용한다. 그림 9.17과 같이 입사빔에 어떤 적당한 브래그 각도로 단결정을 두어서 브래그 법칙에 따라 원하는 단색 파장의 x-선이 강한 회절로 나올 수 있도록 한다. 일정한 빔 폭의 경우에는 회절된 빔이 나올 때, 특히 작은 각 $\theta/2$일 때 회절빔의 흡수가 문제가 된다. 이럴 경우 그림 9.17(b)와 같이 결정을 비스듬히 자른 면에서 회절이 일어나도록 하여 회절된 빔이 흡수되는 것을 줄여준다.

그리고 입사빔 자체도 일정한 각도 범위의 발산이 있다. 따라서 입사빔 중의 일부만 회절 결정면에서 브래그 법칙을 만족하면서 단색기 결정을 나오므로 회절빔의 강도가 약하다. 이것을 막기 위해 그림 9.18과 같이 단결정을 굽혀서 사용한다. 적당하게 굽힌 단결정은 가초점(parafocussing)이라 하는 가초점 효과(quasi-focussing effect)를 나타낸다. 그림 9.18(b)와 같이 굽힌 결정에 가초점 효과가 더 잘 나타나도록, 일반적으로 굽

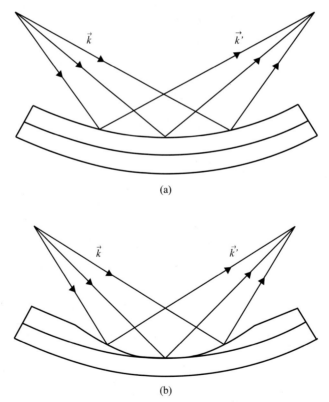

(a)

(b)

그림 9. 18 (a) 조한 단색기. 단결정을 굽혀 가초점 효과를 낸다. (b) 조한슨 단색기. 가초점 효과를 더 잘 나타내도록 일반적으로 굽힘의 정도를 나타내는 곡률 반경의 반에 해당하는 정도로 결정을 갈아낸다.

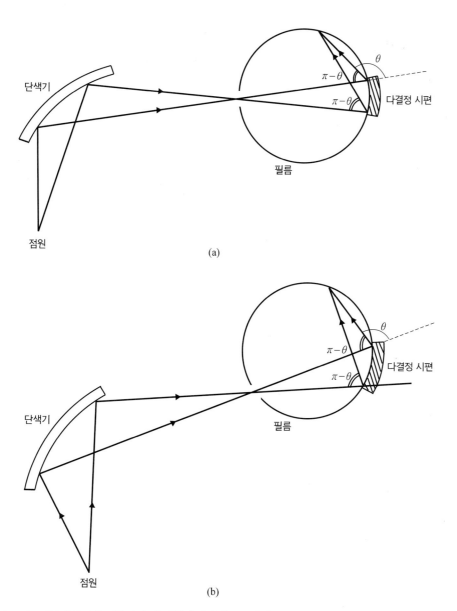

그림 9.19 가초점 효과를 이용하여 더 정확한 격자상수 측정이 가능한 분말 회절 카메라.
(a) 대칭 후방 반사 카메라, (b) 비대칭 후방 반사 카메라.

힘의 정도를 나타내는 곡률 반경의 반에 해당하는 정도로 결정을 갈아낸다. 이와 같이 굽히고 갈아낸 결정을 조한슨(Johanson) 단색기라 하고 단순히 굽히기만 한 결정을 조한 (Johann) 단색기라 한다. 가초점 효과를 이용하여 더 정확한 격자 상수 측정이 가능한 새로운 형태의 분말 회절 카메라를 그림 9.19에 나타내었다. 이 카메라에서는 굽혀진 유리 표면에 분말을 접착제로 붙이는 방법 등으로 시편이 굽혀지도록 하여 시편에서 가초점 효과가 일어나도록 하였다.

격자상수 측정에서 주로 생기는 오차로는 필름의 수축, 시편 중심의 불일치, 카메라 반경의 부정확도, 온도의 변화 등이 있는데 가능한 한 이들 오차를 최소화하여야 한다.

면간 거리 d_{hkl}을 측정할 때 θ에 생기는 오차 $\Delta\theta$의 영향을 생각해 보자. 브래그 법칙

$$\lambda = 2d_{hkl}\sin\frac{\theta}{2} \tag{7-124}$$

을 미분하면

$$0 = 2\Delta d_{hkl}\sin\left(\frac{\theta}{2}\right) + 2d_{hkl}\Delta\left(\frac{\theta}{2}\right)\cos\left(\frac{\theta}{2}\right) \tag{9-10}$$

이 되고, 이것을 바꿔 쓰면

$$\frac{\Delta d_{hkl}}{d_{hkl}} = -\Delta\left(\frac{\theta}{2}\right)\frac{\cos\left(\frac{\theta}{2}\right)}{\sin\left(\frac{\theta}{2}\right)} = -\Delta\left(\frac{\theta}{2}\right)\cot\left(\frac{\theta}{2}\right) \tag{9-11}$$

이다. 위 식에서 $\theta = \pi$이면 $\Delta d_{hkl}/d_{hkl} = 0$이 된다. 따라서 정확한 측정은 회절 각도가 π 또는 이에 가까운 영역인 후방 반사 영역에서 이루어져야 한다. 이런 이유로 그림 9.19(b)의 제만-보흐린(Seeman-Bohlin) 카메라는 비대칭 후방 반사 배치를 이루며, 회절 각이 $\pi/2$에서 π에 이르도록 되어 있다.

여러 다른 θ에 있는 여러 개의 브래그 피크에서 측정한 격자상수의 평균을 구하고자 할 때, 체계적인 오차를 수정하는 법을 알아야 한다. 대칭 또는 비대칭 후방 반사 초점 카메라를 사용하면 시편의 중심이 맞지 않는 것을 많이 줄일 수 있다. 그러나 디바이-쉐러 카메라에서는 시편의 중심이 맞지 않아 생기는 오차를 이들 카메라만큼 줄일 수 없다. 그림 9.20에서 중심 오차 δ가 있으면

$$\frac{\delta}{A} = \cos\left(\frac{\pi}{2} - \frac{\theta}{2}\right) = \sin\frac{\theta}{2} \tag{9-12}$$

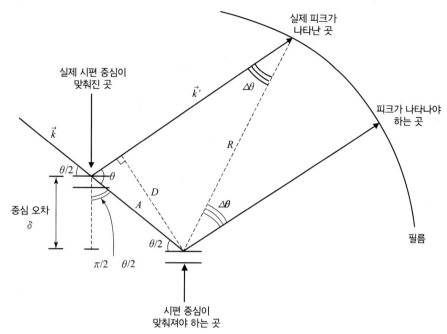

그림 9.20 **시편 중심 오차.**

$$A = \frac{\delta}{\sin\dfrac{\theta}{2}} \tag{9-13}$$

이라 할 수 있고, 그림에서 거리 D는

$$D = A\sin\theta = \frac{\delta\sin\theta}{\sin\dfrac{\theta}{2}} \tag{9-14}$$

$$= 2\delta\frac{\sin\dfrac{\theta}{2}\cos\dfrac{\theta}{2}}{\sin\dfrac{\theta}{2}} = 2\delta\cos\frac{\theta}{2}$$

이다. 여기서 R이 카메라 반경이면

$$\sin(\Delta\theta) \cong \Delta\theta = \frac{D}{R} = \frac{2\delta}{R}\cos\frac{\theta}{2} \tag{9-15}$$

이므로,

$$\frac{\Delta\theta}{2} \cong \frac{\delta}{R}\cos\frac{\theta}{2} \tag{9-16}$$

이다. 그리고 식 (9-11)에서

$$\frac{\Delta d}{d} = -\Delta\left(\frac{\theta}{2}\right)\frac{\cos\frac{\theta}{2}}{\sin\frac{\theta}{2}} = -\frac{\delta}{R}\frac{\cos^2\left(\frac{\theta}{2}\right)}{\sin\left(\frac{\theta}{2}\right)} \tag{9-17}$$

이다. 각 θ_{hkl}에 해당하는 각 면간 거리에서 계산한 격자상수를 $\cos^2(\theta/2)/\sin(\theta/2)$에 대해 그래프를 그리고, 오차가 없는 격자상수값을 구하기 위해 $\theta = \pi$로 그래프를 연장한다. 모든 체계적 오차를 포함하여 더 정확한 계산을 하면 격자상수는 다음의 함수

$$\frac{1}{2}\left\{\frac{\cos^2\left(\frac{\theta}{2}\right)}{\sin\left(\frac{\theta}{2}\right)} + \frac{\cos^2\left(\frac{\theta}{2}\right)}{\left(\frac{\theta}{2}\right)}\right\} \tag{9-18}$$

에 따른다. 이 함수를 넬슨-라일리함수(Nelson-Riley function)라 한다. 이 넬슨-라일리함수에 대해 측정된 격자상수를 그래프로 그리고, $\theta = \pi$로 그래프를 연장하여 격자 상수를 구하면 이 격자상수값은 거의 오차를 포함하지 않는다(그림 9.21).

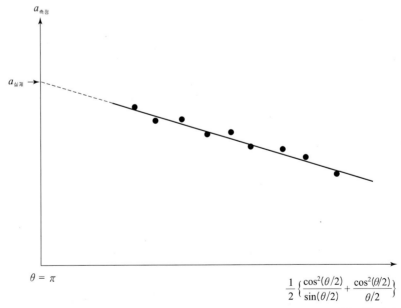

그림 9.21 넬슨-라일리함수에 대해 측정된 격자상수를 그래프로 그리고 $\theta = \pi$로 그래프를 연장하여 격자 상수를 구하면 거의 오차가 없는 격자상수값을 구할 수 있다.

라우에법, 디바이-쉐러법, 후방 반사법 등에서 기록 매체로 모두 사진 필름을 사용한다. 사진 필름에는 브롬화은이나 요오드화은 같은 할로겐화은으로 된 1 μm 정도의 작은 결정립 미립자가 젤라틴에 섞여 필름 표면에 발라져 있다. 이 필름에 이온화 능력이 있는 x-선을 쬐게 되면 이온화로 인해 자유 전자나 공공이 생긴다. 이 전자, 공공, 표면, 불순물 간의 복잡한 상호작용으로 할로겐화물 결정립이 화학 물질과 잘 반응하도록 해준다. 따라서 x-선에 노출된 필름을 현상액 속에 담그면 할로겐화은 결정립은 금속 은으로 환원되어 검게 변한다.

할로겐화물 결정립이 화학 반응이 잘 일어나도록 되기 위해서는 보통 빛과 같은 경우에는 5개 정도의 광자가 동시에 충돌하여야 하는데 비해, x-선의 경우 한 결정립을 노출시키는 데에는 단 하나의 x-선 광자로 충분하다. 이런 조건으로 현상된 필름의 밀도(density)는

$$D = \log_{10} \frac{I}{I_0} \qquad (9\text{-}19)$$

로 정의한다. 여기서 I/I_0는 현상 필름을 투과한 파의 강도비이다. 이 필름의 밀도는 그림 9.22와 같이 강도비가 10^4이 될 때까지 거의 직선으로 변한다. 밀도가 2 이상, 즉

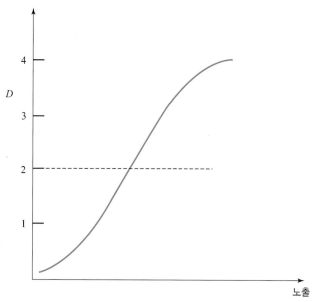

그림 9.22 x-선에 노출시켰을 때, 필름 밀도 D의 변화.
밀도가 2 이상이면 필름이 검어진다.

강도비가 100 이상이면 필름이 검게 되어 정확한 측정이 어렵다. 따라서 정확한 측정을 위해 적당한 필름 밀도 범위 내에서 필름이 노출되어야 한다. 절대 강도 측정을 위해서는 기준 노출을 이용하여야 한다.

3 x-선 회절기

여러 가지 x-선 회절 분석법 가운데 가장 중요하고 많이 사용되는 방법이 x-선 회절기 분석법이다. 이제까지 배운 여러 방법들은 이 x-선 회절기 분석법을 이용하는데 기초가 되고 x-선을 감지하기 위해 필름 대신 감지기를 사용한다. 이 x-선 회절기 분석에서는 그림 9.23과 같이 하나의 파장을 지닌 단색 x-선을 이용하고 시편을 회전하고 x-선 감지기를 회전한다. 시편의 회전 속도가 $\alpha = \theta/2$로 회전하면 감지기는 시편 회전 속도의 2배인 θ로 회전하면서 x-선을 감지한다. 시편의 회전은 고니오미터(goniometer)를 이용해서 바꾸어 주고, 감지한 x-선은 차트 기록기나 다채널분석기를 통해 기록한다. 이 방법으로 모르는 단결정이나 다결정의 격자상수를 특정할 수 있고 단결정의 방향을 측정할 수 있다.

　원자 구조에서 기저당 두 원자 이상을 포함하고 있는 금속간 화합물이나 기타 여러 화합물에서는 구조 인자가 0이 아니면서 몇 가지 다른 값들을 만들기 때문에, 이들 구조의 분석시, 구조 인자 차이로 인한 각 회절빔의 강도를 비교 분석해야 이들 기저 속의 원자 배열을 알아낼 수 있다. 또한 결정립의 형태나 크기를 파악하기 위해서는 브래그 회절빔의 폭과 형태를 측정해야 한다.

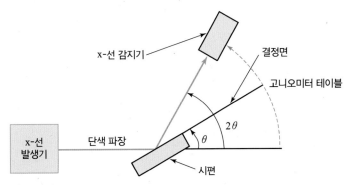

그림 9.23　**회절기 분석법**.

혼합물에서는 두 상의 상대적인 정량비를 분석해야 될 때도 있다. x-선 강도를 사진 필름에 기록하는 방법으로 이와 같은 분석을 하기는 상당히 어렵다. 사진 필름에서 명암을 나타나는 강도 분포를 미소 밀도계(micro-densitometer)라는 기계로 측정하여 분석할 수 있는 경우도 있으나, 앞에서 살펴본 필름 감도로 인하여 이 기계를 사용할 수 없는 경우도 많다.

위와 같은 이유로 x-선의 강도 측정을 사진 필름에 하는 대신 회절기(diffractometer)라는 기계를 사용하는 것이 훨씬 편리하다. 이 회절기에서는 입사빔의 경로에 시편을 두고, 시편에서 나오는 회절빔의 경로에 사용되는 방사에 민감한 계수기를 두고 시편과 계수기를 움직인다. 그리고 입사빔을 기준으로 하여 시편과 계수기의 위치를 동시에 측정한다. 전자 회절의 경우 대부분 전자의 회절 각도가 1° 이하이므로 회절기를 사용할 수 없다.

회절기에서 굽힌 시편과 발산 입사빔으로 가초점 효과를 얻을 수 있도록 입사빔, 시편, 계수기가 기하학적으로 배열되어야 한다. 그림 9.24는 비대칭 입사, 후방 반사의 경우 회절기에서 이들의 기하학적 배열을 나타낸 그림이다.

점 q에 있는 점원 또는 선원에서 나온 입사빔은 시편에서

$$\Delta \vec{k} = \vec{k'} - \vec{k} = \vec{g}^*_{hkl} \tag{7-120}$$

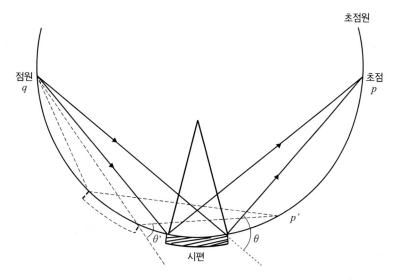

그림 9.24 **가초점을 이용한 비대칭 입사에 대한 후방 반사의 기하.**

조건을 만족하면서 각 θ로 회절되어 점 p에서 초점을 맞추게 된다. 그림에서와 같이 점원, 시편, 회절 초점 모두가 초점원(focusing circle)이라 하는 원 위에 있게 된다.

여기에서 회절 각도 θ'으로 초점이 p'에 생기는 또 다른 역격자 벡터 $\vec{g}^*_{hkl}$을 알아내고자 한다고 하자. 이를 위해서는 시편과 감지기 모두를 초점원 위에서 새로운 위치로 이동하여야 한다. 그러나 이런 기계적인 작동은 실제 간단하지 않다. 또한 실제 x-선이 시편을 투과하나 시편의 안쪽 표면만 초점원 위에 있게 되어 초점이 안 맞는 시편의 부위가 많아진다.

실제 시편 표면을 초점원의 커브에 맞추지 않고 그냥 평면으로 했을 때 생기는 오차는 x-선이 일정한 깊이로 시편을 투과하기 때문에 생기는 오차와 거의 같은 수준이다. 그러므로 이를 감안하여 그림 9.25와 같이 점원, 시편, 초점의 배열을 더 간단히 할 수 있다. 여기서는 점원–시편 사이의 거리와 시편–감지기 사이의 거리를 같게 고정하고, 대신 시편을 회전시킨다.

그림 9.25(b)와 같이 회절각이 달라지면 초점원의 반경이 바뀌고, 대신 회절 초점 p는 회절기원(diffractometer circle)이라 하는 원 위를 움직인다. 회절 기원의 반경은 점원–시편 간의 거리와 같고 회절 기원은 시편 회전 중심과 같은 중심을 가지고 회전한다. 여기서 중요한 점은 브래그 회절 조건에 따라 브래그 회절빔이 생기는 곳에 감지기가 위치해야 하므로 그림 9.25와 같이 시편이 만큼 회전하면 감지기는 $\alpha = \Delta\theta/2$ 회전하여야 한다. 이와 같은 연동은 간단한 2 : 1 기어로 쉽게 할 수 있다.

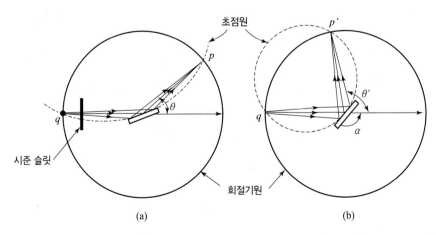

그림 9.25 점원–시편 사이의 거리, 시편–감지기 사이의 거리를 같게 고정하고 시편을 회전시키는 회절기. (a), (b)에서와 같이 회절각이 달라지면 초점원의 반경이 바뀐다.

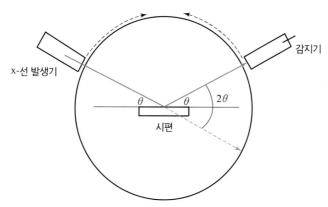

그림 9.26 $\theta : \theta$ 장비.

장비에서 시편이 회전하는지, 시편이 고정되어 있는지에 따라 $\theta : 2\theta$ 장비와 $\theta : \theta$ 장비로 나눌 수 있다. 그림 9.23에 나와 있는 $\theta : 2\theta$ 장비에서는 x-선 발생기가 고정되어 있고 시편이 분당 θ로 회전하게 되면 감지기는 분당 2θ로 회전한다. 그림 9.26의 $\theta : \theta$ 장비에서는 시편이 고정되어 있고 x-선 발생기는 분당 $-\theta$로 회전하고 감지기는 분당 $+\theta$로 회전한다. 즉, $\theta : \theta$ 장비에서와 마찬가지로 감지기가 시편에 대해 2θ로 회전한다. 시편이 고정되어 있는 경우 x-선 발생기를 회전시켜야 하므로 더 복잡하나, 시편에 다른 장비를 부착하여 열처리를 하거나 분위기를 조정하는 실험을 할 수 있는 장점이 있다.

일반적으로 그림 9.25의 q에서 그림 면에 수직인 선원을 사용하여 점원보다 강도를 증가시킨다. 그리고 그림의 면 바깥쪽으로 빔의 발산을 막아 준다. 솔러 슬릿(Soller slit)이라는 여러 개의 조리개를 사용하여 빔의 발산을 막아 준다. 이 조리개는 그림 9.27과 같이 여러 개의 평행 박판으로 되어 있어, 빔이 초점원 면에 수직인 판에 평행하도록 만들어 준다. 또 다른 방향의 빔 발산은 다른 슬릿을 사용하여 막는다. 이와 유사한 시준기(colliminator)는 가짜 방사를 제거하기 위해 빔의 경로에도 사용한다.

x-선 감지기로는 가이거-뮐러(Geiger-Müller)관이라 하는 가이거 계수기(Geiger counter)의 일종인 이온화관(ionization tube), 섬광 계수기(scintillation counter), 반도체 감지기 등이 사용되었으나, 최근에는 반도체 감지기를 주로 사용하고 있다. 그림 9.28에 있는 이온화관에서는 입사하는 방사 양자는 이온화관 내의 알곤 같은 불활성 기체 분자를 이온화한다. 30 keV x-선 양자는 약 1,000개의 이온화를 일으킨다. 이때 생기는 전자는 양 퍼텐셜로 되어 있는 중심선으로 가속되어 측정할 수 있는 전류를 만들어 낸

다. 전류가 입사 광자 에너지에 비례하는 범위인 수백 볼트의 비례 범위(proportional range)에서 대개 퍼텐셜을 선택한다. 그리고 관 퍼텐셜을 1,000 V 이상으로 하여 증폭을 시킨다. 이때 하나의 이온화 과정이 이온화 사태(avalanche)를 유발하여 신호 증가를 일으킬 수 있다. 이와 같이 신호 증가를 일으키는 것을 이용한 이온화관을 가이거-뮐러관이라 한다.

섬광 계수기는 x-선 빔이 입사할 때 광선 광자를 방출하는 Tl을 도핑한 NaI 결정으로 된 섬광기(scintillator)라는 특수 결정을 이용한다. 방출된 광자는 광다중기관(photo-multiplier tube)을 통하면서 특수한 표면에 충돌할 때 전자를 내놓는다. 이 전자는 다른 표면으로 가속되고 이 면에서는 더욱 더 많은 전자가 방출된다. 이렇게 몇 번 연속되고 나면 대단히 큰, 몇 배로 증가된 방전 전류가 만들어진다. 대략 10^7배의 증폭이 이루어

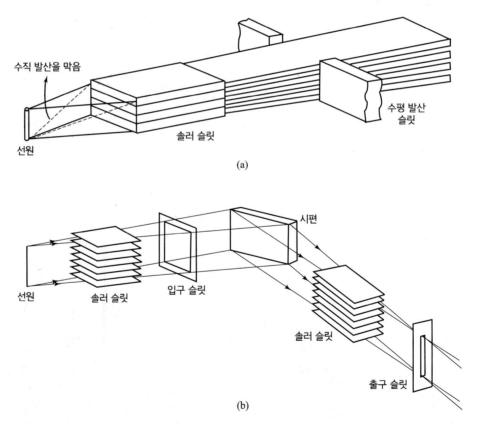

그림 9.27 (a) 솔러 슬릿이 수직 발산을 막아준다. (b) 배경 강도를 최소화하기 위해 입구 및 출구 슬릿을 배열하여 솔러 슬릿과 복합적으로 사용할 수도 있다.

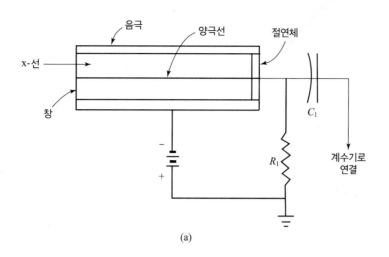

(a)

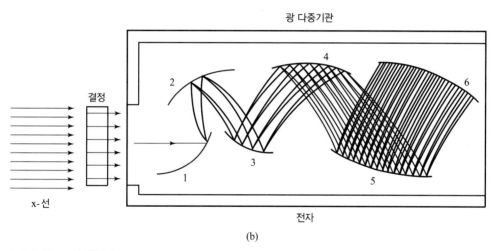

(b)

그림 9.28 x-선 감지기.
(a) 이온화 감지기, (b) 광 다중기관을 이용한 섬광 계수기.

진다. 반도체 감지기는 Si이나 Ge 단결정의 고유 영역(intrinsic region)에서 흡수된 x-선 양자에 의해 생긴 자유 전자와 공공의 전류를 이용한 것이다.

1) 다결정 회절 기법

회절기에 사용하는 시편이 분말이나 다결정이면 역격자 공간에서 이들의 역격자점은 디바이-쉐러법에서의 역격자점과 같다. 각 결정의 역격자점은 단결정 역격자점을 역격자 원점을 중심으로 일정한 각도로 회전한 것인데, 분말이나 다결정에서는 수많은 방향을 갖고 있으므로, 이들의 역격자점은 역격자 원점을 중심으로 하는 역격자 동심구를 만든다. 이 역격자 동심구는 이월드 구와 만나 회절 방사 원추를 만든다. 이월드 구와 동심인 회절 기원을 따라서 회절 방사 원추를 감지기로 감지한다.

다결정 회절기에서는 시편이 회전하면서 하나의 원을 만들고, 감지기가 회전하면서 또 하나의 원을 만들어 2개의 원을 그리므로 2원 회절기라고도 한다. 감지기의 출력을 각도 θ의 함수로 표시하면 그림 9.29와 같다. 그림 9.29는 다결정 Si에서 얻은 회절기의 강도 출력이다.

모르는 다결정 시편에서 이와 같은 x-선 회절 강도 출력을 얻게 되면 이제까지 사람들이 얻었던 x-선 회절 자료와 비교하여 그 결정이 무슨 결정인지를 알아낼 수 있다. 마치 어떤 사람의 지문을 얻으면 기존에 가지고 있던 이 사람을 포함한 여러 사람들의 지문과 비교하여 그 사람의 지문을 찾아내듯이 회절 강도 출력으로 결정을 알아낼 수 있다. 기존 분말 회절 자료로는 PDF(powder diffraction file)-1, PDF(powder diffraction file)-2, ICD(International Centre for Diffraction Data), JCPDS(Joint Committee for Diffraction Standards) 등이 있다. 예를 들어, ICDD(www.icdd.com)에는 방대한 양의 데

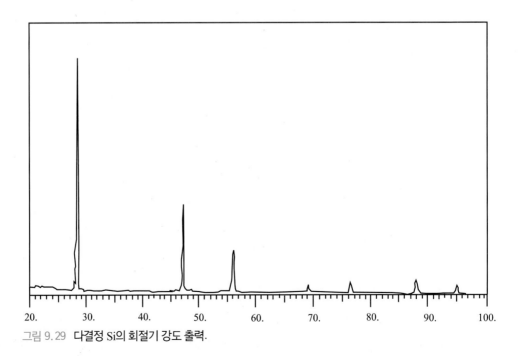

그림 9.29 다결정 Si의 회절기 강도 출력.

이터베이스를 유지하고 있는데 95,000종의 무기 화합물과 20,000종의 유기 화합물 등 총 115,000종의 데이터베이스를 가지고 있다. 예를 들어, ICDD 카드의 PDF #461212번은 산화알루미늄에 대한 자료인데, 사용한 x-선 파장, 결정계, 격자, 격자상수, 축간각, 면간거리에 따른 hkl과 x-선의 상대 강도를 나타내준다.

강도 출력에서 피크의 위치에서 격자상수를 알아내야 하는데 그 첫 단계가 피크의 지수매기기(indexing)이다. 일반적으로 컴퓨터 알고리즘을 사용하여 피크의 위치와 그 강도를 이용하여 자동적으로 지수를 매기는 자동지수매기기(autoindexing) 프로그램들이 최근 많이 사용된다.

지수매기기가 가장 간단한 결정계는 고대칭인 입방정이다. 앞의 분말법에서 사용한 방법을 그대로 이용하여 지수를 매겨보자. 먼저 브래그 법칙에서

$$\lambda = 2\, d_{hkl} \sin\frac{\theta}{2} \tag{7-124}$$

또는

$$d_{hkl} = \frac{\lambda}{2\sin\dfrac{\theta}{2}} \tag{9-3}$$

이다. 여기서 d_{hkl}은 $(h\ k\ l)$ 면의 면간 거리이다.

입방 정계에서

$$d_{hkl} = \frac{1}{\sqrt{h^2 + k^2 + l^2}} \tag{3-68}$$

이므로

$$\sin^2\frac{\theta}{2} \;\propto\; h^2 + k^2 + l^2 \tag{9-4}$$

이다. 즉 식 (9-4)의 값이 정수에 비례하므로 이를 이용하여 지수를 구해보자.

Cu 방사에서 나온 파장 0.15406 nm x-선을 사용하여 회절실험을 하였을 때, 피크의 위치가 표 9.3의 첫째 열에 나와 있는 것과 같이 각각 22.18°, 31.65°, 38.85°, 45.31°, 50.84°, 56.17°, 65.83°, 70.53°, 75.02°, 79.19°이라 하자. 여기 표에서는 이 책에서의 일관성을 유지하기 위해 브래그 회절각의 2배되는 각도를 θ라고 했으나 일반적으로 많이 사용되기는 브래그 회절각의 2배를 2θ라고 하므로 혼동이 없기 바란다. $\sin^2\dfrac{\theta}{2}$의 값이

표 9.3 입방 결정에서 지수매기기.

$\theta(°)$	$1000\sin^2\dfrac{\theta}{2}$	$1000\sin^2\dfrac{\theta}{2}/CF$	정수	hkl
22.18	37.00	1.00	1	100
31.65	74.37	2.01	2	110
38.85	110.63	2.99	3	111
45.31	148.37	4.01	4	200
50.84	184.26	4.98	5	210
56.17	221.63	5.99	6	211
65.83	295.26	7.98	8	220
70.53	333.37	9.01	9	300/221
75.02	370.74	10.02	10	310
79.19	406.26	10.98	11	311

소수점 이하로 매우 작으므로 취급을 간단히 하기 위해 1000을 곱하여 그 값을 둘째 열에 표시하였다. 여기에 나와 있는 37.00이 1이라고 가정하고 표에서 그 아래의 숫자들을 37.00으로 나누어 거의 정수가 되면 가정이 옳다고 생각한다. 만약 거의 정수가 나오지 않으면 37.00을 2라고 가정하고 아래 숫자들을 나누어 거의 정수가 나오면 가정이 옳다고 생각하고, 정수가 나오지 않으면 37.00을 3이라 가정하여 아래 숫자들을 나누어 본다. 이 과정을 되풀이하여 거의 정수가 나올 때까지 계속한다. 표에서 세 번째 열은 앞 열의 수를 37.00으로 나누어 나온 값들로 거의 정수에 가까워 37.00이 1이라는 가정이 옳다는 것을 알 수 있다. 넷째 열에 정수를 표시하였고 이 정수가 되기 위한 hkl을 다섯째 열에 표시하여 지수를 모두 매겼다. 브래그 법칙에서 파장은 0.15406 nm 로 알고 있고 측정한 브래그 회절각이 있으므로, 이를 식 (9-3)에 대입하면 면간거리를 구할 수 있고, 이 면간거리와 hkl을 식 (3-68)에 대입하면 격자상수를 구할 수 있다.

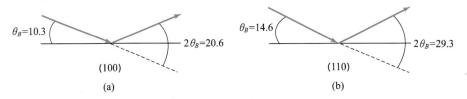

그림 9.30 단결정에서 (a) (100) 면에서 회절과 (b) (110)면에서의 회절.

이 격자상수값과 각 hkl에서의 강도를 ICDD 카드와 비교하여 모르는 결정이 무엇인지를 알아낼 수 있다.

회절기를 사용하여 단결정의 방향을 측정을 할 수 있다. 그림 9.30과 같이 어떤 입방 단결정의 (100) 면의 브래그 회절각이 10.3°라고 하자. 그러면 브래그 회절각의 2배는 20.6°이다. (110) 면의 브래그 회절각은 14.6°이고 브래그 회절각의 2배는 29.3°이다. (100) 웨이퍼와 같이 (100) 면이 표면인 결정의 방향을 x-선 회절기로 알아보자. 그림 9.31(a)에서와 같이 알고자 하는 시편의 방향, 즉 (100) 면이 입사 x-선과 평행하게 배열한다. 회전이 일어나기 직전이므로 입사 x-선은 (100) 면에 평행하게 입사하여 그대로 투과하여 감지기에 강한 투과빔을 만든다. 그림 9.31(b)에서와 같이 시편을

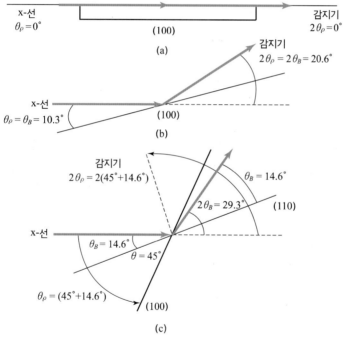

그림 9.31 단결정에 x-선이 (100) 면에 평행하게 입사하면서 시편의 회전을 시작하는 경우.
(a) 시편과 감지기가 회전을 시작하기 직전으로 (100)면에 평행하기 들어온 x-선이 그대로 투과하여 감지기에 투과빔으로 감지된다. (b) 시편이 $\theta_\rho = \theta_B = 10.3°$ 회전하였을 때 (100) 면은 브래그 회절 조건을 만족시키고 감지기는 $2\theta_\rho = 2\theta_B = 20.6°$만큼 회전하여 (100) 면에서 회절된 빔을 감지하여 회절 피크가 만들어진다. (c) (110) 면은 (100) 면에서 45° 만큼 떨어져 있어 (110) 면에서 회절이 일어나기 위해서 $\theta_\rho = (45° + 14.6°)$로 회전하면 (110) 면에 브래그 회절 조건을 만족시켜 회절이 일어나나, 감지기는 그 사이 $2\theta_\rho = 2(45° + 14.6°)$ 만큼 회전한 위치에 있으므로 회절빔은 그림에서와 같이 $2\theta_B = 29.3°$를 만족시키는 위치에 있으므로 감지기에는 회절빔이 감지되지 않는다.

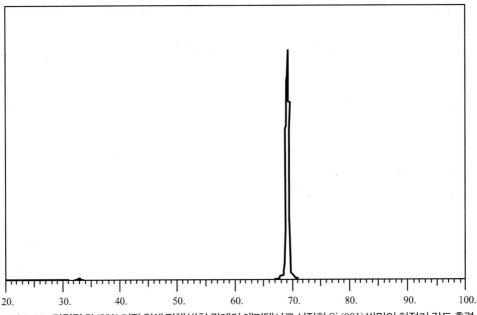

그림 9.32　단결정 Si (001) 기판 위에 평행 방향 관계의 에피택시로 성장한 Si (001) 박막의 회절기 강도 출력.

$\theta_\rho = \theta_B = 10.3°$의 각도로 회전하면 (100) 면의 브래그 조건을 만족하므로, 강한 회절이 일어나고 감지기는 브래그 회절각의 2배인 $2\theta_\rho = 2\theta_B = 20.6°$ 만큼 회전한 위치에 있으므로 회절빔을 감지할 수 있어 피크를 나타낸다. (110) 면은 (100)에서 45° 만큼 떨어져 있으므로 (110) 면에서 회절이 일어나기 위해서는 그림 9.31(c)에서와 같이 $\theta_\rho = (45° + 14.6°)$ 만큼 시편이 회전을 하게 되면 (110) 면에서 회절이 일어난다. 그러나 감지기는 시편의 2배 만큼 회전하므로 그 위치는 $2\theta_\rho = 2(45° + 14.6°)$ 회전한 위치에 있고, 회절빔은 투과빔과 $2\theta_B = 29.3°$만큼 회전한 위치에 있으므로 감지기는 회절빔을 감지하지 못하여 (110) 피크가 회절 강도 출력에 나타나지 않는다. 회절 강도 출력에 나타나는 피크는 투과빔과 웨이퍼의 표면인 (100) 면의 피크만 나타난다. 즉, 단결정에서 피크가 나타난 면이 투과빔과 평행한 면으로 단결정에서 그 결정의 방향을 알아낼 수 있다.

　다결정 시편에 있는 결정립이 모든 방향으로 무작위로 배열되지 않고 우선 방위를 지니고 있으면 강도 피크의 분포는 회절 각도에만 단순히 의존하지 않고, 단결정과 마찬가지로 시편의 우선 방위에 의존한다. 그림 9.32는 Si 기판 위에 극단적인 우선 방위인 에피택시로 성장한 Si 박막의 회절기 강도 분포이다. 이 그림에서 Si (001) 기판 위에 박막이 평행 방향 관계를 지닌 에피택시로 잘 성장했음을 알 수 있다.

2) 단결정 회절기

우선 방위를 갖지 않은 분말이나 다결정 시편에서는 α나 $\theta/2$로 회전을 하여도 물론 강도가 이들 회전각의 함수로 되지 않는다. 그러나 시편이 단결정이라면 그림 9.33과 같이 역격자점이 이월드 구와 교차하도록 하면 강도는 역격자 회전각의 중요 함수가 된다. 이 경우 입사빔과 회절빔 모두가 회절 기원면에 있도록 하기 위해 시편, 즉 역격자를 회전하기 위해서는 적어도 하나의 회전축이 더 필요하다. 이와 같이 추가로 필요한 회전을 그림 9.33에서 χ라 하고 이것은 입사빔 방향을 축으로 시편을 회전하는 것을 나타낸다.

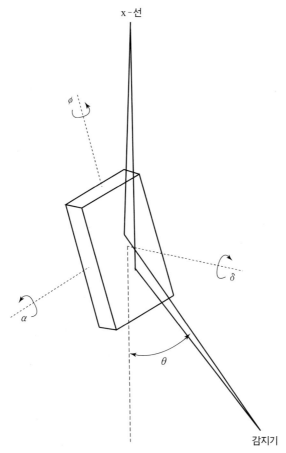

그림 9.33 **시편 고니오미터에 의한 시편의 여러 가지 회전.**

이와 유사하게 그림 9.33에서 회전 α와 회전 ϕ를 결합하여도 역격자점이 이월드 구와 만날 수 있다. 임의의 역격자점을 조사할 때 편리하도록 하기 위해서는 그림 9.33에서와 같이 회절기의 θ 회전축과 별도로 세 개의 α, δ, ϕ 회전축이 필요하다. 시편을 x, y, z축을 따라 이동할 수 있고, 서로 수직인 세 축을 따라 회전할 수 있는 별도의 고니오미터 시편 지지대에 시편을 부착하도록 되어 있다.

또한 회절기 자체가 모든 필요한 회전을 다 할 수 있도록 되어 있는데, 이런 회절기를 4원 회절기(four-circle diffractometer)라 한다. 즉, 감지기 회전에서 하나의 원, 시편을 3차원에서 회전할 수 있게 되기 위해서는 3개의 원(한 예로, 본래 시편 회전 θ와 δ, ϕ 회전)으로 모두 4개의 원을 만든다. 4원 회절기에서는 각도 회전이 매우 복잡하여 쉽지 않으므로 모든 운동은 계단식 모터(stepping motor)를 사용하여 컴퓨터로 제어한다.

단결정과 유사하게 우선 방위를 지니는 경우는 롤링이나 인발같은 가공이나 재결정 과정에서도 만들어진다. 이러한 우선 방위를 조직(texture)이라 하고 회절기에 부착된

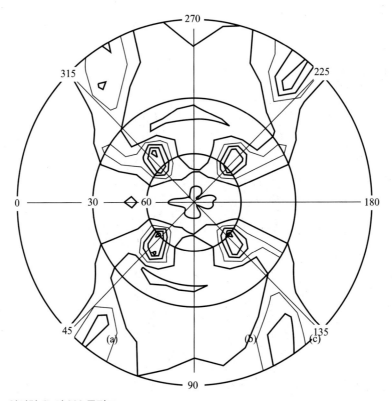

그림 9.34 **압연한 Cu의 200 극점도.**

조직 고니오미터(texture goniometer)로 조직화된 정도를 측정한다. 그림 9.34와 같은 조직 고니오미터는 감지기와 연동된 시편의 회전각 외에 다른 두 회전각 ϕ, δ를 변동시키는 데 사용된다. 점원, 시편, 감지기가 브래그 회절 피크의 정점에서 회절이 되도록 배열을 하고, 각 ϕ와 δ를 체계적으로 변화시키면서 강도를 측정한다. 때로는 가능한 많은 결정립에서 회절 결과를 얻기 위해, 입사빔과 회절빔이 있는 면에 수직한 방향으로 시편을 아래 위로 움직여 주기도 한다. 이런 방법으로 얻은 강도 분포를 극점도(pole figure)라 한다. 이 극점도는 회절면의 수선이 입사빔과 회절빔이 만드는 면에 있을 때 그 회절면의 강도를 ϕ와 δ의 함수로써 나타낸 그림이다. 최고치는 우선 방위를 나타내고 울프망과 평사 투영도를 이용하면 다결정의 우선 방위, 시편의 수직 방향과 시편에서 압연이나 인발 방향 등의 방향 관계를 나타낼 수 있다. 그림 9.35는 압연한 구리의 200 극점도이다.

3) 회절기 분석

각 θ의 어떤 각도 범위(마찬가지로 α, δ, ϕ의 각도에서도)에서 감지기에 들어오는 양자의 수를 계산함으로써 정확한 브래그 피크의 모양을 그릴 수 있다. 어떤 시간 내에 양자가 들어오는 과정은 무작위 사건이므로 양자의 수를 계산하는 과정은 푸아송 통계학(Poisson statistics)을 따른다. 푸아송 통계학에서는 도착하는 수 N의 측정에서 생기

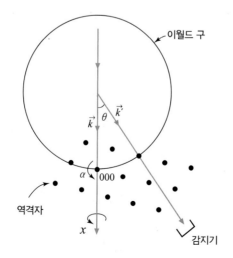

그림 9.35 역격자 공간으로 표시한 단결정 회절기 내에서의 단결정 회전.

는 오차는 $\sqrt{N}$ 에 비례한다. 신뢰도 50%로 오차는 $0.67\sqrt{N}$ 이내로 예상할 수 있고, 신뢰도 96%로는 오차가 약 3배인 $2\sqrt{N}$ 이내라는 것을 예상할 수 있다. 어떤 브래그 피크를 그림으로 나타낼 때 피크의 정상 근처에서의 양자의 총수 N, 즉 정확도는 피크의 양쪽 끝에서의 총수 N과 다르기 때문에 정확도도 다르게 된다. 한 피크를 같은 정확도로 측정하기 위해서는, 필요한 정확도를 얻기 위해 정해진 개수의 숫자가 될 때까지 세는 것보다는, 그 정확도를 얻는 데 필요한 시간을 측정하는 것이 더 좋다. 강도의 척도인 계수율(counting rate)은 펄스의 총 개수를 총 계수 시간으로 나누어서 정한다.

모든 계수기는 한 펄스를 기록하고 난 다음 다음 펄스를 기록하기 위해 준비하는 짧은 시간이 필요한데, 이를 사시간(dead time, τ)이라 한다. $\tau = 1\,\mu\text{s}$이면 최대 계수율은 $10^6\,\text{Hz}$ 차수 정도가 된다. 그러나 양자 도착이 무작위로 일어나고 때로는 몇 개씩 한꺼번에 도착하므로 낮은 계수율에서도 직선 비례 관계에서 벗어나게 된다. 실제 $\tau = 1\,\mu\text{s}$이면 $10^4\,\text{Hz}$ 계수율에서 약 1%의 계수 손실이 발생한다. 따라서 계수기는 상당히 정확하다고 생각되는 약 $5\times10^4\,\text{Hz}$까지만 사용할 수 있다. 모든 계수기는 입사 양자에 대한 반응을 인가 전압의 함수로 그리면 고원(plateau) 영역을 나타낸다. 인가 전압이 추가로 조금 변했을 때 계수기의 반응에 영향을 적게 미치도록 하기 위해 이런 고원 영역에서 계수기를 작동한다.

계수를 하기 위해 각도의 증가를 중간에 멈추는 것은 힘든 일이므로, 약간 부정확하지만 대개 연동된 $\alpha - \theta$ 회전에 따라 주사하면서, 연속적으로 계수를 하고 계수율 미터나 차트 기록기에 순간 계수율을 나타내도록 하는 것이 훨씬 더 편리하다. 펄스가 무작위로 도착하거나 통계적으로 몇 개씩 뭉치로 도착하므로 어떤 주어진 $\alpha - \theta$ 위치에서 의미 있는 순간 계수율을 얻기 위해서는 어떤 시간에 걸쳐 적분을 해야 한다. 이것은 시간 정수 $\tau = RC$인 저항-축전기(resistor-capacitor, RC) 회로를 사용하여 전자적으로 적분을 한다. 측정된 계수율이 N_R이면 50%의 신뢰도로 생기는 오차는 $0.67/\sqrt{2N_R C}$ 이하이다. RC 시간 정수 때문에 적분 계수율 N_R인 계수기에서 시간은 실제 빔보다 약간 뒤로 처지게 된다. 따라서 브래그 피크의 모양이 변하고 약간 이동할 것이다. 그러므로 정확하게 피크의 위치를 측정하기 위해서는 천천히 주사하여야 한다. 주사 속도가 빠르면 정보가 계단식으로 축적된다. 시간 정수를 줄이면 좋은 효과를 볼 수 있으나, 너무 짧은 시간 정수가 되면 평균이 안된 통계적인 변동 때문에 피크 모양이 뒤틀리게 된다.

회절 측정 시 정확도에 영향을 미치는 중요한 요소는 온도 변화이다. 이 온도 변화는 필름법에도 영향을 미치나 회절기 측정에서 더 큰 영향을 미친다. 열팽창 계수 $(\Delta l/l)/\Delta T$가 10^{-6}에서 $10^{-5}\,\mathrm{K}^{-1}$ 사이이므로 1 ppm보다 더 정밀하게 면간 간격 d_{hkl} 을 측정하기 위해서는 온도 변화가 1/10 K 이하여야 한다.

필름법에서 온도 변화는 모든 피크 위치에 동시에 영향을 미쳐 단순히 피크 위치를 넓히는 역할을 한다. 그러나 온도 변화는 필름법에서보다 회절기의 각 작동 단계에서 더 중요하다. 따라서 정확한 측정이 필요한 경우에는 회절기를 온도 제어가 잘 되는 상자 속에 두어 온도 변화가 작게 한다. 온도와 통계학적인 변동, 기계적인 오차 등을 주의하여 제거하면 격자상수를 대략적으로는 10^7분의 몇 정도까지, 확실하게는 10^6분 의 1보다 더 정확히 측정할 수 있다. 이것은 가능한 물리적 측정 중에서 제일 정확한 측정 중의 하나로 규소와 같이 단결정도가 제일 좋은 결정에서 원자와 원자 사이의 거리 변동보다 더 정확한 것이다.

1   단결정을 사용하여 라우에법으로 찍은 사진에서 다른 면에서 나온 두 회절점의 강도에 영향을 주는 5가지 요인을 설명하시오.

2   다음은 투과 라우에법으로 가속 전압 35 kV의 조건으로 찍은 Si 단결정의 사진이다. 시편과 필름 사이의 거리는 4 cm이다. Si 단결정의 방향이 빔의 방향과 어떤 관계를 지니고 있는지 차트를 이용하여 구하고 평사 투영도에 표시하시오.

3   라우에법으로 Si 단결정에 $[\bar{1}\,\bar{1}\,\bar{1}]$ 방향으로 x-선을 입사 시키고 있다. 040 빔에서 나온 회절점을 얻고자 한다.

(a) 이월드 구를 이용하여, 회절을 일으키는 x-선의 파장과 회절 각도를 구하시오.

(b) x-선이 종이면에 수직으로 입사한다고 하고 $[10\bar{1}]$ 방향이 윗쪽 방향이라면 040 점과 020 점이 나타나는지 여부와 그 위치를 그림으로 그리시오.

(c) 040 회절점이 시편의 전방 또는 후방 중에서 어디에 생기는지 답하시오.

4   다음은 30 kV의 조건에서 투과 라우에법으로 찍은 MgO 단결정의 사진이다. 시편과 필름 사이의 거리는 4 cm이다. MgO 단결정의 방향이 빔의 방향과 어떤 관계를 지니고 있는지 차트를 이용하여 구하고 평사 투영도에 표시하시오.

5 다음은 후방 반사 라우에법으로 찍은 커다란 MgO 단결정의 사진이다. 시편과 필름 사이의 거리는 3 cm이다. MgO 단결정의 방향이 빔의 방향과 어떤 관계를 지니고 있는지 차트를 이용하여 구하고 평사 투영도에 표시하시오.

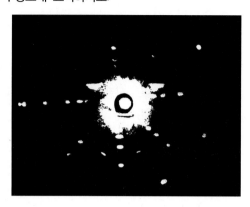

6 라우에법으로 어떤 면심 입방 구조를 지닌 단결정의 회절 실험을 하고 있다. 결정의 $[1\bar{1}1]$ 방향으로 x-선이 입사하고 있다.

(a) $00\bar{2}$ 회절빔이 만들어지는 이월드 구를 그리시오.

(b) 이 회절빔과 투과빔 사이의 각도를 계산하시오.

(c) 이때의 회절을 일으키는 파장을 계산하시오.

7 분말 회절선의 폭에 영향을 주는 모든 요인에 대해 설명하시오.

8 디바이-쉐러법으로 파장 0.15406 nm의 x-선을 사용했을 때, 금 분말에서 예상되는 첫 번째, 두 번째와 네 번째 회절선의 상대적 강도와 위치를 계산하고 그리시오. 온도와 흡수 인자는 무시하시오.

9 디바이-쉐러법으로 파장 0.15406 nm의 x-선을 사용했을 때, $a = 0.3$ nm, $c = 0.35$ nm의 체심 정방정 분말에서 예상되는 분말 회절선을 그리시오.

10 디바이-쉐러법으로 어떤 분말 시편의 $\sin^2 \theta_B$의 값을 측정하였을 때 그 비가 1: 2: 3: 4: 5: 6: 8: 9가 나왔다. 이 분말의 브라배 격자는 무엇인지 답하시오.

11 디바이-쉐러법으로 어떤 분말 시편의 $\sin^2 \theta_B$의 값을 측정하였을 때 그 비가 3: 4: 8: 11: 12: 16: 19가 나왔다. 이 분말의 브라배 격자는 무엇인지 답하시오.

12 디바이-쉐러법으로 어떤 분말 시편의 $\sin^2 \theta_B$의 값을 측정하였을 때 그 비가 3: 8: 11: 16: 19: 24가 나왔다. 이 분말의 브라배 격자는 무엇인지 답하시오.

13 격자상수를 측정하고자 할 때 회절각이 큰 경우 더 정확한 격자상수를 측정할 수 있는 이유를 설명하시오.

14 디바이-쉐러법으로 파장 0.15406 nm의 x-선을 사용했을 때, 다음 분말에서 예상되는 사진 필름띠 위의 생기는 회절선을 그리시오.

(a) CsCl

(b) MgO

(c) NaCl

(d) KCl

15 Si 단결정에서 x-선 회절기를 사용하여 회절 강도를 측정하였을 때 금지된 회절점인 002 회절점에서 강도가 측정되었다. 이 강도가 나타나는 이유를 그림을 그려 설명하시오.

16 그림 9.29에 나와 있는 다결정 Si의 회절기 강도 출력에서 강도 피크의 지수를 매기고 회절기에서 사용한 파장을 구하시오.

17 다결정 분말로 된 Cu(격자상수 0.36 nm), Au(격자상수 0.41), Cu_3Au 규칙 합금, Cu와 Au의 비가 3 : 1인 불규칙 합금이 있다. 불규칙 합금과 규칙 합금의 격자상수는 모두 0.3725 nm로 가정하시오. 단색 Cu $K\alpha$ 방사($\lambda = 0.15406$ nm)를 사용하여 x-선 회절기에서 회절 실험을 하고자 한다.

(a) 각도 범위 0~60°에서 회절 각도를 계산하시오.

(b) 구조 인자를 계산하고 겹침수를 계산하시오.

(c) 회절된 x-선의 강도를 계산하시오.

(d) 회절된 x-선의 강도를 그리고 지수를 매기시오.

18 그림 9.32에 나와 있는 단결정 Si의 회절기 강도 출력에서 강도 피크의 지수를 매기고 다른 피크가 나타나지 않은 이유를 그림으로 설명하시오.

19 다음은 회절기(Cu $K\alpha$, $\lambda = 0.15406$ nm)를 사용하여 GaAs 기판 위에 성장시킨 CdTe 박막의 회절 강도의 분포를 각도로 표시한 것이다. GaAs(격자상수 0.56538 nm)와 CdTe(격자상수 0.648 nm)의 ASTM 분말회절철(PDF) 번호는 각각 32-0839와 15-0770이다.

(a) 피크의 지수를 매기고 GaAs와 CdTe 중 어느 것에서 회절 된 것인지를 조사하시오.

(b) 기판과 박막간에 어떤 결정 방향 관계를 가지고 있는가?

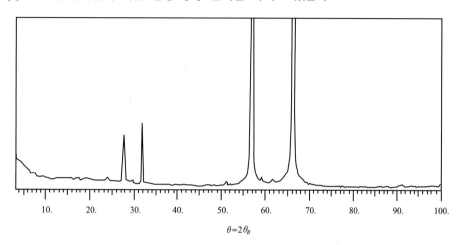

20 다음은 회절기(Cu $K\alpha$, $\lambda = 0.15406$ nm)를 사용하여 GaAs 박막 위에 성장시킨 CdTe와 ZnTe 박막의 회절 강도의 분포를 각도로 표시한 것이다. GaAs(격자상수 0.56538 nm), CdTe(격자상수 0.648 nm)와 ZnTe(격자상수 0.61035 nm)의 ASTM 분말회절철(PDF) 번호는 각각 32-0839, 15-0770과 15-0746이다.

(a) 피크의 지수를 매기고 어느 결정에서 회절된 것인지를 조사하시오.

(b) 기판과 박막간에 어떤 결정 방향 관계를 가지고 있는가?

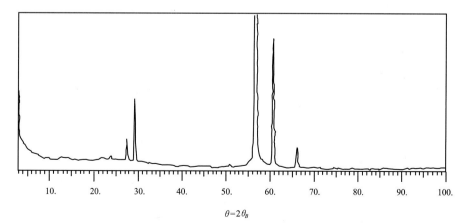

21   다음 그림은 Cu 박막을 염소와 반응시킨 후 x-선 회절기(Cu $K\alpha$, $\lambda = 0.15406$ nm)의 감지
기에서 얻은 각도에 따른 강도를 나타낸다. 회절 결과에 대해 지수를 매기고 화합물을 알아내
시오. Cu(격자상수 0.36150 nm)의 ASTM 분말회절철 번호는 4-0838이고, CuCl(공간군
$F\bar{4}3$ m, 격자상수 0.5416 nm)의 번호는 06-0344이다.

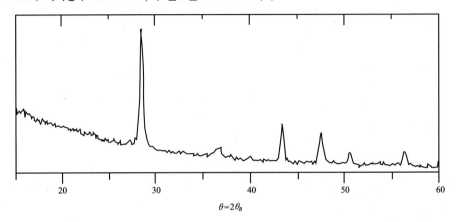

$\theta = 2\theta_B$

22   x-선 회절에서 배경 잡음이 있으면 실험 데이터에 나쁜 영향을 미친다. 특히 회절 피크의 강
도가 약하거나 확산이 되어 있는 경우에 더 심각하다. 확률 이론에 따르면 데이터에 분산은
계수율의 제곱근 $\sqrt{N}$에 따라 증가한다. 배경 강도가 높을 때 데이터에서 분산은 배경의 계
수율에 주로 영향을 받는다.

(a) 피크 대 배경비가 작을 때 피크는 같은 계수율을 유지하면서 배경의 계수율을 반으
로 하는 것은 계수 시간을 배로 늘이는 것과 같음을 보이시오.

(b) 피크 대 배경비가 작을 때 피크의 강도를 배로(계수율을 배로) 하는 것은 계수 시간
을 4배로 하는 것과 같음을 보이시오.

(c) 피크의 강도가 배경에 비해 매우 강할 때 위 문제에서 같은 답을 얻을 수 있는지
답하시오.

23   Co-50%Al 합금 속에 있는 불규칙 합금과 규칙 합금 CoAl 중에서 규칙 합금 CoAl의 분율
을 측정하기 위해, 회절기로 합금의 다결정 시편을 사용하여 적분 강도를 측정하였다. 불규칙
합금인 고용 상 111피크의 적분 강도가 규칙 합금 110피크의 4배가 되었다. 고용 상의 단위
포 체적은 규칙 상 단위포 체적의 배이다. 고용 상의 단위포에는 평균적으로 같은 수의 Co와
Al 원자가 있다고 가정하고 존재하는 규칙 상의 체적 분율을 구하시오.

참고문헌

CHAPTER 01

1-1. D. H. Andrews and R. J. Kokes, *Fundamental Chemistry*, Chapters 4, 6 and 7, John Wiley & Sons, N. Y., (1962)

1-2. C.A. Coulson, *Valence*, Oxford University Press, (1961)

1-3. W. Heitler, *Elementary Wave Mechanics*, Clarendon Press, Oxford, (1956)

1-4. W. Hume-Rothery, *Atomic Theory for Students of Metallurgy*, Parts I-Ⅲ, Institute of Metals, London, (1955)

1-5. L. Pauling, *The Nature of the Chemical Bond*, Cornell University Press, Ithaca, (I960)

1-6. F. O. Rice and E. Teller, *The Structure of Matter*, Chapters 1-8, John Wiley & Sons, N. Y., (1949)

1-7. R. T. Sanderson, *Principles of Chemistry*, Chapters 4 and 9, John Wiley & Sons, N. Y., (1963)

1-8. R. L. Sproull, *Modern Physics*, Chapters 6-7, John Wiley & Sons, N. Y., (1963)

CHAPTER 02

2-1. L. V. Azároff, *Introduction to Solids*, Chapter 4, McGraw-Hill Book Co., New York, (1960)

2-2. W. L. Bragg, *Concerning the Nature of Things*, Dover Publications, New York, (1954)

2-3. R. C. Evans, *Introduction to Crystal Chemistry*, Cambridge University Press, (1948)

2-4. L. Pauling, *The Nature of the Chemical Bond*, Cornell University Press, Ithaca, (1960)

2-5. R. T. Sanderson, *Teaching Chemistry with Models*, Chapters 1-3, D. Van Nostrand Co., Princeton, (1962)

2-6. J. C. Slater, *Quantum Theory of Molecules and Solids*, McGraw-Hill Book Co., New York, (1963)

2-7. L. H. Van Vlack, *Elements of Materials Science*, Chapters 2-3, Addison-Wesley Publishing Co., Reading, (1959)

CHAPTER 03

3-1. M, J. Buerger, *Elementary Crystallography*, Wiley, New York, (1963)

3-2. H. Hilton, *Mathematical Crystallography*, Dover Publications (1963), Clarendon Press, (1903)

3-3. M, A. Jaswon, *An Introduction to Mathematical Crystallography*, American Elsevier, (1965)

CHAPTER 04

4-1. H. S. M. Coxeter, *An Introduction to Geometry*, Wiley, New York, (1961)

4-2. G. F. Koster, *Space Groups and Their Representations, Solid State Physics*, Vol. 5, p. 173, F. Seitz and D. Turnbull Ed., Academic Press, (1957)

4-3. F. C. Phillips, *An Introduction to Crystallography*, 3rd Edition, Longmans Green, London, (1963)

4-4. P. Terpstra and L. W. Codd, *Crystallometry*, Academic Press, New York, (1961)

4-5. *International Tables for X-ray Crystallography*, Vol. I, International Union for Crystallography-Kynoch Press, Birmingham, England, (1952)

CHAPTER 05

5-1. D. H. Andrews and R. J. Kokes, *Fundamental Chemistry*, Chapters 4, 6 and 7, John Wiley & Sons, N. Y, (1962)

5-2. L. V. Azároff, *Introduction to Solids*, Chapter 4 , McGraw-Hill Book Co., New York, (1960)

5-3. C. S. Barrett, *Structure of Metals*, 2nd ed., McGraw-Hill Co.,New York, (1952)

5-4. W. L. Bragg and G. F. Claringbull, *Crystal Structures of Minerals*, G. Bell and Sons, London, (1965)

5-5. M, J. Buerger, *Elementary Crystallography*, Wiley, New York, (1956)

5-6. W. F. deJong, *General Crystallography*, W. H. Freeman, San Francisco, (1959)

5-7. A. Holden and P. Singer, *Crystals and Crystal Growing*, Doubled and Co., Garden City, (1960)

5-8. C. Kittel, *Introduction to Solid State Physics*, Chapter 1, John Wiley and Sons, N.Y., (1956)

5-9. A. L. Loeb and G. W. Pearsall, "Moduledra Crystal Modules. A Teaching and Research Aid in Solid-State-Physics," *American Journal of Physics*, Vol 31, p. 190, (1963)

5-10. W. B. Pearson, *Handbook of Lattice Spacings and Structures of Metals*, Pergamon Press, Vol. I, (1958), Vol. 11, (1967)

5-11. J. M. Robertson, *Organic Crystals and Molecules*, Chapter II-III, Cornell University Press, Ithaca, (1953)

5-12. A, B. Searle and R. W. Grimshaw, *The Chemistry and Physics of Clays and Other Ceramic Materials*, Chapters II-IV, Interscience Publishers, New York, (1959)

5-13. A. E. H. Tutton, *The Natural History of Crystals*, E. P. Dutton and Co. New York, (1924)

5-14. A. F. Wells, *Structural Inorganic Chemistry*, Clarendon Press, Oxford, (1950)

5-15. R. W, G. Wyckoff, *Crystal Structures*, Sections I-IV, Interscience Publishers, New York, (1953)

5-16. R. W, G. Wyckoff, *Crystal Structures*, 2nd Ed., Vols. I -, Interscience (J, Wiley), New York, (1924)

5-17. R. W. G. Wyckoff, *The Structure of Crystals*, Chemical Catalog Co., New York, (1935)

5-18. *International Tables for X-ray Crystallography*, Vols. II and III, Kynoch Press, Birmingham, England, (1935)

5-19. *Strukturbericht* 1913-28, P. P. Ewald and C. Hermann, Akademische Verlag, Leipzig, (1931)

CHAPTER 06

6-1. M. Cohen, *Dislocations in Metals*, AIME, New York, (1954)

6-2. A. H. Cottrell, *Dislocations and Plastic Flow In Crystals*, Clarendon Press, Oxford, (1953)

6-3. W. C. Dash and A. G. Tweet, "Observing Dislocations in Crystals," *Scientific American*, Vol. 205, (October 1961)

6-4. J. D. Eshelby, W. T. Read and W. Shockley, 'Anisotropic Elasticity with Applications to Dislocation Theory', *Acta Met* vol. 1,251, (1953)

6-5. C. Kittel, *Introduction to Solid State Physics*, Chapters 17 and 19, John Wiley and Sons, New York, (1956)

6-6. N. F. Mott, *Atomic Structure and the Strength of Metals*, Pergamon Press, New York, (1956)

6-7. W. T. Read Jr., *Dislocations in Crystals*, McGraw-Hill Book Co,, New York, (1953)

6-8. H. G. Van Bueren, *Imperfections in Crystal*, Interscience Publishers, New York, (1960)

6-9. J. Weertman and J. R, Weertman, *Elementary Dislocation Theory*, Macmillan, (1964)

CHAPTER 07

7-1. L J. Arsac, *Fourier Transforms and the Theory of Distributions*, Prentice Hall, Inc., N.J., (1966)

7-2. R.N. Bracewell, *The Fourier Transform and Its Applications*, McGraw-Hill Book Company, New York, (1965)

7-3. R.V. Churchill, *Operational Mathematics*, 3rd ed., McGraw-Hill Book Company, New York, (1972)

7-4. J.M, Cowley, *Diffraction Physics*, 2nd ed., pp. 48-49, North-Holland Publishing Company, New York, (1981)

7-5. A. Erdelyi, W. Magnnus, F. Oberthettinger and F. Tricomi, *Tables of Integral Transforms*, 2 vols., McGraw-Hill Book Company, New York, (1954)

7-6. J.W. Goodman, *Introduction to Fourier Optics*, McGraw-Hill Book Company, New York, (1968)

7-7. G. Harburn, C.A. Taylor, and T.R. Welberry, *Atlas of Optical Transforms*, Cornell Univ. Press, New York, (1975)

7-8. M.F.N. Henry, H. Lipson, and W.A. Wooster, Interpretations of X-ray Photographs, Macmillan, New York, (1951)

7-9. F.B. Hildebrand, *Advanced Calculus for Engineers*, Prentice Hall, Inc., N.J., p. 312, (1948)

7-10. E. Kreyszig, *Advanced Engineering Mathematics*, 6th ed., p 632, John Wiley & Sons, New York, (1988)

7-11. E. Kreyszig, *Introductory Functional Analysis with Applications*, John Wiley & Sons, New York, (1978)

7-12. MJ. Lighthill, *Fourier Analysis and Generalized Functions*, Cambridge University Press, Cambridge, UK, (1960)

7-13. M.J. Lighthill, *Introduction to Fourier Analysis and Generalized Functions*, Cambridge University Press, New York, (I960)

7-14. A. Papoulis, *The Fourier Integral and Its Applications*, McGraw-Hiil Book Company, New York, (1962)

7-15. W. Rogosinski, *Fourier Series*, 2nd ed., Chelsea, New York, (1959)

7-16. A. Rubinowicz, The Miyamoto-Wolf Diffraction Wave, in *"Progress in Optics"* vol. IV. edited by E. Wolf, North-Holland Publishing Company, Amsterdam, (1962)

7-17. G.N. Watson, A Treatise on the Theory of Bessel Functions, 2nd ed., Cambridge, University Press, Cambridge, (1944)

CHAPTER 08

8-1. Y. Caúchois and H, Hulubei, *Longueurs d'Onde des Emissions X et des Discontinuités d'Absorption X*, Hermann and Cie, Paris, (1947)

8-2. G. L. Clark, *Applied X-rays*, 4th ed., McGraw-Hill Book Company, Inc,, New York,(1955)

8-3. A. H. Compton and S. K. Allison, *X-rays in Theory and Experiment*, D Van Nostrand Co., Inc,, New York, (1935)

8-4. A. Guinier and G. Fournet, *Small Angle Scattering of X-rays*, John Wiely and Sons, Inc, New York, (1955)

8-5. R. W. James, *The Crystalline State. Vol, II: The Optical Principles of the Diffraction of X-rays*, George Bell and Sons, Lid, London, (1948)

8-6. W. T. Sproull, *X-rays in Practice*, McGraw-Hill Book Co,, New York, (1946)

8-7. *Internationale Tbellen zur Bestimmung von Kristallstrukturen*[International Tables for the Determination of Crystal Struciures] *Vol. 1. Space Group Tables* and *VoL 2. Mathematical and Physical Tables*, Gebürder Borntraeger, Berlin, (1935)

8-8. *International Tables for the X~ray Crystallography Vol. Ⅰ. Symmetry Groups(Tables of Point Groups and Space Group)*, *VoL Ⅱ. Mathematical Tables* and *Vol. Ⅲ. Physical and Chemical Tables*, Kynoch Press, Birmingham, England, (1935)

CHAPTER 09

9-1. W. L. Bragg, *The Crystalline State*. Vol I: General Survey, The Macmillan Co., New York, (1934)

9-2. M. J. Buerger, *X-ray Crystallography*, John Wiely and Sons, Inc., New York, (1942)

9-3. G. L. Clark, *Applied X-rays*, 4th ed., McGraw-Hill Book Company, Inc., New York, (1955)

9-4. A. H, Compton and S. K. Allison, *X-rays in Theory and Experiment*, D. Van Nostrand Co., Inc., New York, (1935)

9-5. A. Guinier, *X-ray Crystallographic Technology*, Hilger and Watts Ltd., London, (1952)

9-6. N. F. M. Henry and W. A. Wooster, The Interpretation of X-ray Diffraction Photographs, The Macmillan Co., London, (1951)

9-7. B. L. Henke, and E. S. Ebisr, *Advances in X-ray Analysis*, Plenum Press, New York, (1974)

9-8. H. P. Klug and L. E, Alexander, *X-ray Diffraction Procedures*, John Wiley and Sons, Inc., New York, (1954)

9-9. H. Lipson and W. Cochran, *The Crystalline State*. Vol Ⅲ: *The Determination of Crystal Structures*, George Bell and Sons, Ltd., London, (1953)

9-10. H. S. Peiser, H. P. Rooksby, and A. J. C. Wilson, *X-ray Diffraction by Polycrystalline Materials*, The Institute of Physics, London, (1955)

9-11. W. T. Sproull, *X-rays in Practice*, McGraw-Hill Book Co., New York, (1946)

9-12. A. Taylor, *An Introduction to X-ray Metallography*, John Wiely and Sons, Inc., New York, (1945)

9-13. *Internationale Tbellen   zur Bestimmung von Kristallstrukturen*[International Tables for the Determination of Crystal Struciures] *Vol. 1. Space Group Tables* and *VoL 2. Mathematical and Physical Tables*, Gebürder Borntraeger, Berlin, (1935)

9-14. *International Tables for the X~ray Crystallography Vol. Ⅰ. Symmetry Groups(Tables of Point Groups and Space Group), VoL Ⅱ. Mathematical Tables and Vol. Ⅲ. Physical and Chemical Tables*, Kynoch Press, Birmingham, England, (1935)

찾아보기

재료결정학 - 개정판 -

2013년 3월 15일 1판 1쇄 펴냄 | 2024년 3월 10일 2판 3쇄 펴냄
지은이 이정용 | 펴낸이 류원식 | 펴낸곳 (주)교문사(청문각)

편집부장 김경수 | 본문편집 디자인이투이 | 표지디자인 유선영
제작 김선형 | 홍보 김은주 | 영업 함승형 · 박현수 · 이훈섭
주소 (10881) 경기도 파주시 문발로 116(문발동 536-2)
전화 1644-0965(대표) | 팩스 070-8650-0965
등록 1968. 10. 28. 제406-2006-000035호
홈페이지 www.cheongmoon.com | E - mail genie@cheongmoon.com
ISBN 978-89-6364-307-6 (93580) | 값 25,700원